Michael P. Wistuba

Straßenbaustoff Asphalt

2. überarbeitete und erweiterte Auflage

AF543745

Technische Universität Braunschweig, Institut für Straßenwesen

KIRSCHBAUM VERLAG BONN

ISBN 978-3-7812-2152-9

© Kirschbaum Verlag GmbH, Fachverlag für Verkehr und Technik, Bonn
Satz: EMS Eckert Medienservice, Niels-Bohr-Str. 7, 53881 Euskirchen
Druck: johnen-druck GmbH & Co. KG, Industriegebiet Bornwiese 5, 54470 Bernkastel-Kues
August 2024 – Best.-Nr. 2152

Alle in diesem Werk enthaltenen Angaben, Daten, Ergebnisse etc. wurden vom Autor nach bestem Wissen erstellt und von ihnen und dem Verlag mit größtmöglicher Sorgfalt überprüft. Gleichwohl sind inhaltliche Fehler nicht vollständig auszuschließen. Autor und Verlag können deshalb für etwaige inhaltliche Unrichtigkeiten keine Haftung übernehmen.

Das Werk einschließlich aller seiner Teile ist urheberrechtlich geschützt. Jede Verwertung außerhalb der engen Grenzen des Urheberrechtsgesetzes ist ohne Zustimmung des Verlages unzulässig und strafbar. Das gilt insbesondere für Vervielfältigungen, Übersetzungen, Mikroverfilmungen und die Einspeicherung und Verarbeitung in elektronischen Systemen.

Bild Seite 1: Polymermodifiziertes Bindemittel 25/55-55 A verschmiert auf Leinwand 100 x 100 cm^2

INHALT

1 Einleitung 11
1.1 Hintergrund 11
1.2 Zielsetzung und Zielpublikum 13
1.3 Inhaltlicher Aufbau 14

2 Zusammensetzung und Herstellung von Asphalt 17
2.1 Definition von Asphalt 17
2.2 Bitumen 17
2.2.1 Überblick 17
2.2.1.1 Definition von Bitumen 17
2.2.1.2 Viskoser, thermoplastischer Werkstoff 18
2.2.1.3 Verwendung 20
2.2.2 Bitumenchemie (Grundlagen) 22
2.2.2.1 Erdölderivat 22
2.2.2.2 Kohlenwasserstoff-Verbindung 23
2.2.2.3 Bitumenanteile nach Polarität 24
2.2.2.4 Mizellenmodell für das Bitumenkolloid 27
2.2.3 Herstellung und Aufbereitung von Straßenbaubitumen 30
2.2.3.1 Natürliches Bitumen (Naturbitumen) 30
2.2.3.2 Bitumenproduktion in der Raffinerie 30
2.2.3.3 Kennzeichnung mittels API-Grads und Schwefelgehalts 32
2.2.3.4 Aufbereitung zu Bitumenemulsion, Flux- und Kaltbitumen 34
(A) Polymermodifiziertes Bitumen (PmB) 34
(B) Viskositätsverändertes Bitumen 34
(C) Bitumenemulsion 35
(D) Fluxbitumen und Kaltbitumen 37
2.2.4 Bio-Bitumen 38
2.2.4.1 Hintergrund 38
2.2.4.2 Bitumenersatzstoffe aus erneuerbaren Rohstoffen 40
(A) Lignin 41
(B) Pflanzliches Harz 42
(C) Tallpech 42

2.2.5 Zusätze zur Bitumenmodifikation (Auswahl) 43
2.2.5.1 Polymere 43
2.2.5.2 Viskositätsverändernde Mittel 45
2.2.5.3 Regenerationsmittel (Verjüngung) 45
2.2.5.4 Bindemittelträger 45
2.2.5.5 Kalkhydrat 46
2.2.5.6 Haftverbesserer 48
2.2.5.7 Polyurethan 48
2.2.5.8 Gummipartikel 49
2.2.5.9 Nanoobjekte 51
2.2.5.10 Farbpigmente 52
2.2.5.11 Fasern zur ‚Bewehrung' 52
2.3 Gestein 53
2.3.1 Gesteinsarten und typische Straßenbaugesteine 55
2.3.1.1 Natürliche Gesteine 55
(A) Magmatische Gesteine 56
(B) Sedimentgesteine 61
(C) Metamorphe Gesteine 64
2.3.1.2 Gesteinsvorkommen im Harz 65
2.3.1.3 Industriell hergestellte (künstliche) Gesteine 68
2.3.1.4 Rezyklierte Gesteinskörnungen 70
2.3.1.5 Hinweise zur Gesteinserkennung 71
2.3.2 Gesteinseigenschaften (Auswahl) und ihre Bestimmung 74
2.3.2.1 Aufbereitung 75
2.3.2.2 Anforderungen 76
2.3.2.3 Korngrößenverteilung 77
2.3.2.4 Gehalt an Feinanteilen 80
2.3.2.5 Kornform von groben Gesteinskörnungen 81
2.3.2.6 Bruchflächigkeit grober Gesteinskörnungen 83
2.3.2.7 Zertrümmerung von groben Gesteinskörnungen 85
2.3.2.8 Frostbeanspruchung (Frostbeständigkeit) 87
2.3.2.9 Polieren von groben Gesteinskörnungen 89
2.3.2.10 Fließkoeffizient (innere Reibung von Sanden) 91
2.3.2.11 SiO_2-Gehalt 92

2.4 Wiederverwendbarer Ausbauasphalt 94
2.4.1 Wiederverwendbarer in der Asphaltmischanlage 96
2.4.2 Rejuvenator (Regenerationsmittel) 99
2.4.3 Mehrfache Wiederverwendung von Asphalt 103
2.5 Asphaltarten und -sorten 105
2.5.1 Grundlagen zum Straßenaufbau 105
2.5.2 Begriffsdefinitionen zu Asphaltarten und -sorten 108
2.5.3 Grundlagen der Mischgutzusammensetzung 110
2.5.3.1 Einflussgrößen beim Mix Design 111
(A) Korngrößenverteilung (Sieblinie) 111
(B) Bindemittel 112
2.5.3.2 Vorgehen beim Mix Design 115
2.5.3.3 Erstprüfung (Typprüfung) 117
2.5.4 Asphaltarten: Walzasphalt und Gussasphalt 119
2.5.5 Bauprinzipien von Asphalt 122
(A) Mastixkonzept 123
(B) Packungskonzept 124
(C) Stützgerüstkonzept 127
(D) Offenes Stützgerüstkonzept 128
(E) Vergleich der Bauprinzipien 131
2.5.6 Warmasphalt 133
2.5.6.1 Viskositätsverändernde Mittel 136
2.5.6.2 Schaumasphalt 136
2.6 Asphaltproduktion 137

3 Gebrauchsverhalten von Asphalt 141
3.1 Zum Begriff ‚Gebrauchsverhalten' 141
3.2 Äußere und innere Einwirkungen auf die Straße 142
3.2.1 Äußere mechanische Einwirkung 143
3.2.1.1 Achslasten des Schwerverkehrs 143
3.2.1.2 Drehender Beanspruchungszustand 146
3.2.1.3 Temperatur-Geschwindigkeits-Abhängigkeit 149
3.2.2 Äußere Einwirkung aus dem Temperaturgang 151
3.2.2.1 Lufttemperatur 151

3.2.2.2 Straßenoberflächentemperatur . . . 151
3.2.2.3 Temperaturprofil im Straßenkörper . . . 154
3.2.3 Innere Einwirkung aus der Vorspannung des Korngerüsts . . . 154
3.3 Strukturelle Schädigung . . . 155
3.3.1 Rissbildung . . . 155
3.3.1.1 Zur Entstehung von Mikro- und Makrorissen . . . 155
3.3.1.2 Abkühlungsbedingte (kryogene) Rissbildung . . . 157
3.3.2 Bleibende Verformung . . . 159
3.3.3 Materialermüdung . . . 160
3.3.3.1 Phänomen . . . 160
3.3.3.2 Schichtenverbund . . . 161
3.4 Alterung und Einwirkung von Wasser . . . 164
3.4.1 Bindemittelalterung . . . 164
(A) Oxidative Bindemittelalterung . . . 166
(B) Destillative Bindemittelalterung . . . 168
(C) Strukturalterung . . . 169
3.4.2 Haftverhalten unter Einwirkung von Wasser . . . 170
3.5 Auto-Regeneration (Selbstheilung) . . . 173

4 Modellierung von rheologischen Eigenschaften . . . 175
4.1 Grundbegriffe der Mechanik . . . 175
4.1.1 Materialmodellierung . . . 175
4.1.2 Spannung, Dehnung . . . 176
4.1.2.1 Belastung und Beanspruchung . . . 177
4.1.2.2 Spannung, Spannungstensor . . . 177
4.1.2.3 Verzerrung und Dehnung . . . 180
4.1.3 Homogener und inhomogener Spannungszustand . . . 182
4.1.4 Isotropes Materialverhalten . . . 185
4.1.5 Verformungsverhalten: Elastizität, Plastizität, Viskosität . . . 185
4.1.5.1 Elastisches Verformungsverhalten . . . 186
4.1.5.2 Plastisches Verformungsverhalten . . . 188
4.1.5.3 Viskoses Verformungsverhalten . . . 189
4.1.6 Steifigkeit und Festigkeit . . . 191
4.1.6.1 Steifigkeit . . . 191
4.1.6.2 Festigkeit . . . 192

4.2 Beanspruchungsbereiche von Bitumen und Asphalt . . . 192
4.2.1 Linear-viskoelastischer (LVE) Bereich . . . 192
4.2.2 Nichtlineares Materialverhalten außerhalb des LVE Bereichs . . . 194
4.3 Materialverhalten im LVE Bereich . . . 198
4.3.1 Superpositionsprinzip nach Boltzmann . . . 198
4.3.2 Kriechen (LVE Verhalten im Zeitbereich) . . . 200
4.3.3 Relaxation (LVE Verhalten im Zeitbereich) . . . 201
4.3.4 Komplexer Modul (LVE Verhalten im Frequenzbereich) . . . 203
4.3.4.1 Komplexer E-Modul E^* . . . 203
4.3.4.2 Komplexer Schermodul G^* . . . 209
4.3.4.3 Komplexe Poissonsche Zahl ν^* . . . 210
4.3.4.4 Cole-Cole Diagramm und Black Diagramm . . . 211
4.3.5 Temperatur-Frequenz-Äquivalenz und Masterfunktion . . . 212
4.3.6 Energiedissipation bei zyklischer Beanspruchung . . . 215
4.3.7 Rheologische Modelle (Auswahl) . . . 217
4.3.7.1 Maxwell, Kelvin-Voigt Modell . . . 218
4.3.7.2 Burgers Modell . . . 219
4.3.7.3 Verallgemeinertes Maxwell und Kelvin-Voigt Modell . . . 219
4.3.7.4 Power Law, Huet und Huet-Sayegh Modell . . . 220
4.3.7.5 2S2P1D Modell . . . 221
4.3.8 Korrelation von Bitumen- und Asphaltverhalten . . . 223

5 Laborkennwerte des Asphaltverhaltens . . . 227
5.1 Überblick . . . 227
5.1.1 Gebrauchsverhaltensorientierte Prüfung . . . 227
5.1.1.1 Bindemittelprüfung . . . 227
5.1.1.2 Mastixprüfung . . . 230
5.1.1.3 Asphaltprüfung . . . 232
5.1.2 Statische und zyklische Beanspruchung . . . 236
5.1.3 Skaleneffekte (Mehrskalenmodell) . . . 237
5.2 Bindemittelkennwerte . . . 240
5.2.1 Bindemittelalterung . . . 240
5.2.1.1 Rolling Thin Film Oven Test . . . 241
5.2.1.2 Pressure Ageing Vessel . . . 242

5.2.2 Konventionelle Bindemittelkennwerte. 242
5.2.2.1 Nadelpenetration zur Sortenbezeichnung 242
5.2.2.2 Erweichungspunkt Ring und Kugel 244
5.2.2.3 Brechpunkt nach Fraaß. 247
5.2.2.4 Gebrauchstemperaturspanne (Plasitizitätsspanne). 248
5.2.2.5 Duktilität, Kraftduktilität, elastische Rückstellung 249
5.2.3 Rheologische Bindemittelkennwerte im LVE Bereich. 251
5.2.3.1 Das Dynamische Scherrheometer. 251
5.2.3.2 Viskoelastisches Materialverhalten 256
(A) Bestimmung des LVE Bereichs 256
(B) Komplexer Schermodul und Phasenwinkel (T-f-Sweep) 256
5.2.4 Bindemittelklassifikation 259
5.2.4.1 Klassifikation gemäß Europäischer Norm 259
5.2.4.2 Performance Grade System 260
5.2.4.3 Bitumen-Typisierungs-Schnellverfahren und T-Sweep 262
(A) Bitumen-Typisierungs-Schnellverfahren (BTSV). 262
(B) Temperatur-Sweep Test (T-Sweep Test) 267
5.2.4.4 Bestimmung der Phasenübergangstemperatur. 268
5.2.5 Kennwerte des Gebrauchsverhaltens von Bindemitteln. 269
5.2.5.1 Verformungswiderstand. 270
(A) Multiple Stress Creep and Recovery Test (MSCRT) 270
(B) Single Shear Creep Test (SSCT). 274
5.2.5.2 Ermüdungswiderstand. 275
(A) Stress Amplitude Fatigue Test (SAFT) 275
(B) Forschungsbedarf zum Ermüdungsverhalten 275
5.2.5.3 Widerstand gegen Kälterissbildung. 276
(A) Relaxationsprüfung mit 4 mm Plattendurchmesser. 276
(B) Biegekriechverhalten im Biegebalkenrheometer (BBR) 277
5.2.5.4 Dynamische Viskosität im Rotationsviskosimeter 280
5.2.5.5 Haftverhalten Bindemittel-Gestein. 281
5.2.5.6 Bestimmung des Alterungszustands 282
5.2.5.7 Beurteilung der Wirksamkeit eines Regenerationsmittels 284
5.2.6 Analyse der elementaren Bindemittelzusammensetzung. 290
5.2.6.1 Chromatografische Verfahren 290
5.2.6.2 Spektroskopische Verfahren 292
5.2.6.3 Mechanische Abtastverfahren der Oberflächenchemie. 293

5.3 Mastixkennwerte . . . 295
5.3.1 Mastixproben . . . 295
5.3.2 Viskoelastisches Materialverhalten (T-f-Sweep) . . . 296
5.3.3 Kennwerte des Gebrauchsverhaltens von Mastix . . . 297
5.3.3.1 Widerstand gegen Verformung, Ermüdung und Kälterisse . . . 297
5.3.3.2 Mastixviskosität im ko-axialen Zylinder . . . 299
5.3.3.3 DSR-Prüfung mittels Festkörpereinspannung . . . 300
5.4 Asphaltkennwerte . . . 301
5.4.1 Herstellung von Asphaltprobekörpern . . . 301
5.4.2 Volumetrische Kennwerte . . . 304
5.4.2.1 Rohdichte . . . 305
5.4.2.2 Raumdichte . . . 306
5.4.2.3 Hohlraumgehalt . . . 307
5.4.2.4 Verdichtungsgrad . . . 308
5.4.3 Kennwerte des Gebrauchsverhaltens aus statischen Asphaltprüfungen . 309
5.4.3.1 Widerstand gegen Kälterissbildung (Abkühlversuch) . . . 309
5.4.3.2 Einaxialer Zugversuch . . . 310
5.4.3.3 Abscherversuch . . . 312
5.4.4 Kennwerte des Gebrauchsverhaltens aus zyklischen Asphaltprüfungen . 313
5.4.4.1 Verformungswiderstand . . . 314
(A) Prüfmethodik . . . 314
(B) Prüfverfahren . . . 316
5.4.4.2 Steifigkeit (Modul E^*) im LVE Bereich . . . 322
(A) Einflussgrößen . . . 322
(B) Prüfverfahren . . . 324
5.4.4.3 Ermüdungswiderstand . . . 324
(A) Prüfmethodik . . . 324
(B) Ermüdungskriterien . . . 327
(C) Wöhlerkurve . . . 329
(D) Einflussgrößen . . . 331
(E) Prüfverfahren (Auswahl) . . . 334
5.4.4.4 Auto-Regeneration . . . 340
5.4.4.5 Rechnerische Lebensdauer . . . 343
(A) Überblick . . . 343

(B) Mehrschichtentheorie 346
(C) Miner Regel 347
5.4.4.6 Schermodul und Lastwechselzahl bei Scherermüdung 348
5.4.5 Kennwerte aus der dynamischen Prüfung 349

6 Ökobilanzierung von Asphaltbefestigungen 353
6.1 Begriffe ‚Ökobilanzierung' und ‚Lebenszyklus' 353
6.1.1 Ökobilanzierung 353
6.1.2 Lebenszyklus von Straßen 356
6.2 Sach- und Wirkungsbilanz als Teile der Ökobilanzierung 359
6.2.1 Sachbilanz 359
6.2.2 Wirkungsbilanz 359
6.3 Software-Entwicklungen 362
6.3.1 Überblick 362
6.3.2 Berechnungstool aus dem Projekt ÖKOPOST 364
6.3.3 LCA-Software aus dem Projekt SABINA 365

Literaturhinweise 367
Deutschsprachige Fachbücher zu Bitumen und Asphalt 367
Fachzeitschriften und Heftreihen 368
Datenbanken 369

Abbildungsverzeichnis 371

Stichwortverzeichnis 377

Danksagung 387

1 Einleitung

1.1 Hintergrund

Asphalt ist heute der weltweit wichtigste Baustoff für feste Straßen. Er ist ein langlebiger, wiederverwendbarer und einfach verarbeitbarer Baustoff, mit dem sich standfeste, lärmreduzierende und oberflächenoptimierte Fahrbahndecken mit langer Nutzungsdauer realisieren lassen (siehe Kasten).

Vorteile von Asphalt: Die zähflüssigen Eigenschaften von Asphalt sind verantwortlich für die bautechnischen Vorteile gegenüber anderen Straßenbaustoffen: der fugenlose rasche Einbau, die schnelle Verkehrsfreigabe wegen der kurzen Erhärtungsphase, das Vermögen zur Selbstheilung, die einfache Sanierung, die mehrfache Wiederverwendbarkeit und die vielfältigen Möglichkeiten, die Bitumen- und Asphalteigenschaften zu modifizieren und damit an die regional verfügbaren Ausgangsstoffe und spezifischen Anforderungen anzupassen.

Nachteile von Asphalt: Bei der energieintensiven Produktion, bei Rückgewinnung und Wiederaufbereitung sowie bei der Verarbeitung von Asphalt können umwelt- und sicherheitsrelevante Stäube und Dämpfe entstehen. Daher gelten strikte Sicherheitsauflagen im Umgang mit Asphalt, Bitumen und Lösemitteln. Asphalt wird aus natürlichem *Gestein* und dem aus Erdöl gewonnenen Bindemittel *Bitumen* hergestellt, beides nicht erneuerbare Rohstoffe. Energie- und emissionsreduzierende Technologien und die Verwendung von erneuerbaren oder nachwachsenden Rohstoffen sind Gegenstand laufender Forschung und Entwicklung.

Straßen aus Asphalt werden seit rund 200 Jahren gebaut. Im Laufe dieser Zeit entwickelte sich ein empirisches, d. h. auf guten und schlechten Erfahrungen beruhendes technisches „Handwerk", festgeschrieben in technischen Regeln für die Baupraxis. Materialwissenschaftliche Betrachtungen, wie die Lenkung der Kräfte durch die Mischgutrezeptur spielten nur eine untergeordnete Rolle. Zum einen schienen diese nicht nötig zu sein, da eine schadhafte Asphaltstraße nicht „einstürzen" kann wie eine schadhafte Brücke, das Sicherheitsrisiko von Straßen-„Strukturen" also vergleichsweise niedrig ist.

Andererseits galten aufkommende materialwissenschaftliche Theorien zum Baustoff Asphalt mitsamt den zugehörigen Prüftechniken lange als schwierig, aufwendig und wenig praxistauglich. Denn in der Tat, Asphalt

– und noch viel mehr sein bitumenhaltiges Bindemittel – hat eine komplexe Zusammensetzung und zeigt ein derart breites Spektrum an Materialeigenschaften und Verhaltenszuständen bei Verarbeitung und im Gebrauch, wie es kein anderer Baustoff aufweist.

Darüber hinaus verhält sich Asphalt im Labor nicht immer so wie eingebaut in der Straße. Einfache materialwissenschaftliche Modelle und Prüfverfahren bilden die Wirklichkeit nicht immer genau genug ab; doch je komplizierter theoretische Ansätze sind, umso unbeliebter ist ihre Anwendung in der Praxis.

Und dennoch hat sich die Asphalttechnologie in den letzten 50 Jahren zu einem selbstständigen Forschungsgebiet der Materialwissenschaften entwickelt, und ihre Erkenntnisse werden zunehmend im modernen Asphaltstraßenbau umgesetzt. Genau diese braucht es nämlich, um den Straßenbaustoff Asphalt an die heutigen Anforderungen hinsichtlich Dauerhaftigkeit, Resilienz, Lärm- und Arbeitsschutz anzupassen und den zunehmenden Vorgaben bezüglich Ressourcenschonung, Klimafolgenanpassung und Dekarbonisierung Genüge zu leisten.

Dazu wird Asphalt in seiner Zusammensetzung laufend weiterentwickelt, so dass er unter Einsparung von Ressourcen bei höchsten Verkehrsbelastungen und unter extremen Witterungsereignissen immer noch zuverlässig und auch umweltkompatibel funktioniert. Dabei kann eine mengenmäßig nur geringe Modifikation der Asphaltrezeptur bereits eine gravierende Auswirkung auf den Lebenszyklus des Massenbaustoffs Asphalt haben.

Moderne Techniken der Energie- und Temperaturreduktion bei Produktion und Einbau von Asphalt können die Belastung durch Treibhausgase und andere Emissionen markant drosseln. Und Asphalt ist der Recyclingbaustoff schlechthin. In keinem anderen Bausektor gelingen vergleichbare Recyclingquoten, denn Asphalt kann vollständig und mehrfach wiederverwendet werden.

Weitere Modifikationen am Baustoff Asphalt sind Thema laufender Forschung. Dazu zählen die Erhöhung der Alterungsbeständigkeit oder der Ersatz von Bitumenanteilen durch nachwachsende Rohstoffe zur Senkung des ökologischen Fußabdrucks – auch darüber wird in diesem Buch berichtet.

So hat sich binnen weniger Jahrzehnte der Straßenbaustoff Asphalt gegenüber früheren Asphalten in seiner Zusammensetzung und folglich in seinem Materialverhalten gravierend verändert.

1.2 Zielsetzung und Zielpublikum

Der überwiegende Anteil des Straßennetzes ist aus Steuermitteln finanziert und stellt so ein beträchtliches gesellschaftliches Anlagevermögen dar. Eine wesentliche Aufgabe der Straßenbauingenieurinnen und -ingenieure ist es – bei gleichzeitig abnehmenden Investitionsmitteln –, die nötigen technischen Methoden und Verfahren bereitzustellen und bautechnisch umzusetzen, sodass ein Werterhalt der Straßeninfrastruktur samt einer nachhaltigen Weiterentwicklung möglich ist.

Dazu ist ein empirischer Ansatz bestehend aus „Versuch und Irrtum" ungeeignet. Gleichzeitig verlieren mehr und mehr tradierte technische Regeln und herkömmliche Methoden ihre Bedeutung, weil diese oft nicht ausreichen, um die heute anstehenden Fragen der Materialkunde im Straßenbauwesen zu beantworten. Um flexibel auf die technologischen Herausforderungen reagieren und neue, verbesserte Baustoffqualitäten erreichen zu können, braucht es ein fundiertes Wissen von Ingenieurinnen und Ingenieuren, das auf materialwissenschaftlichen Erkenntnissen aufbaut. Es braucht u. a. eine solide Asphalttechnologie.

Dieses Buch fasst den Stand des Wissens zur Asphalttechnologie zusammen und veranschaulicht den Stand von Forschung und Entwicklung. Es erläutert grundlegende Zusammenhänge zur Zusammensetzung, zum Gebrauchsverhalten, zur Modellierung und zur Prüfung des Straßenbaustoffs Asphalt.

Das Buch wendet sich an alle, die sich für den Straßenbau mit Asphalt interessieren und sich in die Materie der Asphalttechnologie einarbeiten wollen. Voraussetzung sind lediglich Grundkenntnisse in der Mathematik und im Ingenieurwesen.

Es ist auch an Studierende in den einschlägigen technischen Studiengängen mit Bezug zum Straßenbauingenieurwesen gerichtet. Am Beispiel des Straßenbaustoffs Asphalt lassen sich jene materialwissenschaftlichen Grundlagen anzuwenden lernen, von denen im Unterricht auch in anderen Disziplinen theoretisch oder auf andere Baustoffe bezogen die Rede ist. Denn tatsächlich deckt das Materialverhalten von Asphalt in seiner enormen Vielfältigkeit einen derart großen Bereich ab, dass das Wissen zu anderen Baustoffen wie beispielsweise Zement, Beton, Holz oder Lehm ausschnittsweise immer auch für Asphalt anwendbar ist. So vielseitig ist kein anderer Baustoff.

1.3 Inhaltlicher Aufbau

Dieses Buch ist – im Anschluss an dieses einleitende *Kapitel 1* – in fünf Hauptkapitel unterteilt.

In *Kapitel 2* wird der Baustoff Asphalt als solcher mit seinen Komponenten vorgestellt. Unter anderem werden die Zusammensetzung, Herstellung und Modifikation von *Bitumen* erläutert und die im Straßenbau typischerweise eingesetzten *Gesteine* mit ihren charakteristischen Eigenschaften. Ein Unterkapitel ist der *Wiederverwendung von Ausbauasphalt* (aus alten Asphaltstraßen zurückgewonnener Asphalt) bei der Herstellung von neuem Asphalt gewidmet. Zum Abschluss von Kapitel 2 wird die *Herstellung* von Asphaltmischgut erläutert. Dazu erfährt man, was eine *Asphaltrezeptur* ausmacht, nach welchen Bauprinzipien die standardisierten *Asphaltarten und Asphaltsorten* aufgebaut sind und im Überblick wie die Produktion in einer *Asphaltmischanlage* erfolgt.

Kapitel 3 vermittelt, welche Beanspruchungen im Asphalt aus Verkehr und Witterung resultieren und so dessen *Gebrauchsverhalten* bestimmen. Konkretisiert werden die wesentlichen Phänomene der strukturellen Schädigung (Rissbildung, Materialermüdung, Verformung), der Alterung und der Einwirkung von Wasser, sowie die potentielle Fähigkeit von Asphalt zur Selbstheilung.

Kapitel 4 ist der *Modellierung des Asphaltverhaltens* gewidmet. Hier sind wesentliche, allgemeingültige Grundlagen aus der Kontinuumsmechanik zusammengestellt und erörtert, die regelmäßig in der Asphalttechnologie zur Anwendung kommen. Insbesondere wird auf das linear-viskoelastische Materialverhalten eingegangen und dessen charakteristische Kenngrößen, die bitumenhaltige Baustoffe im Bereich kleiner Dehnungen charakterisieren. Zum Abschluss von Kapitel 4 findet sich ein wichtiger Hinweis: Bitumen- und Asphaltverhalten sind im linear-viskoelastischen Bereich direkt gekoppelt, sodass in diesem Bereich wesentliche Asphalteigenschaften aus vergleichsweise einfachen Bitumenprüfungen mit guter Treffsicherheit vorhergesagt werden können.

In *Kapitel 5* sind die (hauptsächlich in Deutschland und Europa) angewandten *Laborprüfmethoden* beschrieben, mit deren Hilfe wesentliche Kenngrößen für das Gebrauchsverhalten von bitumenhaltigen Baustoffen gewonnen werden können. Besonderes Augenmerk gilt den rheologischen Prüfverfahren für Bitumen und Mastix am Dynamischen Scherrheometer, die heute zunehmend in der internationalen Normierung Beachtung finden und in der Baupraxis eingesetzt werden.

Kapitel 6 beleuchtet Umweltwirkungen im Asphaltstraßenbau. Mittels der *Ökobilanzierung von Asphaltstraßen* soll die technische Bewertung der Dauerhaftigkeit von Asphaltstraßen um ökologische Kenngrößen erweitert werden, wie die Freisetzung von Treibhausgasemissionen, den Verbrauch erneuerbarer und nicht-erneuerbarer Primärenergien und den Ressourcenverbrauch.

Zahlreiche Quellenangaben und Hinweise zu weiterführender Literatur (wissenschaftliche Veröffentlichungen, Dissertationen, Forschungsprojekte, Fachbücher, Heftreihen und Datenbanken) sind an den entsprechenden Stellen als Fußnoten vermerkt bzw. am Ende des Buchs unter den *Literaturhinweisen* aufgeführt.

Ergänzende Hintergrundinformationen sind jeweils als Kastentexte gekennzeichnet.

2 Zusammensetzung und Herstellung von Asphalt

2.1 Definition von Asphalt

Weltweit ist Asphalt (altgriechisch *asphaltos* für Erdharz) der am häufigsten eingesetzte Baustoff für den Bau von Straßeninfrastrukturen in gebundener Bauweise.

Asphalt ist definitionsgemäß ein natürliches oder technisch hergestelltes *Gemisch aus Gesteinskörnungen und bitumenhaltigem Bindemittel*. Das Gestein nimmt rund 95 Masseprozent (M.-%) ein, das Bindemittel rund 5 M.-%, abhängig von der jeweiligen Rezeptur.

Die Materialeigenschaften von Asphalt und deren zeitabhängiges Gebrauchsverhalten unter den gegebenen Einwirkungen (siehe Kapitel 3) werden maßgeblich bestimmt von

» dem Zusammenwirken der Baustoffkomponenten *Bitumen* (siehe Kapitel 2.2), *Gestein* (siehe Kapitel 2.3) und *Asphaltgranulat* (siehe Kapitel 2.4),

» ihrem Mischungsverhältnis (siehe Kapitel 2.5) und

» den Struktureigenschaften der fertig eingebauten, verdichteten und ausgekühlten Asphaltschicht (siehe Kapitel 3.3).

2.2 Bitumen

2.2.1 Überblick

2.2.1.1 Definition von Bitumen

Das Bitumen (lateinisch *pix tumens* für schäumendes Pech; englisch *bitumen* oder *asphalt (binder)* oder *asphalt cement*) ist das Standardbindemittel im Asphalt, der Klebstoff, der die Gesteinskörner zusammenhält. Es ist als Erdölderivat (siehe Kapitel 2.2.2.1) ein dunkelfarbiges (schwarzbraunes) Gemisch aus organischen Substanzen (siehe unten).

Das im Klebeverhalten zu Bitumen ähnliche Material *Teer* ist für die Asphaltherstellung in Deutschland aus Gründen des Umweltschutzes und der Arbeitssicherheit seit vielen Jahrzehnten nicht mehr in Verwendung (siehe Kasten).

Gesundheitsgefährdung durch Teer: *Geteert* wird heute nicht mehr. Bis etwa in die 1980er Jahre wurde in Deutschland und vielen anderen Ländern neben Bitumen auch *Teer* (oder *Teerpech*) als Bindemittel im Asphaltstraßenbau eingesetzt. Teere werden aus organischen Naturstoffen durch zersetzende thermische Behandlung bei etwa 100 °C gewonnen (beispielweise bei der Verkokung von Steinkohle). In deren Dämpfen befinden sich in großer Menge *polyzyklische aromatische Kohlenwasserstoffe* (PAK), die als krebserregend eingestuft sind. Daher ist die Verwendung von PAK-haltigen Bindemitteln in Deutschland seit 1984 (und heute in vielen anderen Staaten) verboten. Jedoch sind derartige Bindemittel noch immer in bestehenden Verkehrsflächenbefestigungen in unschädlicher Form gebunden. Im Rahmen der Wiederverwendung von Straßenausbaustoffen ist die Kenntnis des *PAK-Gehalts im Feststoff* sowie des *Phenolindex im Eluat* (ausgetragene Substanz)[1] notwendig (gemäß Environmental Protection Agency, EPA). Zur Asphaltproduktion im Heißmischverfahren werden ausschließlich Straßenausbaustoffe verwendet mit einem maximalen Gesamtgehalt PAK im Feststoff von ≤ 25 mg/kg und einem Phenolindex im Eluat von ≤ 0,1 mg/l (Verwertungsklasse A gemäß RuVA, 2015)[2].

2.2.1.2 Viskoser, thermoplastischer Werkstoff

Bitumen ist zähflüssig, d. h. *viskos*. Die Bitumenzähigkeit (*Viskosität*, Begriff siehe Kasten) ist stark temperaturabhängig (vgl. Abbildung 1).

Der Begriff **Viskosität** bedeutet *Zähigkeit* oder *Zähflüssigkeit* und ist der Widerstand einer Flüssigkeit gegen eine erzwungene Bewegung. Je größer die Viskosität bzw. je viskoser eine Materie ist, desto dickflüssiger (weniger fließfähig) ist sie, und je niedriger die Viskosität desto dünnflüssiger (fließfähiger). Die Viskosität von Feststoffen ist kaum bestimmbar. Die *Dehnviskosität* ist der Widerstand gegenüber Dehnung, die *Scherviskosität* gegenüber Scherung, die *Volumenviskosität* gegenüber gleichmäßigem Druck. • Das Wort **viskos** für *zähflüssig* geht zurück auf den klebrigen Saft aus reifen Mistelbeeren (Pflanzengattung *Viscum*). Viskos bedeutete früher *zäh wie Vogelleim*, der als Lockmittel zum Vogelfang genutzt wurde, um diese über die Wintermonate zu Hause zu halten. Der früher in Europa verbreitete Fang von Singvögeln ist heute ein seltener Brauch.

---

1 Eluat: durch Elution herausgelöster Stoff; Elution: Herauslösen von Substanzen aus einer stationären Phase (*https://www.chemie.de/lexikon/Elution.html,* abgerufen am 31.01.2022).

2 Forschungsgesellschaft für Straßen- und Verkehrswesen (FGSV), Arbeitsgruppe Asphaltstraßen: Richtlinien für die umweltverträgliche Verwertung von Ausbaustoffen mit teer-/pechtypischen Bestandteilen sowie für die Verwertung von Ausbauasphalt im Straßenbau – RuVA Stb 01, Ausgabe 2001/Fassung 2005, FGSV Verlag, Köln, zuletzt geändert: Dezember 2015.

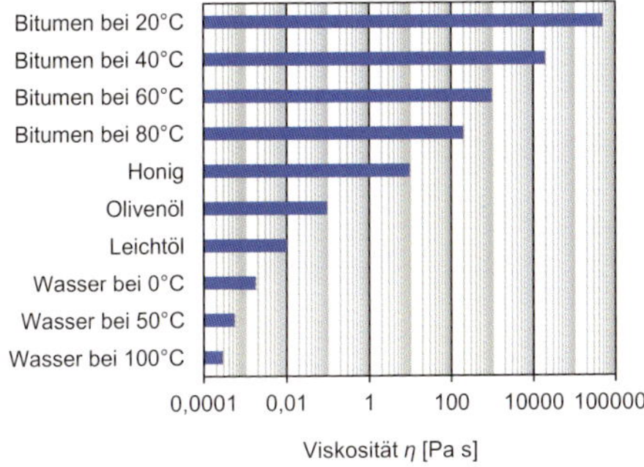

Substanz	Viskosität η [Pa s]
Bitumen bei 20°C	500000
Bitumen bei 40°C	20000
Bitumen bei 60°C	1000
Bitumen bei 80°C	200
Honig	10
Olivenöl	0,1
Leichtöl, Kaffeesahne	0,01
Wasser bei 0°C	0,00179
Wasser bei 50°C	0,000547
Wasser bei 100°C	0,000282

Abbildung 1 Viskosität verschiedener Substanzen im Vergleich zu Bitumen (Datenquelle: *Anton Paar*)

Bitumen ist ein *Thermoplast* (altgriechisch *thermós* für *heiß* und *plássein* für *formen*): Unterhalb der Raumtemperatur ist Bitumen fest bis halbfest. Es wird mit steigender Temperatur knetbar, später zähflüssig und schließlich zwischen 150 und 200 °C dünnflüssig (siehe Abbildung 2). Bitumen ist somit in heißem Zustand einfach verformbar und verarbeitbar.

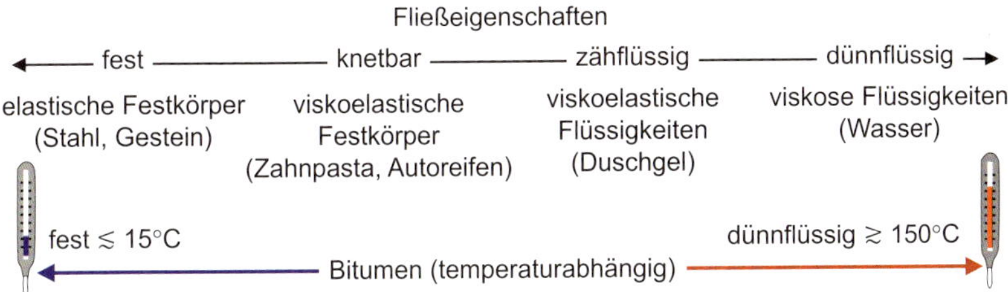

Abbildung 2 Fließeigenschaften von Bitumen (schematisch)

Kühlt Bitumen ab, wird es wieder fest und nimmt (weitgehend) wieder seinen ursprünglichen Aggregatzustand an. Dieser Vorgang ist reversibel, d. h. er kann beliebig oft wiederholt werden (solange sich das Bitumen nicht durch Überhitzung thermisch zersetzt oder durch Alterung chemisch verändert).

Darüber hinaus ist Bitumen sehr klebrig, gut abdichtend, hydrophob (wasserabweisend) und nahezu nicht flüchtig.

Aufgrund des ausgeprägten Fließverhaltens von Bitumen (bzw. von bitumenhaltigen Baustoffen) bezeichnet man diese auch als *rheologische* Werkstoffe (siehe Kasten).

Rheologie: Die *Rheologie* (altgriechisch *rhein* für *fließen* und *logos* für *Lehre*) bedeutet *Fließkunde* und ist eine Werkstoffwissenschaft, die das Fließverhalten von flüssigen Stoffen bzw. das Verformungsverhalten von zähflüssigen Stoffen unter Krafteinwirkung behandelt. **Rheometrie** bezeichnet das Messen rheologischer Größen, welche das Fließverhalten unter Einfluss von Scherung, Dehnung, Druck oder Temperatur beschreiben, beispielweise Viskosität oder Schermodul (siehe Kapitel 4.1.5.1). Ein **Rheometer** ist ein Gerät zur Messung von rheologischen Größen.

2.2.1.3 Verwendung

Seit dem Altertum wird Bitumen als Baustoff zu Abdichtungszwecken und als Haftmittel eingesetzt (siehe Kasten).

Historisches zu Bitumen und Asphalt (ausgewählte Beispiele): • 10.000 v. Chr. in Mesopotamien (heute Syrien) Verwendung von Naturbitumen u. a. zum Abdichten von Dächern und Wasserleitungen; als Kitt für Körbe, Flechtwerk; als Farbmittel; • 700 v. Chr. Bitumenmörtel für die chinesische Mauer; • 600 v. Chr. Bitumen zur Einbalsamierung und Abdichtung von Mumienkartonagen (persisch *mumia*, arabisch *mumiyah* für *Bitumen*); • 605-562 v. Chr. Prachtstraße des Nebukadnezar II in Babylon aus dicken Kalksteinplatten auf in Asphalt gebetteten Ziegeln; • 460-377 v. Chr. empfiehlt Hippokrates die Einnahme von Bitumen als Medizin gegen Halsschmerzen; • 100 v. Chr. Bitumen als Fugenfüllstoff für Straßen in Pompeji; • 1595 Entdeckung des Asphaltsees in Trinidad/Karibik; beginnende Erschließung von Naturasphaltvorkommen; • 1721 *Dissertation sur l'Asphalte* von Eirini d'Eyrinys; • 1729 erste Verwendung von Bitumen im deutschen Straßenbau (Preußen); • 1795 Gründung der *École polytechnique des ponts et chaussées* in Paris; • 1810 Asphaltmastix auf der Pont Morand in Lyon; 1835 in Paris; • 1826 Geburtsstunde der Fotografie (Heliografie) unter Verwendung einer camera obscura und einer bitumenbeschichteten Zinnplatte (Joseph Nicéphore Niépce); • 1832 erste Bitumendestillation aus Erdöl; • 1838 erste Walzasphaltstraße in Deutschland in Hamburg/Jungfernstieg; • 1839 wird in Wien die Rezyklierbarkeit von Asphalt festgestellt; • 1851 erste Gussasphaltstraße in Potsdam; • 1853 Léon Malo prägt den Begriff *Asphaltbeton*; • ab 1854 (erstmals in Paris) Einbau von *Stampfasphalt*, natürlicher Asphaltstein zerkleinert, auf (Beton-) unterbau eingebaut und durch Stampfen verdichtet. • 1858 weltweit erste Erdölbohrung in Wietze/Celle, Niedersachsen (G. Hunaeus, Bohrtiefe 35 m); • 1876 in Washington D.C. wird erstmals Bitumen aus der Erdölaufbereitung zum Asphaltieren verwendet; • 1906 Deutsches Patent für Bitumenemulsion; • 1907 erste Asphaltmischanlage in den USA; • 1908 erster internat. Straßenkongress in Paris; • 1936 Einführung des Erweichungspunkts Ring und Kugel, 1937 des Brechpunkts nach Fraaß; • 1950 erster Schwarzdeckenfertiger mit geregelter Asphaltzufuhr; • 1950 erster Einsatz von Kaltmischgut in Europa; • 1957 Schaumbitumen in Iowa; • 1961 Heißwalzasphalt in England patentiert; erster Asphaltdeckenfertiger mit regelbarer Verdichtungsleistung; • 1963 Drainasphalt auf Flugbetriebsflächen in England; • 1967 Polymermodifiziertes Bitumen (PmB) in Österreich; • 1968 Einbau von Splittmastix-

>

asphalt bei Wilhelmshaven; • 1976 erster Heißrecycler in Deutschland (*Remix-Verfahren*); • 1978 polymermodifizierte Bitumenemulsion in Österreich; • 1998 viskositätsverändernde Additive in Deutschland; • Seit etwa 2010 weltweite Intensivierung der Forschung zu Bitumenersatzstoffen; • ab 2025 soll Warmasphalt in Deutschland Heißasphalt vollständig ersetzen.

Heute werden etwa 80 % des Bitumens beim Bau von Verkehrsinfrastruktur genutzt (siehe Abbildung 3 und Kasten).

Im Asphaltstraßenbau sind insbesondere die temperaturabhängigen Bitumeneigenschaften von großem Vorteil: Im heißen Zustand ist das zähflüssige Asphaltmischgut einfach zu verarbeiten und zu verdichten. Beim Auskühlen werden Schrumpfspannungen selbsttätig abgebaut ohne Risse zu bilden, was eine Voraussetzung für den fugenlosen Einbau ist. Nach dem Auskühlen über Nacht ist das Bitumen bei Umgebungstemperaturen hochviskos und fest, und der Asphalt kann sofort hohe Verkehrslasten schadlos aufnehmen. Darüber hinaus ist Bitumen in Lösungsmittel (Bsp. Trichlorethylen, Toluol, Perchlorate, Octansäuremethylester (siehe Alisov & Wistuba)[3]) nahezu vollständig löslich, wodurch für Kontrollzwecke eine nachträgliche Auftrennung des Baustoffs Asphalt in seine Ausgangsstoffe ausreichend präzise möglich ist.

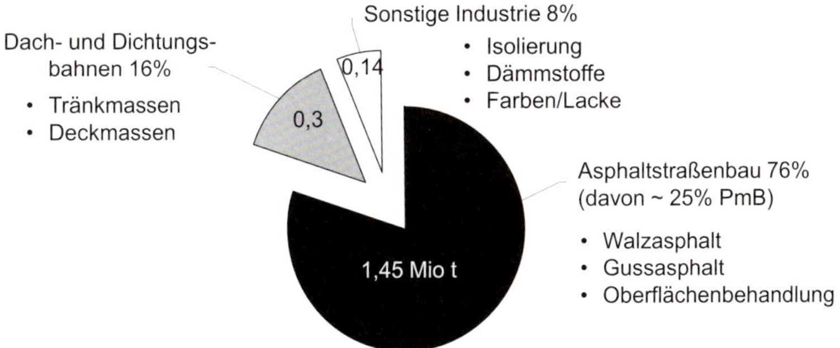

Abbildung 3 Bitumenverbrauch 2020 in Deutschland (gesamt rund 1,9 Millionen Tonnen) (Datenquelle: *eurobitume.eu*)

3 Alisov, A. & Wistuba, M. P. 2016. Bitumenextraktion aus Asphalt mit dem nachwachsenden Rohstoff Kokosester (Octansäuremethylester). Schlussbericht, Forschungsprojekt FE 07.0272/2013/ARB i. A. des Bundesministeriums für Verkehr und digitale Infrastruktur, Institut für Straßenwesen, Technische Universität Braunschweig.

Deutsche Asphaltindustrie in Zahlen: In Deutschland gibt es heute rund 260 Asphalt produzierende Firmen mit 535 stationären Asphaltmischanlagen und rund 3.000 Asphalt einbauende Firmen. In den Jahren 2011 bis 2021 wurden jährlich rund 40 Millionen Tonnen Asphalt produziert (rund 13 % der europäischen Asphaltproduktion). Der (rückläufige) Bitumenverbrauch betrug im Jahr 2020 rund 1,9 Millionen Tonnen, davon rund 25 % in Form von Polymermodifiziertem Bitumen. 2021 standen rund 14 Millionen Tonnen an Asphaltgranulat zur Verfügung, von denen über 85 % für die Produktion von Asphaltmischgut wiederverwendet wurde. Die Wiederverwendungsmenge von Ausbauasphalt in Heißmischgut liegt in Deutschland seit 10 Jahren bei rund 25 % bezogen auf die gesamte Asphaltmischgutproduktion. (Quellen: *Asphalt in Figures 2021*, *eapa.org; asphalt.de; eurobitume.eu*)

2.2.2 Bitumenchemie (Grundlagen)

2.2.2.1 Erdölderivat

Bitumen ist ein erdölstämmiges Produkt (*Erdölderivat*). Werden dem Erdöl die flüchtigen Bestandteile entzogen (entweder unter natürlichen Bedingungen über einen langen Zeitraum oder technisch in der Erdölraffinerie), bleibt als Rückstand Bitumen übrig. Die individuelle chemische Zusammensetzung von Bitumen wird von der jeweiligen *Provenienz* des Erdöls (Herkunft, *Rohölquelle*) bestimmt und schwankt erheblich.

In Erdöl sind bis zu 20.000 chemische Komponenten nachweisbar, davon hauptsächlich Kohlenstoff und Wasserstoff. Jedes Erdöl ist in seiner Zusammensetzung einzigartig. Sogar jedes Lager innerhalb eines Ölfeldes gleicht in seinen Eigenschaften keinem anderen Vorkommen exakt. Daher unterscheiden sich alle Rohöle und die daraus gewonnenen Bitumen in ihrer chemischen Zusammensetzung und folglich auch im spezifischen Gewicht, im Schwefelgehalt, usw. und in ihren Eigenschaften und Qualitäten. Die im Bitumen enthaltenen Metalle (rund 1 %) verraten die Provenienz des Erdöls (englisch *fingerprint*), aus dem dieses Bitumen gewonnen wurde.

Weil jede Rohölquelle ein anderes Bitumen gibt und sich die Zusammensetzung aus einer Rohölquelle mit der Zeit ändern kann, hat auch ein einmal spezifiziertes Bitumen aus einer bestimmten Provenienz dauerhaft keine gleichbleibende Zusammensetzung und folglich auch keine gleichbleibenden Eigenschaften.

Darüber hinaus ist die Bitumenzusammensetzung aufgrund flüchtiger Bestandteile stets nur begrenzt gültig und kann daher im Einzelnen nicht eindeutig identifiziert und definiert werden. Die chemischen Interaktionen zwischen den verschiedenen Komponenten im Bitumen und deren Einflüsse auf das resultierende Materialverhalten sind überaus komplex. Daher werden die Bitumeneigenschaften vor dem Einsatz in Asphaltmischgut anhand von Laborprüfungen immer wieder neu überprüft.

2.2.2.2 Kohlenwasserstoff-Verbindung

Die chemischen Bestandteile von Bitumen (wie von Erdöl) sind hauptsächlich Kohlenstoff C (80 bis 88 %), Wasserstoff H (7 bis 12 %), Sauerstoff O (0 bis 1,5 %), Stickstoff N (0 bis 2 %), Schwefel S (0,5 bis 9 %) und über 100 verschiedene Spurenstoffe von Elementen wie Nickel, Natrium, Halogen, Phosphor, Eisen oder Vanadium.

Wegen der Dominanz von Kohlenstoff und Wasserstoff wird Bitumen chemisch als *Kohlenwasserstoff-Verbindung* bezeichnet.

Das *Kohlenstoff/Wasserstoff-* (H/C-) *Verhältnis* ist ein Merkmal für die *Aromatizität* und liegt bei H/C = 1,2 (stark aromatisch) bis H/C = 1,7 (gesättigt ab 2). Mit steigender Aromatizität des Bitumens (mehr Kohlenstoffgehalt) verbessern sich im Allgemeinen die Bitumeneigenschaften für die Anwendung in Asphalt (beispielsweise Haftverhalten zum Gestein).

Man unterscheidet 4 Hauptgruppen von Kohlenwasserstoff-Verbindungen, die sich kettenförmig, ringförmig oder verzweigt ausbilden können (siehe Abbildung 4) und sich auf das thermische sowie katalytische Verhalten (Vermögen zur Beeinflussung der Reaktionsgeschwindigkeit) beziehen (siehe Kasten):

» Reaktionsträge *Paraffine,*

» reaktionsfreudige *Aromate,*

» *Zykloalkane* (früher *Naphtene)* und

» *Olefine.*

• **Paraffine** (lateinisch *parum affinis* für *wenig reaktionsfähig*, reaktionsträge) sind ein Gemisch aus gesättigten, unpolaren Kohlenwasserstoffen (sog. *Alkanen*). Die Atome hängen in geraden Ketten zusammen (Normal-Paraffine). Ketten können über Verzweigungen miteinander verbunden sein (Iso-Paraffine). Eine hohe Konzentration an Paraffinen führt im Allgemeinen zu schlechten Haft- und Benetzungseigenschaften am Gestein sowie zu schneller Alterung (Versprödung). Paraffinbasische Grundöle kommen z. B. aus den Ländern Saudi-Arabien, Vereinigte Arabische Emirate, Iran, USA, Russland (Paraffingehalt 2,8 M.-%) oder aus der Nordsee. • **Aromate** (kurz für *aromatische Verbindungen*; der Name stammt vom aromatischen Geruch der zuerst entdeckten Verbindungen dieser Stoffklasse) sind ungesättigte, reaktionsfreudige

>

Kohlenwasserstoffe (mono- und polyzyklisch), bei denen sechs Kohlenstoff-Atome einen stabilen Ring (Benzolring) bilden, mit dem weitere Ringsysteme oder auch Seitenketten (Naphthene oder Alkyl-Seitenketten; alkyl- und zykloalkyl) verbunden sein können. Bei sogenannten Hetero-Aromaten wird mindestens ein Kohlenstoffatom durch ein anderes Element, wie z. B. Sauerstoff, Schwefel, Stickstoff ersetzt (dadurch evtl. verbesserte Adhäsion zum Gestein). Damit besitzen Aromate eine große Polarität (hohe Dielektrizitätskonstante), Paraffine eine kleine. • **Zykloalkane** (früher Naphthene genannt) sind ringförmige gesättigte Kohlenwasserstoffe. Sie sind reaktionsfähiger als Paraffine und kältebeständiger. Naphtenbasische Grundöle, bei denen der Anteil an Naphthenen und Aromaten überwiegt und die eine höhere Dichte als paraffinbasische Grundöle aufweisen, kommen z. B. aus Venezuela, Mexiko, Indonesien. • **Olefine** sind ungesättigte Kohlenwasserstoffe, die (teilweise gewollt) beim „Cracken“ vom Bitumen entstehen. Es ist der Oberbegriff für alle azyklischen und zyklischen Kohlenwasserstoffe mit einer (oder mehreren) Kohlenstoff-Kohlenstoff-Doppelbindung(-en), z. B. Alkene, Zykloalkene und Polyene. Ausgenommen davon sind aromatische Verbindungen.

	Ungesättigte Kohlenwasserstoffe (reaktionsfreudig)	Gesättigte Kohlenwasserstoffe (reaktionsträge)
kettenförmig	Hexen C_6H_{12} 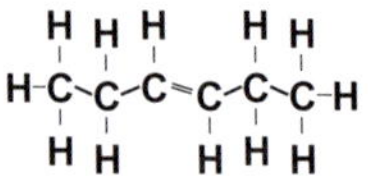	Hexan C_6H_{14} 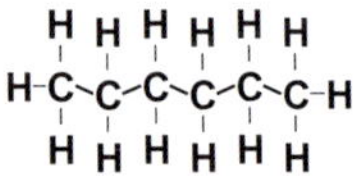
ringförmig (zyklisch)	Benzol C_6H_6 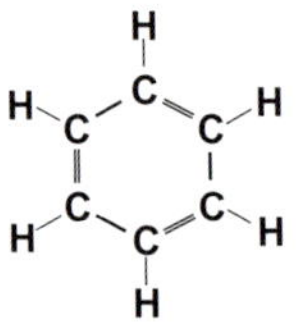	Zyklohexan C_6H_{12} 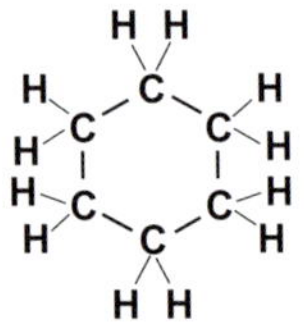

Abbildung 4 Beispiele für Kohlenwasserstoffverbindungen in Bitumen (schematisch)

2.2.2.3 Bitumenanteile nach Polarität

Um die Bitumenkomponenten zu separieren, können Löslichkeits- oder Adsorptions-/Desorptionstechniken eingesetzt werden. Meist wird dabei – mit unterschiedlichen Verfahren, deren Ergebnisse nicht übereinstimmen müssen – das Bitumen nach der *Polarität* seiner Anteile aufgetrennt (siehe Kasten).

Bitumenpolarität: Die Polarität (bzw. genauer das elektrische Dipolmoment als Maß für die Polarität) kann zur qualitativen Abschätzung der Reaktivität eines Bitumenanteils herangezogen werden, d. h. seiner Willigkeit eine chemische Bindung einzugehen. Ein polarer Bitumenanteil verhält sich nicht mehr elektrisch neutral. Je polarer er ist, umso reaktionsfreudiger ist er.

Mittels *SARA-Analyse* (Wort zusammengesetzt aus den Anfangsbuchstaben der resultierenden Fraktionen) können die Bitumenanteile (mit zunehmender Polarität) fraktioniert werden (zur Durchführung der SARA-Analyse siehe Kapitel 5.2.5.6) in

- » nicht polare, *gesättigte* lineare, verzweigte und zyklische *Kohlenwasserstoffe* (englisch *saturates*),
- » leicht polare, *aromatische Verbindungen* mit einem Ring oder mehreren Ringen (englisch *aromatics*),
- » polare, in n-Heptan lösliche *Harze* (englisch *resins*) und
- » hochpolare, in n-Heptan unlösliche *Asphaltene* (Betonung auf dem ersten *e*; englisch *asphaltenes*).

Bitumen enthält näherungsweise 5 bis 15 % Gesättigte, 30 bis 45 % Aromate, 30 bis 45 % Harze und 5 bis 20 % Asphaltene (siehe Abbildung 5).

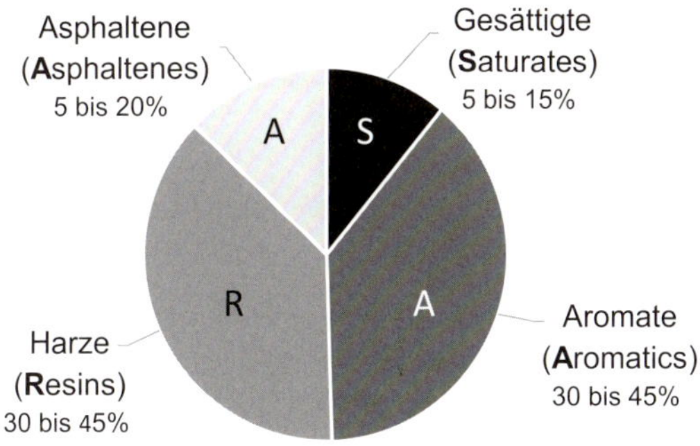

Abbildung 5 Zusammensetzung von Bitumen anhand der SARA-Fraktionen (schematisch)

Die Anteile der SARA-Fraktionen und die Molekülstrukturen beeinflussen wesentlich die *rheologischen* Bindemitteleigenschaften. Sie korrelieren daher statistisch signifikant mit bestimmten mechanischen Bitumeneigenschaften (Nytus & Radenberg, 2014)[4]. Dies gilt insbesondere für die hochpolaren Asphaltene, die ein Netzwerk im erkalteten Bindemittel ausbilden und so dessen Viskosität bestimmen: Je höher der Asphaltenanteil ist, desto härter ist das Bindemittel.

Von besonderem Interesse für die Bitumeneigenschaften sind daher die Asphaltene, welche sich im Bitumen zu Mizellen gruppieren und *Asphaltenekerne* bilden können.

Nach Handle (2014)[5] variiert die jeweilige Konzentration der SARA-Fraktionen mit dem Abstand von der Mizelle: Das Zentrum der Mizelle besteht hauptsächlich aus Asphaltenen (asphaltenes). Sie beinhalten die polarsten und größten Moleküle im Bitumen. Um sie herum liegt ein Mantel hauptsächlich bestehend aus Harzen (resins) und Aromaten (aromatics),

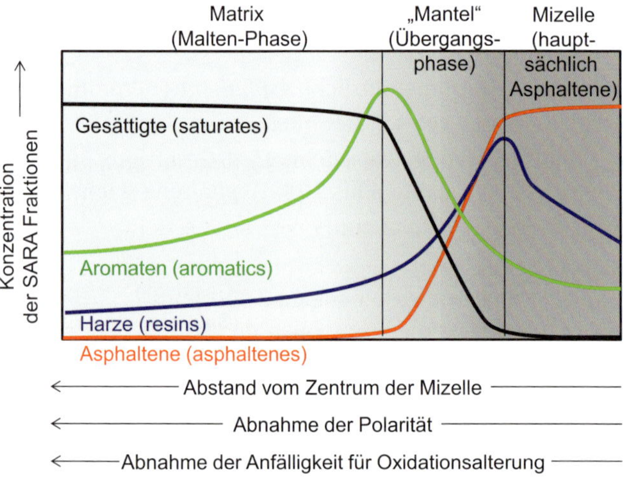

Abbildung 6 Konzentration der SARA-Fraktionen abhängig vom Abstand zur Mizelle (verändert nach Handle, 2014)[5]

4 Nytus, N. & Radenberg, M. 2014. Einfluss der chemischen, rheologischen und physikalischen Grundeigenschaften von Straßenbaubitumen auf das Adhäsionsverhalten unterschiedlicher Gesteinskörnungen. Schlussbericht, Forschungsprojekt IGF-Vorhaben 16639 N/1, Forschungsvereinigung Deutsches Asphaltinstitut e.V. – DAI, Ruhr Universität Bochum i. A. der Arbeitsgemeinschaft industrieller Forschungsvereinigungen „Otto von Guericke“ e.V. (AiF), Programm des Bundesministeriums für Wirtschaft und Technologie zur Förderung der Industriellen Gemeinschaftsforschung und -entwicklung.

5 Handle, F. 2014. Unraveling the bitumen microstructure – towards a new understanding of bitumen ageing. Doctoral thesis, Vienna University of Technology.

die weniger stark polar und etwas kleiner sind. Außerhalb der Mizellen bildet sich eine zusammenhängende Matrix (Malten-Phase) aus unpolaren Gesättigten (saturates) (siehe Abbildung 6).

Oft wird vereinfacht anstelle der SARA-Fraktionen nur zwischen Asphaltenen und dem Rest (Malten-Phase) unterschieden (siehe Kasten), was die Bedeutung des Asphaltengehalts für die resultierenden Bitumeneigenschaften unterstreicht. Ein anschauliches Modell dafür ist das Mizellenmodell (siehe unten).

Auftrennung in Asphaltene und Maltene: Gemäß Europäischer Norm (DIN EN 12606-1[6] und DIN EN 12606-2[7]) sind *Asphaltene* jene Komponenten, die in einer Mischung von Erdöl mit der 30-fachen Menge an Lösungsmittel *n-Heptan*[8] bei Temperaturen zwischen 18-28 °C unlöslich sind. Nach Ausfällen aus der Lösung können die Asphaltene durch ein Filter abgetrennt und nach Trocknung gewogen werden (siehe DIN 51595)[9]. Das verbleibende, de-asphaltierte Erdöl wird als *Malten* bezeichnet.

2.2.2.4 Mizellenmodell für das Bitumenkolloid

Der Aufbau von Bitumen entspricht einem komplexen Kolloid (griechisch *colla* für Leim), was bedeutet, dass in einem kontinuierlichen Stoff (halb)feste Stoffe fein verteilt sind (Neumann & Rahimian, 1973)[10].

International gibt es heute keine einheitliche Ansicht zum Aufbau des Bitumenkolloids und zur Verteilung und Wirkungsweise seiner Bestandteile. Weit verbreitet ist die Vorstellung des *Mizellenmodells*, ein vereinfachtes kolloidales System aus Asphaltenen und Maltenen (Nellensteyn, 1923)[11]. Nach dieser Vorstellung besteht das Bitumenkolloid (a.) zu 5 bis

---

6 DIN EN 12606-1:2015-11. Bitumen und bitumenhaltige Bindemittel – Bestimmung des Paraffingehaltes – Teil 1: Destillationsverfahren; Deutsche Fassung EN 12606-1:2015.

7 DIN EN 12606-2:2000-04. Bitumen und bitumenhaltige Bindemittel – Bestimmung des Paraffingehaltes – Teil 2: Extraktionsverfahren; Deutsche Fassung EN 12606-2:1999.

8 Das (unpolare) Lösungsmittel n-Heptan ist in der organischen Synthese verbreitet. Daneben sind n-Pentan oder Isooctan gebräuchlich, allerdings differieren dann die Ausfällungsraten der Asphaltene. In Toluol sind Asphaltene löslich.

9 DIN 51595:2000-11. Prüfung von Mineralölerzeugnissen – Bestimmung des Gehalts an Asphaltenen – Fällung mit Heptan.

10 Neumann, H.-J. & Rahimian, I. 1973. Über die Kolloidchemie des Bitumens. Bitumen, Heft 1, 1-5, Arbeitsgemeinschaft der Bitumen-Industrie e. V. Hamburg (Hrsg.).

11 Nellensteyn, F. J. 1923. Bereiding en Constitutie van Asphalt. Doctoral Thesis, Delft University of Technology, The Netherlands.

15 % aus der zerstreuten (dispersen) *Asphalten-Phase* und (b.) zu 85 bis 95 % aus der zusammenhängenden (kohärenten, kontinuierlichen, geschlossenen) *Malten-Phase* (vgl. Abbildung 7).

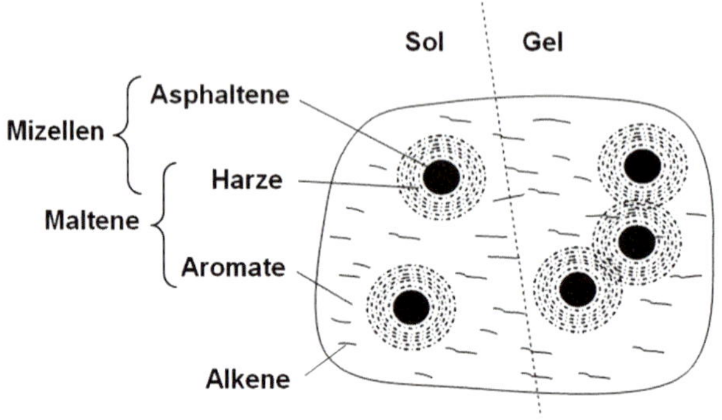

Abbildung 7 Gängiges (vereinfachtes) kolloidales Modell für Bitumen (schematisch)

Die *Asphaltene* sind wie von einem Schutzmantel mit kleineren, aber den Asphaltenen sonst ähnlichen, dunkelfarbigen ungelösten (amorphen) *Erdölharzen* umgeben und bilden die *Mizellen* (asphaltenes, resins). Die *Maltene* setzen sich hingegen aus hellfarbigen, hochsiedenden, aromatischen und gesättigten *Ölen* und Erdölharzen zusammen (saturates, aromatics, resins).

Das Kolloid ist in seiner Ausprägung variabel und verändert sich beispielsweise durch Temperatureinwirkung oder Alterung.

Temperaturzunahme führt zum Ansteigen der Molekularbewegungen innerhalb des Systems, was zum Herauslösen einzelner Moleküle aus dem Mizellenverband führen kann, die Mizellen werden dadurch kleiner. Das Bitumen wird infolgedessen weicher, weniger viskos und stärker fließfähig, und wird dann als *Sol-Bitumen* (mit Asphaltengehalt < 20 %) bezeichnet.

Umgekehrt bedeutet das, dass bei Temperaturabsenkung die Molekularbewegung abnimmt. Dann überwiegen die Anziehungskräfte zwischen den Molekülen, die Interaktion der Harzmäntel nimmt zu, wodurch das Bitumen hart, elastisch (siehe Kasten), spröde und zum *Gel-Bitumen* (mit Asphaltengehalt > 40 %) wird.

Der Begriff **Elastizität** beschreibt die Eigenschaft eines Stoffes, durch äußere Kräfte bewirkte Formänderungen nach Fortfall der Ursachen sofort und vollständig zurückzubilden.

Auch die Bitumenalterung bewirkt Veränderungen im Kolloidsystem, hauptsächlich durch Verdunstung von Bestandteilen und Zunahme des Asphaltenanteils. Zur Veränderung des Kolloids infolge Alterung siehe Kapitel 3.4.1. Die temperatur- bzw. alterungsabhängige Veränderung der Kolloidstruktur ist wesentlich verantwortlich für die Temperaturabhängigkeit der Bitumeneigenschaften und deren Veränderung infolge Alterung.

Anhand des Sol-Gel-Bitumenmodells können einige wesentliche charakteristische Eigenschaften von Bitumen, wie die Abhängigkeit der Viskosität von der Temperatur oder die Haftung am Gestein veranschaulicht werden. Allgemein gültig ist dieses Mizellen-Modell aber nicht, weil das Bitumen letztlich nicht einwandfrei und nicht abschließend durch zwei Phasen charakterisiert werden kann. Daher gibt es alternative komplexere Modellansätze, z. B. das *Mikrostrukturmodell* (siehe Petersen et al., 1994)[12], das *thermodynamische Modell* (siehe Redelius, 2000)[13] und das heute vermutlich am weitesten akzeptierte *Yen-Mullins-Modell* (siehe Mullins et al., 2012)[14], demzufolge die Asphaltene dichte, eng vernetzte Mizellen-Komplexe bilden und der Großteil der Harze in der Maltenphase gleichmäßig verteilt ist.

12 Petersen, J. C., Robertson, R. E., Branthaver, J. F., Harnsberger, P. M., Duvall, J. J., Kim, S. S., Anderson, D. A., Christiansen, D. W. & Bahia, H. U. 1994. Binder Characterization and Evaluation. Vol. 1, SHRP-A-367, National Research Council, Washington, D. C.

13 Redelius, P. G. 2000. Solubility parameters and bitumen. Fuel, 79, 27–35.

14 Mullins, O. C., Sabbah, H., Eyssautier, J., Pomerantz, A. E., Barré, L., Andrews, A. B., Ruiz-Morales, Y., Mostowfi, F., McFarlane, R., Goual, L., Lepkowicz, R., Cooper, T., Orbulescu, J., Leblanc, R. M., Edwards, J. & Zare, R. N. 2012. Advances in Asphaltene Science and the Yen-Mullins Model. Energy and Fuels, Vol. 26, Issue 7, 3986–4003, Upstream Engineering and Flow Assurance (UEFA) special issue, American Chemical Society, doi: 10.1021/ef300185p.

2.2.3 Herstellung und Aufbereitung von Straßenbaubitumen

2.2.3.1 Natürliches Bitumen (Naturbitumen)

Es gibt vielerorts natürliche Bitumenvorkommen, die durch *Inkohlung* in Sedimentgestein entstanden sind (z. B. auf der karibischen Insel Trinidad oder im Südamerikanischen Bermudez, Venezuela) und heute teilweise industriell genutzt werden (siehe Kasten). *Naturbitumen* liegt meist als Gemisch mit Fein(st)anteilen und Sand vor und wird daher auch (exakter) *Naturasphalt* genannt.

• **Naturbitumen:** Weltweit größtes Vorkommen von *Naturbitumen* bzw. *Naturasphalt* ist der Trinidad Lake in der südlichen Karibik, der vor rund 70 Millionen Jahren entstanden ist. Es handelt sich um einen rund 20 Hektar großen und 90 Meter tiefen Naturasphaltsee, aus dem seit 1870 ein halbfestes Gemisch aus Naturbitumen, feinen Gesteinskörnungen und Wasser abgebaut und für bautechnische Zwecke aufgemahlen und pulverisiert wird (Trinidad Lake Asphalt Epuré). Im deutschen Straßenbau sind hauptsächlich Trinidad-Asphalt und das im Gebiet von Limmer-Vorwohle-Eschershausen gewonnene Asphaltgestein (Vorwohler Naturasphalt) bekannt. Daneben stehen beispielsweise auch aufbereitete Materialen aus den Gruben des Uinta-Beckens in Utah/USA mit der Bezeichnung *Gilsonite* zur Verfügung. Naturasphalte unterscheiden sich erheblich voneinander im Bitumengehalt (55 bis 98 M.-%), in der Siebline und in den physikalischen Eigenschaften. Naturasphalt kann kristallin gebundenes Wasser enthalten, das erst bei Temperaturen über 150 °C partiell freigesetzt wird. Dadurch kann eine verbesserte Verarbeitbarkeit des Asphaltmischguts resultieren.

2.2.3.2 Bitumenproduktion in der Raffinerie

Der überwiegende Anteil an Bitumen wird in Raffinerien als Nebenprodukt bei der Destillation von Erdöl erzeugt. Von weltweit rund 1.500 Erdöl-Provenienzen sind rund 100 Sorten für die Bitumenproduktion geeignet (zum Vertrieb von Erdöl siehe Kasten).

• **Erdölvertrieb**: In der Raffinerie wird Bitumen im Regelfall chargenweise hergestellt. Bitumen wird flüssig, im Ausnahmefall auch als Blockware zu rund 30 kg oder in Eisenblechtrommeln zu 200 kg vertrieben. Der Transport von Bitumen in flüssigem Zustand erfolgt vorzugsweise *just in time* unter Berücksichtigung der Transportentfernung (Temperaturverlust gefährdet Pumpfähigkeit), die Lagerung erfolgt in Tanks (unter Luftabschluss). Der *Bitumenpreis* wird vom Erdölpreis bestimmt. • **Erdölpreis**: Der Erdölpreis schwankt stark um 80 ± 40 USD pro Barrel (1 Barrel sind 159 Liter). Die Preise für Bitumen und Asphalt schwanken regional und marktabhängig sehr stark. Ungefähr liegt der Bitumenpreis bei 350 ± 100 Euro pro Tonne, der Asphaltpreis bei rund 100 ± 50 Euro pro Tonne (ohne Gewähr). Polymermodifiziertes Bitumen (PmB) ist rund 20 % teurer als nicht modifiziertes Straßenbaubitumen.

Die großtechnische Herstellung von Bitumen erfolgt in einem mehrstufigen Verfahren. Das von Sand, Salz, Wasser und leichtflüchtigen Bestandteilen befreite und stabilisierte Erdöl kommt als *Rohöl* zur Raffinerie, wo es durch gezielte Steuerung der Temperatur- und Druckverhältnisse destilliert wird (siehe Kasten).

Unter **Destillation** bezeichnet man ein thermisches Trennverfahren, bei dem durch Erhitzen verdampfbare von schwer verdampfbaren Stoffen getrennt und durch Kondensation aufgefangen werden. So können bei der *Erdöldestillation* die unterschiedlichen Produkte in Abhängigkeit von ihrem Siedebereich bei unterschiedlichen Temperaturen (englisch *cutpoint*) aus der Destillationsanlage abgezogen werden.

Das Rohöl durchläuft zunächst einen *Röhrenofen* (siehe Abbildung 8), in welchem es auf etwa 300 °C erhitzt wird und tritt anschließend in den ersten *Destillationsturm* ein. In diesem entweichen bei atmosphärischem Druck leichtflüchtige Stoffe (wie z. B. Benzin, Diesel und leichtes Heizöl)

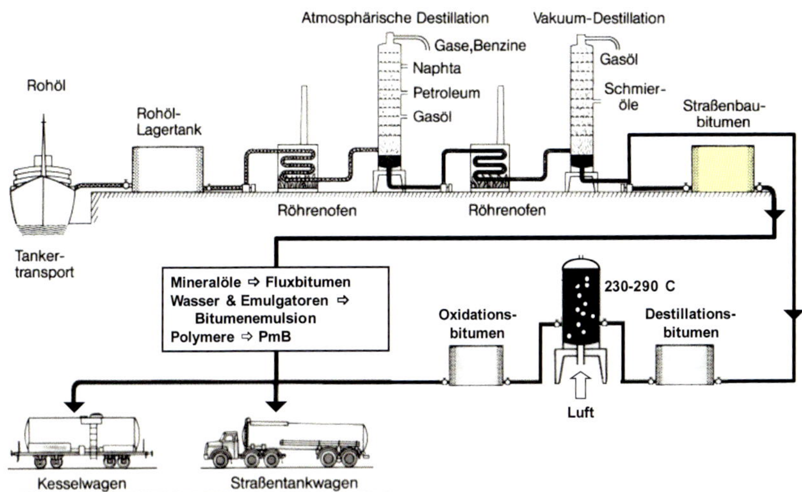

Abbildung 8 Bitumenherstellung (schematisch)
(Bildquelle, bearbeitet: *Arbeitsgemeinschaft der Bitumen-Industrie e. V., Hamburg*)

als Dämpfe in ein übereinander angeordnetes System von Glockenböden, wo sie nacheinander kondensieren und abgezogen werden. Der am Boden zurückbleibende Sumpf wird in einen zweiten Röhrenofen geleitet, abermals erhitzt und gelangt dann in einen zweiten Destillationsturm, in welchem durch Vakuumdestillation unter vermindertem Druck bei Temperaturen von 350 bis 380 °C die schwer flüchtigen Öle wie z. B. Schmieröl entweichen. Der Rückstand ist Bitumen.

Weiche, mittelharte und harte *Destillationsbitumen* (auch *Straight-Run*-Bitumen genannt) finden vor allem im Straßenbau Verwendung und werden dann als *Straßenbaubitumen* bezeichnet.

Das Destillationsbitumen eines Rohöls kann bereits direkt als Straßenbaubitumen verwendet werden. Oder es werden gezielt Destillationsrückstände mehrerer Rohölprovenienzen zu anforderungsgerechten Straßenbaubitumen gemischt.

Die Menge des Rückstands der Erdöldestillation kann bis zu zwei Drittel des Rohöls betragen. Lange Kohlenwasserstoffketten im Destillationsrückstand können anschließend durch spezielle Verfahren (englisch *cracken*) in kurze Molekülketten gespalten und dadurch weitere leichte und mittelschwere Produkte gewonnen werden. Der verbleibende Destillationsrückstand wird dann umso härter.

Hochvakuum- und Oxidationsbitumen (siehe Kasten) finden üblicherweise im Straßenbau keine Anwendung.

• **Hochvakuumbitumen**: Durch Anwendung eines Vakuums innerhalb der zweiten Destillationsstufe werden dem Rückstand weitere Mengen an hochsiedenden Ölen entzogen. Es resultieren harte und spröde Bitumen, die beispielsweise für Gussasphaltestriche im Hochbau eingesetzt werden. • **Oxidationsbitumen**: Durch Einblasen von Luft in speziellen Blasanlagen bei Temperaturen zwischen 230 und 290 °C oxidiert teilweise das weiche Destillationsbitumen und man erhält *Oxidationsbitumen*, das sich infolge stark vernetzter Moleküle durch ausgeprägt harte, elastische sowie plastische Eigenschaften auszeichnet. Je nach Einsatzprodukt, Temperatur und Blaszeit gewinnt man schwach angeblasene (*air rectified*) Oxidationsbitumen oder vollgeblasene (*fully blown*) Oxidationsbitumen. Hochschmelzende und feste Oxidationsbitumen werden beispielsweise für Dach- und Dichtungsbahnen verwendet.

2.2.3.3 Kennzeichnung mittels API-Grads und Schwefelgehalts

Eine hohe Ausbeute an Vakuumrückständen – von Vorteil für die Bitumenproduktion – ergibt *schwere* Rohöle mit langen Kohlenwasserstoffketten und einer hohen Dichte.

Die *Dichte* von Rohöl wird als *API-Grad* (API englisch für *American-Petroleum-Institute*) angegeben und ergibt sich aus der spezifischen Dichte des Rohöls (bezogen auf Wasser) bei 60 °F (= 15,6 °C) zu:

API-Grad = (141,5/spezifische Dichte)-131,5 Gl. 1

Der API-Grad von Rohölen schwankt weltweit etwa zwischen 10° und 70°. Rohöle mit einem API-Grad unter 22,3° gelten als *schwer*, über 31,1° als *leicht*, dazwischen als *mittel*.

Üblicherweise wird zu Kennzeichnung von Rohölen – neben dem API-Grad – auch der *Schwefelgehalt* (Sulfur; chemisches Zeichen *S*) angegeben. Ein niedriger Schwefelgehalt ist vorteilhaft bei der Erdölverarbeitung (Aspekt der Arbeitssicherheit; kein Angriff von Anlageteilen).

Der Schwefelgehalt von Rohölen schwankt weltweit etwa zwischen 0,001 M.-% und 2 M.-%. Rohöle mit Schwefelgehalt unter 0,5 M.-% werden als *süß* bezeichnet (süßlicher Geschmack), solche mit Schwefelgehalt $S > 1$ M.-% als *sauer*.

Für die Produktion von Treibstoffen werden leichte, süße Rohöle bevorzugt, z. B. *Brent Blend* (API = 38,3°; *S* = 0,37 %; Großbritannien), *WTI West Texas Intermediate* (API = 39,6°; *S* = 0,24 %; USA/Oklahoma) und *Dubai* (API = 31°; *S* = 2,0 %). Für die Bitumenproduktion sind die schweren Rohöle besser geeignet (siehe Abbildung 9), d. h. langkettige Kohlenwasser-

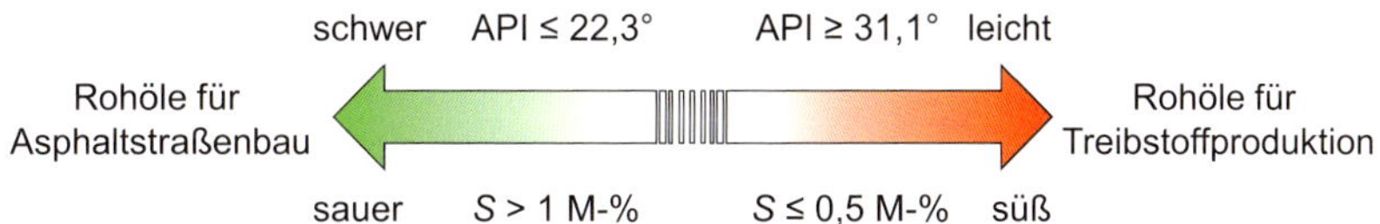

Abbildung 9 Eignung von Rohölen für Bitumenproduktion (grün) und Treibstoffproduktion (rot)

stoffverbindungen mit einem niedrigen API-Grad, hohen Asphalten- und niedrigen Paraffingehalt. Schwere Rohöle werden beispielsweise in Venezuela, Kanada und Großbritannien gefördert (siehe Kasten).

Schwere Rohöle für die Bitumenproduktion (Beispiele): Venezuela: • *BCF-17* (API 16,5°; *S* 2,53 %; LaSalina), • *Bachaquero 17* (API 17°; *S* 2,4 %), • *Boscan* (API 10,1°; *S* 5,70 %; Bajo Grande), • *Cerro Negro* (API 16°; *S* 3,34 %; Puerto José), • *Laguna* (API 10,9°; *S* 5,4 %; Petróleos de Venezuela S.A./Puerto Miranda), • *Petrozuata Heavy* (API 19,5°; *S* 2,69 %; Petróleos de Venezuela S.A./Conoco), • *Tia Juana Heavy* (API 11°; *S* 2,66 %; Punta Cardon); Kanada: • *Albian Heavy* (API 19,6°; *S* 2,10 %), • *Cold Lake* (API 21,2°; *S* 3,70 %; Westridge Marine Terminal), • *Heavy Hardisty* (API 22°; *S* 3,36 %), • *Lloyd Blend* (API 20,9°; *S* 3,50 %), • *Western Canadian Select* (API 20,3°; *S* 3,43 %; Hardisty); Großbritannien: • *Alba* (API 19,4°; *S* 1,24 %; Chevron/offshore), • *Captain* (API 19,2°; *S* 0,70 %; Captain FPSO), • *Harding* (API 20,7°; *S* 0,59 %; Cromarty Firth). (Quelle: *Wikipedia*)

2.2.3.4 Aufbereitung zu Bitumenemulsion, Flux- und Kaltbitumen

Jedes *Straßenbaubitumen* kann durch weitere Aufbereitung modifiziert und so seine Leistungsfähigkeit für bestimmte Anwendungszwecke oder auch seine Langlebigkeit erhöht werden. Beispielsweise werden in der Raffinerie durch die Zugabe von *Polymeren* und/oder anderen Zusätzen die Eigenschaften eines Destillationsbitumen verändert und dadurch ein höherwertiges Bindemittelprodukt aufbereitet. Dabei werden laufend neue Zusätze und Kombinationen (*Mehrfachmodifikation*) entwickelt und erprobt. Präziser spricht man dann nicht mehr von einem Bitumen, sondern von einem *modifizierten Bitumen* oder allgemein von einem modifizierten, bitumenhaltigen *Bindemitteln* (siehe Kasten).

Zur Verwendung der Begriffe *Bitumen* und *Bindemittel*: Der Klebstoff in Asphalt kann reines Destillationsbitumen sein, dann spricht man von *Bitumen* oder *Straßenbaubitumen*. Das Bitumen kann mittels eines Polymerzusatzes modifiziert sein, dann heißt es *Polymermodifiziertes Bitumen* (PmB). Anderweitig modifiziertes Bitumen wird verallgemeinernd auch *Bindemittel* genannt. Insbesondere zur Abgrenzung von anderen „Klebstoffen" im Bauwesen (Bsp. Zement, Kalk) ist der Sammelbegriff *bitumenhaltiges* Bindemittel gebräuchlich. In Deutschland wird der Begriff *bituminös* (Bitumen enthaltend) kaum verwendet, in Österreich und der Schweiz ist er gebräuchlich.

Routinemäßig werden Straßenbaubitumen heute modifiziert zu

» Polymermodifizierten Bitumen,

» viskositätsveränderten Bitumen,

» Bitumenemulsionen,

» Fluxbitumen und Kaltbitumen.

(A) Polymermodifiziertes Bitumen (PmB)

Eine wichtige Gruppe von modifizierten Bitumen stellen die *Polymermodifizierten Bitumen* (PmB) dar, die hauptsächlich für Asphaltmischgut auf hochbelasteten Straßen eingesetzt werden (siehe dazu Kapitel 2.2.5.1).

(B) Viskositätsverändertes Bitumen

Viskositätsverändertes Bitumen wird nach gezielter Modifikation bei deutlich niedrigeren Temperaturen hergestellt und eingebaut. Es liefert damit einen wichtigen Beitrag zur Absenkung von gesundheitsrelevanten Dämpfen bei der Asphaltverarbeitung sowie von Energieverbrauch und Treibhausgasemissionen (siehe dazu Kapitel 2.2.5.2).

(C) Bitumenemulsion

Eine *Bitumenemulsion* entsteht durch feines Verteilen von Bitumen (und eventuell zusätzlich von Polymeren) in Wasser und durch Zugabe von Emulgatoren (und Stabilisatoren) zur Stabilisierung des Bitumen-Wasser-Gemisches (siehe Kasten).

Es entsteht ein kolloidales Öl-in-Wasser-System (braune Farbe), bei dem Bitumen die disperse Phase und das Wasser die kontinuierliche Phase ist (vergleichbar mit Fetttröpfchen in Milch).

Wegen der unterschiedlichen Oberflächenspannungen von Bitumen und Wasser sind *Emulgatoren* notwendig, welche die Oberflächenspannung der Emulsion verringern und die Bitumenkügelchen mit einer Schutzhülle umgeben, um ein Zusammenrinnen und Verschmelzen der Bitumenpartikel zu verhindern (insbesondere während der Lagerung).

Die **Herstellung von Bitumenemulsionen** ist ein physikalischer Mischvorgang. In einer Kolloidmühle wird mittels eines Hochgeschwindigkeitsrotors das Bitumen (Temperatur ca. 130 °C) in das Wasser-Emulgator-Gemisch (Temperatur ca. 60 °C; Emulgatorgehalt 0,1 bis 2 % bei kationischen Bitumenemulsionen bzw. 0,3 bis 5 % bei anionischen Bitumenemulsionen) eingerührt, sodass emulgatorumhüllte Bitumentröpfchen entstehen. Das Bitumen liegt dann im Wasser in Form von dispergierten Tröpfchen mit einem Durchmesser von wenigen tausendstel Millimetern (0,1 und 50 µm mit einer Hauptfraktion zwischen 1 und 10 µm) und in einem Anteil von etwa 40 bis 70 M.-% vor, ohne dass die Stoffe ineinander gelöst werden.
Der Emulgator verleiht den Tröpfchen eine elektrostatische Aufladung, sodass sie sich gegenseitig abstoßen und auf diese Weise die Emulsion lagerstabil wird. (Quelle: *bitumenemulsionen.fcio.at; 22.12.2023*)

Eine frische Bitumenemulsion ist dünnflüssig (wie Wasser) und ohne Erhitzen einfach zu verarbeiten. Im Vergleich zu Bitumen ist die Grenzflächenspannung bei der Verbindung mit Gesteinskörnungen deutlich herabgesetzt, vergleichsweise resultiert ein *besseres Benetzungsvermögen*, auch bei feuchten Gesteinskörnungen bzw. feuchten Straßenoberflächen (unter Baustellenbedingungen).

Die Trennung der beiden Phasen der Bitumenemulsion setzt mit der Koagulierung des Bitumens ein, dem sogenannten *Brechen der Emulsion*. Das Bitumen befreit sich von der wässrigen Phase und tritt in unmittelbaren Kontakt mit dem Gestein. Erst dadurch erlangt das Bitumen seine Funktion als Bindemittel (siehe Kasten).

Das **Brechen der Bitumenemulsion** ist das Zerfallen der Emulsion durch Ausscheiden des Bitumenanteils am Gestein. Es wird durch eine physikalisch-chemische Reaktion zwischen Emulsion und Gesteinsoberfläche eingeleitet. Der Emulgator macht die benetzte Gesteinsoberfläche (durch Ladungsaustausch zwischen Emulsionströpfchen und Gesteinsoberfläche) *hydrophob* (wasserfeindlich), die vorher hydrophil (wasserfreundlich) war. Das koagulierte Bitumen vermag deshalb das Emulsionswasser oder sonstige vorhandene Feuchtigkeit von der Gesteinsoberfläche zu verdrängen. Das Brechen dauert wenige Sekunden bis Minuten, nach Abschluss ändert sich die Emulsionsfarbe von braun zu schwarz. Bei Anwendungen von Bitumenemulsion im Spritzverfahren wie bei Oberflächenbehandlungen oder Flickarbeiten ist ein besonders schnelles Brechen und Abbinden der Emulsion erwünscht. Emulsionen zum Mischen mit Gesteinskörnungen erfordern dagegen einen verzögerten Brechvorgang, da der Emulsionszustand beim Mischvorgang so lange bestehen bleiben muss, bis alle Körner umhüllt sind (bei Füller muss der Brechvorgang so langsam sein, dass die Ausscheidung des Bitumens aus der Emulsion praktisch durch Verdunstung des Emulsionswassers vor sich geht). Wie rasch und unter welchen Bedingungen die Bitumenemulsion bricht, wird durch den **Brechwert** kategorisiert. Es gibt an, wie viel (standardisierter) Füller (Forshammer-Füller) in eine Bitumenemulsion eingerührt werden kann, bis diese vollständig gebrochen ist. Die Masse des Füllers, multipliziert mit 100 und dividiert durch die Menge an Emulsion, ergibt den Brechwert. Nach dem Brechen geht das **Abbinden** weiter, indem die Emulsionströpfchen zu einem Bindemittelfilm ineinanderfließen. Gleichzeitig verdunstet allmählich das Emulsionswasser (Stunden bis Tage; wichtig für Verarbeitungszeit). Die Bitumenemulsion ist fertig abgebunden, wenn die Prozesse der Anlagerung des Bindemittels am Gestein, des Brechens der Bitumenemulsion und der Verfestigung des ausgeschiedenen Bindemittels abgeschlossen sind.

Die *Bezeichnung* von *kationischen* (sauren) Bitumenemulsionen (siehe Kasten) erfolgt nach dem System *C 60 B(PF) 5 – XXX* mit folgenden Angaben (Beispiel siehe Kasten):

Zu den **kationischen Emulgatoren** zählen langkettige Amine, die durch Zugabe von Säure eine positive Ladung erhalten. **Anionische Emulgatoren** (basisch, alkalisch) sind z. B. Fettsäuren, die aus Lignin, Tallöl oder Baum-Harz (siehe Kapitel 2.2.4) extrahiert und mit Basen verseift werden, wodurch eine negative Ladung entsteht (Al-Mohammedawi & Mollenhauer, 2022)[15]. Vor allem bei quarzreichen Gesteinen erzielen kationische Emulsionen eine bessere Haftung, weshalb anionische Emulgatoren in Deutschland seit den 1970er Jahren praktisch kaum noch angewandt werden und auch europäisch nicht genormt sind.

15 Al-Mohammedawi, A. & Mollenhauer, K. 2022. Current Research and Challenges in Bitumen Emulsion Manufacturing and Its Properties. Materials, 15(6):2026, doi: 10.3390/ma15062026.

» *C* für kationische Bitumenemulsion nach DIN EN 1430[16];

» *60* M.-% für den Nenngehalt an Bindemittel nach DIN EN 1428[17];

» *B(PF)* für die Bindemittelart: *B* für reines Straßenbaubitumen + *P* für Zugabe von Polymeren + *F* für Zugabe von > 2 % Fluxöl;

» *5* für die Klasse des Brechwerts (1 bis 7) gemäß DIN EN 13075[18] (siehe Kasten);

» *XXX* für den Verwendungszweck: *S* für Herstellung des Schichtenverbunds (z. Zt. in Deutschland drei Sorten verfügbar), *DSH-V* für Dünne Asphaltdeckschichten in Heißbauweise auf Versiegelung (1 Sorte), *REP* für Anspritzen und Anstreuen (4 Sorten), *OB* für Oberflächenbehandlung (3 Sorten), *DSK* für Dünne Asphaltdeckschichten in Kaltbauweise (1 Sorte) und *N* für Nachbehandlung hydraulisch gebundener Schichten.

Beispiel für die Bezeichnung einer Emulsion: Eine Emulsion der Bezeichnung *C 60 BP 5 – DSH-V* ist eine kationische Bitumenemulsion mit einem Nenngehalt von 60 M-% Bindemittel aus PmB, die der Brechwertklasse 5 entspricht und für Dünne Schichten im Heißeinbau auf Versiegelung angewendet wird.

Die Modifikation der Bitumenemulsion durch sonstige Zusatzmittel wie beispielsweise vegetabiles Öl (Rapsöl) ist aus der Baupraxis bekannt und soll bautechnische Vorteile bringen.

(D) Fluxbitumen und Kaltbitumen

Durch Fluxen von Bitumen mit Mineralölen entstehen hochviskose *Fluxbitumen*.

Als *Fluxen* bezeichnet man das Verschneiden von mittelharten Destillationsbitumen mit hochsiedenden, schwerflüchtigen Mineralölen (*Fluxöle*).

16 DIN EN 1430:2009-07. Bitumen und bitumenhaltige Bindemittel – Bestimmung der Teilchenpolarität von Bitumenemulsionen; Deutsche Fassung EN 1430:2009.

17 DIN EN 1428:2012-03. Bitumen und bitumenhaltige Bindemittel – Bestimmung des Wassergehaltes von Bitumenemulsionen – Azeotropisches Destillationsverfahren; Deutsche Fassung EN 1428:2012.

18 DIN EN 13075-1:2017-02. Bitumen und bitumenhaltige Bindemittel – Bestimmung des Brechverhaltens – Teil 1: Bestimmung des Brechwertes kationischer Bitumenemulsionen, Verfahren mit Feinmineralstoff; Deutsche Fassung EN 13075-1:2016.

Fluxbitumen können bereits bei Temperaturen zwischen 80 und 130 °C verarbeitet werden. Ein mit Fluxbitumen hergestellter Asphalt ist ein *Kaltmischgut* (siehe Abbildung 48, Seite 133), das monatelang lagerfähig und bei Umgebungstemperatur verarbeitbar bzw. verformbar bleibt und sich daher ideal für Erhaltungszwecke eignet.

Üblicherweise hat ein mit Fluxbitumen hergestellter Asphalt eine hohlraumreiche, offene Struktur, wodurch die flüchtigen Bestandteile des Fluxöls während der Liegezeit allmählich entweichen und der Asphalt langsam aushärtet. Beispielsweise im ländlichen Straßenbau bleibt damit das Kaltmischgut lange Zeit ausreichend flexibel, um Bewegungen (z. B. infolge geringer Verformung der Unterlage) ohne Rissbildung aufnehmen zu können.

Durch Verschneiden von weichen bis mittelharten Straßenbaubitumen mit leicht flüchtigen Lösemitteln (z. B. Benzin; eventuell Zugabe von haftungsverbessernden Zusätzen) entsteht niedrigviskoses *Kaltbitumen*, das auch im kalten (nicht erwärmten) Zustand verarbeitbar ist. Kaltbitumen ist insbesondere zur Herstellung von *Reparaturasphalt* bestimmt.

2.2.4 Bio-Bitumen

2.2.4.1 Hintergrund

Der Asphaltstraßenbau ist heute auf die Nutzung von Bitumen als Bindemittel angewiesen. Der jährliche Bitumenverbrauch in Europa beträgt rund 10 Millionen Tonnen (EAPA, 2021)[19]. Die Abhängigkeit von dem fossilen Rohstoff wirkt sich negativ auf die Nachhaltigkeit des Baustoffs Asphalt aus (siehe Kasten).

Ressourcenverbrauch und CO_2-Emission durch Bitumen: Die Herstellung von einer Tonne Bitumen verbraucht etwa 1.000 Liter Wasser (Eurobitume, 2019)[20] und etwa 15.000 kWh Energie (entspricht dem durchschnittlichen Jahresverbrauch eines Haushalts in der EU) bei einer Emission von etwa 712 kg an Kohlendioxid (CO_2) (Ecoinvent 2.2+)[21]. Daraus errechnen sich für einen Straßenkilometer, der etwa 500 kg Bitumen verbraucht, 356 Tonnen CO_2 ((inklusive Maschinen, Transport und

>

19 EAPA, 2021. Asphalt in Figures 2020. European Asphalt Pavement Association (EAPA), Brussels.

20 Eurobitume, 2019. The Eurobitume Life-Cycle-Inventory for Bitumen. Version 3.0, European Bitumen Association, Brussels.

21 ecoinvent.org

allen Materialien). • ***Bei Verwendung von Bio-Bitumen*** im großtechnischen Einsatz könnten vermutlich etwa 20 % an CO_2-Emissionen pro Straßenkilometer eingespart werden, wodurch die jährlichen CO_2-Emissionen in Deutschland um rund 7,5 Millionen Tonnen reduziert würden. Gleichzeitig würde sich der Energieverbrauch für die Asphaltherstellung mit Bio-Bitumen und Warmasphalt-Technologie um etwa die Hälfte reduzieren. Darüber hinaus wären Rauchgasemissionen um 30 bis 60 % reduziert. Weil Bio-Bitumen keine polyzyklischen aromatischen Kohlenwasserstoffe (wie Bitumen) enthalten, wären diese vollkommen ungiftig.

Der gänzliche Ersatz von Bitumen durch *Bio-Bitumen* ist heute nicht möglich, wenn mindestens gleichwertige Gebrauchseigenschaften zu herkömmlichen Asphalten für reale Beanspruchungsbedingungen nachzuweisen sind.

Technische Richtlinien existieren heute weder für die Klassifizierung und die Auswahl von Bio-Bitumen noch für die Mischgutzusammensetzung und die Herstellung von Bio-Asphalt.

Der (zumindest teilweise) Ersatz des Erdölderivats Bitumen durch Bio-Bitumen (auch *Bio-Bindemittel*) zur Herstellung von *Bio-Asphalt* ist Gegenstand laufender Forschung und Entwicklung (Bleier, 2013[22]; Ingrassia et al., 2019[23]; Pouget et al., 2021[24]; Zhang et al., 2021[25], 2022[26]; Yao et al.,

22 Bleier, J. 2013. Biobitumen – Bitumen-Ersatzprodukt auf nachwachsender Rohstoffbasis und darauf basierender Asphalt. Projektbericht, Programmlinie Fabrik der Zukunft, Berichte aus Energie- und Umweltforschung, 33/2013, Bundesministerium für Verkehr, Innovation und Technologie, Wien.

23 Ingrassia, L. P., Lu, X., Ferrotti, G. & Canestrari, F. 2019. Renewable materials in bituminous binders and mixtures: Speculative pretext or reliable opportunity? Resources, Conservation and Recycling, Vol. 144, 209–222, Elsevier, doi: 10.1016/j.resconrec.2019.01.034.

24 Pouget, S., Chailleux, E., Porot, L., Williams, R. C., Planche, J.-P., Lo Presti, D., Blanc, J., Hornych, P., Carrion, A. J. d. B. & Gaudefroy, V. 2021. BioRePavation – Innovation In Bio-Recycling. Proc., 7th Eurasphalt and Eurobitume Congress, June 15-17, 2021, Madrid.

25 Zhang, R., You, Z., Ji, J., Shi, Q. & Suo, Z. 2021. A Review of Characteristics of Bio-Oils and Their Utilization as Additives of Asphalts. Molecules (Basel, Switzerland), Vol. 26, Issue 16, doi: 10.3390/molecules26165049.

26 Zhang, Z., Fang, Y., Yang, J. & Li, X. 2022. A comprehensive review of bio-oil, bio-binder and bio-asphalt materials: Their source, composition, preparation and performance. Journal of Traffic and Transportation Engineering (English Edition), Vol. 9, Issue 2, 151–166, doi: 10.1016/j.jtte.2022.01.003.

2022[27]; Fraunhofer, 2022[28], Mehta & Saboo, 2023[29]; Wistuba et al., 2024[30]).

Die Forschung zu Bio-Asphalt ist u. a. (siehe Wistuba et al., 2024)[30] fokussiert auf die Produktion von hochqualitativem Warmasphalt (siehe Kapitel 2.5.6) unter Zugabe von Altbitumen (in Form von Asphaltgranulat, siehe Kapitel 2.4) und einem regenerativen Bindemittel (aus nachwachsenden Rohstoffen).

2.2.4.2 Bitumenersatzstoffe aus erneuerbaren Rohstoffen

Bio-Bitumen ist ein nachhaltiger Bitumenersatzstoff. Bio-Bitumen wird ausschließlich auf Basis von erneuerbaren biogenen Rohstoffen hergestellt (Begriffe siehe Kasten).

Heute werden auch Frischbitumen, die mit erneuerbaren biogenen Rohstoffen gestreckt sind als Bitumenersatzstoffe unter der Bezeichnung *Bio-Bitumen* vermarktet. Derart modifizierte Bindemittel enthalten in wesentlichen Anteilen fossile Rohstoffe, was nicht der Idee von Bio-Bitumen entspricht.

Erneuerbar (auch *regenerativ*) bedeutet, dass sich der Rohstoff rasch erneuert und daher praktisch unerschöpflich zur Verfügung steht (im Gegensatz zu fossilen Rohstoffen wie Erdöl oder Kohle). Ein **biogener** (auch *organogener*) Rohstoff ist biologischen oder organischen Ursprungs, d. h. durch Leben bzw. Lebewesen entstanden und nicht etwa durch ein künstliches Syntheseverfahren. Der Begriff *biogen* umfasst pflanzliche und tierische Materialien, während der Begriff **nachwachsend** auf pflanzliche Rohstoffe beschränkt ist.

---

27 Yao, H., Wang, Y., Liu, J., Xu, M., Ma, P., Ji, J. & You, Z. 2022. Review on Applications of Lignin in Pavement Engineering: A Recent Survey. Frontiers in Materials, Vol. 8, Article 803524, doi: 10.3389/fmats.2021. 803524.

28 Fraunhofer Gesellschaft – Institut für Chemische Technologie, 2022. Projektbericht, Verbundvorhaben: Machbarkeitsstudie-Thermoplastische Ligninvarianten als Teilsubstitut in Bitumenformulierungen für verschiedene Bauleistungen (Lignobitumen). Bundesministerium für Ernährung und Landwirtschaft, Berlin.

29 Mehta, D. & Saboo, N. 2023. Performance of bio-asphalts: state of the art review. Environmental Science and Pollution Research, Vol. 30, 119772–119795, doi.org/10.1007/s11356-023-30824-x.

30 Wistuba, M., Büchner, J., Trifunović, S., Grothe, H., Bunge, R. et al. 2024. Technology Concept for Bioasphalt: 100% Recycling @ 0% Fresh Fossil Fuels. Ongoing research project NOBIT (2024 to 2027), Research Program Circularity with Recycled and Biogenic Ressources, funded by Volkswagen Stiftung.

Erneuerbare biogene Rohstoffe sind die Grundbausteine von Zellen bzw. Organismen. Sie werden durch *Biopolymerisation* in pflanzlichen oder tierischen Zellen gebildet. So nennt man die biologische Synthesereaktion, die gleichartige oder unterschiedliche niedermolekulare reaktionsfähige Moleküle (Monomere) in Biopolymere überführt, z. B. in Form von Polysacchariden, Proteinen oder Nukleinsäuren. Biopolymere erfüllen in Zellen und Organismen vielfältige Aufgaben, beispielweise im Stoffwechsel, als Energie- und Informationsspeicher oder in der Sensorik, der Reaktion und der Abwehr schädigender Einflüsse.

Zu den nachwachsenden Biopolymeren, mit denen in der Herstellung von Bio-Bitumen experimentiert wird, zählen beispielweise *Lignine, pflanzliche Harze* insbesondere *Tallöle* und *Tallpeche*.

(A) Lignin

Lignin (lateinisch *lignum* für Holz) ist der Stützbaustoff von verholzten Pflanzenteilen und einer der Hauptinhaltsstoffe von Holz. Damit ist Lignin neben Zellulose mengenmäßig einer der häufigsten Biopolymere.

Lignin findet sich auch in Nutzpflanzen wie Getreide, Gemüse und Früchten (z. B. Hülsenfrüchte, Kürbis, Bananen, Avocado) sowie Nüssen und Samen. Außerdem fällt Lignin in großen Mengen als Nebenprodukt bei der Herstellung von Zellstoff für die Papierindustrie an (dabei wird Lignin vom Zellstoff separiert, weil „holzfreies“ Papier weniger vergilbt). Die jährliche Produktionsmenge beträgt etwa zwanzig Milliarden Tonnen. Eine Lignin-Verwertung erfolgt heute beispielsweise als Energierohstoff, als Farb-, Reinigungs-, Düngemittel und in tierischen Nahrungsmitteln sowie als Bindemittel, Stabilisierungsmittel oder Klebstoff (Beton, Spanplatten) (Quelle: *www.lwf.bayern.de/wissenstransfer/forstcastnet/232375/index.php*).

Chemisch gesehen wird Lignin bei Druckbelastung in die Zellwände von mehrjährigen Pflanzen eingelagert. Zwanzig bis dreißig Prozent der Holzzellwandsubstanz sind Lignin, das für Festigkeit sorgt, den biologischen Abbau der Zellulose verhindert sowie Pilze und Insekten fernhält. Dabei bildet Lignin eine feste kovalente Bindung mit Zellulose und anderen Polysacchariden.

Die Folge dieser Biopolymerisation ist ein hochmolekulares dreidimensionales Netzwerk, welches die Verholzung bewirkt (*Lignifizierung*) (Quellen: *www.spektrum.de/lexikon/biologie/lignin/39320; www.lwf.bayern.de/wissenstransfer/forstcastnet/232375/index.php*).

(B) Pflanzliches Harz

Holz, insbesondere jenes von Nadelbäumen, enthält etwa 1 bis 3 % Baumharz, eine zähe Flüssigkeit, welche der Pflanze zur Speicherung von Nährstoffen und zum Wundverschluss dient. Es wird durch *Harzen* gewonnen (Anritzen der Rinde und Einsammeln des auslaufenden Harzes).

Pflanzliches Harz ist ein größtenteils amorpher, fester oder halbfester, durchscheinender, geruch- und geschmackloser organischer Stoff. Es hat eine komplexe chemische Zusammensetzung aus verschiedenen Harzsäuren (Karbonsäuren, die eine oder mehrere Carboxylgruppen tragen) und aromatischen Verbindungen.

Die heutige Verwendung von Naturharzen ist vielseitig, u. a. in Farben und Lacken, in Kunststoffen, Klebstoffen, Flammschutzmitteln, Pharmazeutika und Kosmetika. Der jährliche Bedarf der chemischen Industrie in Deutschland wird auf 31.000 Tonnen geschätzt. Dabei ersetzen heute industrielle Kunstharze die Naturharze weitestgehend (Quellen: *www.spektrum.de/lexikon/biochemie/harze/2759; pflanzenforschung.de*).

Den frischen Harzausfluss von Kiefern (auch Föhre genannt) bezeichnet man als *Tallöl* (schwedisch *Tall* für *Kiefer*). Tallöl besteht aus 20 bis 65 % Harzsäuren und 15 bis 55 % Fettsäuren (sowie 5 bis 30 % unverseifbaren Anteilen).

Weil Tallöl in Kiefernholz enthalten ist, ist es auch ein wesentliches Nebenprodukt in der Papier- und Zellstoffindustrie. Es fallen rund 20 bis 50 kg Tallöl pro Tonne Zellstoff an. Durch Destillation können verschiedene Tallölprodukte aufbereitet werden (darunter auch *Tallpech*, siehe unten), die heute beispielsweise in der Lack-, Papier-, Druck-, Gummi-, Klebstoff- und Baustoffindustrie Verwendung finden (Quellen: *www.chemie.de/lexikon/Tallöl.html; pflanzenforschung.de*).

(C) Tallpech

Bei der Verbrennung von (Kiefern-)Holz unter Luftabschluss entsteht (Tall-)Pech, eine zähe, hochviskose Substanz, die schon historisch zum Abdichten von Holzbauwerken (Schiffs-, Fassbau) und als Schmier- und Klebemittel verwendet wurde.

Tallpech entsteht auch als Nebenprodukt bei der Herstellung von Tallölfettsäure und Tallöldestillat aus Tallöl, die in unterschiedlichen Industrien benötigt werden (für Lacke und Farben, Epoxidharze, Klebstoffe, Korrosionsschutz, Schmierstoffe, Kosmetika, Reinigungsmittel, u. v. m.).

Tallpech hat bitumenähnliche Eigenschaften, enthält aber im Gegensatz zu Bitumen keine polyzyklischen Aromaten. Tallpech wird heute u. a. für gefärbte Asphalte, Fugenmassen, Dichtmassen und Betonemulgatoren verwendet (Quellen: *www.chemie.de/lexikon/Tallöl.html; pflanzenforschung.de*).

2.2.5 Zusätze zur Bitumenmodifikation (Auswahl)

Dem Bitumen oder auch dem Asphalt während des Mischvorganges können verschiedene Zusätze (zum Sprachgebrauch siehe Kasten) zugegeben werden, um die resultierenden Eigenschaften zu verändern.

Sprachgebrauch: Die Begriffe *Zusatz, Zusatzmittel, Zusatzstoff, Additiv* und *Modifikationsmittel* werden in der Fachsprache des Straßenbauwesens als Synonyme verwendet.

Derartige Zusätze sind beispielsweise *Polymere, viskositätsverändernde Mittel, Regenerationsmittel* (Rejuvenatoren), *stabilisierende Zusätze, Kalkhydrat, synthetische Fasern, Farbpigmente, Gummipartikel* oder *Haftverbesserer.*

2.2.5.1 Polymere

Polymermodifizierte Bitumen (PmB) werden hergestellt durch chemische Vernetzung des Bitumens mit Kunststoffen in Faserform (Polymeren, siehe Kasten). Es gibt *Gemische* von Bitumen und Polymeren oder *Reaktionsprodukte* zwischen Bitumen und Polymeren.

Definition von Polymerisation: Polymerisation nennt man allgemein eine Reaktion, bei der sich gleichartige oder unterschiedliche niedermolekulare Moleküle (Monomere) zu einem Polymer zusammenschließen. Die *technische Polymerisation* dient der Herstellung von Kunststoffen (Synthesereaktion, z. B. in Form von Kettenpolymerisation). Die Mechanismen bei der natürlich vorkommenden *Biopolymerisation* sind wesentlich komplexer.

Polymerzusätze verändern das Verhalten von Bitumen entscheidend, wobei für die Verwendung im Straßenbau insbesondere die Erhöhung der verformungskritischen Temperatur von Bedeutung ist.

Polymermodifiziertes Bitumen (PmB) ist ein Standardprodukt der Bitumenindustrie und wird in regelwerkskonformen Asphalten routenmäßig eingesetzt (siehe Kapitel 2.5).

Der Polymerzusatz macht ein Straßenbaubitumen steifer (durch Erhöhung der Viskosität) und im Bereich hoher Gebrauchstemperaturen verformungsresistenter, also widerstandsfähiger gegen Spurrinnenbildung. Mitunter haftet es auch besser am Gestein.

Durch die vorteilhafte Aufweitung der Plastizitätsspanne (siehe Kapitel 5.2.2.4) hat PmB einen größeren Einsatzbereich als Straßenbaubitumen. In der Praxis werden PmB vor allem in Bereichen mit besonders hohen Verkehrs- und Witterungsbeanspruchungen eingesetzt (z. B. für Splittmastixasphalt).

Der Polymergehalt von PmB beträgt üblicherweise 3 bis 5 M.-%. Als Polymere kommen heißlagerbeständige, bitumenverträgliche *Elastomere, Plastomere* (Thermoplaste) und *Duroplaste* in Frage (siehe Kasten).

Elastomere sind formfeste, elastisch verformbare Kettenmoleküle, die dichte Knäuel bilden. Unter Zugbeanspruchung strecken sich die Polymerketten und knäulen sich nach Entlastung wieder zusammen (wegen des energetisch günstigeren Knäuelzustands). Unter Druckbeanspruchung wird das Knäuel komprimiert und geht nach Entlastung in den Ausgangszustand zurück. Das elastisch rückverformende Vermögen von Elastomeren minimiert die Gefahr der Rissinitiierung in Asphalt. Daher werden in Deutschland zur Polymermodifikation von Bitumen heute fast ausschließlich Elastomere eingesetzt. Beispiele für Elastomere sind *Styrol-Butadien-Styrol* (SBS; in Deutschland am häufigsten eingesetzt), *Ethylvinylacetat* (EVA), *Ethylen-Propylen-Dien-Copolymer* (EPDM) oder Vulkanisate von *Natur-* und *Silikonkautschuk*. • **Plastomere** (z. B. Polyethylen, Polypropylen, Polyamid, Polyester, Polyvinylchlorid) sind (hauptsächlich) nebeneinander liegende Kettenmoleküle, die bei Erwärmung aneinander entlang gleiten und so (in einem bestimmten Temperaturbereich) verformt werden können (*Thermoplast*). Sie sind im Unterschied zu Elastomeren und Duroplasten (siehe unten) schweißbar und lassen sich durch Erhitzen und Abkühlen beliebig oft reversibel verformen (solange keine thermische Zersetzung stattfindet). • **Duroplaste** (z. B. Polyepoxid, Polyester) sind harte, glasartige und dreidimensional engmaschig vernetzte Kettenmoleküle, die nach ihrer Aushärtung nicht mehr verformt werden können.

Mitunter werden (außerhalb Deutschlands) polymere Abfall- und Nebenprodukte, beispielsweise Altreifengummi oder Anteile aus der Polypropylen-Erzeugung (z. B. geschredderte Joghurtbecher) für die Herstellung von PmB eingesetzt. Die Polymere müssen jedenfalls so verarbeitet sein, dass das PmB lager- und transportstabil bleibt.

Neben dem durch das Herstellungsverfahren bedingten Verteilungsgrad der Polymere (*Dispersität*) wird das Materialverhalten von PmB durch Art und Menge des Zusatzes und von der stofflichen Zusammensetzung des Bitumens beeinflusst.

Jede PmB-Sorte wird gemäß Europäischer Norm bezeichnet mit der Anforderungsspanne für die Nadelpenetration (siehe Kapitel 5.2.2.1) *und* mit dem *Mindest-Anforderungswert*(!) für den Erweichungspunkt Ring und Kugel (siehe Kapitel 5.2.2.2). Zusätzlich werden gebrauchsfertige elastomermodifizierte Bitumen mit dem Buchstaben „A" gekennzeichnet (z. B. 25/55-55 A) und plastomermodifizierte Bitumen mit dem Buchstaben „C", wobei in Deutschland nur elastomermodifizierte Bitumen üblich sind.

2.2.5.2 Viskositätsverändernde Mittel

→ siehe Kapitel 2.5.6 zu Warmasphalt.

2.2.5.3 Regenerationsmittel (Verjüngung)

→ siehe Kapitel 2.4 zur Wiederverwendung von Ausbauasphalt.

2.2.5.4 Bindemittelträger

Ein *Bindemittelträger* (früher auch *stabilisierender Zusatz*) hat die Aufgabe, den Bindemittelablauf bei Herstellung, Transport und Einbau (zur Stabilisierung des Asphalts) zu verhindern und die Bindemittelverteilung im Asphaltmischgut zu verbessern.

Die Anwendung ist in Deutschland beispielsweise vorgeschrieben für *Splittmastixasphalt* (Zugabeanteil 0,3 bis 1,5 M.-%) und für *Offenporigen Asphalt* (Zugabeanteil ≥ 0,5 M.-%) aufgrund der spezifischen Bauprinzipien dieser Mischgutsorten (siehe Kapitel 2.5).

Bindemittelträger sind als lose *Einzelfasern* oder als *Pellets* (siehe Kasten) erhältlich.

Zu **Pellets** (englisch; von lateinisch *pila* für Ball, Knäuel) verarbeitete (pelletierte) Fasern sind mit Bitumen vermengt und zu Zylindern gepresst, um die Fasern als Schüttgut vertreiben zu können. Vorteile der Pelletierung sind z. B. Rieselfähigkeit, Förderstabilität, gute Dosierbarkeit und verklebungsfreie Lagerung.

Die häufigste Art von Bindemittelträgern sind *organische Faserstoffe* aus *Zellulosefaser* mit Verbindungen auf Silikatbasis, hydrophobiert (Verhinderung von Wasseraufnahme und Quellung) und dauerhitzebeständig (kurzzeitig bis 250 °C).

Technisch mögliche Alternativen zu organischen Faserstoffen sind vielfältig, beispielsweise mineralische Faserstoffe, chemische Faserstoffe, synthetische Kieselsäure oder Gummipartikel. Sie sind im Einzelfall auf ökonomische und ökologische Nachhaltigkeit zu prüfen.

2.2.5.5 Kalkhydrat

Kalkhydrat entsteht durch kontrolliertes Löschen von Branntkalk und besteht aus *Calciumhydroxid* [$Ca(OH)_2$] und gegebenenfalls aus Nebenbestandteilen, die aus dem Ausgangsmaterial, natürlicher Kalkstein, stammen (z. B. Magnesiumhydroxid [$Mg(OH)_2$] oder Siliziumdioxid (SiO_2)). Beim Löschprozess zerfällt der Branntkalk infolge der Volumenvergrößerung zu mikrokristallinen Kalkhydratteilchen mit (handelsüblichen) Korngrößen zwischen 1 und 5 Mikrometern (FGSV, 2017)[31].

Wegen des hohen Feinanteils (siehe Abbildung 10; der Siebdurchgang bei 0,063 mm beträgt über 95 M.-%) und der großen spezifischen Oberfläche (siehe Tabelle 1) erhöht Kalkhydrat (bei Zugabe von bis zu 1,5 M.-% bezogen auf die Gesamtmasse der Gesteinskörnungen) infolge der Reaktion mit den Feinstanteilen des Eigenfüllers die Steifigkeit des Füller-Bitumen-Gemisches.

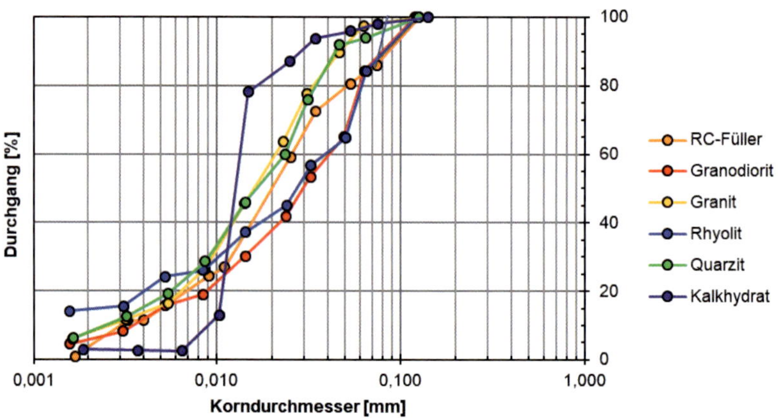

Abbildung 10 Sieblinien für verschiedene Füller und Kalkhydrat (Wistuba et al., 2024)[32]

Die versteifende Wirkung von Kalkhydrat ist deutlich stärker als von anderen baupraktisch relevanten Füllern. Der Zusatz von Kalkhydrat führt in der Folge zu einer signifikanten Erhöhung des Widerstands des Füller-

31 FGSV, 2017. Hinweise für die Verwendung der Mörtelkomponenten Füller und Zusätze im Asphalt, Teil: Kalkhydrat (H FZ – Kalkhydrat). Forschungsgesellschaft für Straßen- und Verkehrswesen e. V. (Hrsg.), FGSV Verlag, Köln.

Tabelle 1 Charakteristische Kennwerte für verschiedene Füller und Kalkhydrat: Rohdichte (mit Pyknometer-Verfahren), Hohlraumgehalt nach Ridgen, Delta-Ring-und-Kugel-Verfahren, spezifische Oberfläche (Wistuba et al., 2024)[32]

Füller	**Rohdichte** [Mg/m³]18	**Hohlraum-gehalt** [Vol.-%]	**Erweichungspunkt-Erhöhung** ΔRuK [°C] (versteifende Wirkung)	**Spezifische Oberfläche** [m²/g] (BET-Messung)*
Kalkstein A	2,755	32	18,0	7,144
Kalkstein B	2,778	33	17,0	3,993
Kalkstein C	2,711	31	22,0	1,506
Kalkstein D	2,733	35	19,0	9,870
Dolomit	2,864	34	14,0	3,596
Grauwacke	2,753	34	24,0	7,373
Gabbro	2,941	39	27,0	6,315
Basalt	2,903	39	19,5	15,550
Andesit	2,754	40	22,0	7,111
Granodiorit	2,847	35	19,0	1,731
Granit	2,675	38	24,5	3,785
Rhyolit	2,744	37	22,0	9,491
Quarzit	2,658	33	11,0	1,758
Kalkhydrat	2,304	58	75,5	14,663
RC-Füller	2,632	47	21,5	6,373

* BET-Messung: Rückrechnung der massenbezogenen spezifischen Oberfläche anhand der Gasadsorption nach der *Brunauer-Emmett-Teller*-Theorie *(BET)*.

Bitumen-Gemisches gegenüber Verformung und Ermüdung, verschlechtert aber im Regelfall ihre Kälterissresistenz, weil Kalkhydrat das Gemisch steif und spröde und dadurch anfällig für Kälterisse macht (Wistuba et al., 2024)[32].

Durch die Zugabe von Kalkhydrat kann mitunter die Alterungsneigung des Asphalts reduziert werden (Sebaaly et al., 2006)[33].

---

32 Wistuba, M. P., Büchner, J. & Trifunović, S. 2024. Optimierung von Verfahren zur Prüfung von Füller-Bitumen-Gemischen mit dem Dynamischen Scherrheometer (RHEMAS). Schlussbericht, Forschungsprojekt FE 07.0317/2021/AGB, i. A. des Bundesministeriums für Verkehr und digitale Infrastruktur, Institut für Straßenwesen, Technische Universität Braunschweig.

33 Sebaaly, P., Little, D. N. & Epps, J. A. 2006. The benefits of hydrated lime in hot mix asphalt. Report for the National Lime Association.

Das basische Kalkhydrat reagiert mit dem sauren Bitumen, bildet unlösliches Salz, das von der Gesteinsoberfläche absorbiert wird und verbessert so die chemisch-mechanische Adhäsion bei haftkritischen Gesteinskörnungen, während gleichzeitig die Anziehung zu Wasser herabgesetzt wird (Little & Jones, 2004)[34].

Durch Mischen von mineralischem Füller (z. B. Kalksteinmehl) mit Kalkhydrat entstehen werksgemischte *Mischfüller*, die am Markt angeboten werden.

2.2.5.6 Haftverbesserer

Haftverbesserer (englisch *anti-stripping agents*) werden eingesetzt, um den Haftverbund zwischen dem Bindemittel und dem Gestein zu stimulieren, insbesondere bei ungünstigen nass-kalten Witterungsverhältnissen.

Eingesetzt werden diverse (aminhaltige) *Flüssigkeiten*, welche die *Oberflächenspannung* zwischen Bindemittel und Gestein herabsetzen und dadurch spontan haftverbessernd wirken. Auch *Kalkhydrat* (siehe oben) wird zur Haftverbesserung eingesetzt.

2.2.5.7 Polyurethan

Zum Einsatz von *Polyurethan* (Kurzzeichen PU oder PUR) im Asphaltstraßenbau wurden in den letzten Jahren international und auch in Deutschland Erfahrungen gesammelt.

Polyurethan ist der Sammelbegriff für verschiedene Kunststoffe, die mittels einer Synthesereaktion von Polyol mit Isocyanat hergestellt werden (Di-, Tri- oder Polyisocyanat und mehrwertige Alkohole). Die Zusammensetzung der Ausgangsstoffe und der Herstellprozess können praktisch unbegrenzt variiert werden, sodass vielfältige Eigenschaften von Produkten aus PU erzielt werden können. So können Elastomere, Duroplaste und Thermoplaste hergestellt werden.

Zu den verschiedenartigen Anwendungen von PU im Asphaltstraßenbau zählen PU-modifizierter emulgierter Asphalt, PU-Schaumasphalt und die Substitution von Bitumen durch PU.

Mitunter kann PU den Widerstand von Asphalt gegen Verformung, Ermüdung, Wasserangriff und Alterung steigern. Die Auswirkungen von PU auf

34 Little, D. N. & Jones, D. R. 2004. Chemical and Mechanical Processes of Moisture Damage in Hot-Mix Asphalt Pavements. In: Moisture Sensitivity of Asphalt Pavements. Transportation Research Board of the National Academies, 43-74, Washington D. C.

den Widerstand gegen Kälterissbildung sind in der Fachwelt umstritten (siehe Huang et al., 2022)[35].

In Deutschland ist seit einigen Jahren das Produkt B2Last® von BASF in Erprobung. Zusetzen von PU zu einem Ausgangsbitumen führt zur Bildung einer dichten Netzstruktur, welche die Elastizität und den Erweichungspunkt Ring und Kugel erhöht. Das Tieftemperaturverhalten des Ausgangsbitumens wird nicht verändert (siehe Renken, 2019)[36].

2.2.5.8 Gummipartikel

Der Zusatz von *Gummipartikeln* oder (feinkörnigerem) *Gummimehl* kann zur Steigerung der Klebkraft von Bitumen am Gestein eingesetzt werden, etwa zur Erhöhung der Witterungsresistenz von Asphalt oder bei Oberflächenbehandlungen zur besseren Haftung des Abstreusplitts.

Gummimodifizierte Asphalte zeigen in der Praxis mitunter eine hervorragende Verformungsbeständigkeit (erhöhte Viskosität), eine gute Haftung zum Reifen (Verkehrssicherheit, Abrieb, Treibstoffverbrauch), eine niedrige Alterungsneigung, eine lange Nutzungsdauer und eine gute CO_2-Bilanz. Sie können infolge der Elastizität auch lärmreduzierend sowie spannungsabsorbierend wirken und im Winter die Eisbildung reduzieren.

Die Eigenschaften und das Gebrauchsverhalten des Bitumen-Gummigemisches sind abhängig von der Zusammensetzung und Konzentration des Gummis. Extrem widerstandsfähig sind natürliche Gummi, wie beispielsweise *Naturkautschuk* (siehe Kasten).

Naturkautschuk, der aus der Latexmilch des Kautschukbaums gewonnen wird, ist ein wesentlicher Rohstoff für die Autoreifenindustrie weltweit und verantwortlich für Elastizität, Zugfestigkeit und Kälteflexibilität des Reifens. Lkw-Reifen enthalten einen hohen Anteil an Naturkautschuk, während Pkw-Reifen überwiegend aus synthetischem Gummi (aus Erdöl) hergestellt werden.

Um Gummi aus alten Lkw-Reifen als Bitumenzusatz zu Herstellung von *Gummibitumen* erfolgreich einsetzen zu können, müssen verschiedene Verarbeitungs- und Aufbereitungsprozesse kombiniert werden, u. a. Rei-

35 Huang, G., Yang, T., He, Z., Yu, Le & Xiao, H. 2022. Polyurethane as a modifier for road asphalt: A literature review. Construction and Building Materials, Volume 356, doi.org/10.1016/j.conbuildmat.2022.12958.

36 Renken, L. 2019. Entwicklung von PU-Asphalt: Von der Idee bis zur baupraktischen Umsetzung. Dissertation, Rheinisch-Westfälische Technische Hochschule Aachen, doi: 10.18154/RWTH-2019-11994.

fensortierung, Zerkleinerung (Shreddern und Mahlen), Zugabe zu Bitumen im Nass- oder Trockenverfahren und Steuerung der zeit- und temperaturabhängigen Reaktion im Bitumen (Anlösen, Anquellen, Homogenisieren, Stabilisieren) (Wistuba et al., 2006)[37]. Nur wenige Technologien zur Herstellung von Gummibitumen im Asphaltstraßenbau funktionieren nachweislich (Riccardi et al. 2015[38]; Wistuba et al., 2020[39]), sodass die Erfahrungen in der praktischen Anwendung von Gummibitumen von der jeweiligen Produkt- bzw. Produktionsqualität abhängen und sich regional stark unterscheiden.

Neben dem Naturkautschuk-Anteil sind noch die homogene Zusammensetzung des Gummimehls, die Reaktion von Gummi und Bitumen, als auch die eventuelle Entstehung von gesundheitsgefährdenden Dämpfen beim Erhitzen von Altreifengummi zu überprüfen und zu überwachen.

Eventuelle Nachteile können sich bei der Verarbeitung von gummimodifiziertem Mischgut ergeben, etwa durch ein Verkleben von Maschinenteilen (Asphaltmischanlage, Transportfahrzeug, Straßenfertiger), bei der Handhabung im Prüflabor (Verkleben der Analysegeräte, Geruchsbelastung) und bei der Wiederverwendung von gummimodifiziertem Ausbauasphalt.

Gute Erfahrungen liegen beispielweise vor, wenn ein Gemisch bestehend aus 50 % Bitumen, 40 % Gummi aus Lkw-Altreifen und 10 % Füller im Nassverfahren hergestellt und dieses Gemisch zum Zweck der Reaktion der Komponenten über mehrere Stunden einer Temperatur von mindestens 200 °C ausgesetzt wird. Das ausgekühlte fertige Gemisch wird als *Gummigranulat* vermarket (GRM, granulate rubber modified). Es wird an der Asphaltmischanlage dem Asphaltmischgut im Trockenverfahren zugegeben (siehe z. B. TL RmB-StB By, 2010)[40].

---

37 Wistuba, M., Blab, R. & Spiegl, M. 2006. Rubber Products Recovered from Waste Tires as Modifiers in High-performing Asphalt Wearing Courses. Proc., Asphalt Rubber Conference, 2-5 October 2006, San Diego, California, USA.

38 Riccardi, C., Cannone Falchetto, A., Rocchio, P., Leandri, P., Losa, M. & Wistuba, M. 2015. Experimental investigation of warm mix additives for asphalt binders modified with crumb rubber. Proc., Rubberized Asphalt Rubber Conference (RAR2015), 4-7 October 2015, Las Vegas, Nevada, USA.

39 Wistuba, M. P., Sigwarth, T. & Büchner, J. 2020. Rheologische Untersuchungen an Gummimodifizierten Bitumen. Schlussbericht (unveröffentlicht), Projekt TSW/0008-20 i. A. der CTS Bitumen GmbH. Transferzentrum Straßenwesen in der Innovationsgesellschaft Technische Universität Braunschweig mbH.

40 TL RmB-StB By, 2010. Technische Lieferbedingungen für Gummimodifizierte Bitumen. Technisches Regelwerk, Oberste Baubehörde im Bayerischen Staatsministerium des Innern.

2.2.5.9 Nanoobjekte

Unter den Sammelbegriff *Nanoobjekte* (siehe Kasten) fallen – unabhängig von der stofflichen Zusammensetzung – *Nanopartikel*, *Nanofasern* und *Nanoplättchen* mit einer Größenausdehnung im Nanometer-Bereich (1 Nanometer [nm] = 10^{-9} m = 1 Millionstel Millimeter; vgl. Tabelle 12, Seite 239).

Nanoobjekte (von griechisch *nanos* für *Zwerg, zwergenhaft*) bezeichnen gemäß DIN CEN ISO/TS 27687:2008-11[41] eine atomare oder molekulare Stoffgruppe (Fest- oder Hohlkörper) in fester oder flüssiger Form, mit einer räumlichen Ausdehnung im *Nanobereich*, typischerweise im Bereich von 1 bis 100 Nanometern. Man spricht von **Nanopartikel** (oder Nanoteilchen), wenn alle drei äußeren Dimensionen des Nanoobjekts im Nanobereich liegen, von **Nanofasern** (Nanostäbchen, Nanoröhrchen, partikuläres Nanoobjekt) wenn zwei Dimensionen im Nanobereich liegen und von **Nanoplättchen** (Nanoschicht) wenn nur eine Dimension zwischen 1 und 100 nm liegt.

Die geringe Größe von Nanoobjekten bewirkt u. a. eine große spezifische Oberfläche (Oberfläche/Volumen-Verhältnis) bei gleichzeitig geringem Gewicht und eine extrem hohe Oberflächenladung. Im Vergleich zu größeren Objekten derselben stofflichen Zusammensetzung haben Nanoobjekte besondere chemische und physikalische Eigenschaften. Beispielsweise können sie sehr reaktiv sein, die (Van-der-Waals-)Oberflächenkräfte bzw. -ladungen sowie thermodynamischen Effekte von Werkstoffen stark beeinflussen oder vorteilhafte optische Eigenschaften aber auch eine nachteilige Ökotoxizität bewirken. Für die Industrie resultieren daraus vielerlei Anwendungsmöglichkeiten, u. a. zur vorteilhaften Modifikation von Baumaterialien.

Die Zugabe von Nanoobjekten zu Bitumen ist eine von vielen Möglichkeiten die chemisch-mechanischen Bitumeneigenschaften vorteilhaft zu verändern, es ist aber eine vergleichsweise junge Technologie.

Im Labor konnte gezeigt werden, dass eine Bitumenmodifikation mittels Nanoplättchen aus synthetisch hergestelltem, pyrogenem Siliziumdioxid (ökologisch ungefährlich, ungiftig, kostengünstig in der Herstellung) die Alterungsbeständigkeit von Bitumen signifikant erhöhen kann

41 DIN CEN ISO/TS 27687:2008-11. Nanotechnologien – Terminologie und Begriffe für Nanoobjekte – Nanopartikel, Nanofaser und Nanoplättchen (ISO/TS 27687:2008); Deutsche Fassung CEN ISO/TS 27687:2008.

(Cheragian, 2021)[42]. Dies ist von großem Interesse, weil die Bitumenalterung zu einer nachteiligen Versprödung und Rissanfälligkeit der Asphaltstraße führen kann (siehe Kapitel 3.4.1). Ultraviolette Sonnenstrahlung verändert die molekulare Bitumenstruktur nachteilig, Molekülketten werden aufgebrochen und freie Radikale entstehen, die ihrerseits die Alterung beschleunigen. In das Bitumen zugegebene Nanoplättchen aus pyrogenem Siliziumdioxid können im Bitumen förmlich einen Schutzschild gegen UV-Strahlung bilden und folglich die UV-Alterung des Bindemittels be- bzw. verhindern (Cheraghian et al., 2021)[43].

2.2.5.10 Farbpigmente

Asphaltdeckschichtmischgut kann durch Zugabe von Farbpigmenten (rund 3 M.-%) während der Asphaltherstellung eingefärbt werden. Voraussetzung ist die Verwendung eines einfärbbaren, farblosen Bindemittels (z. B. Tallpech, siehe Kapitel 2.2.4) und von entsprechend farbkompatiblen Gesteinskörnungen.

Die Anwendung ist meist auf gering beanspruchte Verkehrsflächen, Fußgängerzonen, Radwege u. Ä. beschränkt. Wegen der Einfärbung der Geräte (Reinigung!) sind separate Asphaltmischer und Einbaugeräte empfehlenswert.

2.2.5.11 Fasern zur ‚Bewehrung'

Die „Bewehrung" des Asphaltmörtels (Bitumen-Füller-Sand-Gemisch) mit Hilfe von natürlichen Fasern (Naturfasern) oder synthetischen Fasern soll die mechanischen Asphalteigenschaften verbessern, insbesondere die Zugfestigkeit und den Risswiderstand (siehe z. B. NCHRP Synthesis 475, 2015)[44]. Die Fasern müssen hitze- und chemisch beständig und in der Asphaltmastix fest eingebunden sein. Je nach Faserart wirkt entweder die Einzelfaser oder die Fasern vernetzen sich dreidimensional.

---

42 Cheraghian, G. 2021. Nanomaterials for Asphalt Binders. Dissertation, Schriftenreihe Straßenwesen, Heft 39, Institut für Straßenwesen, Technische Universität Braunschweig.

43 Cheraghian, G., Wistuba, M. P., Kiani, S., Barron, A. R. & Behnood, A. 2021. Rheological, physicochemical, and microstructural properties of asphalt binder modified by fumed silica nanoparticles. Nature, Scientific Reports, 11(1), 1-20.

44 NCHRP Synthesis 475, 2015. Fiber Additives in Asphalt Mixtures. Transportation Research Board of the National Academies, Washington, D.C.

Naturfasern werden meist technisch einfach aus den Pflanzenbestandteilen von Gräsern, Samen, Früchten hergestellt (z. B. Bambus, Jute, Kokosnuss, Sisal) und damit aus nachwachsenden Rohstoffen. Die Festigkeit wird u. a. von der Fasergewinnung bzw. vom Herstellungsprozess beeinflusst (z. B. Reife der Pflanze, verwendeter Pflanzenbestandteil).

Gebräuchliche synthetische Fasern sind z. B. *Aramid* (ein Polyamid mit extrem hoher Festigkeit, Bruchdehnung und Hitzebeständigkeit) und *Polyolefin* (ein durch Kettenpolymerisation hergestellter Thermoplast, der heute mengenmäßig die größte Gruppe der Kunststoffe darstellt).

2.3 Gestein

Ein *Gestein* ist ein ausgekühltes Mineralaggregat, bestehend aus Mineralen und eventuell auch Bruchstücken von Gesteinen (siehe Kasten).

Ein **Kristall** ist ein Festkörper, dessen Atome und Moleküle regelmäßig angeordnet sind. Kristallisation nennt man die Entstehung des Kristallgitters, wobei 7 Kristallsysteme unterschieden werden, mit dem kubischen System (Würfel) als jenes der höchsten Ordnung (Bsp. Mineral Pyrit). Ein **Mineral** (Mehrzahl *Minerale* oder *Mineralien*, wobei der Begriff *Mineralien* eher im alltäglichen Sprachgebrauch verwendet wird) ist ein stofflich einheitliches Kristallaggregat, bestehend aus Kristall(fragment)en. Es gibt auf der Erde rund 5.300 Minerale. Eigenschaften von Mineralen sind *Dichte*, *Härte*, *Spaltbarkeit*, *Kristallform*, *Glanz*, *Farbe* und *Strichfarbe* (auf Porzellanplatte). Eine einfache Methode zur Bestimmung ist das gegenseitige Ritzen zweier Minerale und Einordnen in die Härteskala von Mohs[45] (siehe Kasten).

Die **Mohssche Härteskala** ist eine 10-stufige, relative Ordinalskala, die in der Mineralogie und Geologie bis heute zum Einsatz kommt und auf dem Prinzip „harte Stoffe ritzen weiche" beruht, d. h. ein Mineral in der Ordinalskala ritzt das jeweils vorhergehende weichere. Minerale mit Mohshärte von 1 bis 2 gelten als *weich* (mit Fingernagel ritzbar; Bsp. Talg, Graphit: 1; Gips: 2), von 3 bis 5 als *mittelhart* (mit Taschenmesser/Stahlfeile ritzbar; Stahl: 5; menschlicher Zahn: 5), und über 6 als *hart* (Gestein ritzt Fensterglas; Bsp. Feldspat: 6; Granit: 6-7; Quarz: 7; Porzellan: 8; Diamant: 10). Die Härte ist – neben Kristallform, Farbe und Gewicht – ein wesentliches Merkmal zur Mineralbestimmung ohne technische Hilfsmittel.

Straßenbaustoffe werden aus unterschiedlichen Gesteinskörnungen zusammengesetzt oder sind Werksteine aus Gestein (Pflaster). Als *Gesteinskörnung*

45 Carl Friedrich Christian Mohs (1773-1839), deutsch-österreichischer Mineraloge, geboren in Gernrode (Harz), 1812 Professor für Mineralogie in Graz/Österreich, wo er die Härteskala entwickelte, ab 1826 an der Universität Wien, Ehrengrab in Wien.

bezeichnet man ein Gemenge an Gesteinskörnern mit definierten Abmessungen. Eine Straße besteht zu über 95 % aus Gestein (siehe Kasten).

Gestein ist der Hauptbestandteil von ungebundenen Schichten und Dammschüttungen, von gebundenen Schichten aus Asphalt oder Beton, von Oberflächenbehandlungen und von hydraulisch gebundenen Tragschichten, und es findet Anwendung als Werkstein (Stein mit definierter Form und Abmessung) für Pflasterdecken und Plattenbeläge. In der Europäischen Union werden pro Jahr etwa 3 Milliarden Tonnen an natürlichen Gesteinen produziert (Quelle: *aggregates-europe.eu*), davon geht etwa ein Drittel in den Straßenbau (Quelle: Dawson & Mundy, 1999)[46].

Für den Straßenbau eignen sich feste, zähe, harte, griffige und polierresistente Gesteine mit hoher Bitumen-Affinität. Viele magmatische Gesteine (Gabbro, Granit, Diorit u.v.m.) und Sedimentgesteine (Kalk, Dolomit u. v. m.) sind hervorragend geeignete Straßenbaugesteine. Manche natürlichen Gesteine, wie Glimmer oder Muskovit (metamorph) oder Tone (Sedimentgestein) scheiden als Straßenbaugestein von vornherein aus, da sie aufgrund ihrer Plättchenstruktur schon bei geringer Scherbeanspruchung spaltbar sind und aufgrund ihrer quellfähigen Eigenschaften zur Eislinsenbildung (siehe Kapitel 2.3.2.4) neigen.

Besonders *harte Gesteine* haben einen Anteil von harten Mineralen von über 25 % und eine *Druckfestigkeit* von über 140 N/mm^2 (z. B. Granit, Gneis, Amphibolit). *Weiche Gesteine* haben hingegen eine niedrige Druckfestigkeit von unter 60 N/mm^2 (z. B. mergeliger Kalk). Die *Zugfestigkeit* von Gesteinen wird üblicherweise nicht geprüft (siehe Kasten).

Zugfestigkeit von Gestein: Obwohl Asphaltschichten unter Verkehrslast Zugkräften ausgesetzt sind, wird die Zugfestigkeit von Gestein heute selten überprüft. In eigenen Untersuchungen an der TU Braunschweig wurde an Gestein mit hoher Druckfestigkeit in Einzelfällen beobachtet, dass zugbeanspruchte Stifte aus diesem Gestein sehr geringe Zugfestigkeiten aufwiesen. Außerdem wurde festgestellt, dass manche zugbeanspruchten Gesteinsstifte, die zuvor mechanisch gebrochen und die Bruchstelle mit Bitumen verklebt wurde, im Bereich niedriger Gebrauchstemperaturen neben der Klebestelle versagten. Im Einzelfall kann die Zugfestigkeit von Gestein geringer sein als jene von Bitumen (Wistuba, 2011)[47].

---

46 Dawson, A. R. & Mundy, M. (eds.) 1999. Construction with Unbound Road Aggregates in Europe (COURAGE). Final Report, Contract No. RO-97-SC.2056, DGVII 4th Framework Programme (1994 to 1998), European Commission.

47 Wistuba, M. 2011. Ansprache des Haftverhaltens in bitumengebundenen Baustoffen. Vortrag, VSVI Seminar Asphaltstraßenbau, 15. Februar 2011, München-Garching.

2.3.1 Gesteinsarten und typische Straßenbaugesteine

Zur Gesteinserkennung und -bezeichnung genügen oft schon wenige Grundkenntnisse, um anhand einer Gesteinsprobe die Möglichkeiten an in Frage kommenden Gesteinsarten und deren maßgebliche straßenbautechnische Eigenschaften einzugrenzen. Im Folgenden sind daher die wichtigsten Grundlagen zur Gesteinserkennung und zur Entstehung der unterschiedlichen Gesteinsarten erläutert.

Wichtige Merkmale für die Gesteinserkennung sind zu das *Gewicht* (*Dichte*) und das *Gefüge* (siehe Kasten).

> Das **Gefüge** eines Gesteins ist seine *Struktur* (= *Korngeometrie*: Korngröße, Kornform) zusammen mit der *Textur* (= *Kornanordnung*: Orientierung (isotrop, anisotrop), Verteilung (homogen, inhomogen) und Raumerfüllung (porös, kompakt)).

Die Kenngrößen *Gewicht* und *Gefüge* hängen eng mit der *Gesteinsgenese* zusammen, das ist der zeitlich-räumliche Prozess zur Entwicklung und Entstehung des Gesteins.

Für Asphalt verwendete Gesteine sind überwiegend *natürlich* entstanden, selten kommen in Deutschland *industriell hergestellte* (künstliche) oder *rezyklierte Gesteinskörnungen* zum Einsatz.

2.3.1.1 Natürliche Gesteine

Natürliche Gesteine werden durch geologische Vorgänge und Zeiträume aus Mineralen in der Erdkruste bzw. direkt an der Erdoberfläche gebildet, also in einem sehr schmalen Bereich im Vergleich zur gesamten Ausdehnung der Erde (im Verhältnis in etwa vergleichbar der Schale eines großen Apfels, siehe Abbildung 11).

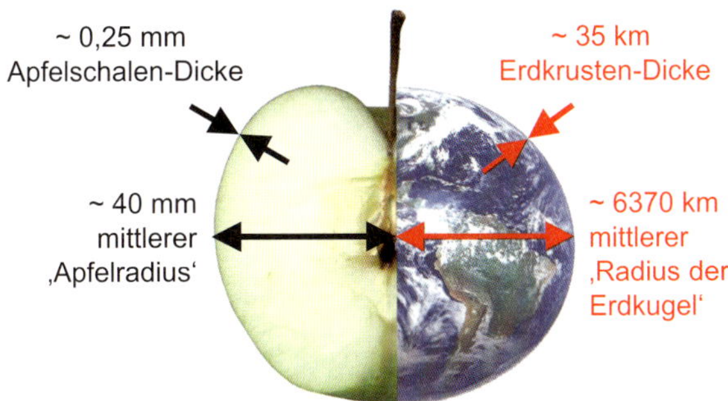

Abbildung 11 Ähnliche Verhältnisse von Apfelradius/Schale und Erdradius/Kruste (Prinzipskizze)

Abhängig vom vorherrschenden Chemismus (im Erdinneren bzw. an der Erdoberfläche), den Druck- und Temperaturbedingungen sowie von der Abkühlungsgeschwindigkeit entstehen drei Hauptgruppen an natürlichen Gesteinsarten: *magmatische Gesteine*, *Sedimentgesteine* und *metamorphe Gesteine* (siehe Tabelle 2).

Tabelle 2 Gängige Einteilung von natürlichen Gesteinen (vereinfacht)

		Beispiele
Magmatisches Gestein	Auswurfgestein	Bims, Tuff, Trass, Basaltlava
	Erguss-, Ganggestein	Basalt, Rhyolith, Andesit, Diabas
	Tiefengestein	Gabbro, Granit, Diorit, Granodiorit
Sedimentgestein	chemisch & biogen	Kalkstein, Dolomit
	klastisch	(Kalk-, Ton-)Mergel
		Tonstein, Tonschiefer
		Sandstein, Grauwacke
		Konglomerat, Brekzie
Metamorphes Gestein	nicht schiefrig	Quarzit, Marmor
	schiefrig	Tonschiefer (feinkörnig), Glimmerschiefer (grobkörnig)

(A) Magmatische Gesteine

Magmatische Gesteine (*Erstarrungsgesteine*) entstehen durch Erstarrung von *Erdmagma* nach Abkühlung in der Erdkruste oder an der Erdoberfläche (siehe Kasten).

Erdmagma (oder Magma) ist die glutflüssige Gesteinsschmelze im Erdinneren (siehe Abbildung 12), im Gegensatz zu *Lava*, der Gesteinsschmelze an der Erdoberfläche. Einige bedeutende **magmatische Minerale**, die in der angegebenen Reihenfolge bei fallender Temperatur in der Erdkruste kristallisieren (Temperaturbereich rund 1200 bis 650 °C), sind: • *Olivin* $(Mg,Fe)_2[SiO_4]$, Inselsilikat, wichtigster Bestandteil des oberen *Erdmantels*; • *Augit* $(Ca,Mg,Fe,Ti,Al)(Si, Al)_2O_6$, Bandsilikat, häufiges gesteinsbildendes Mineral, das sich z. B. in Basalt, Diabas, Gabbro, Melaphyr und Tuff bildet; • *Biotit* $K(Kg,Fe)_3\ [(OH)_2/AlSi_3O_{10}]$, Magnesiumeisen- oder Dunkelglimmer, in magmatischen und metamorphen Gesteinen, aufgrund seiner Weichheit und Spaltbarkeit als Baumaterial ungünstig, häufig Rostflecken an der Oberfläche (z. B. bei Bordsteinen aus Granit); • *Hornblende* $(Ca, Na)_{2-3}(Mg,Fe,Al)_5(Al,Si)_8O_{22}(OH,F)_2$, eisenreiches Amphibol, tritt in magmatischen und metamorphen Gesteinen wie z. B. Amphibolit auf; • *Kalifeldspat* (z. B. *Albit* $NaAlSi_3O_8$ oder *Orthoklas* $KAlSi_3O_8$), in siliziumdioxidreicher Magma, die beim Erkalten beispielsweise Rhyolith oder Granit

>

bildet; • *Muskovit* $KAl_2[(OH,F)_2|AlSi_3O_{10}]$, Tonerde- oder Hellglimmer, sehr häufig vorkommendes Schichtsilikat, wichtiges gesteinsbildendes Mineral, enthalten in vielen sauren Tiefengesteinen (z. B. Granit) und in kristallinen Schiefern (z. B. Glimmerschiefer, Gneis), jedoch nicht in Ergussgesteinen; meist tafelige, blättrige, schuppige Kristalle, hohe Spaltbarkeit; • *Quarz* SiO_2, große Härte (Mohshärte 7) und ausgeprägt verwitterungsbeständig, bricht muschelig wie Glas, nach den Feldspaten (Silikat-Mineral) das zweithäufigste Mineral der Erdkruste.

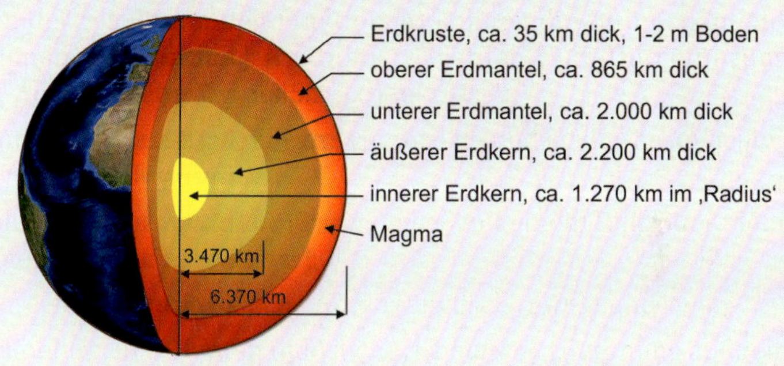

Abbildung 12 Schichten des Erdaufbaus (schematisch)

Bei Abkühlung der Gesteinsschmelze scheiden sich die unterschiedlichen Minerale aus (*Kristallisation*), wobei – neben der *chemischen Zusammensetzung* – die für die Kristallisation zur Verfügung stehende *Zeit* eine wichtige Rolle spielt in Bezug auf die resultierenden technischen Gesteinseigenschaften (vgl. Kapitel 2.3.1.5). Daher können allein abhängig von der Zeit, die zur Kristallisation zur Verfügung steht, aus zwei Gesteinsschmelzen mit der gleichen chemischen Zusammensetzung aber unterschiedlicher Abkühlungsgeschwindigkeit zwei verschiedene Gesteine entstehen. Beispielsweise ist das *Ergussgestein Basalt* bezüglich der chemischen Zusammensetzung äquivalent zum *Tiefengestein Gabbro*, enthält aber keine auskristallisierten Minerale.

Eine namentliche Differenzierung der magmatischen Gesteine erfolgt daher üblicherweise nach dem geologischen Ort der Erstarrung innerhalb der Erdkruste, weil die Abkühlungsgeschwindigkeiten ortstypisch sind: *Ergussgestein*, *Ganggestein* und *Tiefengestein* (siehe Abbildung 13).

» An der Erdoberfläche austretende Lava erstarrt schlagartig unter geringem Druck zu *Ergussgestein* (Vulkanit, Eruptiv-, Extrusiv-, Ausbruchs-, Effusiv-, vulkanisches Gestein). Zur Kristallisation von Ergussgestein blieb (zu) wenig Zeit, die Minerale sind daher nicht oder kaum

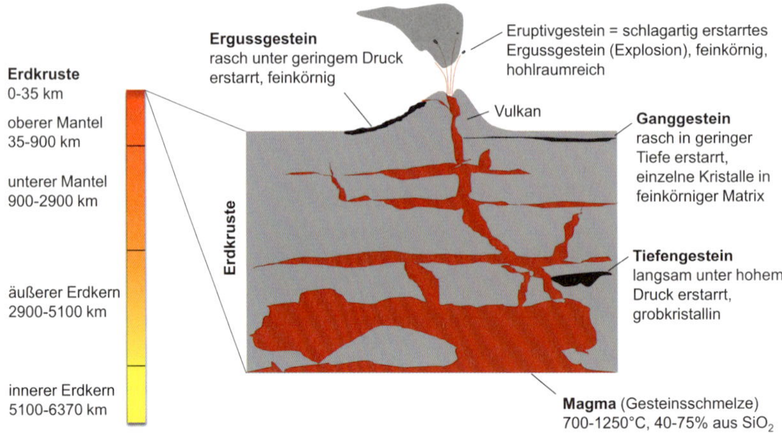

Abbildung 13 Unterscheidung von magmatischen Gesteinen anhand des Entstehungsorts (Ergussgestein, Ganggestein, Tiefengestein)

mit dem Auge erkennbar. Das Gefüge ist typischerweise massig, richtungslos und fein- bis mittelkörnig (Bsp. Basalt, Andesit, Rhyolit, Bimsstein). Ergussgestein ist im Extremfall ein sehr leichtes offenporiges, hohlraumreiches *Eruptivgestein* (Auswurfgestein aus einem Vulkan) wie *Bimsstein* (der aufgrund der eingeschlossenen Hohlräume sogar am Wasser schwimmt). Oder es ist ein schweres Gestein mit (sehr) kleinen, einzelnen Mineralen, ohne Kornorientierung (isotrop) in homogener Verteilung und kompakter Raumerfüllung, und oft von dunkler, schwarzer Farbe wie das vulkanische Gestein *Basalt*.

» *Ganggestein* entsteht aus Magma im obersten Bereich der Erdkruste. Es dringt in Spalten der Deckgesteine ein und erstarrt rasch in geringer Tiefe unter hohem Druck. Oft lässt das Gefüge von Ganggesteinen erkennen, dass die Kristallisation nicht vollständig abgeschlossen ist, sodass während des Abkühlens einzelne Mineralkörner in einer dichten, feinkörnigen Grundmasse eingeschlossen wurden.

» *Tiefengestein* (Plutonit, nach Pluto, römischer Gott der Unterwelt) erstarrt vergleichsweise langsam unter hohem Druck einige Kilometer unter der Erdoberfläche. Es entsteht eine mittel- bis grobkörnige Struktur (Bsp. Gabbro, Diorit, Granit), in der einzelne Minerale mit dem Auge meist eindeutig erkennbar sind.

Viele magmatische Gesteine sind hervorragende Straßenbaugesteine (siehe Tabelle 3, Abbildung 14) sowohl als Gesteinskörnung als auch als Werkstein.

Tabelle 3 Beispiele an magmatischen, für den Straßenbau geeigneten Gesteinen (mit einer Dichte zwischen 2,6 und 3,1 g/cm³)

Gestein	Bestandteile	Gefüge	Farbe	Druckfestigkeit N/mm²	Bedeutende Vorkommen in Deutschland
Granit (Tiefengestein)	Feldspat (Farbe), Quarz (farblos, grau), Glimmer (dunkel, bestimmt Witterungsbeständigkeit); häufig Einsprenglinge aus Kalifeldspäten	dicht körnig, Minerale einzeln erkennbar	hell- bis dunkelgrau, grau-rötlich-schwarz, gelblich gesprenkelt	160 bis 240	Harz, Fichtelgebirge, Bayerischer Wald, Spessart, Odenwald, Schwarzwald
Gabbro (Tiefengestein	Olivin, heller Feldspat, verschiedene dunkle Minerale	dicht körnig	dunkelgrau, schwarz, grünlich	200 bis 350	Schwarzwald, Harz, Odenwald
Diabas (Ergussgestein)	Plagioklas, Hornblende, Olivin, verschiedene dunkle Minerale	dicht, fein bis mittelkörnig	dunkelgrau, grünlich	180 bis 260	Harz, Thüringen, Sachsen, Westerwald, Fichtelgebirge
Porphyrischer Rhyolith (Ergussgestein)	Feldspat, Quarz, Glimmer	dicht, große Kristalle in feinkrist. Masse	grau, rot, gelbbraun	160 bis 240	Erzgebirge, Harz, Sachsen, Thüringer Wald
Basalt (Ergussgestein)	Plagioklas, Hornblende, Olivin, verschiedene dunkle Minerale	dicht, feinkörnig	blaugrau, schwarz	260 bis 440	Rhön, Vogelsberg, Eiffel, Erzgebirge, Westerwald

Granit[1] Gabbro[1] Diabas[2] Rhyolit[3] Basalt[4]

Abbildung 14 Typische magmatische Straßenbaugesteine (Bildquellen: [1]*geologylearn.blogspot.com;* [2]*brommeland.com,* [3]*steinpunkt.com,* [4]*stoneyard.co.uk*)

Granit (lateinisch *granum* für Korn) ist das häufigste Tiefengestein, grobkörnig (fleckig), hell und SiO_2-reich (> 65 %; *sauer*). Granit besteht aus Feldspat, Quarz und Glimmer und hat den höchsten Quarzanteil (bis 80 %) aller Gesteine, seine Mohshärte ist 6 bis 7.

Gabbro ist das zweithäufigste Tiefengestein. Gabbro ist grobkörnig, SiO_2-arm (< 52 %; *basisch*) und vorwiegend schwarz mit metallisch glänzenden Flocken von *Magnetit*.

Diabas ist feinkörniges, grünlich gefärbtes Ergussgestein, auch *Grünstein* genannt.

Porphyrischer Rhyolith (siehe Kasten) ist ein rötliches, helles Ergussgestein und zeigt große, gut ausgebildete (langsam erkaltete) Kristalle, die in einer feinkörnigen, weil rasch erkalteten Matrix „schwimmen" Rhyolithe haben für gewöhnlich eine saure (SiO_2-reiche) bis intermediäre Zusammensetzung und bestehen meist aus Feldspäten. Manche Rhyolithe werden im Fachjargon abwertend als *Bitumensäufer* bezeichnet, weil sie einen erhöhten Bitumenbedarf zufolge einer vergleichsweise hohen, oberflächennahen Bitumenaufnahme haben (vgl. Abbildung 15). Das „Hineinsaugen" von weichen Bitumenanteilen kann – wenn technisch nicht durch ein geeignetes Bindemittel gegengesteuert wird – zu einer nachteiligen Ansammlung von harten, spröden Bitumenanteilen an der Gesteinsoberfläche führen und in der Folge zu einem herabgesetztem Haftvermögen und zu einem frühzeitigen Rissversagen.

> Die Bezeichnung *Porphyr* (griechisch für *purpurfarben*) steht für das *porphyrische Gefügebild* eines Gesteins, das entsteht, wenn große Kristalle aus der Tiefe in der Gesteinsschmelze schwimmend nach oben mittransportiert werden und das flüssige Gestein dort rasch auskühlt. Die von der feinkörnigen Grundmasse (Matrix) eingeschlossenen großen Kristalle werden als *Einsprenglinge* bezeichnet.

Basalt (griechisch für *sehr harter Stein*) ist ein feinkörniges, schwarzes, sehr druck- und verschleißfestes (Straßenpflaster!), dabei nicht zu sprödes basisches (SiO_2-armes) Ergussgestein mit gleicher chemischer Zusammen-

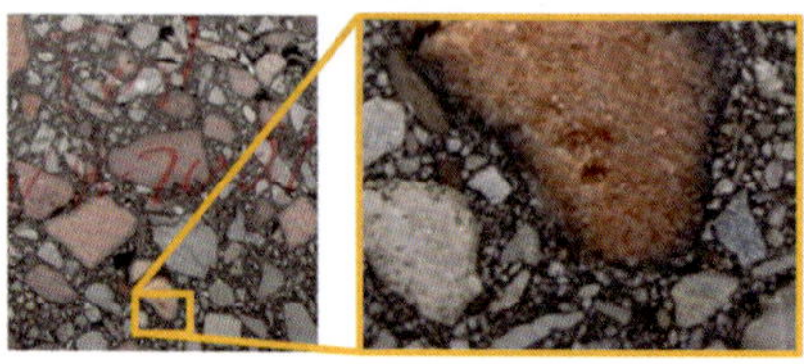

Abbildung 15 Beispiel für die Bitumenaufnahme an einem Gesteinskorn aus Rhyolith

setzung wie Gabbro. Basalt entsteht durch schlagartiges Erkalten von dünnflüssiger, kieselsäurearmer Magma. Am Festland entstehen oft (hexagonale) Basaltsäulen. Die Meeresböden bestehen fast vollständig aus Basalt, v. a. zwischen auseinanderdriftenden tektonischen Platten (Basaltvorkommen auch am Festland meist an tektonischen Grabenbrüchen). Inklusive der Meeresböden ist Basalt das am weitesten verbreitete Gestein.

Eine Sonderform ist *Sonnenbrennerbasalt*, der extrem verwitterungsanfällig und daher als Baustoff ungeeignet ist.

(B) Sedimentgesteine

Sedimente und *Sedimentgesteine* (*Ablagerungsgesteine, Schichtgesteine*) bedecken rund 75 % der Festlandoberfläche, davon rund 82 % als Tone, 8 bis 10 % als Sande und 8 bis 10 % als Karbonate (das sind Gesteine, die hauptsächlich aus Mineralen der Kohlensäure bestehen, meist Kalkstein).

Sedimentgesteine entstehen unter dem Einfluss der Atmosphäre aus den Verwitterungsprodukten magmatischer, metamorpher oder sedimentärer Kristallstrukturen am Festland (terrestrisch) oder in Gewässern (siehe Kasten).

Arten von Sedimenten: Sedimente entstehen durch *Verwitterung*. Das ist die natürliche Zersetzung von Kristallstrukturen durch *mechanische* Verwitterung (z. B. Temperaturverwitterung, Frost- oder Salzsprengung) oder durch *chemische* Verwitterung, bei der Minerale eines Gesteins bei Wasserkontakt in Lösung gehen, oder durch *biologische* Verwitterung, wenn Lebewesen beteiligt sind. Die Verwitterungsprodukte werden vom Entstehungsort abtransportiert, entweder von Wasser, dann spricht man vom *marinen* Sediment (Meer) oder *limnischen* Sediment (See) oder *fluviatilen* Sediment (Fluss), vom Gletscher bzw. seinem Schmelzwasser, dann entsteht *glaziales (oder fluvioglaziales)* Sediment, vom Wind, dann entsteht *äolisches* Sediment oder von Vulkanismus, dann wird es als *pyroklastisches* Sediment bezeichnet. Oder sie stammen von Meteoriten (zu einem kaum nennenswerten Anteil). Wenn die Geschwindigkeit/Turbulenz des Transportmediums abnimmt, setzen sich die Verwitterungsprodukte ab und bilden nach Verfestigung Sedimentgestein. • *Biogene* (organische, organogene) Sedimente (Kalkstein, Dolomit) entstehen aus Organismen und ihren Skeletten, • *chemische* Sedimente durch Fällung in Lösung befindlicher Stoffe (Kalkstein, Sulfate, Salze). • *Rückstandsgesteine* (Residualgesteine) entstehen nach der Verwitterung/Zersetzung eines Gesteins (z. B. Laterit, Bauxit, Kaolin), • *klastische* Sedimente (Klastika, Trümmergesteine) nach Erosion/Transport bereits existierender Gesteine und Verkitten mit chemischem/mineralischem Zement (z. B. Tonminerale; kalkige, kieselige (SiO_2) und ferritische Bindemittel). Klastische Sedimente unterteilt man nach ihrer Korngröße in *Konglomerate* (abgerundete Gesteinstrümmer) oder *Brekzien* (kantige Gesteinstrümmer) jeweils mit Korngröße größer 2 mm, ferner nach dem jeweiligen Größtkorndurchmesser (siehe Kasten darunter) in *Sandstein*, *Schluffstein* (oder Siltstein) oder *Tonstein*.

Korngrößen-Nomenklatur (mit zunehmendem Nennkorndurchmesser): **Ton** (kleiner 0,002 mm) – **Schluff** (oder Silt) (0,002 bis 0,063 mm) – **Sand** (0,063 bis 2 mm) – **Kies** (2 bis 63 mm) – **Steine** (größer 63 mm) – **Blöcke** (größer 200 mm). Kies, Steine und Blöcke zusammen bilden ein *Gemenge* (überwiegend Rundkorn) oder einen *Schutt* (überwiegend Kantkorn).

Werden Sedimente durch neue Ablagerungen nach und nach überdeckt, so tauchen die geschichteten Lockergesteine allmählich ab (siehe Kasten), werden zufolge der Überlagerung mit zunehmendem Druck bei steigender Temperatur belastet und durch Entwässerung und Verdichtung zu einem Festgestein umgewandelt (*Diagenese* durch Versteinerung, Lithifizierung, Lithogenese). Beispielsweise können in einer Tiefe von 2.000 m Drücke von bis 300 bar und Temperaturen bis 120 °C entstehen.

Rechenbeispiel zur Veranschaulichung des „Abtauchens" von Sedimentgestein: Geologische Prozesse wie die Sedimentation laufen sehr langsam ab über Jahrtausende oder Jahrmillionen (das Alter der Erde beträgt rund 4,6 Milliarden Jahre). Eine Sedimentation aus Meeresablagerungen von 10 mm pro Jahr ergibt in 100.000 Jahren eine rechnerische Mächtigkeit von 1.000 m (ohne Berücksichtigung von Setzung).

Charakteristisch für die *Zeichnung* (Erscheinungsform) von Sedimenten und daher für die Gesteinserkennung hilfreich sind die auf einen Materialwechsel zurückgehende *sedimentäre Schichtung* und der (nur in Sedimentgestein) mögliche *Einschluss von Fossilien*. Dabei bestimmt das jeweilige Milieu während des Schichtungsprozesses die *Gesteinsfazies*, darunter versteht man alle Gesteinseigenschaften, die aus der geologischen Geschichte resultieren, beispielsweise Schichtung, Farbe, Mineralbestand, Fossilieneinschluss.

Sedimentgestein ist daher auch das alleinige Speichergestein für Erdöl und Erdgas (siehe Kasten).

Entstehung von Erdöl: Am Meeresgrund abgelagerter Planktonschlick (abgestorbene Meeresorganismen) verfestigt sich während Hunderttausender Jahre zu Sedimentgestein mit hohem biogenen Anteil. Wegen der Sauerstoffarmut entsteht zunächst Faulschlamm, dann Stein- und Braunkohle (Umwandlung durch *Inkohlung*, Sonderform der Diagenese): Wasserunlösliche langkettige Kohlenwasserstoffe (*Kerogene*) werden in kurzkettige gasförmige und flüssige Kohlenwasserstoffketten aufgespalten. In den Hohlräumen des Sedimentgesteins sammeln sich die leichtflüchtigen Komponenten als *Erdgas*, die schwerflüchtigen aromatischen Kohlenwasserstoffe als *Rohöl*. Die Anreicherung in *Erdölfallen*, also Erdöllagerstätten mit Gaskappen nennt man *Migration*.

Bedeutende Sedimentgesteine, die im Straßenbau Anwendung finden, sind zum Beispiel *Grauwacke* und *Kalkstein* (siehe Abbildung 16, Tabelle 4):

Abbildung 16 Typische Straßenbaugesteine aus Sedimentgestein (Bildquellen: [1]*eiscolabs.com*, [2]*geoloogi.de*, [3]*commons.wikimedia.org*, [4]*homesciencetools.com*)

Grauwacke ist ein (ursprünglich von Harzer Bergleuten benanntes) graugrünes, „unreines“, sandsteinartiges, fein- bis grobkörniges Gesteinsgemenge (*klastisches Sediment*), das neben Quarz vielfältige Gesteinsbruchstücke, Feldspat u. a. enthält und durch hohe Tonanteile verkittet ist. Grauwacke ist als Baustoff beliebt wegen der starken Verfestigung, der Zähigkeit und der Resistenz gegenüber Witterungseinflüssen.

Tabelle 4 Beispiele an Sedimentgesteinen, die sich für den Straßenbau eignen (mit einer Dichte zwischen 2,4 und 2,8 g/cm³)

Gestein	Bestandteile	Gefüge	Farbe	Druckfestigkeit N/mm²	Bedeutende Vorkommen in Deutschland
Grauwacke	Quarz, Feldspat, Muskovit u. a.	dicht körnig	(dunkel) grau, (grünlich, rötlich)	150 bis 250	Harz, Weserbergland, Lausitz, Sauerland
Kalkstein	Calcit $CaCO_3$ & verschiedene Beimengungen	dicht, geschichtet, leicht polierbar	weiß (grau), rötlich, bräunlich	80 bis 150	Alpen, Weserbergland, Fränk. und Schwäb. Alp, Jura

Kalkstein ist ein Sedimentgestein (meist) biogener Entstehung, überwiegend bestehend aus Calciumcarbonat ($CaCO_3$) in Form der Minerale Calcit und Aragonit. Kalkstein hat große industrielle Bedeutung u. a. auch als Rohstoff für die Bauindustrie (Zement) und als Naturwerkstein. Im Straßenbau kommen hauptsächlich die Fraktionen 8 bis 16 mm und kleiner 0,1 mm (als Kalksteinfüller) zur Anwendung. Außerdem bindet karbonathaltiges Sedimentgestein das Treibhausgas CO_2 (siehe Kasten).

Karbonat bindet Treibhausgas Kohlendioxid CO_2: Sedimentgestein (insbesondere Kalkstein und Dolomit) enthält teilweise große Mengen an Karbonat, für dessen Bildung Kohlendioxid CO_2 aus der Atmosphäre notwendig ist. Daher ist die Erdatmosphäre mit einem CO_2-Gehalt von 0,04 % vergleichsweise arm an CO_2. Zum Vergleich: In der Atmosphäre des Mars, wo es keine Sedimente gibt, liegt der CO_2-Gehalt bei 96 %. **Carbon Capture and Storage** (CCS): Daraus geht die Idee hervor, das Treibhausgas Kohlendioxid CO_2 von Abgasen abzutrennen, in Wasser zu lösen und in porösen Boden zu pumpen, wo es mit Silikaten (beschleunigt durch Spurenelemente wie Calcium, Magnesium, Eisen) reagiert und zu Karbonatgestein mineralisiert.

(C) Metamorphe Gesteine

Metamorphe Gesteine (Umwandlungsgesteine, Metamorphite) entstehen durch Umwandlung (griechisch *Metamorphose*), d. h. durch die Bildung neuer Minerale (Um-/Neukristallisation) infolge Druck- und/oder Temperaturänderung, oft mit Neuausrichtung der Kristalle nach der Hauptdruckrichtung und Änderung des Gesteinsgefüges. So können sich ursprünglich magmatische oder sedimentäre Gesteine zu neuen metamorphen Gesteinen umwandeln. Die Metamorphose unterscheidet sich vom Entstehungsprozess der magmatischen Gesteine im Wesentlichen dadurch, dass es zu keiner Veränderung der chemischen Zusammensetzung kommt, und vom Entstehungsprozess der Sedimentgesteine hauptsächlich durch höhere Druck- und Temperaturbedingungen.

Typische Beispiele für metamorphe Gesteine sind *Quarzit* und *Gneis* (Tabelle 5).

Quarzit[1] Gneis[2] Schiefer[3] Granulit[4] Amphibolit[3]

Abbildung 17 Typische Straßenbaugesteine aus metamorphem Gestein (Bildquellen: [1]*sandatlas.org*, [2]*geologyscience.com*, [3]*mineralienatlas.de*, [4]*vbgf.se*)

Quarzit bildet sich unter großem Druck (Tiefe ≥ 600 m) und hohen Temperaturen (> 200 °C) meist aus Sandstein, ohne die Zufuhr neuer Minerale. Oft handelt es sich nicht um echten Quarzit, sondern um einen durch Kieselsäure verfestigten quarzitischen Sandstein.

Gneis bildet sich unter großem Druck und hohen Temperaturen (> 600 °C) aus Granit, Rhyolith, Sandstein oder Schieferton durch Einregeln von Kris-

Tabelle 5 Quarzit und Gneis als Beispiele für metamorphe Straßenbaugesteine (mit einer Dichte zwischen 2,6 und 2,9 g/cm³)

Gestein	Bestandteile	Gefüge	Farbe	Druck-festigkeit N/mm²	Bedeutende Vorkommen in Europa
Quarzit	Quarzgehalt > 98% (haftkritisch?)	fein- bis mittel-körnig, i.a. polier- und frost-resistent	hell, weiß-grau, weiß, Farb-gebung oft durch andere Minerale	150 bis 300	weit verbreitet, Alpen, Spanien, Bulgarien, Skandinavien, Norddeutsch-land
Gneis	wie Granit, Syenit oder Diorit	dicht, körnig, gebän-dert, fleckig	weißlich grau, rötlich, schwarz	100 bis 260	Erzgeb., Böhmer-, Bayerischer-, Odenwald, Zentralalpen

tallen (Biotit) und Neubildung von Kristallen. Typischerweise zeigt Gneis ein weitständiges, schiefriges Parallelgefüge mit einer *Vorzugsrichtung* der neuen Minerale. Oft ist er auch auffällig gebändert.

Schiefer ist ein Sammelbegriff für unterschiedliche metamorphe Gesteine, die hauptsächlich aus Sedimentgesteinen hervorgegangen sind. Sie zeigen engständige (< 1 cm) parallele Schieferungsflächen, entlang derer das Gestein spaltbar ist.

Granulit ist ein hochmetamorphes Gestein, das aus einer starken, mehrphasigen Umwandlung resultiert. Dadurch sind die Ausgangsgesteine kaum rekonstruierbar. Den Hauptanteil der Minerale bilden Feldspat und Quarz (vgl. Granit).

Amphibolit bildet sich durch die Metamorphose von kieselsäurearmen Gesteinen (z. B. Gabbro, Basalt oder Diabas). Sein Gefüge ist massig, fein- bis grobkörnig und enthält oft große Einzelkristalle.

2.3.1.2 Gesteinsvorkommen im Harz

Ein aus geologischer Sicht überaus interessantes deutsches Gebirge und ein Musterbeispiel für vielfältiges Gesteinsvorkommen ist *der Harz*. Aufgrund der geologischen Besonderheiten auf einem relativ kleinen Gebiet wird der Nordwestteil des Harzes in der Literatur als *klassische Quadratmeile der Geologie* bezeichnet.

Abbildung 18 Brockengranit, Oberharzer Diabas, Grauwacke, Rübeländer Kalkstein

Der Harz ist das nördlichste deutsche Mittelgebirge. Er liegt am Schnittpunkt von Niedersachsen, Sachsen-Anhalt und Thüringen. Seine Fläche beträgt 2226 km^2. Höchste Erhebung ist der Brocken mit einer Höhe von 1141,2 m ü. NHN. Er ist der dominanteste Berg in Deutschland (223 km Dominanz) und der höchste in Norddeutschland.

Viele Gesteine aus dem Harz sind für Bauzwecke hervorragend geeignet und liegen in ausreichend großer Mächtigkeit vor. Dazu zählen Granit, Gabbro, Diabas, Rhyolit, Grauwacke, Kalkstein, Rogenstein oder Quarzit (siehe Abbildung 18 und Abbildung 19).

Magmatische *Tiefengesteine* im Harz sind u. a. Brocken- und Okergranit (siehe Abbildung 20 links) sowie der Bad Harzburger Gabbro.

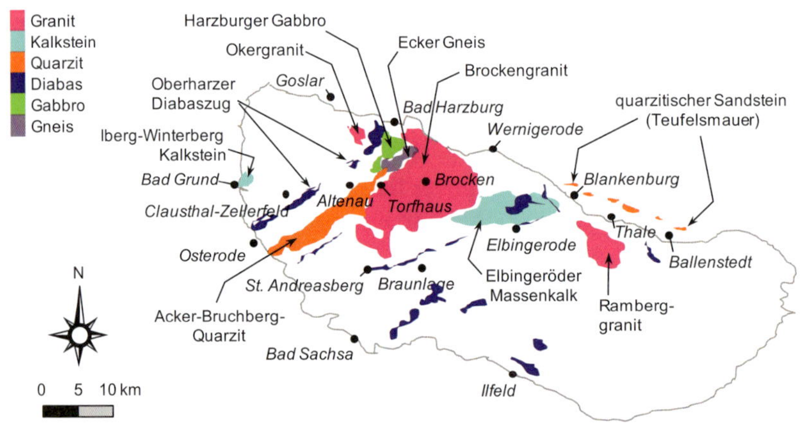

Abbildung 19 Gesteinsvorkommen im Harz (Auswahl)

Abbildung 20 Links: Okergranit (Wollsackverwitterung, Kästeklippen, Okertal); Rechts: Quarzitischer Sandstein (Teufelsmauer bei Ballenstedt)

Magmatische *Ergussgesteine* gibt es beispielsweise bei Altenau in Form des Oberharzer Diabaszuges, in Form von porphyrischem Rhyolith beispielsweise bei Ilfeld.

Sedimentgesteine findet man u. a. als Grauwacke rund um Clausthal-Zellerfeld und als Kalkstein beispielsweise bei Elbingerode im Rübeland, wo ein ungewöhnlich reiner ($CaCO_3$-Gehalt von 97-99 %), homogener, mächtiger und damit deutschlandweit besonders hochwertiger und bedeutender Massenkalk abgebaut wird (auf einer Fläche von rund 18 x 4,5 km; im Tagebau seit über 100 Jahren). Bei Bad Grund gibt es Kalkvorkommen am Iberg-Winterberg (auf rund 1,5 x 1 km Fläche und bis in eine Tiefe von rund 600 m), der teilweise verkarstet ist (touristisch genutzte Schauhöhle).

Eine Sonderform eines Kalksteinvorkommens ist der rötliche *Rogenstein* (Oolith) im nördlichen Harzvorland (historischer Abbau auch am Braunschweiger Nussberg), der aus Kalkkügelchen von bis zu mehreren Millimeter Durchmesser aufgebaut ist (siehe Abbildung 16). Rogenstein ist an historischen Gebäuden in Braunschweig zu erkennen (beispielweise Burg Dankwarderode, Aegidienkirche, Martinikirche, Altstadtrathaus, Westwerk des Doms) und wird auch im regionalen Straßenbau verwendet.

Als *metamorphes Gestein* findet man u. a. im Westharz den leicht rötlich gefärbten Acker-Bruchberg-Quarzit (Hochfläche zw. Altenau und Torfhaus, Bruchbergkuppe-Wolfswarte 927 m). Nördlich von Thale zwischen Blankenburg und Ballenstedt erstreckt sich die Teufelsmauer aus quarzitischem Sandstein (siehe Abbildung 20 rechts).

Die sehenswerte **Geosammlung der Technischen Universität Clausthal** in Clausthal-Zellerfeld wurde ab 1811 angelegt und ist mit 120.000 Stücken eine der größten Mineraliensammlungen Deutschlands (touristisch besser vermarktet und bekannter ist allerdings die *Terra mineralia* im sächsischen Freiberg). Etwa ein Drittel aller existierenden Arten an Mineralen ist hier vertreten. Zusätzlich ist ein Raum der Naturgeschichte und der Geologie des Harzes gewidmet.

2.3.1.3 Industriell hergestellte (künstliche) Gesteine

Künstliche Gesteine sind solche, die industriell durch thermische und/oder andere Prozesse (z. B. Sintern, Aufschmelzen, Verbrennen) gewonnen werden. Sie werden gezielt für einen bestimmten Einsatzzweck hergestellt, z. B. als Aufhellungsgesteine für den Straßenbau (siehe Kasten), oder sind industrielle Nebenprodukte, die als Baustoffersatz für natürliches Gestein (weiter aufbereitet und) wiederverwendet werden.

Aufhellungsgestein ist natürlich (z. B. Lysit, Granodiorit, Luxivit Granit®, Lahn-Taunus-Quarz) oder industriell hergestellt (z. B. Luxovite®, Granusil®) zur Aufhellung von Oberflächen aus Asphalt als Zuschlagstoff (Brechsand) oder Abstreusplitt. Industrielle Aufhellungsgesteine werden durch Brennen von Rohflint (Feuerstein) gewonnen. Eine helle Farbe und eine kristalline Steinstruktur bewirken eine hohe Lichtreflexion (erhöhte Kontrastwirkung auch bei Straßennässe, dadurch erhöhte Verkehrssicherheit; Energiekosteneinsparung für Straßenbeleuchtung), eine hohe Wärmereflexion durch eine größere *Albedo* (siehe Kapitel 3.2.2) und folglich eine erhöhte Standfestigkeit bei Hitze (Verformungswiderstand, Resistenz gegenüber Spurrinnenbildung). Künstliche Aufhellungsgesteine können wegen der Härte und Kantenschärfe der Gesteinskörner auch die Langzeitgriffigkeit erhöhen (Verbesserung der Polierresistenz).

Zu den Nebenprodukten (siehe Kasten) zählen beispielsweise *Eisenhüttenschlacken*, die bei der Herstellung von Roheisen (Hochofenschlacke) oder Rohstahl (Stahlwerksschlacke) anfallen (siehe Abbildung 21).

Schlacke fällt als nichtmetallischer Schmelzrückstand bei fast allen metallurgischen Prozessen an (pro Tonne Roheisen bzw. Rohstahl rund 150 kg Schlacke). Bei der Verhüttung schwimmt auf dem Roheisen- bzw. Rohstahlbad eine Schlackendecke geringerer Dichte. Diese wird abgegossen, in das Schlackenbeet verkippt, erstarrt glasig und wird von dort wieder durch Brechen und Sieben zu Schotter, Splitt und Sand aufbereitet. Schlacken zeigen oft hohe Festigkeiten, hohe Polierresistenzen bei hoher Dichte (schwerer als natürliches Gestein) und eine hohe Abrasivität (Verschleiß von Einbau-Geräteteilen). Für den Straßenbau geeignete Schlacken finden Anwendung in ungebundenen und gebundenen Schichten, im Pflasterbau (Bettung,

>

Stein) sowie als Schütt- und Verfüllgut. • **Hüttensand** entsteht bei schneller Abkühlung mit Wasser in Granulationsanlagen und kann als feinkörniges Baustoffgemisch 0/5 mm verwendet werden. • **Flugasche** ist ein staubförmiger (1 μm bis 1 mm), kugeliger Verbrennungsrückstand (in den (Elektro-)Filteranlagen zur Rauchgasreinigung) beispielsweise von Wärmekraftwerken oder Müllverbrennungsanlagen.

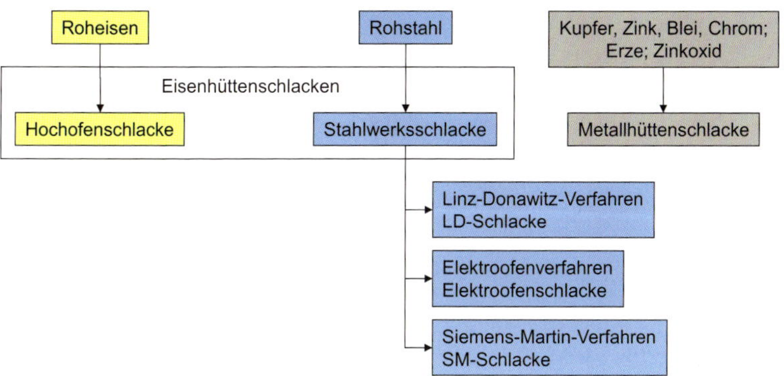

Abbildung 21 Schlackenbezeichnungen nach Gewinnungsprozess (schematisch)

Die Nutzung von industriellen Gesteinen als vollständiger oder teilweiser Ersatz von natürlichen Gesteinskörnungen im Straßenbau ist produktabhängig technisch oft möglich, preislich mitunter vorteilhaft und vor dem Gebot der Ressourcenschonung grundsätzlich sinnvoll, sofern schädliche oder allgemein nachteilige Auswirkungen auf Arbeitssicherheit, Umwelt (z. B. Haldenauswaschung und Überschreitung gewässerschutzrechtlicher Grenzwerte), Geräteverschleiß und Gebrauchseigenschaften auszuschließen sind (siehe Kasten). Eine stoffliche Verdünnung oder Umhüllung zur Vermeidung von Schadstoffaustritt mit dem Ziel der Unterschreitung zulässiger Grenzwerte ist als kritisch zu bewerten.

Nutzung von industriellen Gesteinen für Bauzwecke: Es ist zu beachten, dass die Zusammensetzung von industriellen Gesteinen abhängig von den Produktionsbedingungen stark schwanken kann. Auch eine Veränderung von Eigenschaften während des Gebrauchs ist möglich. Beispielsweise kann es zu einem deutlichen Festigkeitsanstieg kommen. Ferner können sich bei Kontakt mit Wasser bestimmte Mineralphasen um- oder neu bilden, eventuell verbunden mit einem Verlust der Raumbeständigkeit und/oder mit einer Volumenzunahme. Beispielsweise gibt es nachteilige Erfahrungen mit Quellen von Kalkeinschlüssen in manchen Schlacken, die deswegen für Straßenbauzwecke ohne weitere Aufbereitung untauglich sind. Bei

>

einigen Schlacken hat sich allerdings herausgestellt, dass nach mehrmonatiger Haldenlagerung im Freien die chemischen Umwandlungsvorgänge ausreichend abklingen und zunächst untaugliche Produkte danach gut einsetzbar sind. Solche Aspekte sind im Einzelfall vor der Nutzung für Bauzwecke zu prüfen.

2.3.1.4 Rezyklierte Gesteinskörnungen

Rezyklierte Gesteinskörnungen sind rückgewonnene Gesteinsgemische, die zuvor als *natürliche oder industriell hergestellte* mineralische Baustoffe in gebundener oder ungebundener Form eingesetzt waren und je nach Verwendungszweck wiederaufbereitet werden.

Grundsätzlich kommen für die Wiederverwendung von rezyklierten Gesteinskörnungen im Straßenbau folgende Stoffgruppen in Frage, sofern schädliche Auswirkungen auf Arbeitssicherheit, Umwelt und Gebrauchseigenschaften sowie unverhältnismäßige Aufbereitungsmaßnahmen auszuschließen sind:

» ungebundene Stoffe, wie z. B. Dammbaustoffe, Packlagen, Naturwerksteine,

» gebundene Stoffe, wie z. B. Asphalt, hydraulisch gebundene Tragschichten, Beton aus Hoch- und Tiefbau

» und sonstige Stoffe, wie z. B. Bauschutt.

RC-Baustoffe sind rezyklierte Gesteinskörnungen, die definierte Stoffgruppen nur bis zu einem bestimmten Prozentsatz enthalten. Die zulässigen Stoffe und deren maximale Mengenanteile sind im deutschen Technischen Regelwerk (Lieferbedingungen für Gestein) aufgelistet.

Ein (einbaufertiges) *RC-Gemisch* besteht aus RC-Baustoff(en) und Anteilen von natürlichen oder künstlichen Gesteinskörnungen.

Rezyklierte Gesteinskörnungen weisen – abhängig von der Gewinnung und der Lagerung – mitunter große Schwankungen hinsichtlich ihrer Zusammensetzung auf, was den großtechnischen Wiedereinsatz erschwert. Ein selektiver Rückbau getrennt nach Stoffgruppen vereinfacht generell die Wiederverwendung.

Im Sinne der Nachhaltigkeit ist der Lebenszyklus von rezyklierten Materialien (Gewinnung, Lagerung, Aufbereitung, Einbau, Gebrauch, Rückbau sowie neuerliche Wiederverwendung) hinsichtlich der Gefährdung von Mensch und Umwelt sowie der technischen Haltbarkeit im Einzelfall zu beurteilen (siehe Kapitel 6).

2.3.1.5 Hinweise zur Gesteinserkennung

Es gibt eine Anzahl von mindestens 265 verschiedenen Gesteinen. Eine Unterscheidung aller Gesteinsvorkommen ist nicht einfach möglich. Dennoch ist eine Gesteinserkennung mit etwas Übung auch ohne große Hilfsmittel und Laboruntersuchungen zumindest soweit möglich, dass für bautechnische Zwecke gut und schlecht geeignete Gesteine grob unterschieden werden können. Und manche Gesteinsproben sind derart eindeutig, dass die richtige Gesteinsbezeichnung auf der Hand liegt.

Die Gesteinserkennung auf der Baustelle erfolgt am einfachsten anhand einer Feldprobe in Form eines *unverwitterten Handstücks mit frischer Bruchfläche* mittels *organoleptischer* Prüfung.

Die organoleptische Prüfung erfolgt *mit den Sinnen* nach Gewicht, Aussehen, Farbe, Geruch und (eventuell) Geschmack (Bsp. Salz). Nach Möglichkeit können zusätzliche Hilfsmittel wie Messer/Stahlnagel, Hammer, Lupe, Strichtafel (unglasiertes Porzellan), Feuerzeug oder eine Flasche mit Salzsäure hilfreich sein – derart einfache Hilfsmittel sollten auch auf der Baustelle bzw. im Baustellenlabor zur Verfügung stehen.

Die folgenden Abbildungen helfen bei der Bestimmung von Gesteinen.

Magmatische Gesteine sind meist schwer (große Dichte) – ausgenommen ist Eruptivgestein (magmatisch), das ist besonders leicht (Bsp. Bimsstein). Ein besonders schweres magmatisches Gestein ist Erz (z. B. Eisen, Kupfer,

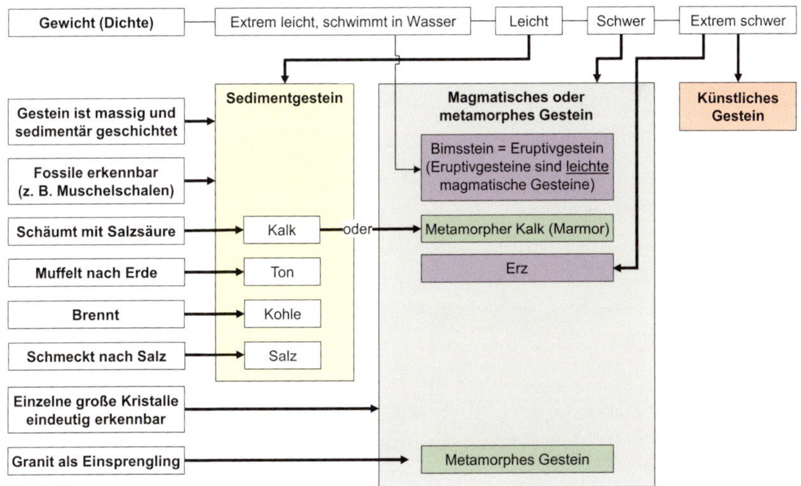

Abbildung 22 Gesteinsbestimmung (1/4)

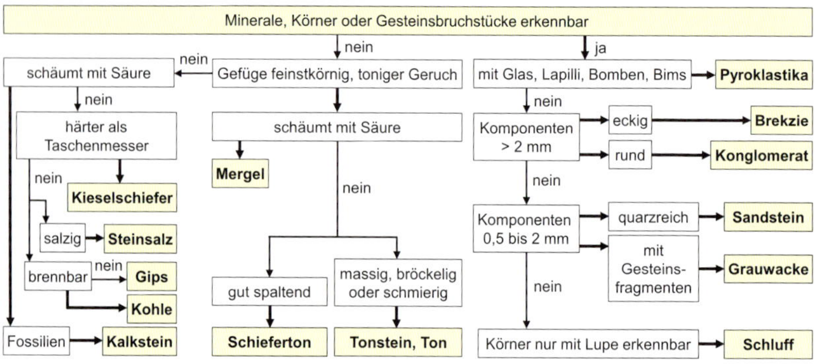

Abbildung 23 Bestimmung von Sedimentgesteinen (2/4)
(verändert nach: *www.trekkingguide.de/knowhow/geologie.htm*)

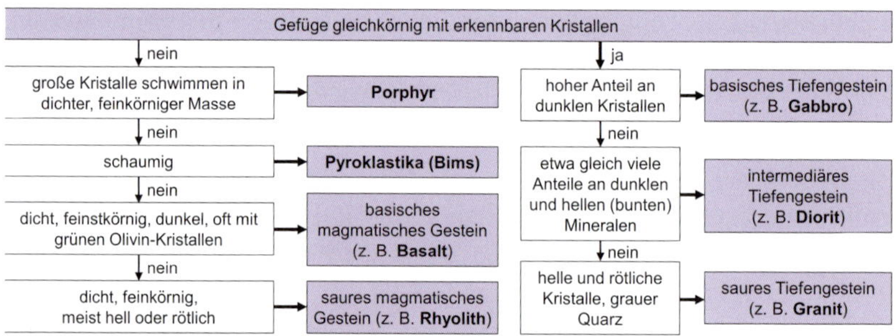

Abbildung 24 Bestimmung von Magmatischen Gesteinen (3/4)
(verändert nach: *www.trekkingguide.de/knowhow/geologie.htm*)

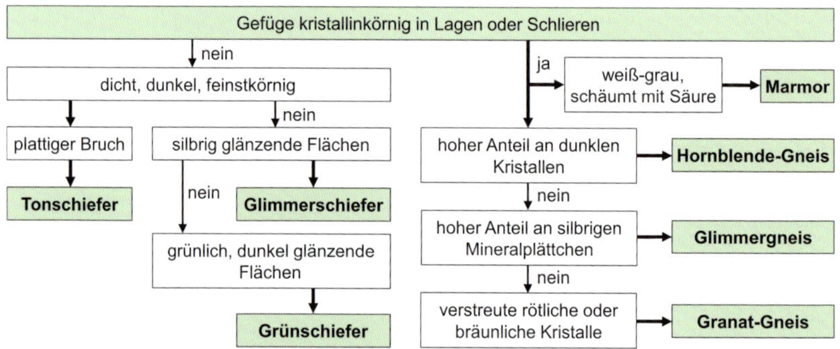

Abbildung 25 Bestimmung von Metamorphen Gesteinen (4/4)
(verändert nach: *www.trekkingguide.de/knowhow/geologie.htm*)

Zinn), oder die Schwere deutet zumindest auf den Einschluss von metallischen Mineralen hin. Extrem schwer ist oft ein künstliches Gestein (z. B. Schlacke).

Bei einem *Tiefengestein* (magmatisch) sind meist einzelne, grobkörnige und richtungslose (regellose) Minerale erkennbar, oft auch Quarzminerale mit ihrem typischen muscheligen Bruch mit Glasglanz. Ein typisches, helles Tiefengestein ist Granit, ein typisches dunkles ist Gabbro.

Das Gefüge eines typischen *Ergussgesteins* (magmatisch; schnell erkaltete Lava) ist massig, richtungslos und feinkörnig (Bsp. Basalt). Die Minerale sind nicht oder kaum erkennbar, d. h. mit dem Auge kaum bestimmbar. Ergussgestein ist somit schweres Gestein mit (sehr) kleinen, einzelnen Mineralen, ohne Kornorientierung (isotrop) in homogener Verteilung und kompakter Raumerfüllung, entweder schwarz wie bei Basalt oder weiß wie bei Quarzit.

Im Gefüge eines typischen *Ganggesteins* (magmatisch) finden sich gut entwickelte Kristalle in einer dichten, feinkörnigen Grundmasse (Kristallisation plötzlich abgebrochen). Ein typisches Beispiel ist der (meist rötliche) Rhyolith, der typischerweise Mineraleinschlüsse in Form des Einsprenglings Feldspat (eckige Umrisse, idiomorph[48]) zeigt.

Sedimentgesteine sind meist deutlich leichter (geringere Dichte) als metamorphe Gesteine. Das Erkennen der *Hauptgemengeteile* (> 5 %) liefert oft schon die Gesteinsbezeichnung (Bsp. *Sand*stein, *Ton*stein).

Als Folge der *sedimentären Schichtung* sind Sedimentgesteine typischerweise gestreift oder lagig, wie bei Sandstein aus einzelnen Quarzkörnern (= Überrest völlig verwitterten Gesteins). Die Ritz-/Spaltbarkeit, der Geruch/Geschmack sowie die Farbe und die Reaktion mit Salzsäure geben weitere entscheidende Hinweise für ein Sedimentgestein: Sedimentgesteine sind meist mit dem Messer *ritzbar*. Helle leicht ritzbare Gesteine sind Gips, Anhydrit und Salzstein (schmeckt salzig). Zeigt die Bruchfläche eine *Schieferung*, die entlang paralleler Vorzugsflächen spaltbar ist, handelt es sich meist um das Sedimentgestein Schiefer (*Glimmer*schiefer wenn das Gestein einheitlich glimmert). Ein metamorpher Schiefer zeigt kleine Minerale und ist dann Gneis.

Geht von der Bruchfläche (nach dem Anhauchen) ein toniger Geruch aus, ist Ton enthalten und es handelt sich dann um Schiefer*ton* oder *Ton*stein.

---

48 eigengestaltig

Sind bei einem Sedimentgestein einzelne miteinander verklebte Mineral- oder Gesteinsbruchstücke über 2 mm Durchmesser erkennbar, so liegt wahrscheinlich eine *Brekzie* (eckige Partikel) oder ein *Konglomerat* (gerundete Partikel) vor bzw. wenn diese kleiner als 2 mm sind, handelt es sich um Sandstein.

Kalkgestein ähnelt mitunter Sandstein, dann helfen Lupe und Salzsäuretest. Denn karbonathaltiges Gestein reagiert schäumend mit (verdünnter) Salzsäure und ist in dem Fall Kalkstein oder Marmor (= metamorpher Kalkstein).

Zur Erkennung eines Umwandlungsgesteins können folgende Hinweise helfen.

Metamorphe Gesteine ähneln magmatischen Gesteinen in Bezug auf ihr Gewicht (Dichte). Sie zeigen aber oft einzelne eingeregelte, parallel liegende Mineralkörner oder einen Verband von Mineralkörnern (Mineralaggregat) mit Zeichen der Einregelung, einem deformierten Gefüge oder mit Spuren von Deformationen. (Achtung: Auch Sedimentgestein kann tektonisch deformiert sein.)

Oder einzelne Gesteinskörner oder Kornaggregate erscheinen verdreht, das Gestein sieht nicht mehr in allen Richtungen gleich aus.

(Rotbrauner) Granat, der das Gestein wie (dunkel)rot getupft aussehen lässt, ist ein typisches metamorphes Mineral und verweist als Einschluss in der Gesteinsmatrix (*Einsprengling*) eindeutig auf ein metamorphes Gestein hin.

2.3.2 Gesteinseigenschaften (Auswahl) und ihre Bestimmung

Die petrografische Beschreibung bzw. stoffliche Kennzeichnung von Gestein kann anhand von bestimmten gesteinskundlichen Merkmalen erfolgen (DIN EN 932-3)[49], wie beispielsweise die *Angabe der Mineralfraktionen*, die Bestimmung des *gesteinsbildenden Minerals* und der *Rohdichte* der Gesteinskörnungen (DIN EN 1097-6[50] und -7[51]).

49 DIN EN 932-3:2022-08. Prüfverfahren für allgemeine Eigenschaften von Gesteinskörnungen – Teil 3: Durchführung und Terminologie einer vereinfachten petrographischen Beschreibung; Deutsche Fassung EN 932-3:2022.

50 DIN EN 1097-6:2022-05. Prüfverfahren für mechanische und physikalische Eigenschaften von Gesteinskörnungen – Teil 6: Bestimmung der Rohdichte und der Wasseraufnahme; Deutsche Fassung EN 1097-6:2022.

51 DIN EN 1097-7:2022-12. Prüfverfahren für mechanische und physikalische Eigenschaften von Gesteinskörnungen – Teil 7: Bestimmung der Rohdichte von Füllern – Pyknometer-Verfahren; Deutsche Fassung EN 1097-7:2022.

2.3.2.1 Aufbereitung

Der Abbau von natürlichen Gesteinen erfolgt durch Schürfen von *Lockergestein* in (Schotter-, Kies-, Sand-)Gruben oder durch Sprengen von *Festgestein* in Steinbrüchen. Nach der Art der Gewinnung bzw. Aufbereitung unterscheidet man zwischen *Rundkorn* und *Brechkorn*.

Rundkorn ist ungebrochen verwendbare Gesteinskörnung (z. B. in Gruben geschürftes natürliches Sedimentgestein wie Sand oder Kies). *Brechkorn* ist durch Zerkleinern aufbereitete, kantige Gesteinskörnung. (Wegen ihrer rauen Oberfläche werden *künstliche Gesteine* oft als Brechkorn klassifiziert.)

Die *Zerkleinerung von Gestein* von Korngrößen bis Meterbereich auf Millimeterbereich erfolgt noch am Ort des Abbaus durch *Brechen* mittels einer Kombination aus *Backenbrecher*, *Kreiselbrecher* und *Prallmühle* (siehe Abbildung 26).

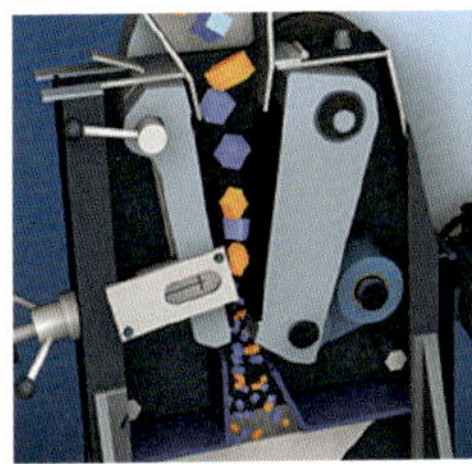
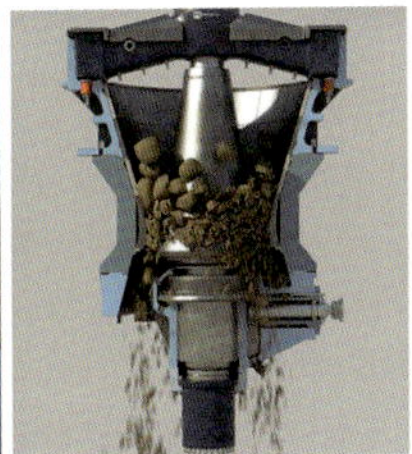
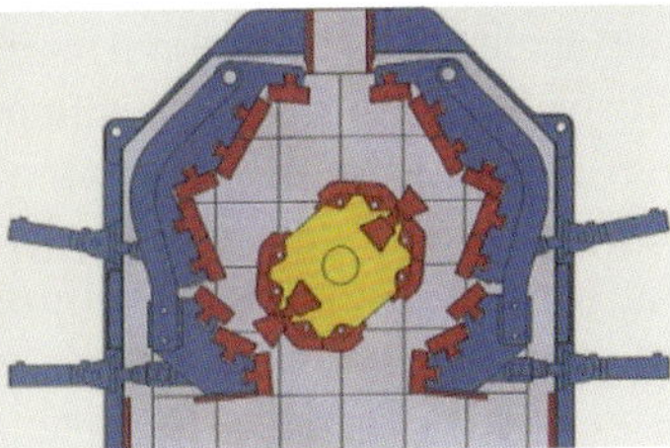

Abbildung 26 Backenbrecher (links), Kreiselbrecher (Mitte), Prallmühle (rechts)
(Bildquellen von links nach rechts: *de academic.com, at minerals.com, at bensheim.de*)

Die resultierenden *Gesteinseigenschaften* werden – neben der Gesteinsart und der Gewinnungsart – von der mechanischen Aufbereitung (und den Lagerungsbedingungen) mitbestimmt. Es wird angestrebt, Gesteinskörnungen so aufzubereiten (und zu lagern), dass sich gleichbleibende Eigenschaften erhalten (z. B. Verwitterungs- und Raumbeständigkeit).

Grundsätzlich gilt, dass Gesteinskörnungen ausreichend *verwitterungsbeständig* sein müssen, durch vorhergehendes vollständiges Abtrennen nicht verwitterungsbeständiger Anteile. Verwitterte und verunreinigte Anteile in der Gesteinskörnung könnten quellen, zerfallen, sich lösen oder chemisch umsetzen und werden daher im Zuge der Aufbereitung vorsorglich abgetrennt. Kritisch sind beispielsweise Tonminerale, Glimmer, Gips, Kalziumoxid, Magnesiumoxid, Pflanzenreste, Metalle oder Kunststoffe.

2.3.2.2 Anforderungen

Die Gesteinseigenschaften und die an die Gesteine gestellten Anforderungen (entsprechend dem jeweiligen Einsatzzweck) können grob eingeteilt werden in

» *geometrische Anforderungen* (z. B. Korngrößenverteilung, Gehalt an Feinanteilen, Kornform, Anteil gebrochener Oberflächen),

» *physikalische Anforderungen* (z. B. Widerstand gegen Zertrümmerung, Frostbeständigkeit, Widerstand gegen Polieren, Fließkoeffizient) und

» *chemische Anforderungen* (z. B. chemische Zusammensetzung, Wasserempfindlichkeit von Füller).

Die Prüfverfahren zur Bestimmung von Gesteinseigenschaften und die Anforderungen an Gesteine im Verkehrswegebau sind in den harmonisierten Europäischen Normen (hEN) länderübergreifend geregelt (DIN EN 13043[52], DIN EN 13242[53], DIN EN 12620[54]). Die entsprechenden nationalen Umsetzungsnormen[55] behandeln die jeweils länderspezifische Auswahl, d. h. hier müssen nicht alle in den hEN festgelegten Eigenschaften zur Anwendung kommen. Beispielsweise ist in Deutschland die Eigenschaft *Widerstand gegen Abrieb durch Spikereifen* national nicht umgesetzt, weil eine Bereifung von Fahrzeugen mit Spikereifen nicht relevant ist. Dann gilt die Kategorie *NR* (englisch für *no requirement*). Ansonsten ist jede Anforderung durch Angabe eines (kursiv gestellten) Kurzzeichens für die entsprechende Anforderungskategorie gekennzeichnet (siehe Kasten). Dieser sind die Kategoriengrenzen nachgestellt, entweder als Indizes oder durch Angabe von Zahlenwerten.

---

52 DIN EN 13043:2015-07 – Entwurf. Gesteinskörnungen für Asphalt und Oberflächenbehandlungen für Straßen, Flugplätze und andere Verkehrsflächen; Deutsche und Englische Fassung prEN 13043:2015.

53 DIN EN 13242:2015-07 – Entwurf. Gesteinskörnungen für ungebundene und hydraulische gebundene Baustoffe für Ingenieur- und Straßenbau; Deutsche und Englische Fassung prEN 13242:2015.

54 DIN EN 12620:2013-07. Gesteinskörnungen für Beton; Deutsche Fassung EN 12620:2013.

55 TL Gestein-StB: Technische Lieferbedingungen für Gesteinskörnungen im Straßenbau. TP Gestein-StB: Technische Prüfvorschriften für Gesteinskörnungen im Straßenbau.

Anforderungskategorien in den hEN (Auswahl):

d… untere Siebgröße (Sieböffnungsweite);
D… obere Siebgröße (Sieböffnungsweite);
G… Korngrößenverteilung (englisch *grading*);
f… Gehalt an Feinanteilen (englisch *fines*);
tr… Anteil an Körnern mit mehr als 90 % vollkommen gerundeter Oberfläche (englisch *totally rounded*);
r… Anteil an Körnern mit mehr als 50 % gerundeter Oberfläche (englisch *rounded*);
c… Anteil an Körnern mit mehr als 50 % gebrochener Oberfläche (englisch *crushed*);
tc… Anteil an Körnern mit mehr als 90 % vollständig gebrochener Oberfläche (englisch *totally crushed*);
SI… Kornformkennzahl (englisch *shape index*);
FI… Plattigkeitsindex (englisch *flakiness index*);
LA… Los-Angeles-Wert;
SZ… Schlagzertrümmerungswert;
PSV… Widerstand gegen Polieren (englisch *polished stone value*);
F… Widerstand gegen Frostbeanspruchung;
E_{CS}… Fließkoeffizient;
NR… *keine Anforderung* (englisch *no requirement*).

Folgende **Indizes** sind in Deutschland von Interesse:

angegeben… der gemessene Wert muss angegeben werden;
C… grobe Gesteinskörnung (englisch *coarse aggregate*);
F… feine Gesteinskörnung;
x… einzuhaltender Grenzwert;
x/y… *x* M.-% Durchgang durch das obere Sieb (*D*) und *y* M.-% Durchgang durch das untere Sieb (*d*).

2.3.2.3 Korngrößenverteilung

Gesteinskörnungen werden hinsichtlich ihrer Korngröße (für den Anwendungsbereich *Asphalt*) unterschieden in

» *grobe Gesteinskörnungen* ($D \leq 45$ mm und $d \geq 2$ mm),

» *feine Gesteinskörnungen* ($D \leq 2$ mm, überwiegender Teil bleibt auf dem 0,063-mm-Sieb liegen) und

» *Füller* (Gesteinsmehl; Feinanteil $D \leq 0{,}063$ mm)[56].

Zum Zwecke der gezielten Zusammensetzung von Gesteinskörnungen bzw. von *Gesteinskörnungsgemischen* (aus groben und feinen Gesteins-

56 Seltener wird als Füller der Feinanteil ≤ 0,080 oder auch ≤ 0,090 klassifiziert.

körnungen mit oder ohne vorhergehende Trennung) ist eine weitere Präzisierung nach *Korngruppen* erforderlich.

Das *Klassieren* von Gestein in Körner gleicher Größe erfolgt mittels *Siebanalyse* durch (Vibrations-)*Sieben* (einem Standardverfahren der Partikelmesstechnik), nass oder trocken, auf (geflochtenen) Maschensieben oder (über 4 mm Lochweite) auf (gestanzten) Lochsieben, die zu einem *Siebturm* mit aufeinander abgestuften Öffnungsweiten zusammengestellt sind.

Gegebenenfalls erfolgt ein *Windsichten* (unerwünschte Feinpartikel werden mittels Wind-/Gas-Stroms abgetrennt) oder ein *Schlämmen* (in einer Suspension setzen sich die Feinstpartikel langsamer ab, können abgeschöpft und so von den gröberen Partikeln abgetrennt werden).

Bei einer *Schlämmanalyse* werden anhand der Eintauchtiefe einer Spindel (*Aräometer*) die Dichte und über das Casagrande-Nomogramm (Stokessche Gleichung zur Berechnung der Sedimentationsgeschwindigkeit eines Partikels) die Massenanteile der Kornfraktionen bestimmt.

Das Ergebnis einer Korngrößenanalyse ist die *Korngrößenverteilung*, eine Häufigkeitsverteilung, bei der in einem *Siebdiagramm* der prozentuale Anteil der Körner (Ordinatenachse) gegen den klassierten Durchmesser (Abszissenachse) als *Sieblinie* aufgetragen ist.

Bei einer *weitgestuften* Sieblinie enthält die Korngrößenverteilung viele verschiedene Kornfraktionen in annähernd gleichen Anteilen, sodass sich die Sieblinie über die gesamte Breite des Siebdiagramms erstreckt und einen relativ flachen Verlauf hat (geringe Kurvenneigung). Hingegen hat eine *enggestufte* Sieblinie einen (zumindest abschnittsweise) steilen Anstieg und verweist auf ein relativ schmales Korngrößenspektrum mit wenigen (ähnlichen) Kornfraktionen.

Fehlen eine oder mehrere Korngrößen, so spricht man von einem Material mit *Ausfallkörnung* (z. B. bei Splittmastixasphalt, siehe Kapitel 2.5.5). Dann ist die Sieblinie *unstetig* oder *intermittierend gestuft*, weil sie in jenen Bereichen, wo Kornfraktionen fehlen, (annähernd) horizontal verläuft.

Die *Korngruppe* ist festgelegt durch die untere Siebgröße (*Sieböffnungsweite*) *d* und die obere Siebgröße *D*, z. B. 8/11 (entspricht *d/D*).

Eine Korngruppe kann – im Gegensatz zur *Kornklasse* (siehe Abbildung 27) – auch einige Körner enthalten, die einerseits auf dem oberen Sieb liegen bleiben (*Überkorn*) und andererseits durch das untere feinere Sieb durchfallen (*Unterkorn*).

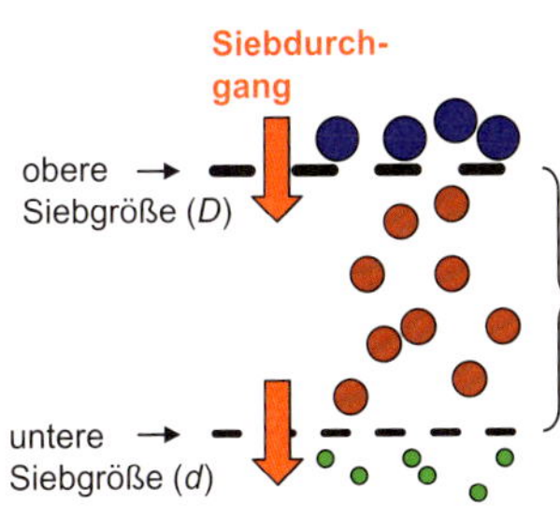

Abbildung 27 Bezeichnungen *Korngruppe* und *Kornklasse* (je nachdem ob zum Siebdurchgang die Anteile an Über- und Unterkorn hinzugerechnet werden oder nicht)

Die Zusammensetzung von groben und feinen Gesteinskörnungen wird meist unter Verwendung definierter Siebgrößen festgelegt (z. B. 0; 1; 2; 4; 5,6[57]; 8; 11,2; 16; 22,4; 31,5; 45; 56; 63 mm).

Die *Lieferkörnung* ist die Korngruppe einer lieferbaren (bzw. gelieferten) Gesteinskörnung. Die Korngrößenverteilung einer Lieferkörnung muss bestimmte Anforderungen an Über- und Unterkorn erfüllen. Sind diese erfüllt sind, erfolgt die Einteilung in bestimmte Korngruppen unter Angabe der Kategorie der eingehaltenen Über- und Unterkornanteile (Beispiel siehe Kasten).

Beispiel: Eine grobe Gesteinskörnung (G_C) der Kategorie G_C 90/15 darf beispielsweise in seiner Korngrößenverteilung einen Überkornanteil von 1 bis 10 % und einen Unterkornanteil von 0 bis 15 % aufweisen. **Mögliche zusätzliche Anforderungen:** Es können zusätzliche Anforderungen an den Siebrückstand gestellt werden, beispielsweise auf Sieben, deren Lochweiten das 1,4- und 2-fache des Größtkorns betragen oder die Hälfte des Kleinstkorns. An Gesteinskörnungsgemische (aus verschiedenen Korngruppen zusammengesetzt) werden mitunter zusätzliche Anforderungen an den Durchgang durch ein Zwischensieb gestellt (Kategorienbezeichnung *GT*).

Die *Korngrößenverteilung von Füller* kann – neben der Trockensiebung – auch mittels *Luftstrahlsiebung* bestimmt werden, bei der die Gesteinskörner zur Vermeidung von Klumpenbildung (Partikel kleiner 100 µm neigen

57 Die Nachkommastellen werden zur Bezeichnung der Korngruppe üblicherweise nicht verwendet, z. B. wird die Bezeichnung 8/11 verwendet für Gesteinskörnungen zwischen den Siebgrößen 8 und 11,2 mm.

zu Agglomeration) unter Sog durch die Siebmaschen gezogen werden (DIN EN 933-10)[58].

Eine vergleichende Trocken- und Luftstrahlsiebung von verschiedenen Füllerarten, die im Asphaltstraßenbau in Deutschland üblich sind, zeigte, dass beide Siebverfahren als gleichwertig einzustufen sind (Wistuba et al., 2024)[59].

2.3.2.4 Gehalt an Feinanteilen

Korngruppen dürfen zur Gewährleistung von *Frostsicherheit* (siehe Kasten) nur eingeschränkt Feinanteile enthalten (Bsp.: die Kategorienbezeichnung $f_{1,5}$ bedeutet, dass der Feinanteil kleiner gleich 1,5 M.-% sein muss).

Die **Frostsicherheit** einer Gesteinskörnung ist eine wesentliche Eigenschaft zum Schutz gegen das Eindringen und Nachsaugen von Wasser und dessen Gefrieren in Form von Eislinsen. • Die **Eislinsenbildung** in feinkörnigen, kapillarwirksamen Böden ist eine für die Straße schädliche Frost-Erscheinungsform infolge anhaltender Frosteinwirkung und kapillarem Nachsaugen von Wasser. Einzelne Eiskristalle können während der Frostperiode – wenn kapillarer Wassernachschub möglich ist – zu Eislinsen oder Eisbändern mit einer Dicke im Millimeter- bis Zentimeterbereich anwachsen. Dies verursacht schwere Frostschäden an der Straße, einerseits in Form von ungleichmäßigen Frosthebungen, andererseits in Form von punktuellen Ansammlungen von Eis, das beim Abschmelzen während Tauperioden zur lokalen Aufweichung des Bodens und zu *gespannten Wasserverhältnissen* führt (Schmelzwasser kann infolge des teilgefrorenen Bodens kaum abfließen) sowie zu stark variierenden Tragfähigkeitsverhältnissen bis zum vollständigen Verlust der Tragfähigkeit (siehe Wistuba, 1998)[60].

Die Bestimmung des Feinanteils kann mittels *Luftstrahlsiebung* erfolgen (siehe oben).

---

58 DIN EN 933-10:2009-10. Prüfverfahren für geometrische Eigenschaften von Gesteinskörnungen – Teil 10: Beurteilung von Feinanteilen – Kornverteilung von Füller (Luftstrahlsiebung); Deutsche Fassung EN 933-10:2009.

59 Wistuba, M. P., Büchner, J. & Trifunović, S. 2024. Optimierung von Verfahren zur Prüfung von Füller-Bitumen-Gemischen mit dem Dynamischen Scherrheometer (RHEMAS). Schlussbericht, Forschungsprojekt FE 07.0317/2021/AGB, i. A. des Bundesministeriums für Verkehr und digitale Infrastruktur, Institut für Straßenwesen, Technische Universität Braunschweig.

60 Wistuba, M. 1998. Kenngrößen zur Ermittlung von Klimaeinflüssen auf den Straßenoberbau. Diplomarbeit, Institut für Straßenbau und Straßenerhaltung, Technische Universität Wien.

Bei einem Gehalt an Feinanteilen von mehr als 3 M.-% sollte – wenn keine zufriedenstellenden Erfahrungen vorliegen – die Qualität der Feinanteile eines Bodensandes hinsichtlich Frostsicherheit jedenfalls überprüft werden (z. B. mittels Prüfung von Sandäquivalent- oder Methylenblau-Wert, siehe Kasten).

• ***Sandäquivalent-Verfahren*** (gemäß DIN EN 933-8)[61]: Der zu prüfende Bodensand wird mit Wasser und einem Flockungsmittel in einem Glaszylinder geschüttelt. Dann werden die Höhen von Ausflockung und Bodensatz ermittelt. Der prozentuale Anteil des Bodensatzes im Vergleich zur gesamten Ausflockung ergibt den Sandäquivalent-Wert. • ***Methylenblau-Verfahren*** (gemäß DIN EN 933-9)[62]: Weil Tonminerale den Farbstoff aus einer Methylenblau-Lösung absorbieren können, wird der Lösung des Bodensandes in Wasser solange tröpfchenweise Methylenblau-Lösung zugegeben, bis der Farbstoff von den Tonmineralen nicht mehr absorbiert wird und alle enthaltenen Tonminerale mit Farbstoff gesättigt sind. Aus den Mengen von Probe und Farbstoff errechnet sich der Methylenblau-Wert. (Das Verfahren wird in Deutschland nur selten angewandt.)

2.3.2.5 Kornform von groben Gesteinskörnungen

Zur Bezeichnung der *Kornform* werden vor allem die Begriffe *gedrungen* (kubisch, rund) und *plattig* (länglich) genutzt.

Als *plattig* gilt ein Korn, wenn sein Verhältnis von Länge zur kleinsten Dicke größer als 3 ist. Die kleinste Dicke ist gleich der Weite eines Spalts, durch den das Korn gerade noch hindurch passt (Prinzip des Kornform-Messschiebers, siehe Abbildung 28). Ein plattiges Korn hat gegenüber einem gedrungenen Korn gleichen Volumens eine mindestens doppelt so große Oberfläche.

Ein *gedrungenes* Korn hat eine ideale Form, wenn sein Verhältnis von der kleinsten Siebdurchgangsweite (quadratische Sieböffnung, durch die das Korn gerade noch hindurch passt) zur kleinsten Dicke kleiner als 1,58 ist (siehe Abbildung 28).

---

61 DIN EN 933-8:2015-07. Prüfverfahren für geometrische Eigenschaften von Gesteinskörnungen – Teil 8: Beurteilung von Feinanteilen – Sandäquivalent-Verfahren; Dt. Fassung EN 933-8: 2012+A1:2015.

62 DIN EN 933-9:2022-04. Prüfverfahren für geometrische Eigenschaften von Gesteinskörnungen – Teil 9: Beurteilung von Feinanteilen – Methylenblau-Verfahren; Deutsche Fassung EN 933-9: 2022.

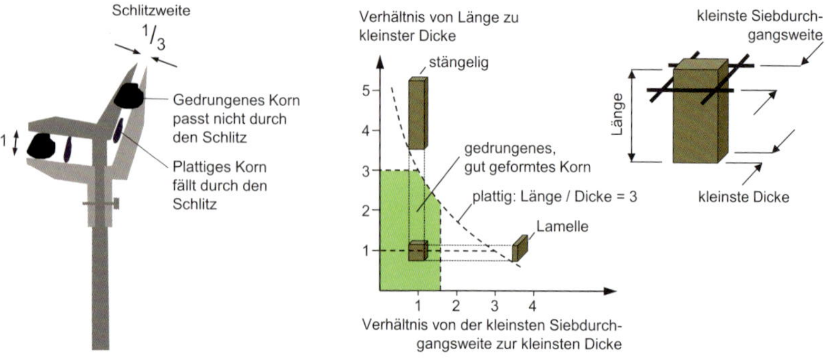

Abbildung 28 Kornform-Messschieber (links); Geometrie gedrungener Körner (rechts) (nach Dumont, 2005)[63]

Je gedrungener die Kornform einer Korngruppe im Asphaltmischgut ist, umso

» geringer ist die Gefahr, dass ein Einzelkorn unter Last bricht (bei der Mischgutproduktion, bei der Walzverdichtung, unter Verkehr),

» niedriger ist der Bindemittelbedarf in Walzasphalt (siehe Kapitel 2.5) bzw. der Wasserbedarf in ungebundenen Gemischen (wegen dem geringeren Anteil an Gesteinsoberfläche),

» besser ist das Fließverhalten des Mischguts und umso höher ist die Verdichtungswilligkeit von Walzasphalt (geringere Verdichtungsenergie),

» höher sind die Lagerungsdichte und die Standfestigkeit (Scherfestigkeit) von Walzasphalt.

Ein hoher Anteil an schlecht geformten, plattigen Körnern im Walzasphaltmischgut verursacht hingegen ungleichmäßig verteilte, schwer verfüllbare Hohlräume im Traggerüst. Der Anteil an schlecht geformten Körnern sollte erfahrungsgemäß ein Höchstmaß von 50 M.-% keinesfalls überschreiten.

Die Bestimmung der Kornform und deren Kategorisierung erfolgen über händische oder fotooptische Auszählverfahren (fotooptisch kann zusätz-

63 Dumont, A.-G. 2005. Composants minéraux. Chapitre 2, Matériaux routiers bitumineux 1: Description et propriétés des constituants. Corté, J.-F. & Di Benedetto, H. (eds.), Her-mes/ Lavoisier, France.

lich die Korngrößenverteilung erfasst werden). Übliche, einfache händische Auszählverfahren sind die Bestimmung der *Kornformkennzahl SI* (englisch *shape index*) nach DIN EN 933-4[64] und die Bestimmung der *Plattigkeitskennzahl FI* (englisch *flakiness index*) nach DIN EN 933-3[65] (siehe Kasten).

Kornformkennzahl *SI*: Zur Ermittlung der Kornformkennzahl wird für jedes von mindestens 100 Körnern im Kornform-Messschieber überprüft, ob das Verhältnis Länge zu Dicke größer als 3:1 ist und es sich damit um ein schlecht geformtes, plattiges Korn handelt. Der Anteil an plattigen Körnern in M.-% wird bezogen auf die gesamte Trockenmasse und als Kornformkennzahl *SI* angegeben (beispielsweise enthält eine Gesteinskörnung mit der Kategorie SI_{15} nur bis maximal 15 M.-% plattige Körner und ist damit qualitativ hochwertig). • **Plattigkeitskennzahl *FI*:** Die Ermittlung der Plattigkeitskennzahl einer Korngruppe erfolgt zunächst durch Siebung zur Unterteilung in Korngruppen d_i / D_i. Jede dieser Korngruppen d_i / D_i wird danach auf Stabsieben (mit parallelen Stäben) der Weite $D_i / 2$ gesiebt. Als schlecht geformt bzw. plattig gelten alle Körner, die das entsprechende Stabsieb passieren. Die Masse aller Siebdurchgänge durch die Stabsiebe bezogen auf die gesamte Trockenmasse der geprüften Körner ergibt die Plattigkeitskennzahl *FI* (z. B. FI_{15} für Körner einer qualitativ sehr guten Kategorie).

2.3.2.6 Bruchflächigkeit grober Gesteinskörnungen

Vorteilhaft im Walzasphaltmischgut hinsichtlich der inneren Reibung und der Verspannung des Korngerüsts und der Kraftübertragung sind ein möglichst großer Anteil an Kontaktflächen, eine möglichst raue Kornoberfläche und eine hohe Kantenfestigkeit der Gesteinskörner.

Eine Gesteinskörnung mit *hohem Bruchflächenanteil* ist bezüglich der Tragstruktur vorteilhaft gegenüber einer Körnung mit überwiegend Rundkornanteilen. Die Bruchflächen „verzahnen" sich in der Schicht besser und es stehen mehr Kontaktlängen bzw. -flächen zur Kraftübertragung zur Verfügung (Abbildung 29). Daraus resultieren für Walzasphalte vorteilhafte Gebrauchseigenschaften, denn tendenziell steigen die Standfestigkeit und die Verformungsresistenz mit zunehmender Bruchflächigkeit der Gesteinskörnung an. Gleichzeitig kann dieser Vorteil die Verdichtung erschweren.

---

64 DIN EN 933-4:2015-01. Prüfverfahren für geometrische Eigenschaften von Gesteinskörnungen – Teil 4: Bestimmung der Kornform – Kornformkennzahl; Deutsche Fassung EN 933-4:2008.

65 DIN EN 933-3:2012-04. Prüfverfahren für geometrische Eigenschaften von Gesteinskörnungen – Teil 3: Bestimmung der Kornform – Plattigkeitskennzahl; Deutsche Fassung EN 933-3:2012.

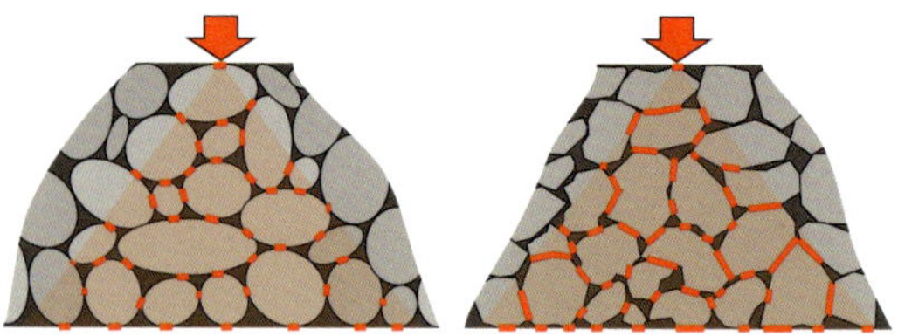

Abbildung 29 Prinzipskizze zur Kraftübertragung im Korngerüst von Walzasphalt (Links: wenige Kontaktpunkte bei runder Gesteinskörnung. Rechts: vergleichsweise viele Kontaktflächen bei kantiger Gesteinskörnung)

Die Analyse des Korngerüsts eines verdichteten Asphalts kann durch *digitale Bildanalyse* erfolgen (siehe Kasten).

Digitale Bildanalyse: Dabei werden die Querschnittsflächen eines Asphaltprobekörpers mit Hilfe eines Scanners (dreidimensional mittels Computertomografie oder zweidimensional mittels eines Flachbettscanners) in ein digitales Bild umgewandelt, das mit Hilfe einer speziellen Software hinsichtlich morphologischer Parameter ausgewertet werden kann. So können beispielsweise Kornform, Kornorientierung, Segregation (Korngrößenverteilung im Querschnitt), Anzahl und Verteilung der Kontaktpunkte bzw. der Kontaktlängen, Hohlraumgehalt, Hohlraumverteilung, Durchlässigkeit und resultierende Spannungsverteilung bestimmt werden (siehe Grönniger, 2017)[66]. • Auch zur automatisierten Erfassung von Oberflächeneigenschaften einer Gesteinskörnung (Kantigkeit, Bruchflächigkeit, Textur) werden digitale Bildanalyse-Verfahren eingesetzt. Zur Bilderfassung dienen ein optisches Mikroskop und eine Digitalkamera (siehe z. B. Masad & Button, 2000)[67].

Als *bruchflächig* bezeichnet man die Oberfläche eines Gesteinskorns, wenn diese zu mindestens 50 % aus Bruchflächen besteht. Man unterscheidet Körner mit mehr als 90 % gebrochener Oberfläche (*vollkommen gebrochen*; englisch *totally crushed, tc*), mit mehr als 50 % gebrochener Oberfläche (*gebrochen*; englisch *crushed, c*), mit mehr als 50 % gerundeter Oberfläche (*gerundet*; englisch *rounded, r*) und mit mehr als 90 % gerundeter Oberfläche (*vollkommen gerundet*; englisch *totally rounded, tr*) (siehe Abbildung 30).

66 Grönniger, J. 2017. Einfluss von innerer Struktur und Mörtelviskosität auf die Resistenz von Asphalt gegenüber Versagen. Dissertation, Schriftenreihe Straßenwesen, Heft 34, Institut für Straßenwesen, Technische Universität Braunschweig.

67 Masad, E. & Button, J. W. 2000. Unified Imaging Approach for Measuring Aggregate Angularity and Texture. Computer-Aided Civil and Infrastructure Engineering, Vol. 15, 273-280.

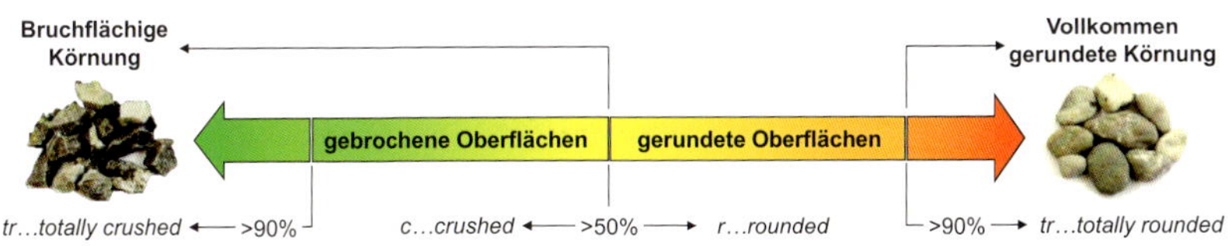

Abbildung 30 Bezeichnung der Bruchflächenanteile
Bruchflächige Körnung (links) und vollkommen gerundete Körnung (rechts)

Die Bestimmung der Bruchflächenanteile einer Gesteinskörnung erfolgt durch optische Begutachtung und Einteilung der Messprobe in gebrochene (einschließlich vollständig gebrochene; *c+tc*) Körner und vollkommen gerundete Körner (*tr*). Die *Bruchflächigkeit* (englisch *crushing value*; *C*) gemäß DIN EN 933-5[68] ist die Masse der gebrochenen Körner in Prozent der Masse der Messprobe (Beispiel siehe Kasten).

Beispiele zur Angabe der Bruchflächigkeit *C*: Eine Bruchflächigkeit der Kategorie $C_{100/0}$ bedeutet 100 % Bruchflächenanteil (vollständig und teilweise gebrochene Körner, *c+tc*), und 0 % gerundeter Oberflächenanteil und damit eine ausgezeichnete Eignung. Eine Bruchflächigkeit der Kategorie $C_{90/1}$ bedeutet 90 bis 100 M.-% Bruchflächenanteil (*c+tc*) und 0 bis 1 M.-% Anteil an vollständig gerundeten Körnern (*tr*) und damit eine gute Eignung.

2.3.2.7 Zertrümmerung von groben Gesteinskörnungen

Ein hoher *Widerstand gegen Zertrümmerung durch mechanische Beanspruchung* soll das Brechen von Körnern bei Einbau und Verdichtung sowie unter Verkehrs- und Witterungsbeanspruchung verhindern.

Zum Nachweis des Widerstands gegen Zertrümmerung von bestimmten Kornklassen wird der *Schlagzertrümmerungswert* (SZ-Wert) oder der *Los Angeles Koeffizient* (LA-Wert) gemäß DIN EN 1097-2[69] bestimmt. Im Zweifelsfall gilt der (außerhalb Deutschlands gebräuchlichere) Los Angeles Koeffizient (*Referenzverfahren*, siehe Kasten).

68 DIN EN 933-5:2023-01. Prüfverfahren für geometrische Eigenschaften von Gesteinskörnungen – Teil 5: Bestimmung des prozentualen Anteils an gebrochenen Körnern in groben Gesteinskörnungen und Gesteinskörnungsgemischen; Deutsche Fassung EN 933-5:2022.

69 DIN EN 1097-2:2020-06. Prüfverfahren für mechanische und physikalische Eigenschaften von Gesteinskörnungen – Teil 2: Verfahren zur Bestimmung des Widerstandes gegen Zertrümmerung; Deutsche Fassung EN 1097-2:2020.

Referenzverfahren: Per Konvention (z. B. gesetzliche Regelung) als Referenz verwendetes Mess- oder Analyseverfahren mit hoher Ergebnisqualität, das den anerkannten Referenzwert einer Messgröße liefert. Es kann zur Beurteilung der Ergebnisqualität anderer Verfahren verwendet werden.

Beim *Schlagzertrümmerungs-Verfahren* werden die Gesteinskörnungen mittels eines Fallgewichts wiederholt schlagbeansprucht. Dazu wird ein Korngemisch 8/12,5 mm zusammengesetzt und etwa 1,5 kg als Probe in einen Mörser gegeben. Diese Probe wird durch zehn Schläge mit einem 50 kg schweren Fallhammer aus 370 mm Höhe beansprucht. Anschließend wird die zertrümmerte Probe auf fünf Analysesieben mit Öffnungsweiten zwischen 0,2 bis 8 mm gesiebt. Aus der gemittelten Summe der Siebdurchgänge M [M.-%] ergibt sich der *Schlagzertrümmerungswert* (*SZ-Wert*) SZ (in M.-%). Je höher der Siebdurchgang ist, umso mehr ist das Einzelkorn zerkleinert und umso größer ist der SZ-Wert (Beispiel siehe Kasten).

Beispiel zum SZ-Wert: Ein Wert der Kategorie SZ_{26} bedeutet, dass weniger als 26 M.-% der Probe der Schlagbeanspruchung widerstanden haben (meist für Asphalttragschichten gefordert), ein SZ-Wert der Kategorie SZ_{18} bedeutet eine höhere Festigkeit (meist für hochbelastete Asphaltdeck- und Asphaltbinderschichten gefordert).

Bei der *Los Angeles Prüfung* wird die Kornzerkleinerung infolge des Zusammenwirkens von Schlag, Abrieb und Mahlen erzielt. Dazu wird standardmäßig eine Messprobe der Kornklasse 10/14 mm zusammengesetzt (unter Berücksichtigung von Vorgaben an den Durchgang durch ein Zwischensieb von 11,2 oder 12,5 mm). Die Messprobe mit einer Einwaage von 5.000 ± 5 g wird zusammen mit einer Ladung aus 11 Stahlkugeln (Durchmesser 45 bis 49 mm; Gesamtmasse 4.690 bis 4.860 g) in eine hohle Trommel (Innendurchmesser 711 ± 5 mm; Innenlänge 508 ± 5 mm) gegeben (siehe Abbildung 31).

Die Trommel rotiert insgesamt 500-mal mit einer konstanten Drehgeschwindigkeit von 31 bis 33 Umdrehungen pro Minute. Eine an der Innenseite der Trommel angebrachte Mitnehmerleiste bewirkt, dass Teile der Messprobe und die Stahlkugeln in Drehrichtung immer wieder angehoben werden und kurz darauf in sich herabfallen, sodass die Messprobe innerhalb der Trommel in Form von Schlag, Abrieb und Mahlen beansprucht wird. Abschließend wird das zertrümmerte Prüfgut auf dem

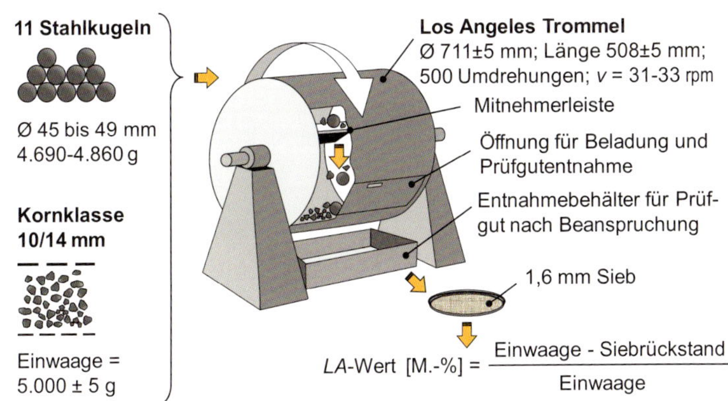

Abbildung 31 Los Angeles Prüftrommel mit innenliegender Mitnehmerleiste, Prüfgut (Kornklasse 10/14 mm) und Stahlkugeln zur Bestimmung des Los Angeles Koeffizienten (schematisch)

1,6 mm-Analysensieb gesiebt, der Siebrückstand gewogen und aus der Differenz zur Einwaage der Siebdurchgang errechnet. Der *Los Angeles Koeffizient* (*LA-Wert*) ist das prozentuale Verhältnis von Siebdurchgang zu Einwaage:

$$\text{LA-Wert [M.-\%]} = \\ = 100 \cdot \frac{\text{Einwaage [5.000 g]} - \text{Rückstand}_{1{,}6\ \text{mm Sieb}}\text{[g]}}{\text{Einwaage [5.000 g]}} \qquad \text{Gl. 2}$$

Je höher der LA-Wert ist, umso geringer ist der Widerstand der Gesteinskörnung gegen Zertrümmerung (Beispiel siehe Kasten).

Beispiel zum LA-Wert: Eine Kategorie LA_{20} bedeutet beispielsweise eine Zertrümmerung von weniger als 20 M.-%. Als Mindestwert ist meist ein LA-Wert der Kategorie LA_{50} gefordert.

Übliche SZ-Werte und LA-Werte für gängige Straßenbaugesteine sind in Tabelle 6 zusammengestellt.

2.3.2.8 Frostbeanspruchung (Frostbeständigkeit)

Der Nachweis eines ausreichenden *Widerstands gegen Frostbeanspruchung* (*Frostbeständigkeit*) erfolgt durch die *Bestimmung der Wasseraufnahme* nach Ofentrocknung gemäß DIN EN 1097-6[50].

Tabelle 6 Rohdichte, Schlagzertrümmerungswert (SZ-Wert), Los Angeles Koeffizient (LA-Wert) und Polierwert (PSV-Wert) für ausgewählte Straßenbaugesteine (Auszug aus TL Gestein-StB, Anhang A)[70]

Gestein			Rohdichte (g/cm^3)	Widerstand gg. Zertrümmerung [M.-%]		PSV [-]
				SZ	LA	
Magm. Gestein	Tiefengestein	Granit	2,60 - 2,80	≤ 26	≤ 30	45 - 58
		Diorit, Gabbro	2,70 - 3,00	≤ 20	≤ 25	k. A.
	Ergussgestein	Rhyolith, Andesit	2,50 - 2,85	≤ 22	≤ 25	43 - 62
		Basalt	2,85 - 3,05	≤ 20	≤ 25	k. A.
		Diabas	2,75 - 2,95	≤ 20	≤ 25	44 - 60
Sedim.-gestein	Kalkstein		2,65 - 2,85	≤ 28	≤ 30	33 - 55
	Sandstein, Grauwacke		2,60 - 2,75	≤ 26	≤ 30	50 - 65
	Kies	rund	2,55 - 2,75	≤ 35	≤ 40	k. A.
		gebrochen	2,60 - 2,75	≤ 26	≤ 30	35 - 59
Metam. Gestein	Gneis, Granulit		2,65 - 3,10	≤ 26	≤ 30	48 - 55
	Quarzit		2,60 - 2,75	≤ 26	≤ 30	50 - 65
Stahlwerksschlacke			3,20 - 3,80	≤ 26	≤ 30	50 - 62
Recycling-Baustoffe			k. A.	≤ 32	≤ 40	k. A.

Messprinzip ist der durch Wägung festgestellte Wasserverlust bei Trocknung und die zeitabhängige Wasseraufnahme nach 24 stündiger Wasserlagerung. Wenn die Wasseraufnahme ≤ 0,5 M.-% ist, ist von einer ausreichenden Widerstandsfähigkeit gegen Frost auszugehen. Die Prüfung der Wasseraufnahme ist bei Hochofenstückschlacke und anderen porösen Gesteinskörnungen nicht zweckmäßig.

Andernfalls muss der *Frostwiderstand* nach DIN EN 1367-1[71] bestimmt werden. Dabei wird das wassergesättigte Gestein in einer Frostkammer einem definierten Frost-Tau-Zyklus ausgesetzt (auf +20 °C für 24 Stunden halten, von +20 °C auf 0 °C in 150±30 Minuten abkühlen, bei 0 °C für

70 TL Gestein-StB 04. Technische Lieferbedingungen für Gesteinskörnungen im Straßenbau, Ausgabe 2004/Fassung 2007. Forschungsgesellschaft für Straßen- und Verkehrswesen e. V. (Hrsg.), FGSV Verlag, Köln.

71 DIN EN 1367-1:2007-06. Prüfverfahren für thermische Eigenschaften und Verwitterungsbeständigkeit von Gesteinskörnungen – Teil 1: Bestimmung des Widerstandes gegen Frost-Tau-Wechsel; Deutsche Fassung EN 1367-1:2007.

210±30 Minuten halten, von 0 auf –17,5 °C in 180 ± 30 min abkühlen, bei –17,5 °C für mindestens 240 min halten, auf 20 °C auftauen; 10 mal hintereinander). Danach wird mittels Siebung der Mengenanteil der Absplitterungen festgestellt. Die Einteilung erfolgt nach der Menge an Absplitterung in Kategorien, z. B. Kategorie F_4 für maximal 4 M.-% Absplitterung (Regelanforderung).

2.3.2.9 Polieren von groben Gesteinskörnungen

Gesteine für Deckschichten (einschließlich Oberflächenbehandlungen und Abstreusplitt) müssen zur Verkehrssicherheit ausreichend griffig sein und einen möglichst hohen Widerstand gegen die polierende Wirkung des Verkehrs aufweisen.

Vereinfachend wird im Labor der *Gleitreibungsbeiwert* zwischen einer polierten Gesteinsoberfläche und einem an dieser Gesteinsoberfläche abgebremsten Gummikörper geprüft und als Polierwert (englisch *polished stone value, PSV*) bezeichnet.

Zur Bestimmung des Polierwerts *PSV* gemäß DIN EN 1097-8[72] sind zunächst Gesteins-Probekörper herzustellen, indem mindestens 55 kubische Körner der Kornklasse 8/10 mm in eine gekrümmte Stahlform (90,6 x 44,5 mm) mittels eines Kunstharzes eingebettet werden. Anschließend werden die Gesteins-Probekörper auf dem *Prüfrad* (Durchmesser 40 cm, Breite 4,5 cm) des *Poliersimulators* montiert, sodass die Gesteinsoberflächen nach außen zeigen (siehe Abbildung 32). Am Prüfrad finden 14 Probekörper Platz, 12 Gesteins-Probekörper (= 3 Gesteins-Varianten vierfach belegt) und 2 Kontrollgesteins-Probekörper (aus *Herrnholzer Granit*).

Das Prüfrad wird mit einem durch ein Gewicht angepressten *Polierrad* aus Hartgummi (Druck 725 N) in einem genormten Poliervorgang von 320 Umdrehungen pro Minute zu 2 x 3 Stunden unter Wasserbenetzung beansprucht, wobei während der ersten 3 Stunden zusätzlich ein grobes (maximal 0,6 mm Korngröße) Poliermittel (Korund), dann ein feines Poliermittel (maximal 0,053 mm) aufgetragen wird. Danach werden die Probekörper vom Prüfrad abmontiert und mit dem Pendelgerät geprüft.

72 DIN EN 1097-8:2020-06. Prüfverfahren für mechanische und physikalische Eigenschaften von Gesteinskörnungen – Teil 8: Bestimmung des Polierwertes; Deutsche Fassung EN 1097-8:2020.

Das *Pendelgerät* (englisch *skid resistance tester, SRT*) ist ein tragbares Gerät zur Bestimmung der Griffigkeit (englisch *skid resistance*) von Straßenoberflächen (gemäß DIN EN 13036-4)[73]. Darüber hinaus wird das Pendelgerät – nach Anbringen einer kleineren (Aufsteck-)Messskala am Pendelgerät und eines kleineren Gleitschuhs – zur Bestimmung des Gleitreibungsbeiwerts (*PSV-Wert*) an Gesteins-Probekörpern im Labor eingesetzt (siehe Abbildung 32, rechts).

Das Pendelgerät besteht im Wesentlichen aus einem Pendelarm, an dessen Ende ein Gleitschuh aus einem genormten Gummi montiert ist. Bei der Messung wird die Arretierung des Pendelarms gelöst, sodass dieser aus der horizontalen Position frei durchschwingt und der am Pendelarm montierte Gleitschuh über die zuvor mit Wasser benetzte Prüffläche gleiten kann. Die Gleitgeschwindigkeit beträgt rund 10 km/h, die Berührungslänge (Gleitlänge) 76 mm (bzw. 125 bis 127 mm beim SRT-Wert). Der zurückschwingende Pendelarm wird mit der Hand aufgefangen. Die höchste erreichte Position des Pendelarms wird mittels eines mitgeführten Schleppzeigers auf einer halbkreisförmigen Skala angezeigt und liefert den PSV-Wert (für die Gesteinsoberfläche der Laborprobe) bzw. für den Fall, dass das Gerät auf der Straße eingesetzt wird, den SRT-Wert (der Straßenoberfläche). Der PSV-Wert bzw. der SRT-Wert ist ein Maß für die durch die Gleitreibung zwischen dem Gleitschuh und der Prüffläche verloren gegangene Energie.

Der PSV-Wert wird aus dem Mittelwert von 5 aufeinanderfolgenden Messungen gebildet. Das Messresultat für das Prüfgestein (S) wird um das Messresultat für das PSV-Kontrollgestein (C) korrigiert, wobei der Referenzwert des Kontrollgesteins 56 beträgt:

$$PSV = S + (56 - C) \qquad \text{Gl. 3}$$

Die Einteilung erfolgt nach der Höhe des Polierwerts in Kategorien, z. B. für Gesteine in Asphaltdeckschichten in die Kategorien PSV_{44} und PSV_{50} für hohe und höchste Sicherheitsanforderungen bzw. in Bereichen, in denen die an der Oberfläche liegenden Gesteinskörnungen besonders hoher Polierbeanspruchung ausgesetzt sind (z. B. enge Kurven, Bremsbereiche, Offenporiger Asphalt, Waschbeton).

73 DIN EN 13036-4:2011-12. Oberflächeneigenschaften von Straßen und Flugplätzen – Prüfverfahren – Teil 4: Verfahren zur Messung der Griffigkeit von Oberflächen: Der Pendeltest; Deutsche Fassung EN 13036-4:2011.

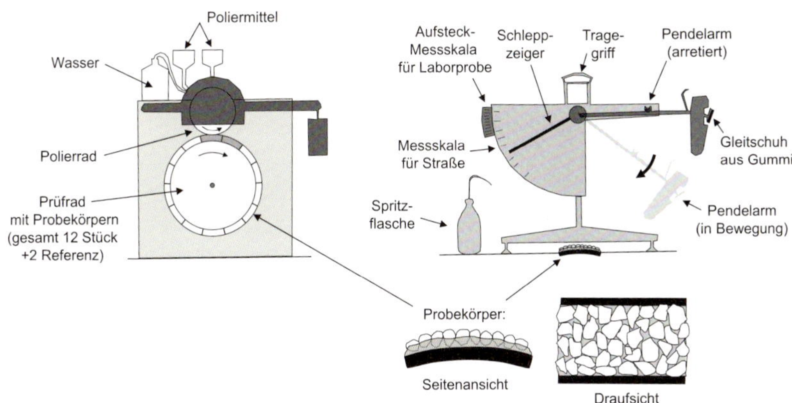

Abbildung 32 Polierwertbestimmung: Poliersimulator (links) und Pendelgerät (rechts)

Im Allgemeinen sind Gesteinskörnungen aus unterschiedlichen Mineralen (Bsp. Granit) polierresistenter als monolithische Gesteine (Bsp. Kalkstein), siehe dazu Tabelle 6.

2.3.2.10 Fließkoeffizient (innere Reibung von Sanden)

Rundkorn und Brechkorn verhalten sich in Bezug auf die innere Reibung im Asphaltmischgut unterschiedlich. Beispielsweise erhöht Brechsand gegenüber Natursand aufgrund von Oberflächenbeschaffenheit, Kornform und Kantigkeit die innere Reibung und folglich die Mörtelsteifigkeit sowie den Widerstand gegen Verformung. Gleichzeitig werden Verarbeitbarkeit und Verdichtbarkeit erschwert und der Bindemittelbedarf erhöht.

Ein Kennwert für die innere Reibung von Sanden ist der *Fließkoeffizient*. Der Fließkoeffizient E_{CS} wird über die Durchlaufzeit des Sandes durch einen genormten Trichter bestimmt (gemäß DIN EN 933-6)[74] und ist definiert als die Zeit in Sekunden, die eine vorgegebene Menge (rund 1 kg, abhängig von der Rohdichte) einer feinen Gesteinskörnung (0,063 bis 2 mm) benötigt, um durch die genormte Trichteröffnung zu fließen. Diese beträgt im Regelfall zwischen 25 und 50 Sekunden. Je höher Fließzeit und Fließkoeffizient sind, umso ausgeprägter ist die innere Reibung. Für hochstandfeste Asphalte wird meist ein Fließkoeffizient der Kategorie $E_{CS}38$

74 DIN EN 933-6:2023-02. Prüfverfahren für geometrische Eigenschaften von Gesteinskörnungen – Teil 6: Beurteilung der Oberflächeneigenschaften – Fließkoeffizienten von Gesteinskörnungen; Deutsche Fassung EN 933-6:2022.

oder $E_{CS}35$ gefordert, d. h. die Fließzeit beträgt mindestens 38 bzw. 35 Sekunden.

Der Zusammenhang des Fließkoeffizienten mit asphalttechnologischen Kennwerten wie dem Verformungswiderstand ist in der Fachwelt umstritten (vgl. Wörner et al., 2008)[75].

2.3.2.11 SiO_2-Gehalt

Die Minerale der Erdkruste bestehen zu 90 % aus *Silikaten* und *Oxiden* (siehe Kasten), wie Feldspäte, Amphibole, Pyroxene, Olivine, Glimmer und Tonminerale (zusammen 75 %) und Quarz zu 15 %.

Silikate = Verbindungen mit Silizium (Si) und Sauerstoff (O); nicht korrekt auch 'Kieselsäure' genannt; z. B. Quarz (SiO_2). • **Oxide** = Verbindungen von Metallen und Nichtmetallen mit Sauerstoff.

Abhängig von ihrer chemischen Struktur gliedern sich die Silikate in *Inselsilikate* (Gruppe der Olivine), *Kettensilikate* (Gruppe der Pyroxene; Mineral Augit), *Bändersilikate* (Gruppe der Amphibole; Mineral Hornblende), *Schichtsilikate* (Gruppe der Glimmer; Minerale Muskovit und Biotit) und *Gerüstsilikate* (Gruppe der Feldspäte).

Die in Sedimentgesteinen und bindigen Böden oft vorkommenden *Schichtsilikate* (z. B. Ton, siehe Kasten) weisen aufgrund ihrer Schichtstruktur nachteilige bautechnische Eigenschaften auf: Aus Schichtsilikaten aufgebaute Minerale sind tafelig, blättrig, leicht spaltbar und damit in Richtung der Schichtebene leicht verschieblich und verformbar. Außerdem können zwischen den Schichten H_2O-Moleküle chemisch gebunden sein. Diese bewirken eine enorme Quellfähigkeit und verhindern damit die Frostsicherheit.

Der gesteinskundliche Begriff **Ton** ist zweideutig, er bezeichnet einerseits Minerale mit *Korngröße kleiner 2 Mikrometer* [µm], andererseits ein *Schichtsilikat* bestehend aus Silizium, Sauerstoff, Wasserstoff, sowie meist Magnesium und Aluminium. Es gibt Tonminerale, für die beide Definitionen gelten, aber manche Minerale mit Korngröße < 2 µm sind keine Silikate, und es gibt Schichtsilikate mit Korngröße > 2 µm. Tone (Minerale mit Korngröße 2 µm und Schichtsilikate) sind in Bezug auf ihre Frostsicherheit (Eislinsenbildung) kritisch.

---

75 Wörner, T., Stütz, M. & Westiner, E. 2008. Ersatz des Brechsand/Natursand-Verhältnisses durch den Fließkoeffizienten. Schlussbericht, 06.082/2005/DGB, Bundesministerium für Verkehr, Bau und Stadtentwicklung, Reihe Forschung Straßenbau und Straßenverkehrstechnik, Heft 1009, Wirtschaftsverlag N. W. Verlag für neue Wissenschaft, Bremerhaven.

Der *SiO_2-Gehalt* bestimmt den Chemismus eines Gesteins. Man bezeichnet Gestein mit einem SiO_2-Gehalt von

» mehr als 65 % als *sauer* (wie z. B. Granit, Quarzporphyr),

» 52-65 % als *intermediär* (wie z. B. Siorit, Andesit),

» 45-52 % als *basisch* (wie z. B. Gabbro, Diabas) und

» weniger als 45 % als *ultrabasisch* (wie z. B. Peridotit, Basalt).

Ein hoher SiO_2-Gehalt (in magmatischen Gesteinen) kann sich nachteilig auf das Haftverhalten mit Bitumen auswirken, das leicht sauer ist. Die Wechselwirkung ist vom Chemismus des Gesteins wie auch jenem des Bitumens abhängig und muss im Einzelfall überprüft werden. Einen ersten, sehr groben Hinweis auf den Chemismus des Gesteins kann dessen Helligkeit geben (siehe Abbildung 33).

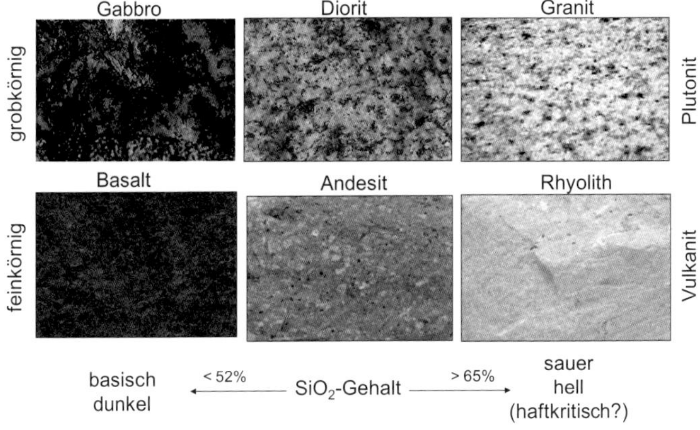

Abbildung 33 Helligkeit von Gesteinen als Hinweis auf den SiO_2-Gehalt

Das Haftverhalten zwischen Bitumen und Gestein ist allerdings nur zu einem geringen Anteil vom Chemismus der beiden Komponenten abhängig. Dominant bezüglich Haftverhalten an der Kornoberfläche dürfte die *mechanische Verzahnung* mit dem umgebenden Bitumen bzw. Bitumen-Füller-Gemisch sein. Morphologie und Porosität der Kornoberfläche beeinflussen das Haftverhalten vermutlich stärker als der Chemismus der üblichen Straßenbaugesteine (siehe Wistuba et al., 2012)[76].

76 Wistuba, M. P., Grothe, H., Handle, F. & Grönniger, J. 2012. Adhesion of bitumen: Screening and evaluating laboratory testing techniques. Proc., 5th Eurasphalt and Eurobitume Congress, June 13-15, 2012, Istanbul.

2.4 Wiederverwendeter Ausbauasphalt

Ausbauasphalt ist alter Asphalt, der aus aufgebrochenen Asphaltstraßen gewonnen wird. Ausbauasphalt ist heute in Deutschland eine Komponente, die routinemäßig neuem Asphaltmischgut zugegeben wird.

Ausbauasphalt kann problemlos wiederverwendet werden, vorausgesetzt dem Asphalt wurden zuvor keine Stoffe zugefügt, die nicht bedenkenlos wiederverwendbar sind (wie beispielsweise Teer), und dass die Sprödigkeit des Ausbauasphalts ausreichend kompensiert wird (siehe Kapitel 2.4.2).

Die Asphaltindustrie sorgt seit vielen Jahrzehnten wie kaum ein anderer Industriezweig nachdrücklich dafür, die umweltverträgliche Bewirtschaftung von Asphalt im Sinne des Kreislaufwirtschaftsgesetzes im großen Stil sicherzustellen (DAV, 2014)[77]. Daher werden schon heute in Deutschland zunehmend Ausbauasphalte gewonnen, die bereits vor Jahrzehnten mit Anteilen an Ausbauasphalt hergestellt wurden.

Der Ausbau aus bestehenden Asphaltstraßen erfolgt durch Fräsen (*Fräsasphalt*) (siehe Kasten) oder durch Aufbrechen in Form von Schollen.

Das **Fräsen** mittels Straßenfräsen erfolgt im Kaltfräsverfahren, in einem oder mehreren Arbeitsgängen. Man unterscheidet *Standardfräsen* (Frästiefe bis ca. 35 cm und Fräsbreite 30 bis 220 cm abhängig vom Maschinentyp; Schnittlinienabstand ca. 15 cm), *Feinfräsen* (Schnittlinienabstand 6 bis 8 mm; Microfeinfräsen 4 bis 5 mm; Microfeinstfräsen 3 bis 4 mm), *Schlitz-, Nut- und Grabenfräsen* (Wistuba et al., 2022)[78].

Ein zum Zwecke der Wiederverwendung ausreichend mechanisch zerkleinerter (granulierter) Ausbauasphalt heißt *Asphaltgranulat.* Eine besonders gute Gleichmäßigkeit des Asphaltgranulats wird durch schichtenweise getrenntes Fräsen erzielt (heute oft nur für Asphaltdeckschichten umgesetzt).

77 DAV, 2014. Wiederverwenden von Asphalt. Deutscher Asphaltverband (DAV) e.V., Bonn.

78 Wistuba, M. P., Grönniger, J., Hugener, M., Arraigada, M., Hofko, B., Maschauer, D., Radenberg, M. & Staschkiewicz, M. 2022. Mehrfachrecycling im Straßenbau (MARS). Schlussbericht, D-A-CH Forschungsprojekt, Technische Universität Braunschweig, Eidgenössische Materialprüfungs- und Forschungsanstalt, Technische Universität Wien und Ruhr-Universität Bochum, i. A. der Forschungsgesellschaft für Straßen- und Verkehrswesen e. V., Deutschland (FGSV), des Schweizerischen Verbands der Strassen- und Verkehrsfachleute in der Schweiz (VSS) und der Forschungsgesellschaft Straße-Schiene-Verkehr mit dem Baustoffrecyclingverband in Österreich (FSV/BRV).

Die Aufbereitung des Ausbauasphalts zu Asphaltgranulat erfolgt in Deutschland oft durch separate Unternehmen und meist mittels (mobiler) Aufbereitungsanlagen, die bei den Mischanlagen stehen. Das Asphaltgranulat wird in verschiedenen Stückgrößenfraktionen (0/8, 8/16 mm oder 0/16 oder 0/32 mm) hergestellt (wobei in großen Mengen Füller anfällt) (Wistuba et al., 2022)[78].

Es sind unterschiedliche Varianten zur Verwertung von Ausbauasphalt möglich, darunter

» die *Wiederverwendung im Heißverfahren* (auch *Heißmischverfahren*; mitunter auch *Heißrecycling* – begrifflich unpräzise, siehe Kasten), das ist die Herstellung von Heißmischgut in der Asphaltmischanlage unter Mitverwendung von Asphaltgranulat. Ein (in Deutschland heute nur selten angewandtes) alternatives Heißverfahren ist die *Wiederverwendung „in situ"* (lateinisch für *am Ort*), indem die Asphaltstraße direkt auf der Baustelle erwärmt, aufgenommen und nach Zugabe von Gesteinskörnungen, Bindemittel oder neuem Asphalt qualitativ verbessert und wieder eingebaut wird;

» die *Wiederverwendung im Warmverfahren* (auch Warmmischverfahren) zur Herstellung von *Warmasphalt* (siehe Kapitel 2.5.6), das im Wesentlichen der Wiederverwendung im Heißverfahren aber unter abgesenkten Temperaturen entspricht;

» das *Kaltrecycling*, z. B. in Form der Zugabe von kaltem Asphaltgranulat zu stabilisierten Tragschichten entweder im Zentral- oder im Baumischverfahren (vgl. Tebaldi et al., 2018)[79];

» die Verwendung von kaltem Asphaltgranulat *in ungebundenen Tragschichten* sowie für *Dammschüttungen* (z. B. Lärmschutzwall).

---

79 Tebaldi, G. et al. 2018. Cold Recycling of Reclaimed Asphalt Pavements. In: Partl, M., Porot, L., Di Benedetto, H., Canestrari, F., Marsac, P. & Tebaldi, G. (eds.) Testing and Characterization of Sustainable Innovative Bituminous Materials and Systems. RILEM State-of-the-Art Reports, Vol. 24, Springer, Cham. https://doi.org/10.1007/978-3-319-71023-5_6.

Prioritätenfolge der EU-weiten **Abfallhierarchie**[80]: 1. *Abfallvermeidung* und Verbot von umweltgefährdenden Stoffen; 2. *Wiederverwendung*, d. h. die erneute Nutzung eines Rohstoffs für denselben Zweck (z. B. Asphaltgranulat); 3. *Recycling* durch stoffliche Verwertung eines Rohstoffs aus Abfall für den ursprünglichen oder einen anderen Zweck; 4. *sonstige Verwertung* (Energiegewinnung); 5. *Müllbeseitigung* (Deponie). Diese Prioritätenfolge (§ 6 KrWG) liegt allen Rechtsvorschriften und politischen Maßnahmen im Bereich der Abfallvermeidung und Abfallbewirtschaftung zugrunde. Dabei sind die ökologische Zweckmäßigkeit, die technische Machbarkeit und die wirtschaftliche Zumutbarkeit zu beachten.

Heutige Recyclingstrategien der Asphaltbranche in Deutschland zielen ab auf eine möglichst hochwertige Wiederverwendung von möglichst großen Mengen an Ausbauasphalt. Dabei wird die Wiederverwendung für den selben Verwendungszweck angestrebt und ein *Down*-cycling vermieden (beispielsweise wird Ausbauasphalt nicht in ungebundenen Schichten eingesetzt). Daher wird Ausbauasphalt hauptsächlich in Form von gefrästem Asphaltgranulat in Asphaltmischanlagen wiederverwendet.

2.4.1 Wiederverwendung in der Asphaltmischanlage

In Deutschland werden über 80 % des anfallenden Ausbauasphalts in Form von Asphaltgranulat im Heißverfahren (bzw. ab dem Jahr 2025 überwiegend im Warmverfahren) wiederverwendet (entspricht der Stufe 2 in der Abfall-Hierarchie, siehe Kasten oben). Dabei werden gemäß dem deutschen Technischen Regelwerk immer dieselben Anforderungen an Asphalte gestellt, egal ob mit oder ohne Mitverwendung von Asphaltgranulat.

Grundsätzlich wird nur unbelastetes, schadstofffreies Asphaltgranulat in neuen Asphaltschichten wiederverwendet (insbesondere frei von Teer, PAK im Feststoff, Phenolindex im Eluat; siehe Kapitel 2.2.1.1). Vor jeder Wiederverwendung ist daher nachweislich sicherzustellen, dass keine Einbußen in ökologischer Hinsicht, in Bezug auf die Arbeitssicherheit und in den resultierenden Gebrauchseigenschaften vorliegen.

Asphaltgranulat gilt als ein hochwertiger Baustoff. Seine Materialeigenschaften und seine Qualität werden bestimmt von

» der *Zusammensetzung* (Bindemittelviskosität; Bindemittelmodifikation(en); Sieblinie; Anteil an gerundeten Oberflächen),

80 Kreislaufwirtschaftsgesetz (KrWG); dt. Umsetzung der EU Abfallrahmenrichtlinie.

» der *Gleichmäßigkeit* der Zusammensetzung, beurteilt anhand der ermittelten Spannweiten und Mittelwerte verschiedener Merkmalsgrößen der Zusammensetzung wie z. B. Bindemittelgehalt, Äquiviskositätstemperatur (siehe Kapitel 5.2.4.3), Füllergehalt, Sandgehalt und Kornanteil über 2 mm (Einzelwerte werden auf Normalverteilung und Homogenität überprüft),

» dem *Alter* (Grad der Bindemittelalterung),

» der *Gewinnung* (Fräsbreite) und *Aufbereitung* (Granulieren, Sieben)

» und den *Lagerungsbedingungen* (Lagerungsdauer, mehrmaliges Umsetzen der Halde, Vermischen verschiedener Asphaltgranulate, Wanderhalde (siehe Kasten), Trockenlagerung durch Überdachung oder der Witterung ausgesetzte Nasslagerung (zur Wasseraufnahme von Asphaltgranulat siehe Bartholomäus, 2017)[81]).

Als **Wanderhalde** bezeichnet man in der Branche eine (großflächige) Halde, von der an einer Stelle Asphaltgranulat für die Herstellung von Asphaltmischgut entnommen wird und (eventuell sogar gleichzeitig) neues Asphaltgranulat an anderer Stelle derselben Halde angelagert wird.

Zur Wiederverwendung ist die *Rezeptur des neuen Asphalts* abzustimmen auf

» den *Einsatzzweck* (z. B. Asphalttrag-, Asphaltbinder- oder Asphaltdeckschicht),

» den angestrebten *Zugabeanteil* an Asphaltgranulat unter Berücksichtigung der Anlagentechnik der Asphaltmischanlage (Zugabevorrichtung für Asphaltgranulat und eventuelle Temperierung),

» die *Verarbeitungstechnik* (Mischdauer) zur Aufschließung des Asphaltgranulats zur Vermeidung von *Doppelumhüllung* von unvollständig aufgeschlossenen Kornaggregaten (siehe Kasten),

» und die realisierbare Kompensation der erfolgten Bindemittelalterung durch die Zugabe von Frischbindemittel und/oder geeigneten Regenerationsmitteln (siehe nachfolgende Ausführungen).

---

81 Bartholomäus, A. 2017. Bestimmung der Wasseraufnahme von Asphaltgranulat. Dissertation, Schriftenreihe Straßenwesen, Heft 31, Institut für Straßenwesen, Technische Universität Braunschweig.

Doppelumhüllung: Bei der Zugabe von sehr harten, versprödeten Anteilen an Asphaltgranulat und/oder bei hohen Zugabeanteilen an Asphaltgranulat besteht beim Mischen die Gefahr, dass das im Asphaltgranulat enthaltene Altbindemittel nicht vollständig aufgeschmolzen (auch *aufgeschlossen*) wird und sich dann nicht vollständig mit dem zugegebenen Bindemittel vermischt. Altbindemittelreste bleiben zumindest teilweise am Gesteinskorn kleben und ein zusätzlicher Film aus dem Zugabebitumen legt sich darüber. Das Korn wird somit doppelt umhüllt mit einer Zugabebitumen-Hülle über der Altbitumen-Hülle. Dies bringt Nachteile mit sich, weil versprödete, lose Anteile im Asphaltmischgut eingeschlossen sind und Ausgangspunkt für Rissbildung sein können. Außerdem wird beim Design des Zugabebitumens von einem vollständigen Aufschluss des Asphaltgranulats ausgegangen, damit das resultierende Bitumen alle Anforderungen erfüllt. Im Fall von Doppelumhüllung fehlen dem resultierenden Bitumen bestimmte Bitumenanteile.

Zur Findung der Rezeptur kommen idealerweise gebrauchsverhaltensorientierte Bitumen-/Mastixprüfungen (zur Findung der optimalen Bindemittelzusammensetzung) und gebrauchsverhaltensorientierte Asphaltprüfungen (am werksgemischten und laborverdichteten Asphaltmischgut) zum Einsatz. Wichtig ist eine möglichst umfassende Bewertung des Gebrauchsverhaltens im gesamten Temperatur- und Beanspruchungsbereich (siehe Kapitel 5).

Bei regelwerkskonformer Zusammensetzung des Asphaltmischguts (entsprechend den im europäischen Technischen Regelwerk definierten Asphaltmischgutsorten) ist ein maximaler Recyclinganteil von etwa 90 M.-% realisierbar, weil infolge der Fräs-, Brech- und Siebvorgänge Anteile an grober Gesteinskörnung verloren gehen und diese zur Korrektur der Sieblinie und zum Ausgleich des geringfügigen Bindemittelüberschusses zu ergänzen sind.

Die Mitverwendung von bis zu 30 M.-% (auch stark verhärtetem) Asphaltgranulat ist in Deutschland eine gesicherte Technologie und für alle regelwerkskonformen Asphaltarten und -sorten realisierbar (Wistuba et al., 2015)[82].

In einer Asphaltmischanlage ohne besondere Einrichtungen können Zugabeanteile bis 30 M.-% realisiert werden. Dann wird das Asphalt-

82 Wistuba, M. P., Grönniger, J. & Isailović, I. 2015. Optimierung des Recyclinganteils in Asphalttrag- und -binderschichten (ORAB). Schlussbericht, Forschungsprojekt i. A: des Bundesministeriums für Verkehr, Innovation und Technologie, der ÖBB-Infrastruktur Aktiengesellschaft und der Autobahnen- und Schnellstraßen-Finanzierungs-Aktiengesellschaft. Österreichische Verkehrsinfrastrukturforschung (VIF2012), Institut für Straßenwesen, Technische Universität Braunschweig.

granulat chargenweise in den Mischer zugegeben, wo es direkt durch die heißen Gesteinskörnungen aufgeheizt wird. Die Zugabe erfolgt dabei entweder (über ein Zwischensilo und) über die Gesteinskörnungswaage oder über eine eigene Chargenwaage. Die frischen Gesteinskörnungen werden je nach Feuchtegehalt im Asphaltgranulat (Überdruckventil und Absaugvorrichtung) und entsprechend der zu erzielenden Asphalttemperatur aufgeheizt.

Bis etwa 40 M.-% sind realisierbar durch die gemeinsame Erwärmung der frischen Gesteinskörnungen und des Asphaltgranulats bei kontinuierlicher Zugabe des Asphaltgranulats. Die Zugabe erfolgt entweder in die Siebumgehungstasche (die Siebe verkleben sonst) oder in den Trockentrommelauslauf bzw. am Beginn des Heißelevators oder, bei Trockentrommeln im Gegenstromprinzip über eine Mittenzugabe.

Bei Zugabeanteilen über 40 M.-% ist wegen des notwendigen Aufheizens des Asphaltgranulats und des Austreibens der Feuchte die Verwendung einer *Paralleltrommel* zusätzlich zur Trockentrommel erforderlich. Eine Paralleltrommel ist eine zweite Heizvorrichtung, die allein für die Erhitzung des Asphaltgranulats sorgt, bevor dieses anschließend in heißem Zustand dem frischen Gestein beigemengt werden kann. Wichtig dabei ist ein schonendes Aufheizen des Asphaltgranulats (möglichst < 130 °C zur Minimierung von Bindemittelalterung). Die Trockentrommel ist stets am höchsten Punkt der Asphaltmischanlage platziert, weil ein Transport von heißem Asphaltgranulat (etwa mittels Elevators) aufgrund der Klebrigkeit des im Granulat enthaltenen Altbindemittels unpraktikabel ist.

Installation und Betrieb einer Paralleltrommel sind teuer und betrieblich aufwendig, erfordern mitunter eine neue Betriebsstätten-Genehmigung (mit entsprechenden Auflagen), rechnen sich erst bei großen Mengen und sind daher nicht an allen Standorten eine Option. Mitunter wird ein Zugabeanteil von unter 30 M.-% an Asphaltgranulat als die mittelfristig wirtschaftlichste Lösung gesehen.

2.4.2 Rejuvenator (Regenerationsmittel)

Das im Ausbauasphalt enthaltene Bindemittel ist aufgrund der fortgeschrittenen Bindemittelalterung nicht ohne Weiteres zur Herstellung eines neuen Asphaltmischguts einsetzbar. Es ist versprödet und rissanfällig. Sein innerer Zusammenhalt (Kohäsion), das Haftvermögen an der Gesteinskörnung (Klebkraft, Adhäsion) sowie der Widerstand gegen Kälterissbildung sind nachteilig herabgesetzt.

Die Bindemittelalterung ist im Rahmen der Wiederverwendung durch Maßnahmen der Bindemittelregeneration zu kompensieren. Dabei werden die durch die Alterung verloren gegangenen Bindemittelkomponenten (zumindest teilweise) ergänzt und das gealterte Bindemittel durch gezieltes Herabsetzen der Viskosität rheologisch weitgehend wieder in den Zustand eines lieferfrischen, ungealterten Bindemittels versetzt. Als Regenerationsmittel eignen sich Bitumen und *Rejuvenatoren* (siehe Kasten).

Der Begriff **Rejuvenator** (lateinisch aus Vorsilbe *re* für wieder, und *juvenalis* für jung; also im wortwörtlichen Sinne *Verjüngungsmittel*) ist heute in der Fachwelt weit verbreitet als Bezeichnung für ein viskositätssenkendes Zusatzmittel zu Bitumen im Zusammenhang mit der Wiederverwendung von Altbitumen. Es zielt ab auf eine ausreichende Wiederherstellung von rheologischen Bindemitteleigenschaften, die nachweislich zu einem akzeptablen Gebrauchsverhalten des Asphalts führen. Eine tatsächliche Verjüngung im Sinne einer vollständigen „Rückabwicklung" von alterungsbedingten Bitumenveränderungen auf molekularer Ebene ist damit aber nicht erzielbar (beispielsweise das Rückgängigmachen der Einlagerung von Sauerstoff infolge Oxidation, siehe Petersen, 2009[83]). Für eine solche Rückabwicklung fehlen das grundlegende Wissen sowie praxistaugliche Nachweisverfahren. Aus diesem Grund sind die Begriffe *Rejuvenator, Verjüngungsmittel und Verjüngung* nicht ganz korrekt. (Wistuba et al., 2022[78]; Wistuba, 2024[84])

Es ist davon auszugehen, dass Regenerationsmittel auf Basis von Kohlenwasserstoffverbindungen so wirken, dass sie bei geringstmöglicher Dosierung die im gealterten Bindemittel verlorengegangenen Komponenten gut ergänzen. Ein Regenerationsmittel funktioniert, wenn die ursprünglichen Polaritätsverhältnisse zwischen der unpolaren Malten-Matrix und dem hochpolaren Mizellen-Kern wiederhergestellt sind und die Konzentration an Asphaltenen im stabilisierenden Schutzmantel der Mizelle dem Ausgangszustand entspricht (vgl. Abbildung 64).

Grundsätzlich kann die Regeneration durch die Dosierung von frischem weichem Bitumen erfolgen. Je spröder das gealterte Bindemittel bzw. je höher der Zugabeanteil an Ausbauasphalt ist, umso mehr Frischbitumen muss zugegeben werden. Allerdings ist die mögliche Dosierung begrenzt: Wenn der Ausbauasphalt extrem gealtert ist oder in großer Menge zuge-

83 Petersen, J. C. 2009. A Review of the Fundamentals of Asphalt Oxidation – Chemical, Physiochemical, Physical Property, and Durability Relationships. Transport Research Circular, E-C140, Washington DC.

84 Wistuba, M. P. 2024. Mehrfache Wiederverwendung von Asphalt. Straße und Autobahn, 4.2024, Kirschbaum Verlag, Bonn.

geben werden soll, überschreitet die zur Kompensation theoretisch notwendige Menge an frischem Bitumen den maximal möglichen Bindemittelgehalt, das Asphaltmischgut wird zu weich.

Bei hohen Recyclingraten wird daher anstelle von oder zusätzlich zum Frischbitumen ein *Rejuvenator* zugegeben. Ein Rejuvenator verringert die Viskosität des gealterten Bindemittels stärker als ein frisches Bitumen, bei deutlich geringerer Dosierung.

Einsatzmöglichkeiten von Rejuvenatoren: • ***Einsatz „in plant"*** zur Asphaltmischgutproduktion unter Mitverwendung von Ausbauasphalt als Recyclingmaßnahme: Der Rejuvenator wird entweder dem Asphaltgranulat zugegeben oder im Mischer zugemischt und dient der Viskositätsabsenkung des gealterten Bindemittels im Ausbauasphalt. • ***Einsatz „in situ"*** zum Versiegeln von Asphaltdeckschichten als Sanierungsmaßnahme: Das Regenerationsmittel wird großflächig zur Viskositätsabsenkung von sprödem Bindemittel in gealterten Asphaltdeckschichten aufgebracht und dient der Prävention von alterungsbedingter Schadensbildung (wie z. B. Kornausbruch, Schlaglochbildung).

Heute am Markt sind beispielsweise Regenerationsmittel in Form von Naturbitumen (siehe Kapitel 2.2.3), Mineralölen oder Fluxölen, biogenen Produkten (Pflanzenöle, Fettsäuren, Harze, organische Lösungsmittel) und chemischen Erzeugnissen (Bsp. Siloxane). Teilweise sind die Regenerationsmittel gleich oder ähnlich den viskositätsverändernden Mitteln (siehe Kapitel 2.5.6). Heute bekannte Produktnamen(-sbestandteile) sind beispielsweise Iterlene, RapBond, Regefalt, Regemac, RheoFalt, Stardope, Storbit, Storflux, Sylvaroad, Tego und Vestenamer (siehe Radenberg et al., 2016[85] und Wistuba et al., 2022[86]).

Hersteller bzw. Herstellerinnen beschränken die Anwendung ihrer Produkte teilweise auf eine maximale Verwendungsrate an Asphaltgranulat und bieten oft unterschiedliche Produkte an, je nachdem ob im Asphalt-

85 Radenberg, M., Boetcher, S., Sedaghat, N., Wistuba, M. P., Walther, A., Büchler, S., Schmidt, H. & Çetinkaya, R. 2016. Einsatz von Rejuvenatoren bei der Wiederverwendung von Asphalt. Schlussbericht, Forschungsprojekt FE 07.0250/2011/LRB i. A. des Bundesministeriums für Verkehr und digitale Infrastruktur.

86 Wistuba, M. P., Grönniger, J., Hugener, M., Arraigada, M., Hofko, B., Maschauer, D., Radenberg, M. & Staschkiewicz, M. 2022. Mehrfachrecycling im Straßenbau (MARS). Schlussbericht, D-A-CH Forschungsprojekt, Technische Universität Braunschweig, Eidgenössische Materialprüfungs- und Forschungsanstalt, Technische Universität Wien und Ruhr-Universität Bochum, i. A. der Forschungsgesellschaft für Straßen- und Verkehrswesen e. V., Deutschland (FGSV), des Schweizerischen Verbands der Strassen- und Verkehrsfachleute in der Schweiz (VSS) und der Forschungsgesellschaft Straße-Schiene-Verkehr mit dem Baustoffrecyclingverband in Österreich (FSV/BRV).

granulat ein Straßenbaubitumen oder ein Polymermodifiziertes Bitumen enthalten ist. Die Dosierung wird vom Hersteller bzw. der Herstellerin selbst „eingestellt" bzw. empfohlen, meist in Abhängigkeit vom Erweichungspunkt Ring und Kugel, von der Nadelpenetration und der Menge des im Asphaltgranulat enthaltenen Bindemittels. Daher ist die Ermittlung der Dosierung anhand von konventionellen Bitumenkennwerten in Europa auch heute noch weit verbreitet (EAPA, 2018)[87].

Nicht alle auf dem Markt verfügbaren Regenerationsmittel sind gleichermaßen in der Lage, die rheologischen Eigenschaften des frischen Zielbitumens wiederherzustellen und nicht alle Technologien des Einmischens funktionieren zielsicher – insbesondere wenn hohe Anteile an Asphaltgranulat verwendet werden (Wistuba et al., 2022)[86]. Darüber hinaus ist nicht einfach nachweisbar, ob sich das Altbindemittel und das Regenerationsmittel im neuen Asphaltmischgut vollständig vermischen. Es bleibt ungeklärt, ob die Bindemittelbestandteile eventuell noch in unterschiedlichen Phasen vorliegen, wie groß der tatsächliche Vermischungsgrad des Altbindemittels und des Regenerationsmittels im fertigen Asphaltmischgut ist oder ob prozesssicher eine homogene Vermischung gelingt.

Insbesondere ist darauf zu achten, dass das Einmischen von Regenerationsmitteln bei einer ausreichend hohen Temperatur und über eine ausreichend lange Zeitdauer erfolgt, sodass die feinen Gesteinsfraktionen keine Verklumpungen bilden und das Asphaltgranulat vollständig aufgeschlossen wird. Vom *Black Rock Effekt* spricht man in dem Zusammenhang, wenn Mineralstoffe von sehr hartem Bindemittel umhüllt verbleiben, die nicht durch das Zugabebindemittel oder das Regenerationsmittel aufgeschlossen und folglich nicht homogenisiert werden können (Wistuba et al., 2022)[86]. Der Mischprozess ist abhängig von der Mischkinematik und dem Mischwirkungsgrad. Daher kann das Mischergebnis eines Labormischers erheblich von jenem an der Asphaltmischanlage abweichen (Wistuba et al., 2013)[88].

---

87 EAPA, 2018. Recommendations for the use of rejuvenators in hot and warm asphalt production. European Asphalt Pavement Association (EAPA), Brussels.

88 Wistuba, M., Mollenhauer, K. & Walther, A. 2013. Ermittlung der Streuung dimensionierungsrelevanter Eingangsgrößen für Asphalte. Schlussbericht, Institut für Straßenwesen, Technische Universität Braunschweig, Forschungsprojekt FE 04.0204/2006/ AGB i. A. des Bundesministeriums für Verkehr, Bau und Stadtentwicklung, erschienen in: Forschung Straßenbau und Straßenverkehrstechnik, Heft 1087. Kurzfassung erschienen in Straße und Autobahn, 5.2013, Kirschbaum Verlag, Bonn.

Eine Untersuchung des Regenerationsmittels bzw. des regenerierten Bindemittels auf Basis von spektroskopischen Methoden (z. B. Infrarotspektroskopie (FTIR), siehe Kapitel 5.2.5.6) kann zweckmäßig sein, um die chemische Zusammensetzung und deren Auswirkungen auf das Bindemittel zu untersuchen (Wistuba et al., 2022)[86].

Mit Hilfe von rheologischen Bindemittelprüfungen (siehe Kapitel 5.2) kann die rheologische Wirksamkeit eines Regenerationsmittels und dessen optimale Dosierung zuverlässig festgestellt werden (siehe Wistuba et al., 2019[89]; Wistuba, 2020[90]; Wistuba et al., 2022[86]). Auch geeignet, wenn auch ungleich aufwendiger, sind Performance-Prüfungen an Asphaltprobekörpern (siehe Kapitel 5.4.4).

2.4.3 Mehrfache Wiederverwendung von Asphalt

Anhand der bisherigen Erfahrungen zur Wiederverwendung von Asphalt kann angenommen werden, dass Asphalt ein hohes Potential hat, auch mehrfach wiederverwendet zu werden, ohne wesentliche Qualitätseinbußen im Gebrauchsverhalten hinnehmen zu müssen. Im Zuge der Regeneration ist zu beachten, dass die mehrfach wiederverwendeten Asphaltanteile quadratisch mit dem Zugabeanteil zunehmen und sich die Eigenschaften des resultierenden Bitumens im Asphaltmischgut bei jeder Wiederverwendungsstufe unvorteilhaft im Vergleich zu den Eigenschaften des ursprünglichen frischen Bitumens verändern können (Hugener & Kawakami, 2015)[91]. Bei einem konstanten Zugabeanteil von 60 M.-% sind nach vier Wiederverwendungsstufen insgesamt 36 M.-% der Asphaltmischung mindestens zweifach wiederverwendet (Abbildung 34).

Zur mehrfachen Wiederverwendung von Asphalt sind bisher verhältnismäßig wenige internationale Erkenntnisse aus systematischen Laboruntersuchungen und Feldstudien dokumentiert (z. B. Su et al., 2008[92];

89 Wistuba, M. P., Isailović, I. & Büchner, J. 2019. Zur Ermittlung der optimalen Zugabemenge eines Verjüngungsmittels im Rahmen des Asphaltrecyclings. Straße und Autobahn, Jahrgang 70, 11.2019, Kirschbaum Verlag, Bonn.

90 Wistuba, M. P. 2020. Botox für den Asphalt. der asphaltprofi, Fachmagazin der MOAG, Jahrgang 19, Heft April, MOAG Baustoffe Holding AG, St. Gallen, Schweiz.

91 Hugener, M. & Kawakami, A. 2015. Forschungspaket Recycling von Ausbauasphalt in Heissmischgut: EP2: Mehrfachrecycling von Strassenbelägen, VSS 2005/453, Bundesamt für Strassen, Eidgenössisches Departement für Umwelt, Verkehr, Energie und Kommunikation (UVEK), 2015, Bericht 1510, Empa, Dübendorf, Schweiz.

92 Su, K., Hachiya, Y. & Maekawa, R. 2008. Laboratory investigation of possibility of re-recycling asphalt concretes. Proc., 6th ICPT conference, Sapporo, Japan.

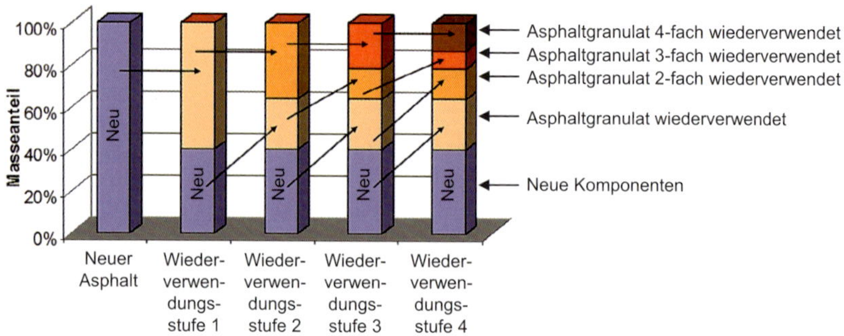

Abbildung 34 Anteil an mehrfach wiederverwendetem Material in Asphalt bei konstanter Zugabe von 60 M.-% Asphaltgranulat (Bsp. aus Wistuba et al., 2022)[86]

Heneash, 2013[93]; Huang et al., 2014[94]; Hugener & Kawakami, 2015[91, 95]; West & Copeland, 2015[96]; Yang & Lee, 2016[97]; Blomberg et al., 2016[98]; Vassaux, 2017[99]; Pedraza, 2018[100]; He et al., 2018[101]; Nie et al., 2018[102];

---

93 Heneash, U. 2013. Effect of the Repeated Recycling on Hot Mix Asphalt Properties. Thesis, University of Nottingham, Faculty of Engineering.

94 Huang, S.-C., Pauli, A. T., Grimes, R. W. & Turner, F. 2014. Ageing characteristics of RAP binder blends – what types of RAP binders are suitable for multiple recycling? Road Materials and Pavement Design, 15:sup1, 113-145, DOI: 10.1080/14680629.20 14.926625.

95 Hugener, M. & Kawakami, A. 2017. Simulating repeated recycling of hot mix asphalt. Road Materials and Pavement Design, 2017, 18: 76-90.

96 West, R. C. & Copeland, A. 2015. High RAP asphalt pavements: Japan practice-lesson learned. No. IS 139.

97 Yang, S.-H. & Lee, L.-C. 2016. Characterizing the chemical and rheological properties of severely aged reclaimed asphalt pavement materials with high recycling rate. Construction and Building Materials, 111: pp. 139-146.

98 Blomberg, T., Makowska, M. & Pellinen, T. 2016. Laboratory Simulation of Bitumen Aging and Rejuvenation to Mimic Multiple Cycles of Reuse. Transportation Research Procedia, 14: pp. 694-703.

99 Vassaux, S. 2017. Mouillabilité et miscibilité des bitumes : application au recyclage. Thèse de doctorat, Chimie et physico-chimie des matériaux, Montpellier, Fance.

100 Pedraza, A. 2018. Propriétés thermomécaniques d'enrobés multi-recyclés. Thèse de doctorat, ENTPE, Génie civil, Lyon, France.

101 He, H., Zhang, E., Fatokoun, S. & Shan, L. 2018. Effect of the softer binder on the performance of repeated RAP binder. Construction and Building Materials, 178: pp. 280-287, https://doi.org/10.1016/j.conbuildmat.2018.05.106.

102 Nie, Y., Sun, S., Ou, Y., Zhou, C. & Mao, K. 2018. Experimental Investigation on Asphalt Binders Ageing Behavior and Rejuvenating Feasibility in Multicycle Repeated Ageing and Recycling. Advances in Materials Science and Engineering.

Poirier, 2019[103]; Hiroyuki et al., 2019[104]; Koudelka et al., 2019[105]; Kawakami et al., 2019[106]; Wistuba et al., 2022[86]).

2.5 Asphaltarten und -sorten

2.5.1 Grundlagen zum Straßenaufbau

Eine Straßenbefestigung besteht aus einem schichtweise aufgebauten *Oberbau*, der auf dem *(Unterbau-)Planum* vollflächig gestützt aufliegt, und dem *Unterbau*. Das Planum ist die im Erdbau hergestellte Oberfläche des Unterbaus (Dammkörper, Bodenverbesserung) oder des Untergrunds (siehe Abbildung 35). Es trennt den Oberbau vom Unterbau und markiert den Übergang vom Erdbau zum Straßenbau (oft auch von verschiedenen Firmen ausgeführt).

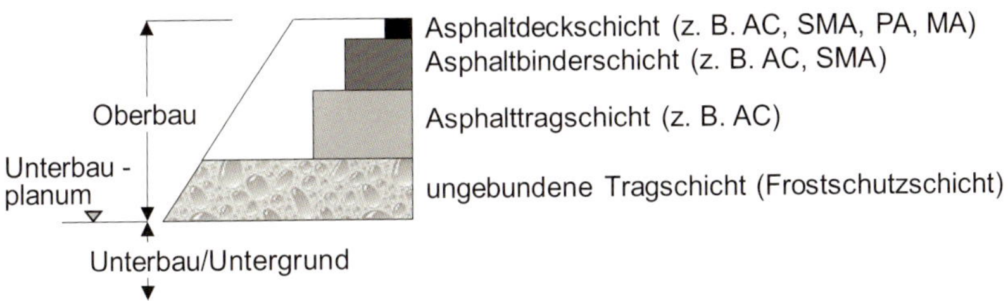

Abbildung 35 Regelaufbau einer Asphaltstraße (schematisch)
(Bezüglich der Abkürzungen in den Klammern siehe Kapitel 2.5.2.)

Die Baustoffauswahl, die Schichtzusammensetzungen und Schichtdicken sind so gewählt, dass die Verkehrssicherheit der fertigen Straße und der straßenbedingte Fahrkomfort zu jedem Zeitpunkt gegeben sind (z. B. Griffigkeit, Ebenheit), alle einwirkenden Kräfte auf den Unterbau bzw. Unter-

103 Poirier, J.-E. 2019. Presentation of MURE – Multirecycling and warm asphalt mix. Proc., 11th EAPA Symposium, 6 June 2019, Paris.

104 Hiroyuki, N., Fumimasa, T., Yoko, K. & Atsushi, K. 2019. Influence of the composition of rejuvenator on properties of repeatedly recycled asphalt. Journal of Japan Society of Civil Engineers, Ser. E1 (Pavement Engineering), Volume: 75, Issue Number: 1, ISSN: 2185-6559.

105 Koudelka, T., Coufalik, P., Fiedler, J., Coufalikova, I., Varaus, M. & Yin, F. 2019. Rheological evaluation of asphalt blends at multiple rejuvenation and aging cycles. Road Materials and Pavement Design, 20:sup1.

106 Kawakami, A., Kawashima, Y., Nitta, H. & Yabu, M. 2019. An Examination of Property Changes of Repeatedly Recycled Asphalt Bitumen Using Rejuvenator with High Aromatic Content. In: RILEM 252-CMB Symposium, Springer International Publishing, RILEM Bookseries, pp. 189-194.

grund übertragen werden (lastverteilende Wirkung) und dabei dauerhaft keine Schäden entstehen (insbesondere keine Risse und Verformungen). Zu den unterschiedlichen Funktionen der einzelnen Straßenschichten siehe Abbildung 36.

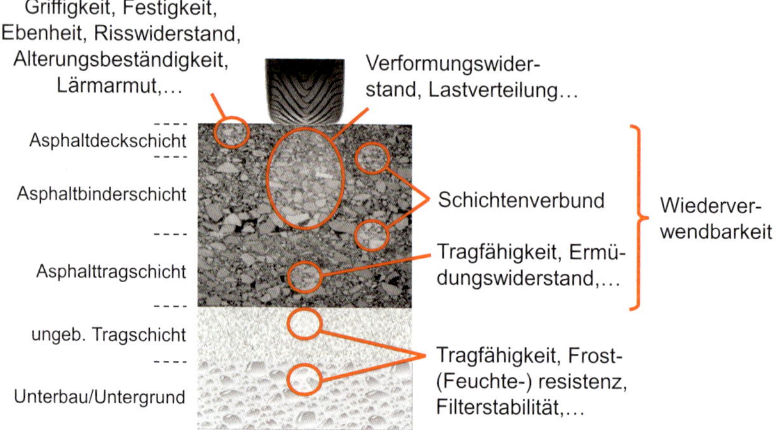

Abbildung 36 Funktionen der Straßenschichten am Beispiel der Asphaltstraße (schematisch)

Für die Schichten des Straßenoberbaus werden unterschiedliche Baustoffe und unterschiedliche Rezepturen der Mischgutzusammensetzung gewählt. Standardisierte Regeln dazu sind im europäischen Technischen Regelwerk festgeschrieben.

Das **Technische Regelwerk** umfasst standardisierte technische Regeln, welche auf gesicherten Erkenntnissen beruhen und in der Fachwelt anerkannt sind. Damit dokumentiert es den jeweils aktuellen Stand der Technik. Zum Regelwerk zählen u. a. die Europäischen Normen (EN), die DIN-Normen des Deutschen Instituts für Normung (DIN) inklusive der nationalen Umsetzungsnormen der Europäischen Normen (DIN EN), Allgemeine und Zusätzliche Technische Vertragsbedingungen (ATV und ZTV), Technische Lieferbedingungen und Prüfvorschriften (TL und TP). Bei Einhaltung des Regelwerks ist davon auszugehen, dass gesetzliche Forderungen erfüllt sind, während für Lösungen abseits des Regelwerks die Gleichwertigkeit gesondert nachzuweisen ist. Das Regelwerk ist nicht generell rechtsverbindlich, hat aber den Charakter einer gesetzlichen Vorschrift und kann beispielsweise per ministeriellem Erlass oder bauvertragliche Vereinbarung verbindlich erklärt werden. Das Technische Regelwerk für das Straßen- und Verkehrswesen in Deutschland wird durch die Forschungsgesellschaft für Straßen- und Verkehrswesen (FGSV e. V.) herausgegeben (*fgsv.de*).

Der *Oberbau* besteht bei sehr schwach belasteten Verkehrsflächen im Regelfall aus ungebundenen Schichten (ohne Bindemittel; Schotter- bzw. Kiestragschichten) und bei anderen Verkehrsflächen zusätzlich aus darüber liegenden gebundenen Schichten, sodass im Allgemeinen die qualitativen Anforderungen an die Schichten von unten nach oben zunehmen.

Gebundene Schichten sind mit bitumenhaltigem Bindemittel oder mit hydraulischem Bindemittel (Kalk-, Zement, Mischstabilisierung) verfestigt. Entsprechend der Art des verwendeten Bindemittels, der Bauweise und der Art der Lastabtragung werden unterschieden:

» *flexible Befestigungen* (englisch *flexible pavements*),

» *halbstarre Befestigungen* (englisch *semi-flexible* oder *semi-rigid pavements*) und

» *starre Befestigungen* (englisch *rigid pavements*).

Asphaltbefestigungen zählen zu den flexiblen Befestigungen, Straßendecken aus Beton sind starre Befestigungen. Pflasterdecken und die meisten Mischbauweisen (Kombination aus Asphalt- und Betonschichten) gelten als halbstarre Befestigungen.

Der Oberbau von hoch belasteten Asphaltstraßen besteht im Regelfall (von unten nach oben) aus einer ungebundenen Tragschicht, einer Asphalttragschicht, einer Asphaltbinderschicht und einer Asphaltdeckschicht (siehe Abbildung 35).

Die Aufgabe von ungebundenen und gebundenen *Tragschichten* ist vorrangig die Lastausbreitung, d. h. die möglichst breite Verteilung der Verkehrslasten und der Eigenlast auf den Unterbau bzw. den Untergrund. Sie bestimmen maßgeblich die schädigungsfreie Kraftabtragung und die Haltbarkeit der Straße.

Die Mischgutzusammensetzung von Asphalttragschichten (und Asphaltbinderschichten) ist auf einen hohen Ermüdungswiderstand ausgelegt (siehe Kapitel 3.3.3). Ihre Zusammensetzung ist nicht zur ständigen, direkten Aufnahme des Verkehrs vorgesehen.

Um die Straße vor Frost- und Tauschäden zu bewahren, wird die unterste Lage der Tragschichten als frostsichere *Frostschutzschicht* ausgeführt (zu *Frostsicherheit* siehe Kapitel 2.3.2.4).

Bei stark belasteten Asphaltstraßen wird auf die Asphalttragschicht eine *Asphaltbinderschicht* gebaut (in Deutschland der Regelfall). Diese ist primär so konzipiert, dass keine unzulässigen Verformungen auftreten (hoher Verformungswiderstand; siehe Kapitel 3.3.2).

Die Deckschicht nimmt als oberste Schicht die Verkehrslasten auf, dichtet den Oberbau vor Wasserangriff ab und schützt so die darunter liegenden Schichten. Sie besteht aus hochwertigen, verschleißfesten Baustoffen mit besonderen Anforderungen. *Asphaltdeckschichten* bestehen aus Asphaltbeton, Gussasphalt, Splittmastixasphalt (Regelbauweise auf hochbelasteten Straßen) oder sind nach besonderer Bauweise konzipiert (z. B. Wasserdurchlässiger Asphalt, Offenporiger Asphalt).

Eine *Asphalttragdeckschicht* ist eine einschichtige Bauweise, welche die Funktion von Trag- und Deckschicht vereint. Typische Anwendungen sind Verkehrsflächen mit geringer Verkehrsbelastung, ländliche Wege, Rad- und Gehwege.

Asphaltschutzschichten dienen der Abdichtung und dem Schutz darunter liegender Konstruktionselemente (z. B. bei Brückenabdichtungen in Form des aufeinander aufbauenden Systems Grundierung-Bitumenschweißbahn-Gussasphalt).

Das Paket aus Asphaltdeckschicht und Asphaltbinderschicht wird auch als *(Straßen-)Decke* bezeichnet (insbesondere um die Gleichwertigkeit dieses Asphaltschichtpakets zur Betonstraßendecke zum Ausdruck zu bringen).

2.5.2 Begriffsdefinitionen zu Asphaltarten und -sorten

Asphalte unterscheiden sich im Wesentlichen im Mischungsverhältnis der Komponenten Gestein und Bindemittel, wodurch in ihrem Gebrauchsverhalten sehr unterschiedliche bitumengebundene Baustoffe resultieren.

Weil auch das Einbauverfahren vom Mischungsverhältnis bestimmt wird, werden *nach dem Einbauverfahren* nach heutigem internationalen Standard zwei *Asphaltarten* unterschieden: *Walzasphalt* und *Gussasphalt* (Details siehe Kapitel 2.5.4).

Beide Asphaltarten werden – für den Fall des herkömmlichen Heißverfahrens (siehe Kasten) – bei Temperaturen über 150 °C als *Heißmischgut* gemischt und eingebaut (Temperaturbereiche bei der Mischgutherstellung siehe Abbildung 48 in Kapitel 2.5.6).

Die größtmögliche Reduktion der Herstellungstemperaturen ist ein wesentliches Ziel der Asphaltbranche. Ab dem Jahr 2025 soll in Deutschland im Regelfall nur noch um mindestens 20 °C temperaturabgesenkter Asphalt verbaut werden.[107] Asphalte, die im Temperaturbereich 100 bis 140 °C hergestellt werden, bezeichnet man als **Warmasphalt**. Sie sind etwa seit Anfang der 1990er Jahre in Verwendung (siehe Kapitel 2.5.6). Für den qualifizierten hochbelasteten Asphaltstraßenbau sind nur Heißasphalt und Warmasphalt geeignet. Asphaltarten mit einer Herstelltemperatur unterhalb von rund 100 °C bezeichnet man als **Halbwarm-Asphalt** (aus dem Englischen *half-warm*) bzw. unterhalb von rund 30 °C als **Kaltasphalt** (zur Anwendung siehe z. B. Mollenhauer, 2017)[108]. Halbwarmer Asphalt und Kaltasphalt haben in Deutschland nur untergeordnete Bedeutung (für Zwecke der baulichen Erhaltung).

Die Asphaltart *Walzasphalt* wird in verschiedene Asphaltsorten unterteilt (siehe Kasten). Die Asphaltsorten unterscheiden sich in ihrem *Bauprinzip* (zu den Bauprinzipien siehe Kapitel 2.5.5):

» *Asphaltbeton* (englisch *asphalt concrete, AC*) ist nach dem *Packungskonzept* zusammengesetzt,

» *Splittmastixasphalt* (englisch *stone mastic asphalt, SMA*) ist nach dem *Stützgerüstkonzept* zusammengesetzt und

» *Offenporiger Asphalt* (englisch *porous asphalt, PA*) ist nach dem *Offenen Stützgerüstkonzept* zusammengesetzt.

Die Asphaltart *Gussasphalt* (englisch *mastic asphalt, MA*) ist nach dem Bauprinzip *Mastixkonzept* aufgebaut und wird nicht weiter in Asphaltsorten unterteilt (siehe Kapitel 2.5.3).

Bezeichnung von Asphaltsorten gemäß deutschem Technischem Regelwerk (seit 2009): Die Bezeichnung erfolgt nach dem Kürzel der Asphaltsorte (AC, SMA, PA, MA), gefolgt von der Zahl des nominalen Größtkorndurchmessers der Gesteinskörnung in Millimeter und einer Kennung, ob es sich um Asphaltmischgut für schwere Beanspruchungen (S), normale Beanspruchungen (N) oder leichte Beanspruchungen (L) gemäß den Belastungsklassen (siehe Kapitel 3.2.1) handelt. Bei Asphaltbetonen folgt der Angabe des Größtkorns der Buchstabe T, wenn es sich um ein Asphaltmischgut für eine Asphalttragschicht handelt, TD gilt für Asphalttragdeckschichten, B gilt für Asphaltbinderschichten und D gilt für Asphaltdeckschichten. • **Beispiele**:

>

107 Pressemitteilung des Deutschen Asphaltverbands (DAV) e. V., Bonn, 20.03.2023.

108 Mollenhauer, K. 2017. Studie zum Anwendungspotenzial von werksgemischten Kaltbauweisen – Asphalt. Berichte der Bundesanstalt für Straßenwesen, Heft S 114, Carl Schünemann Verlag, Bergisch Gladbach.

Die Bezeichnung **AC 32 T S** benennt das Asphaltmischgut für eine Asphaltbetontragschicht für schwere Beanspruchungen (Belastungsklassen Bk3,2 bis Bk100) mit einem Größtkorndurchmesser von 32 mm. **AC 8 D N** ist ein Asphaltmischgut für eine Asphaltbetondeckschicht mit dem Größtkorndurchmesser 8 mm für normale Beanspruchungen (Belastungsklassen Bk0,3 bis Bk1,8). **SMA 11 S** kennzeichnet ein Asphaltmischgut für eine Asphaltdeckschicht aus Splittmastixasphalt mit einem Größtkorn von 11 mm für schwere Beanspruchungen. *(Quelle: asphalt.de)* (Bezüglich Belastungsklassen siehe Kapitel 3).

Für eine Asphaltsorte kann es unterschiedliche *Mischguttypen* geben, je nachdem für welche Schicht die Feinabstimmung der Mischgutzusammensetzung optimiert ist. Heute gibt es üblicherweise die Asphaltsorte Asphaltbeton als Mischguttyp für Asphaltdeckschichten (z. B. AC 11 D), Asphaltbinderschichten (z. B. AC 22 B) und Asphalttragschichten (z. B. AC 32 T). Die Auswahl von geeigneten Asphaltarten und -sorten im jeweiligen Anwendungsfall regelt das deutsche Technische Regelwerk (siehe Kasten).

Hinweise zur Auswahl der für den jeweiligen Anwendungszweck bestgeeigneten Asphaltart und -sorte sowie gegebenenfalls des Mischguttyps in Abhängigkeit von den zu erwartenden Beanspruchungen geben die *Richtlinien für die Standardisierung des Straßenoberbaus* (RStO)[109] für katalogisierte Regelbauweisen. Die *TL Asphalt-StB*[110] beschreiben die möglichen Asphaltarten und -sorten (inklusive der jeweils geeigneten Bindemittelarten und -sorten) für diese Regelbauweisen.

2.5.3 Grundlagen der Mischgutzusammensetzung

Für die Mischgutzusammensetzung wird in Abhängigkeit von den Eigenschaften der zur Verfügung stehenden Baustoffkomponenten eine dem jeweiligen Verwendungszweck angepasste und den Gebrauchsanforderungen entsprechende Rezeptur für das Asphaltmischgut entwickelt. Sie ist u. a. abhängig vom Verkehr und von den klimatischen Gegebenheiten, dem Schichttyp, dem Bauprinzip und den Eigenschaften eines gegebenenfalls mitverwendeten Asphaltgranulats und eines viskositätsverändernden Mittels.

---

109 RStO. Richtlinien für die Standardisierung des Oberbaus von Verkehrsflächen. Forschungsgesellschaft für Straßen- und Verkehrswesen e. V. (Hrsg.), FGSV Verlag, Köln.

110 TL Asphalt-StB. Technische Lieferbedingungen für Asphaltmischgut für den Bau von Verkehrsflächenbefestigungen. Forschungsgesellschaft für Straßen- und Verkehrswesen e. V. (Hrsg.), FGSV Verlag, Köln.

Dieser systematische Prozess wird (auch im deutschen Sprachgebrauch) als *Mix Design* (englisch für *Mischgutzusammensetzung*) bezeichnet. Das richtige Mix Design ist die Voraussetzung dafür, dass der verdichtete feste Asphalt die einwirkenden Kräfte aus Verkehr und Witterung dauerhaft schadlos aufnimmt und in die Unterlage überträgt.

2.5.3.1 Einflussgrößen beim Mix Design

Das Asphaltmischgut wird entsprechend dem Verwendungszweck und den Anforderungen zusammengesetzt. Dieser Prozess wird durch die Wahl der Komponenten und ihre quantitative Zusammensetzung gesteuert. Wesentliche Einflussgrößen der Mischgutzusammensetzung, die auch das *Bauprinzip* des Asphalts bestimmen (siehe Kapitel 2.5.4), sind:

» die Korngrößenverteilung (*Sieblinie*), die *Füllerart* und der *Füllergehalt*, der *Brechsandgehalt*,

» die *Art, Sorte und Modifikation des Bindemittels* (Viskosität; Straßenbaubitumen oder PmB; Modifikation mittels Regenerationsmittels, viskositätsverändernden und/oder sonstigen Zusätzen) und der *Bindemittelgehalt*.

(A) Korngrößenverteilung (Sieblinie)

Die gezielte Zusammensetzung der Korngrößen zu einer Sieblinie wird üblicherweise so gewählt, dass ein möglichst dichtes Gefüge an Gesteinskörnern (*Korngerüst*) entsteht.

Die *Lage der Sieblinie* im Siebliniendiagramm bestimmt das resultierende mechanische Asphaltverhalten wesentlich mit. Beispielsweise führt eine Lage im oberen Bereich des Siebliniendiagramms zu einem dichten Asphaltmischgut mit kleinen Einzelhohlräumen. Dann ist der Bindemittelbedarf niedrig. Gleichzeitig ist das Asphaltmischgut empfindlich gegenüber Bindemittelschwankungen. Hingegen führt beispielsweise die Sieblinie einer Ausfallkörnung zu großen Einzelhohlräumen und zu einem großen Gesamthohlraum. Ein solches Asphaltmischgut ist vergleichsweise weniger empfindlich gegenüber Bindemittelschwankungen.

Die Lage der Sieblinie ist für standardisierte Asphaltarten und -sorten in Form einer unteren und einer oberen *Grenzsieblinie* im deutschen Technischen Regelwerk vorgegeben (siehe Kasten).

Grenzsieblinie: Genaugenommen ist im deutschen Technischen Regelwerk nicht eine Linie definiert, sondern zulässige Siebdurchgänge für einige definierte Sieböffnungsweiten. Eine gewählte Sieblinie muss im Siebliniendiagramm innerhalb dieser Punkte liegen.

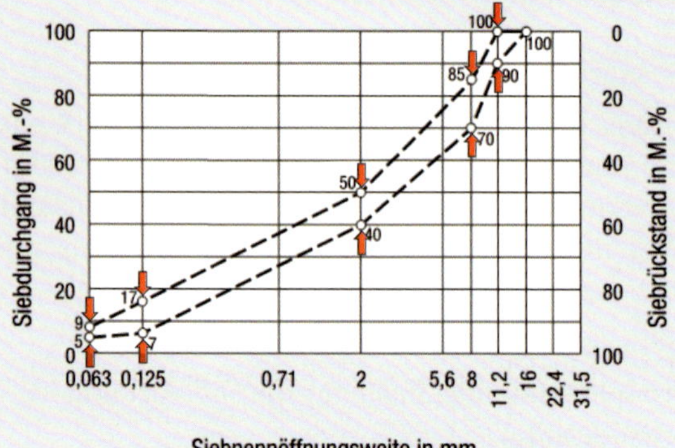

Abbildung 37 Obere und untere Grenzsieblinien definiert anhand der durch Pfeile gekennzeichneten Grenzwerte (am Beispiel von AC 11 D S gemäß TL Asphalt StB)

(B) Bindemittel

Der Bindemittelgehalt und die Bindemitteleigenschaften beeinflussen dominant die Asphalteigenschaften.

(B.1) Bindemittelgehalt

Der Bindemittelgehalt bestimmt maßgeblich die Stabilität des Asphalts. Bei der Herstellung von Asphalt soll das Bindemittel idealerweise jedes Gesteinskorn vollständig und gleichmäßig umschließen. Das Bindemittel verklebt so die einzelnen groben Gesteinskörner unterschiedlicher Größe an ihren (sich zufällig ergebenden) Kontaktpunkten miteinander und hält dadurch das Asphaltmischgut nach dem Erkalten zusammen.

Die resultierende Bindemittelfilmdicke an den Gesteinskörnern hängt von der spezifischen, aktiven Gesteinsoberfläche ab. Je größer die spezifische Gesteinsoberfläche ist (nimmt zu mit abnehmendem Größtkorn der Gesteinskörnung), umso mehr Bindemittel ist erforderlich.

Die Wahl des Bindemittelgehalts wird auch auf die erwartete Beanspruchung der Straße abgestimmt. Bei einem hohem Bindemittelgehalt wird das Asphaltmischgut fett und anfällig auf Verformung, aber auch resistenter gegenüber Witterungseinflüssen. Bei Verwendung von wenig Bindemittel wird das Asphaltmischgut zwar mager und witterungsanfällig (insbesondere auf Kälterisse), die Standfestigkeit wird aber erhöht (siehe Kasten).

Beispiele zur Wahl des Bindemittelgehalts: Wird beispielsweise ein Asphaltmischgut für normale Beanspruchung (N) konzipiert, sollte der optimale Bindemittelgehalt im Bereich des Minimums des fiktiven Hohlraumgehalts liegen. Für Asphaltmischgut für schwere Beanspruchungen (S) ist eine Konzeption im *trockenen Bereich* sinnvoll, d. h. der Bindemittelgehalt wird gegenüber dem technischen Optimum leicht reduziert. Für Asphaltmischgut mit leichter Beanspruchung (L) ist ein höherer Bindemittelgehalt vorteilhaft, um (zulasten der Standfestigkeit) den Widerstand gegen Witterungseinflüsse zu vergrößern.

Füller bindet wegen seiner großen spezifischen Oberfläche einen großen Teil der Klebkraft des Bindemittels. Der Bindemittelbedarf nimmt mit zunehmendem Füllergehalt zu. Weil im Asphalt stets das Gemisch aus Bitumen und Füller (= Mastix) als Klebstoff wirkt (und nicht das Bitumen allein, siehe unten), ist die Menge des Füllers eine wesentliche Größe beim Mix Design. Mit zunehmendem Füllergehalt nehmen die Mastixviskosität und die Mastixsteifigkeit und damit die Stabilität (Verformungswiderstand) zunächst zu, eine Übersättigung führt aber zum gegenteiligen Effekt (siehe Abbildung 38). Gleichzeitig verschlechtern sich mit Füller-

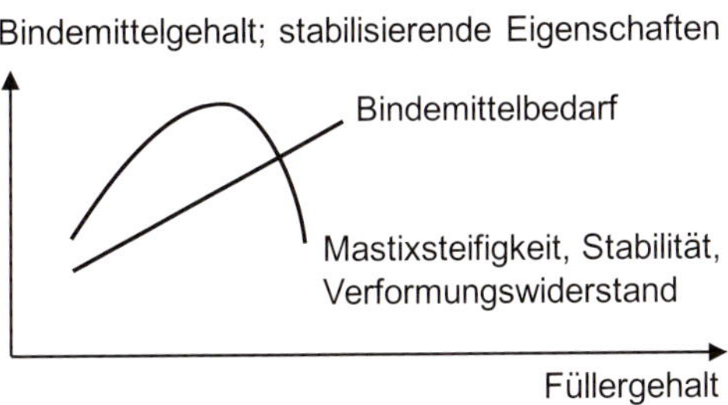

Abbildung 38 Zusammenhang Füllergehalt, Bindemittelbedarf und Stabilität (schematisch)

zunahme die Verarbeitbarkeit und die Verdichtbarkeit des Asphaltmischguts, weil der Füller die Mastix zunehmend versteift und die Mastixviskosität das Fließverhalten bei der Verarbeitung bestimmt.

Eine Kenngröße für die Steifigkeit der Mastix ist das Füller/Bitumen-Verhältnis. Das optimale Füller/Bitumen-Verhältnis ist letztlich entscheidend

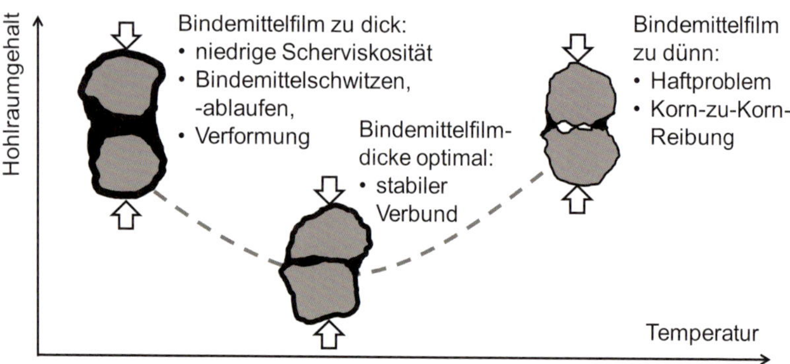

Abbildung 39 Wirkungen im Asphalt zufolge der Bindemittelfilmdicke (schematisch)

für die resultierenden Bindemittelfilmdicken und folglich die Stabilität (siehe Abbildung 39).

Im Asphalt wirkt nicht das Bindemittel in reiner Form, sondern ist stets mit Feinanteilen (Füller, Sand) angereichert. Feine Gesteinspartikel dringen gleichsam in das Bindemittel ein. Im Asphalt wirkt daher stets die *Mastix* (Bitumen-Füller-Gemisch) bzw. der *Mörtel* (Mastix-Sand-Gemisch). (Begriffe Mastix und Mörtel siehe auch Kapitel 5.1.3).

Die Güte der Mastix resultiert aus dem Zusammenwirken der Güte des Bindemittels und der Güte des Füllers. Je nach Füllerart können Bindemittelbedarf und stabilisierende Wirkung erheblich schwanken. Ein „schlechter" Füller kann durch Kombination mit einem entsprechenden Bindemittel zu hervorragenden Mastixeigenschaften führen und im Asphalt gut funktionieren – und umgekehrt muss ein guter Füller nicht zwingend die erhofften Vorteile ergeben.

Grundsätzlich gilt: Je mehr Mastix in der Asphaltmischung enthalten ist, umso entscheidender ist die Güte der Mastix. Bindemittel und Füller (und Sand) sind daher bei der Mischgutzusammensetzung in Art und Mengenanteilen sorgfältig aufeinander abzustimmen. Eine Beurteilung kann z. B. mittels rheologischer Mastixprüfungen erfolgen (siehe Kapitel 5.3).

Man unterscheidet begrifflich zwischen dem *Eigenfüller* eines Gesteins (siehe Kasten) und dem bei der Zusammenstellung einer Gesteinsmischung gezielt zugegebenen *Fremdfüller* (z. B. Kalksteinfüller).

Eigenfüller ist Füller, der in Gesteinskörnungen, besonders in feinen Gesteinskörnungen, enthalten ist. An der Asphaltmischanlage wird Eigenfüller im Regelfall aus der Entstaubung zurückgewonnen und als *Rückgewinnungsfüller* bezeichnet (Wistuba et al., 2024)[111].

(B.2) Bindemitteleigenschaften

Zu den das Asphaltverhalten prägenden *Bindemitteleigenschaften* zählen:

» die temperaturabhängigen *rheologischen Bindemitteleigenschaften*: das *Fließverhalten* (Viskosität, die „Schmierwirkung" des Bindemittels bei Einbau und Verdichtung) steuert die resultierende innere Kornstruktur des verdichteten Asphalts (siehe Kasten); die *Vorspannung des Korngerüsts*, die sich beim Auskühlen des Asphaltmischguts aufbaut, prägt die Stabilität;

» die *Festigkeit* des Bindemittels, die den Risswiderstand bestimmt;

» die *Klebwirkung*, die das Haften des Bindemittels am Gestein prägt;

» das *Alterungsverhalten*, das verantwortlich für das Langzeitverhalten der Bindemitteleigenschaften ist.

Die **innere Struktur** (lateinisch für *Gefüge*) von verdichtetem Asphalt ist die Gesamtheit von geometrischen Merkmalen des Korngerüsts, die das richtungsabhängige Materialverhalten bestimmen, beschrieben u. a. durch die Kornform, die Korngrößenverteilung im Querschnitt (*Segregation*), die räumliche Anordnung und eventuelle Ausrichtung der Körner nach der Verdichtungsrichtung (*Kornorientierung*), die Anzahl und Verteilung der Korn-zu-Korn Kontakte, den Verdichtungsgrad, den Hohlraumgehalt, die Verteilung der Hohlräume im Querschnitt, die Hohlraummorphologie (Gestalt).

2.5.3.2 Vorgehen beim Mix Design

Die Rezeptur von Asphaltmischgut wird mit verschiedenen Maßnahmen so 'eingestellt', dass mit den verwendeten Baustoffkomponenten ein gutes Gebrauchsverhalten der Asphaltschicht erwartet werden kann.

111 Wistuba, M. P., Büchner, J. & Trifunović, S. 2024. Optimierung von Verfahren zur Prüfung von Füller-Bitumen-Gemischen mit dem Dynamischen Scherrheometer (RHEMAS). Schlussbericht, Forschungsprojekt FE 07.0317/2021/AGB, i. A. des Bundesministeriums für Verkehr und digitale Infrastruktur, Institut für Straßenwesen, Technische Universität Braunschweig.

Das Auffinden der bestmöglichen Lösung für eine Mischgutrezeptur erfolgt im Labor durch iteratives Austesten von Mischgutvarianten unter Variation von Schlüsselgrößen der Mischgutzusammensetzung (in Art und/oder Mengenanteilen). Die Bewertung einer Variation erfolgt anhand ihrer Auswirkung(en) auf bestimmte *asphalttechnologische Kennwerte*. Eine optimale Asphaltrezeptur ist gefunden, wenn die Kennwerte als ausreichend gut bewertet werden.

Für diese asphalttechnologischen Kennwerte muss ein nachweisbarer Zusammenhang mit dem zu erwartenden Gebrauchsverhalten bestehen.

Neue unerprobte Asphaltmischgutrezepturen, insbesondere bei Verwendung neuer Bindemittelmodifikationen und/oder der Mitverwendung von Asphaltgranulat sollten nach dem *gebrauchsverhaltensorientierten Ansatz* „eingestellt“ werden, der auf *Kennwerten der Performance* beruht (siehe Kapitel 5.1.1).

Für erprobte konventionelle Asphaltmischgutrezepturen, d. h. bei Vorliegen langjähriger baupraktischer Erfahrungen kann die „Feineinstellung“ der Mischgutzusammensetzung *nach dem empirischen Ansatz* erfolgen.

Der empirische Ansatz beruht auf der Kontrolle von *volumetrischen* asphalttechnologischen Kennwerten, für die erfahrungsgemäß ein ausreichendes Gebrauchsverhalten erwartet werden darf (siehe Kasten).

Volumetrische Kennwerte sind die Dichtemerkmale des Asphalts. Als *primäre Dichtemerkmale* gelten die Rohdichte und die Raumdichte, als *sekundäre Dichtemerkmale* der Hohlraumgehalt, der fiktive Hohlraumgehalt und der Hohlraum(aus)füllungsgrad (siehe Kapitel 5.4.2).

Iteratives Vorgehen zur Mischgutzusammensetzung anhand von volumetrischen Kennwerten: Beispielsweise wird zur „Feineinstellung“ der Rezeptur eines konventionellen Walzasphalts zunächst eine Sieblinie ausgewählt und mit Hilfe der Variation des Bindemittelgehalts in Schritten von 0,3 bis 0,5 M.-% iterativ durch Laborversuche jener Bindemittelgehalt ermittelt, bei dem sich das Gemisch optimal verdichten lässt, d. h. wenn das Gemisch die höchstmögliche Raumdichte und damit den niedrigsten Hohlraumgehalt erreicht. Abbildung 40 zeigt die gleichzeitige Veränderung von Hohlraumgehalt (gelbe Kurve) und Raumdichte (blaue Kurve) in Abhängigkeit vom Bindemittelgehalt (als zwei von mehreren Hilfsgrößen zur Findung der optimalen Rezeptur). Der Hohlraumgehalt sinkt bei gleicher Verdichtung mit steigendem Bindemittelgehalt solange, bis die Gesteine im Mischgut ihre dichteste Lagerung haben. Eine weitere Erhöhung des Bindemittelgehalts ist nachteilig, weil diese

>

zu einem Auseinanderdrücken des Gesteinsgemisches (dickere Bindemittelfilme) führt, sich der Hohlraumgehalt wieder vergrößert und Raumdichte und Verformungsstabilität abnehmen.

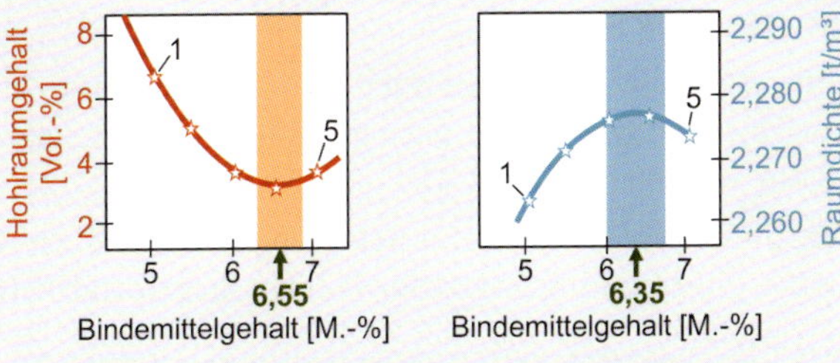

Abbildung 40 Mix Design: Hohlraumgehalt und Raumdichte versus Bindemittelgehalt (Der optimale Bindemittelgehalt für die 5 Mischgutvarianten beträgt in diesem Beispiel 6,45 M.-%)

Dabei ist zu beachten, dass die Optimierung nur im Rahmen der Kompatibilität erfolgen darf, das heißt nur insoweit, dass die Verbesserung einer Gebrauchseigenschaft nicht zur Verschlechterung einer anderen führt (z. B. Verformungswiderstand durch mehr Füller erhöht, aber Ermüdungswiderstand unzulässig herabgesetzt).

Das „Einstellen" der Rezeptur von Asphalt ist somit eine Optimierungsaufgabe, weil die Zielgrößen zum Teil gegenläufige Effekte auf das resultierende Gebrauchsverhalten haben (Tabelle 7).

Tabelle 7 Beispiele für Zielkonflikte im Rahmen der Optimierung von Asphaltmischgut

Zielgröße	von Vorteil	von Nachteil
Bindemittelgehalt ↑	Ermüdungswiderstand ↑	Verformungswiderstand ↓
Bindemittelsteifigkeit ↑	Verformungswiderstand ↑	Risswiderstand ↓
Füllergehalt ↑	Standfestigkeit ↑	Verarbeitbarkeit ↓
Offenporigkeit ↑	Lärm, Sprühfahnen, Aquaplaning-Gefahr ↓	Alterung ↑, Risswiderstand ↓, Frostbeständigkeit ↓, Instandhaltungsaufwand ↑

Legende: ↑… zunehmend, ↓… abnehmend

2.5.3.3 Erstprüfung (Typprüfung)

Zur Kontrolle der optimalen Mischgutzusammensetzung (Rezeptur) wird für jedes Asphaltmischgut eine *Erstprüfung* (*Typprüfung*) vor dessen erster Verwendung durchgeführt. Die Erstprüfung von Asphalt besteht aus mehreren Laborprüfungen an repräsentativen Proben. Dabei wird kontrolliert, ob die Eigenschaften des Asphaltmischguts den Anforderungen gemäß dem europäischen Technischen Regelwerk genügen (Europäische Normen bzw. nationale Umsetzungsnorm TL Asphalt-StB[110]).

Die Erstprüfung erfolgt entweder nach dem empirischen Ansatz (auf Erfahrungswerten beruhend) oder nach gebrauchsverhaltensorientierten Vorgaben (siehe Kapitel 5.1.1).

Nach dem empirischen Ansatz kann beispielweise – je nach Asphaltart und -sorte – die Überprüfung folgender Merkmale erforderlich sein:

» am Gestein: CE-Zeichen, Korngrößenverteilung, Rohdichte;

» am Bitumen: für Straßenbaubitumen die Nadelpenetration; für PmB der Erweichungspunkt Ring und Kugel, die Nadelpenetration und die elastische Rückstellung;

» am Asphaltgranulat: Korngrößenverteilung, Bindemittelgehalt, Erweichungspunkt Ring und Kugel, Rohdichte;

» die Art von eventuellen Zusätzen;

» am Asphaltmischgut: Korngrößenverteilung, Rohdichte des resultierenden Gesteinskörnungsgemisches, Bindemittelgehalt, Menge an eventuellen Zusätzen,

» die Art der Herstellung von Asphaltprobekörpern,

» am Asphaltmischgut: Rohdichte, Raumdichte, Hohlraumgehalt, Hohlraumfüllungsgrad, Bindemittelablauf, Stempeleindringtiefe, Spurrinnentiefe.

Das Ergebnis der Erstprüfung ist die Grundlage des Nachweises der Eignung des Asphaltmischguts für den vorgesehenen Verwendungszweck (siehe Kasten).

Erstprüfung und Eignungsnachweis (gem. DIN EN 13108-20)[112]: • Für jedes Asphaltmischgut, das der maßgebenden Produktnorm der nationalen Umsetzung der entsprechenden harmonisierten europäischen Norm entspricht, müssen die Asphaltmischgutproduzierenden eine Erstprüfung (Typprüfung) erstellen. Sie ist ein Teil des

>

112 DIN EN 13108-20:2016-12. Asphaltmischgut – Mischgutanforderungen – Teil 20: Typprüfung; Deutsche Fassung EN 13108-20:2016.

Nachweises der Leistungsbeständigkeit der Asphaltmischanlage und dient im Zusammenhang mit der Werkseigenen Produktionskontrolle als Bewertungsmaßstab für die eigene Produktionsqualität. Sie dient nicht zum Nachweis für die Eignung des Asphaltmischguts für einen bestimmten Verwendungszweck entsprechend einer bauvertraglichen Anforderung. • Im aktuellen deutschen Technischen Regelwerk wird die Bezeichnung *Erstprüfung* anstelle von *Typprüfung* verwendet. • Im Eignungsnachweis deklarieren die Auftragnehmenden die Eignung des Asphaltmischguts für den im Bauvertrag angegebenen Verwendungszweck. Grundlage dazu sind die Ergebnisse der Erstprüfung und die im Bauvertrag definierten Anforderungen. (Quelle: *Bundesverband unabhängiger Prüfinstitute für bautechnische Prüfungen e. V., bup.de*)

2.5.4 Asphaltarten: Walzasphalt und Gussasphalt

Die beiden Asphaltarten – Walzasphalt und Gussasphalt – unterscheiden sich deutlich im Mischungsverhältnis der Komponenten Gestein und Bindemittel. .

Die Volumenanteile der Asphaltkomponenten sind bei *Walzasphalten* (sog. *Dreiphasengemisch*) in etwa 82 Volumenprozent (Vol.-%) Gestein, 14 Vol.-% bitumenhaltiges Bindemittel und 4 Vol.-% Luft (Hohlraumgehalt). Walzasphalt enthält Bindemittel im Volumenverhältnis zum Gestein von 1:5 bis 1:8.

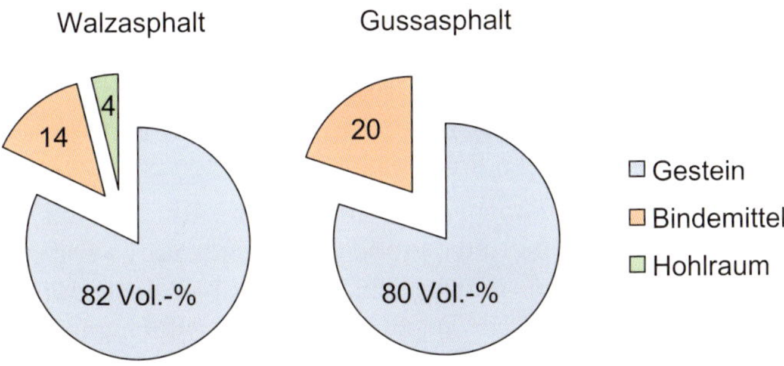

Abbildung 41 Volumenanteile für Walzasphalt und Gussasphalt (schematisch)

Bei *Gussasphalt* sind die Volumenanteile in etwa 80 Vol.-% Gestein und 20 Vol.-% bitumenhaltiges Bindemittel (und 0 Vol.-% Luftporen) (siehe Abbildung 41). Gussasphalt enthält Bindemittel im Volumenverhältnis zum Gestein von rund 1:4 und ist (weitgehend) hohlraumfrei und folglich wasserundurchlässig (siehe Kasten).

Ab einem Hohlraumgehalt unter 2 bis 3 Vol.-% gilt eine Asphaltschicht im Allgemeinen als **wasserundurchlässig** (zur Prüfung der Wasserdurchlässigkeit von Asphalt siehe TP Asphalt, Teil 19)[113].

Die Unterschiede in der Mischgutzusammensetzung resultieren in deutlich unterschiedlichen Baustoffeigenschaften, sowohl bei der Verarbeitung als auch im Gebrauch. Die Unterschiede sind so gravierend, dass durchaus von verschiedenen Baustoffen gesprochen werden kann.

Walzasphalt wird idealerweise mit dem Straßenfertiger eingebaut und mit schweren Straßenwalzen verdichtet. Für Walzasphalt in Form von *Heißmischgut* liegt die maximale Mischtemperatur möglichst unter 190-215 °C (von Bitumensorte abhängig). Die Mischguttemperaturen bei Anlieferung an die Baustelle liegen zwischen 130 °C (für 160/220; die Mindesttemperatur ist sortenabhängig) und 195 °C (für 30/45; die Maximaltemperatur ist sortenabhängig), die Einbautemperaturen etwa zwischen 120 und 160 °C. Für Walzasphalt in Form von *Warmasphalt* (siehe Kapitel 2.5.6, Abbildung 48) sind die jeweiligen Temperaturen um mehr als 20 °C niedriger.

Erst durch die Walzverdichtung und durch den infolge Auskühlung entstehenden Vorspannungseffekt wird ein tragendes, stabiles Korngerüst erzielt (siehe unten). Somit ist verdichteter Walzasphalt ein mit Bindemittel verklebtes Korngerüst mit einem Resthohlraumgehalt. Sein Gebrauchsverhalten (Performance) ist vor allem bestimmt vom verspannten Korngerüst (Korngröße, Kornform, Korngrößenverteilung, Verdichtung, Resthohlraumgehalt), von der Bitumen- bzw. Mastixsteifigkeit (Viskosität) und von zeitabhängigen Eigenschaften (Bitumenalterung).

Gussasphalt ist eine feinkornreiche Mastix (viel Bindemittel und viel Füller), die durch „eingebettete“ grobe Gesteinskörnung versteift ist. Er ist in heißem Zustand gieß- und streichfähig, selbstverdichtend (erfordert keine zusätzliche mechanische Verdichtungsarbeit) und hat im eingebauten Zustand keine technisch relevanten Hohlräume. Die maximale *Mischtemperatur* liegt für Gussasphalt unter 250 °C. Die üblichen Mischguttemperaturen bei Anlieferung an die Baustelle liegen zwischen 200 °C (für 25/55-55; die Mindesttemperatur ist sortenabhängig) und 230 °C (diese Maximaltemperatur gilt für alle Sorten). Diese Temperaturen werden seit

113 TP Asphalt-StB, Teil 19: Durchlässigkeit von Asphaltprobekörpern. Ausgabe 2009. Technische Prüfvorschriften für Asphalt, Forschungsgesellschaft für Straßen- und Verkehrswesen e. V. (Hrsg.), FGSV Verlag, Köln.

Tabelle 8 Grundlegende Unterscheidungsmerkmale von Walz- und Gussasphalt

Walzasphalt	Gussasphalt
Mischgutcharakteristik	
Mit Bitumen verklebtes und mit Asphaltmastix stabilisiertes Korngerüst	Mit Gestein versteife, zähe Flüssigkeit aus Asphaltmastix
Weiche Asphaltmastix; wenig bis viel Bitumen und wenig bis moderat Füller; Füller/Bitumen-Verhältnis 1,5 bis 1,8 M. %	Harte Asphaltmastix; viel Bitumen und viel Füller; Füller/Bitumen-Verhältnis 3,0 bis 3,5 M. %
Bitumen/Gestein-Verhältnis	
1:5 bis 1:8 Vol. %	1:4 Vol. %
Kompositionelle Unterschiede	
• Art des eingesetzten Bitumens ↔ Bitumenviskosität, • Menge des Gesteinsmehls (Füller) ↔ Mastixviskosität, • Grobe Gesteinskörnung ↔ Korngröße, Kornform, Sieblinie	
Transport	
Als Haufwerk in thermoisolierter Lkw-Mulde	In Gussasphaltkocher (Lkw-Fahrgestell oder Wechselaufbau oder Anhänger), mit Thermostat, Heizung (Kocher) und Rührwerk
Einbau	
Straßenfertiger: beheizte, schwimmende Bohle zur Vorverdichtung und nachlaufende Walze(n) zur Endverdichtung; Griffigkeit bringt das Gesteinskorn der Deckschicht	Fertigereinbau (mit starrer Bohle) oder Handeinbau: Selbstverdichtung; Griffigkeit durch Behandlung der Oberfläche: Aufrauen/Absplitten des Mörtelspiegels
Einbautemperaturspanne 120-160 °C (sortenabhängig; viskositätsverändert > 20 °C weniger)	Einbautemperaturspanne 220-230 °C (viskositätsverändert); kurze Verarbeitungszeit
Asphaltmastix unterstützt als Schmiermittel die Walzverdichtung, später verklebt und stabilisiert sie das Korngerüst	Asphaltmastix ermöglicht das Verstreichen, später bettet sie die groben Gesteinskörner ein und schützt diese
Verdichteter Zustand	
Mit Hohlräumen	Ohne Hohlräume
Hohlräume im Korngerüst mit Mastix ausgefüllt, aber Resthohlraum bei maximaler Lagerungsdichte	Alle Hohlräume mit Bindemittel ausgefüllt, der Hohlraumgehalt ist praktisch Null
Baustoffverhalten abhängig vom verspannten Korngerüst (Korngröße, Kornform, Korngrößenverteilung, Verdichtung, Resthohlraumgehalt), von Bitumen- bzw. Mastixsteifigkeit (Viskosität) und von zeitabhängigen Eigenschaften (Bitumenalterung)	Baustoffverhalten abhängig von Mastixsteifigkeit und Anteil an grober Gesteinskörnung
Übliche Asphaltsorten	
Asphaltbeton (Asphalttrag-, Asphalttragdeck-, Asphaltbinder- und Asphaltdeckschichten), Splittmastixasphalt, Offenporiger Asphalt	Gussasphalt
Typische Laborkennwerte	
Volumetrische Kennwerte; Kennwerte des Gebrauchsverhaltens (statische, zyklische/dynamische Prüfverfahren)	Volumetrische Kennwerte; Verformungsverhalten (z. B. statischer oder dynamischer Stempeleindringversuch)

vielen Jahren standardmäßig mittels Zugabe von viskositätsverändernden Zusätzen erreicht (siehe Kapitel 2.5.6). Ihre weitere Absenkung ist Gegenstand laufender Forschung und Entwicklung.

Es resultiert ein hochstandfester, luft- und wasserdichter sowie alterungsbeständiger Asphalt, dessen Eigenschaften vor allem von der Mastixsteifigkeit und dem Anteil an grober Gesteinskörnung bestimmt sind.

Gussasphalt kann von Hand oder mit dem Gussasphaltfertiger eingebaut werden. Ein Walzen der Gussasphaltoberfläche dient dem Einwalzen von Abstreusplitt zum Abstumpfen der mastixangereicherten Oberfläche (*Absplitten*).

Walzasphalt und Gussasphalt sind nach unterschiedlichen Bauprinzipien konzipiert (siehe nachfolgendes Kapitel).

Grundlegende Unterscheidungsmerkmale von Walz- und Gussasphalt sind in Tabelle 8 zusammengefasst.

2.5.5 Bauprinzipien von Asphalt

Das *Bauprinzip* – im Wesentlichen gesteuert durch die Wahl der Sieblinie und der Art und Menge des Bindemittels – bestimmt den Widerstand gegen Lasteinwirkung und die Art und Weise, wie eine einwirkende Kraft innerhalb des Asphalts abgetragen wird. Die Abtragung erfolgt entweder von Korn-zu-Korn über das *Korngerüst* wie bei Walzasphalten oder nach dem Prinzip der *Plattenwirkung* wie bei Gussasphalt (siehe Abbildung 42).

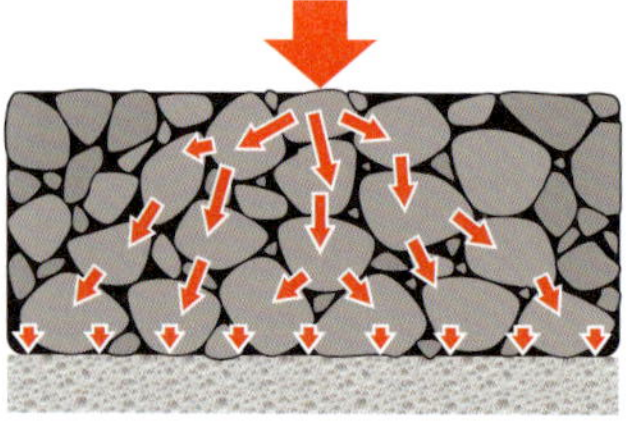

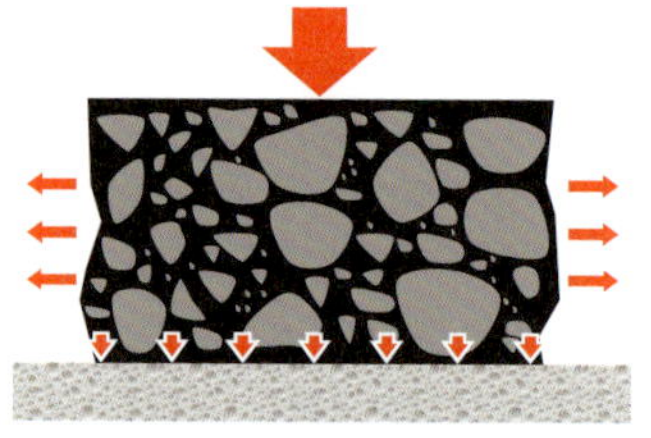

Abbildung 42 Lastabtragung: Korn-zu-Korn Kontakte (links), Plattenwirkung (rechts) (schematisch)

Tabelle 9 Im europäischen Technischen Regelwerk abgebildete Bauprinzipien für Asphalte

<table>
<tr><th rowspan="2">Bauprinzip</th><th rowspan="2">Prinzip der Kraftübertragung</th><th colspan="3">Anwendung</th></tr>
<tr><th>Asphalt-art</th><th>Asphalt-sorte</th><th>Mischgut-typ</th></tr>
<tr><td>Mastix-konzept</td><td>Durch Einbetten von Gesteinskörnern versteifte Flüssigkeit (Plattenwirkung)</td><td>Gussasphalt</td><td>–</td><td>MA</td></tr>
<tr><td>Packungs-konzept</td><td>Verzahnung und Reibung im bindemittelverklebten Korngerüst (weitgestufte Sieblinie)</td><td rowspan="2">Walzasphalt</td><td>Asphalt-beton</td><td>AC D
AC B
AC T</td></tr>
<tr><td>Stützgerüst-konzept</td><td>Abgestütztes Monokorn-gerüst (enggestufte Sieblinie); Stützgerüst dicht oder offen</td><td>Splittmastix-asphalt (dicht); Offenporiger Asphalt (offen)</td><td>SMA
SMA B
PA</td></tr>
</table>

Gussasphalte sind nach dem *Mastixkonzept*, Walzasphalte üblicherweise nach dem *Packungskonzept* oder nach dem *Stützgerüstkonzept* zusammengesetzt. Tabelle 9 zeigt die Bauprinzipien im Überblick. Alternative Bauprinzipien sind technisch möglich, im europäischen Technischen Regelwerk aber nicht abgebildet und der Erfahrungshintergrund dazu ist entsprechend gering.

(A) Mastixkonzept

Beim *Mastixkonzept* sind alle Gesteinskörner vollständig in der Mastix (Bindemittel-Füller-Gemisch) eingebettet. Die Gesteinskörner „schwimmen" in der Mastix. Die Lastabtragung erfolgt über die gesamte Mastix, ein Kornkontakt ist zur Kraftübertragung nicht zwingend erforderlich. Wie in einer starren Platte werden die Kräfte zur Seite und nach unten umgelenkt (Plattenwirkung), so dass es weder in der Asphaltschicht noch in der Unterlage zu unzulässigen Verformungen kommt (siehe Abbildung 42 rechts).

Gussasphalt als typischer Anwendungsfall für das Mastixkonzept ist somit konzipiert als eine durch Gesteinskörner versteifte, dichte, zähe Masse aus viel hartem Bindemittel (z. B. 20/30, 30/45, 25/55-55), viel Füller (20-32 M.-%) und groben Gesteinskörnungen mit einer kontinuierlichen, feinkornangereicherten Korngrößenverteilung. Die Kornform (Rundkorn, Brechkorn) spielt eine untergeordnete Rolle.

(B) Packungskonzept

Das Packungskonzept ist das Grundkonzept für Walzasphalte. Während der Walzverdichtung wird das heiße, niedrig viskose Asphaltmischgut „in Form geknetet". Das heiße Bindemittel wirkt gleichsam als „Schmiermittel" und die Hohlräume sind Bewegungsfreiräume, in denen sich die Körner gegeneinander verschieben können. Während des Verdichtungsvorgangs verzahnen sich die unterschiedlich großen Körner allmählich und formen schließlich ein stabiles *Korngerüst* mit hoher Lagerungsdichte, in dem nahezu jeder Zwischenraum benachbarter Körner vom nächstkleineren Korn bzw. von kleineren Körnern gefüllt ist (*Packung*, siehe Abbildung 43 links). Es verbleibt ein geringer Resthohlraumgehalt.

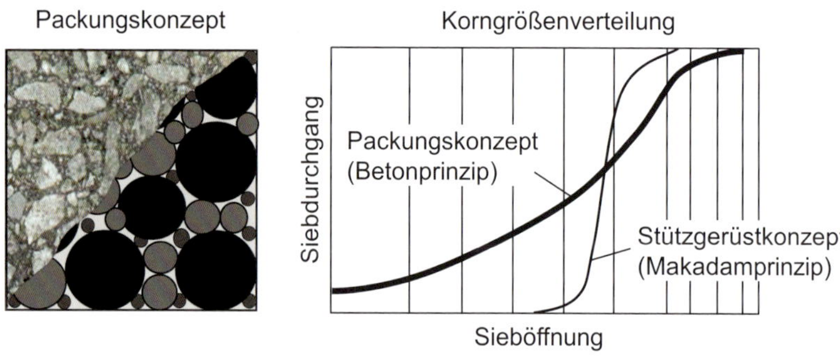

Abbildung 43 Packung von Gesteinskörnern nach dem Betonprinzip (Kornverteilungslinie nach dem Stützgerüstkonzept zum Vergleich) (schematisch)

Für ein stabiles Korngerüst sind gebrochene Gesteinskörnungen vorteilhaft, die sich bei dichter Kornpackung besonders gut verzahnen können und so den Verformungswiderstand erhöhen. Die ausgehärtete Mastix sorgt für den inneren Zusammenhalt, stützt und stabilisiert das Korngerüst.

So übernimmt bei Walzasphalten das mit Bindemittel verklebte und mit Mastix stabilisierte Korngerüst aus grober Gesteinskörnung die Lastabtragung (siehe Kasten). Es spreitet die Kräfte innerhalb der Asphaltschicht durch Korn-zu-Korn Abtragung kegelförmig nach unten auf, so dass die Unterlage die auf sie einwirkende, weitverteilte Flächenlast schadlos aufnehmen kann (vgl. Abbildung 42 links).

Visualisierung der Kraftpfade in Asphalt: Abbildung 44 zeigt beispielhaft die Kraftpfade im Korngerüst eines biegebeanspruchten Asphaltprobekörpers aus Asphaltbeton, sichtbar gemacht nach Modellierung (links) und mittels Spannungsoptik (rechts). Die Kräfte werden durch Korn-zu-Korn Kontakte vom Punkt der Einwirkung (rot) zu den Auflagerpunkten (grün) abgetragen.

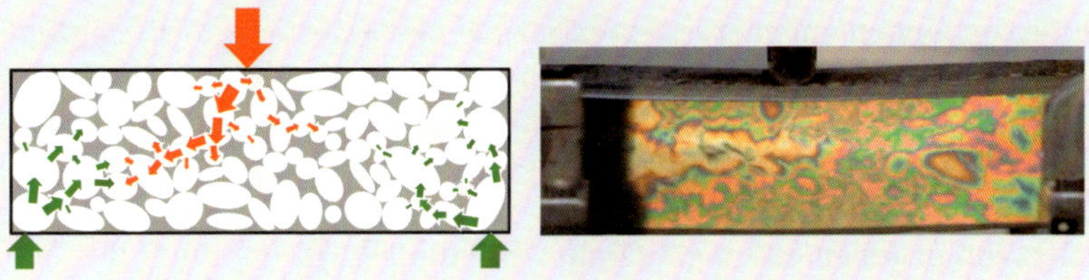

Abbildung 44 Kraftpfade in einem biegebeanspruchten Asphaltprobekörper (Büchler & Wistuba, 2013)[114]

Die Wahl der Korngrößenverteilung hat daher beim Packungskonzept eine zentrale Bedeutung. Jede Änderung in der Korngrößenverteilung von Walzasphalten verändert die innere Struktur der Kornanordnung, die Verteilung der verbleibenden Hohlräume und die lastabtragende Wirkung.

Zu den nach dem Packungskonzept zusammengesetzten Asphalten zählen die *Asphaltbetone* (AC). Der Namensteil *„-beton"* verrät, dass Asphaltbetone in Bezug auf die Packung der Gesteinskörnung genau wie Zementbetone nach dem *Betonprinzip* aufgebaut sind – das kommt daher, weil das Betonprinzip erst später auf den Baustoff Asphalt übertragen wurde. Wie beim Baustoff Beton sind daher auch im Asphaltbeton die Korngrößen in Form einer stetig weitgestuften Sieblinie gleichmäßig verteilt. Dann ergeben ein vergleichsweise geringer Füllergehalt, viel grobes Gestein und dünne Bindemittelfilme an den Kornoberflächen eine hohe Stabilität (bei gleichzeitig geringen Kosten wegen des vergleichsweise geringen Bindemittelgehalts).

Nach dem Betonprinzip ist die Korngrößenverteilung optimal, wenn die *dichteste Lagerung* der Körner erreicht ist. Dann gibt es die größtmögliche Anzahl an Kontaktpunkten (bzw. Kontaktflächen) zwischen den Körnern (höchste Stabilität), und der Hohlraumgehalt der Schicht ist ausreichend klein, sodass kaum (Nach-)Verformungen und kein Luftaustausch (und daher auch kaum Bitumenalterung) möglich sind.

114 Büchler, S. & Wistuba, M. P. 2013. Photoelasticity for Stress-Strain-Visualization. 5th Int. Conference of the European Asphalt Technology Association (EATA), 3-5 June 2013, Braunschweig.

Der verbleibende Resthohlraumgehalt gewährleistet dennoch, dass das Asphaltmischgut nicht *überfettet* und nicht zur Verformung neigt, und dass sich bei geringfügigem Bindemittelüberschuss bzw. bei witterungsbedingter Erwärmung das Bindemittel in die Hohlräume hinein ausdehnen kann (kein *Bindemittelschwitzen*).

Untersuchungen zur dichtesten Lagerung eines Gesteinskörnungsgemisches nach dem Betonprinzip gehen zurück auf Fuller & Thompson (1907)[115] sowie Talbot & Richart (1923)[116] (siehe auch Weymouth, 1938)[117]. Für kubische Körnungen ist die *ideale Sieblinie* (auch *Idealsieblinie*; hohlraumarm, gemischtkörnig, weitgestuft, große Ungleichförmigkeitszahl) gegeben, wenn gilt (siehe Abbildung 45):

$$A(d) = \left(\frac{d}{d_{max}}\right)^q \qquad \text{Gl. 4}$$

mit $A(d)$ als der Massenanteil mit einem Korndurchmesser kleiner als die Siebweite d (wobei gilt $0 \leq d \leq d_{max}$), d_{max} als der Größtkorndurchmesser des Korngemenges und $q = 0{,}5$ als der *Körnungsexponent* (Kurvenneigung).

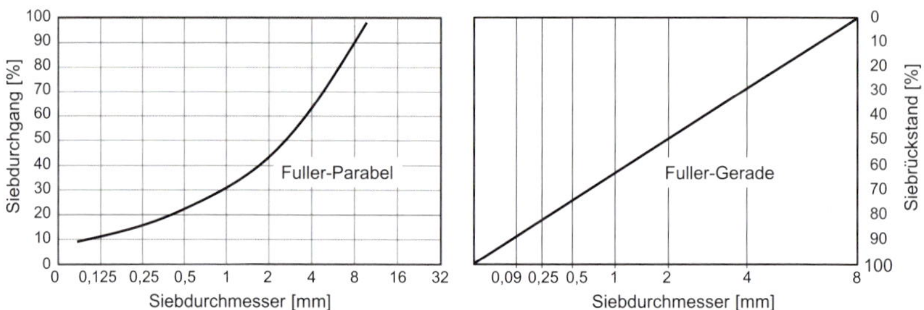

Abbildung 45 Fuller-Parabel im logarithmischen Maßstab, Fuller-Gerade im Wurzelmaßstab

Die Sieblinie bei der theoretisch dichtesten Lagerung ($q = 0{,}5$) heißt *Fuller-Kurve* (nach W. B. Fuller[115]). Die Fuller-Kurve entspricht im Sieb-

115 Fuller, W. B. & Thompson, S. E. 1907. The laws of proportioning concrete. Trans Am Soc Civil Eng 59:67.

116 Talbot, A. N. & Richart, F. E. 1923. The strength of concrete and its relationship to the cement, aggregate and water. Bulletin, University of Illinois Engineering Experiment Station, Vol. 137, 1-118.

117 Weymouth, C. A. G. 1938. A study of fine aggregate in freshly mixed mortars and concretes. Proc., ASTM international, Vol. 38, West Conshohocken, PA., USA.

liniendiagramm einer *Parabel*, wenn die Abszisse im logarithmischen Maßstab dargestellt ist (*Fuller-Parabel*), bzw. einer *Geraden* wenn die Abszisse im Wurzelmaßstab dargestellt ist (*Fuller-Gerade*).

Für Asphalt liegt der Körnungsexponent bei der hohlraumärmsten Kornverteilung (dichteste Lagerung, maximale Standfestigkeit) zwischen 0,3 (Brechkorn) und 0,6 (Rundkorn). Je mehr die Kornform von der Kugelform abweicht (Brechkorn), umso mehr Feinanteile muss die Gesteinskörnung haben (niedrigerer Körnungsexponent, flacherer Kurvenverlauf), verbunden mit mehr Bindemittelbedarf (aufgrund der größeren Oberfläche). Der Körnungsexponent beeinflusst daher auch den Bindemittelbedarf.

(C) Stützgerüstkonzept

Die Asphaltsorte *Splittmastixasphalt* entspricht dem *Stützgerüstkonzept*. Das tragende Stützgerüst wird von groben Gesteinskörnungen gebildet, die durch die Mastix stabilisiert sind.

Die Lastabtragung erfolgt primär durch die Korn-zu-Korn-Abstützung und den Einspannungseffekt der Mastix. Damit folgt das Stützgerüstkonzept von der Idee her dem Prinzip der *Makadam*[118]*-Bauweise*.

Nach der Makadam-Bauweise folgt die Sieblinie einer diskontinuierlichen Korngrößenverteilung. Das bedeutet, es fehlen nennenswerte Anteile an feinen Gesteinskörnungen (*Ausfallkörnung*) und die Sieblinie verläuft im Fehlbereich nur schwach geneigt. Die so unterbrochene Sieblinie bezeichnet man als diskontinuierlich oder *unstetig* (vgl. Abbildung 43).

Nach dem Stützgerüstkonzept konzipierte Asphalte haben gleichsam ein *Monokorngerüst*, dessen grobe Gesteinskörnung zu rund 70 % gleichen Korndurchmessers ist. Die Hohlräume des Korngerüsts sind weitgehend mit Mastix ausgefüllt, daher sind der Hohlraumgehalt gering, der Bindemittelgehalt hoch und der Füllergehalt moderat (beispielsweise im Vergleich zu Gussasphalt). Es resultiert ein sehr dichter Belagstyp mit vorteilhaften Baustoffeigenschaften, insbesondere Standfestigkeit, Verformungswiderstand, Verschleißfestigkeit und Rissresistenz – Eigenschaften, die insbesondere auf hochbelasteten Straßen von Vorteil sind. In Deutschland ist SMA eine beliebte Asphaltmischgutsorte für Asphalt-

118 John Loudon McAdam (1756-1836), schottischer Erfinder, 1816/1819 Veröffentlichungen zu einer einfachen, dauerhaften Bauweise für eine ungebundene Straßenbefestigung aus grobem Stützkorn und feinem Füllkorn (Packlage).

deckschichten auf hoch belasteten Straßen (Autobahnen), und auch für Asphaltbinderschichten (SMA B) liegen nach vielen Jahren Praxiserprobung gute Erfahrungen vor(siehe Gärtner et al., 2009)[119].

Weil der Anteil an feinen Gesteinskörnungen reduziert ist und folglich auch ihre abstützende Wirkung, sind dicke Bindemittelfilme erforderlich. Diese sind nur realisierbar, wenn dem Asphaltmischgut (rund 0,3 M.-%) Bindemittelträger (z. B. Zellulosefasern, siehe Kapitel 2.2.5.4) zur Stabilisierung zugemischt werden, die dafür sorgen, dass das Bindemittel stets gut verteilt ist, nicht abläuft (siehe Kasten) oder abgelaufenes Bindemittel „hochgesaugt“ wird, und dass sich das Asphaltmischgut nicht entmischt.

Prüfung des Bindemittelablaufs aus Splittmastixasphalt und Offenporigem Asphalt (nach TP Asphalt, Teil 18)[120]: Das Asphaltmischgut wird in ein Becherglas gefüllt und in diesem bei einer Temperatur von 25 °C über der Referenztemperatur für 60 Minuten gelagert. Danach wird das Becherglas stoßfrei umgedreht und die abgelaufene Bindemittelmenge D [M.-%] aus der Masse m_1 [g] des Becherglases, der Masse m_2 [g] des Becherglases mit der Messprobe und der Masse m_3 [g] des Becherglases mit dem nach dem Umdrehen anhaftenden Rückstand berechnet. Die abgelaufene Bindemittelmenge ergibt sich zu $D = 100 \times (m_3 - m_1) / (m_2 - m_1)$.

(D) Offenes Stützgerüstkonzept

Offenporiger Asphalt entspricht dem *offenen Stützgerüstkonzept.* Grundsätzlich folgt das Bauprinzip dem Stützgerüstkonzept (Makadam-Bauweise), allerdings sind nun die Hohlräume des Monokorngerüsts nicht mehr mit Mastix verfüllt (im Vergleich zum dichten Stützgerüstkonzept oben), sondern bleiben (weitgehend) offen. Angestrebt wird ein Anteil von mindestens 17 Vol.-% an *zusammenhängenden* Hohlräumen.

Ursprünglich wurde mit dem großen Hohlraumgehalt eine effiziente Entwässerung der Oberfläche zur Reduktion von *Sprühfahnen* und der Gefahr von *Aquaplaning* bezweckt (siehe Kasten). (Die ursprüngliche Bezeichnung als *Drainasphalt* wegen der entwässernden Eigenschaft ist heute kaum noch gebräuchlich.)

---

119 Gärtner, K., Graf, K. & Schünemann, M. 2009. Asphaltbinderschichten nach dem Splittmastixprinzip. Straße und Autobahn, 7.2009, Kirschbaum Verlag, Bonn.

120 TP Asphalt-StB, Teil 18: Ablaufen von Bitumen aus Splittmastixasphalt und Offenporigem Asphalt, Ausgabe 2007. Technische Prüfvorschriften für Asphalt, Forschungsgesellschaft für Straßen- und Verkehrswesen e. V. (Hrsg.), FGSV Verlag, Köln.

Sprühfahne: Als Sprühfahne bezeichnet man das durch den Fahrzeug-Sog aufgewirbelte Oberflächenwasser auf einer nassen Fahrbahn, das insbesondere bei hohen Fahrgeschwindigkeiten die Sicht nachkommender Fahrzeuge beeinträchtigen kann und so die Unfallgefahr erhöht. • **Aquaplaning**: Aquaplaning ist ein Aufschwimmen der Räder auf dem Wasserfilm der nassen Straße bei hoher Fahrgeschwindigkeit, wodurch das Fahrzeug unlenkbar wird.

Die oberflächenentwässernde Wirkung von offenporigem Asphalt kann zur Flächenentsiegelung beitragen. Die Forschung zu durchlässigen Straßenbefestigungen gewinnt international vor dem Hintergrund der Klimakrise an Bedeutung, insbesondere in Zusammenhang mit der Minderung von Überflutungsrisiken nach Starkniederschlagsereignissen und in Kombination mit dem *Schwammstadt-Prinzip* zur Vermeidung von städtischen Hitzeinseln (siehe Kasten).

Das **Schwammstadt-Prinzip** (englisch *sponge city*, *sponge pavement*) beschreibt konstruktive Maßnahmen, um Wasser nahe der Straße zu halten. Das Niederschlagswasser wird nicht wie bisher schnellstmöglich über das Kanalsystem abgeleitet, sondern möglichst viel davon vor Ort in Retentionsräumen im Straßenunterbau über einen möglichst langen Zeitraum gespeichert – in Analogie zu einem Schwamm. In Trockenperioden können Pflanzen im Straßenraum auf kurzem Weg mit Speicherwasser versorgt werden, und tragen so zur Verbesserung des Stadtklimas und zur Förderung von Stadtökosystemen bei (siehe Rubio-Gomez et al., 2022)[121].

Neben der entwässernden Funktion wurde bald der immense Vorteil der *Lärmminderung* von Offenporigem Asphalt erkannt und gezielt zur Herstellung von lärmarmem Asphalt (oder *lärmminderndem* Asphalt) genutzt (siehe M OPA[122] und Schäfer, 2014[123]). An sich sind flexible Asphaltdecken (egal welches Bauprinzip) gegenüber starren Straßenaufbauten im Mittel

121 Rubio-Gomez, M.C., Moreno-Navarro, F., Jesus, M., Sauzéat, C., Mangiafico, S., Wistuba, M. P., Tebaldi, G., Freddi, F., Jenkins, K. & Geisler, F. 2022. Circular and connected pavements for carbon-neutral digital roads (CIRCOPAV). Ongoing Doctoral Training Network, European Union's Horizon Europe research and innovation programme, Marie Skłodowska-Curie Grant Agreement No 101072820, October 2022 to September 2026; individual research project No 9 (Marcela Maria Toscano Krau): SpongePave (Sustainable green infrastructure for climate neutral cities), Technische Universität Braunschweig.

122 M OPA, Merkblatt für Asphaltdeckschichten aus Offenporigem Asphalt. Ausgabe 2013, Forschungsgesellschaft für Straßen- und Verkehrswesen e. V. (Hrsg.), FGSV Verlag, Köln.

123 Schäfer, V. 2014. Das neue Merkblatt für Asphaltdeckschichten aus Offenporigem Asphalt. Straße und Autobahn, 10.2014, Kirschbaum Verlag, Bonn.

um 1 bis 2 dB leiser (Beckenbauer, 2008)[124]. Das liegt an der elastischen *Nachgiebigkeit* der Fahrbahnoberfläche aus Asphalt (die durch bestimmte Maßnahmen auch noch verstärkt werden kann, z. B. mittels einer Gummimodifizierung). Bei Offenporigem Asphalt wird zusätzlich das Rollgeräusch von der offenporigen Struktur absorbiert, sodass der *Schallpegel* um 3 bis 10 dB(A) gemindert wird. Das entspricht im Idealfall einer Halbierung des wahrgenommenen Verkehrslärms.

Die lärmmindernde Wirkung von Offenporigem Asphalt ist hauptsächlich auf die zusammenhängenden Hohlräume in der Schicht zurückzuführen. Diese sind verantwortlich

» für eine erhebliche *Schallabsorption* (verhindert die Schallausbreitung),

» die Vermeidung des *Airpumping* Effekts (siehe Kasten) und

» die Verschiebung des Lärms zu *tieferen Frequenzen*.

Unter **Airpumping** versteht man ein Reifen-Fahrbahn-Geräusch, das im Bereich der Reifenaufstandsfläche bei hohen Fahrgeschwindigkeiten dominant wird. Es entsteht während der Fahrt durch das Einquetschen der zwischen Reifen und Fahrbahn eingeklemmten Luft und durch das explosionsartige Ausströmen der Luft im Reifenauslauf.

Neben dem Hohlraumgehalt bestimmen auch die *Oberflächengestalt* und die *Textur* die *akustischen Eigenschaften* von lärmmindernden Asphaltoberflächen (siehe Kasten).

Eine Straße hat eine bezüglich Lärmminderung vorteilhafte **Oberflächengestalt**, wenn zufolge der gleichmäßigen *Straßenebenheit* die Schwingungsanregung des Reifens minimal bleibt und wenn *regelmäßige Hohlräume* in der Oberfläche den Lärm „schlucken“ (*konkave* Oberflächengestalt nach dem Prinzip *Plateau mit Schluchten*). Vorteilhaft sind gewalzte Oberflächen ohne Abstreuung oder abgestreut mit feiner Körnung. • Die **Textur** der Straßenoberfläche beschreibt die Rauigkeitstiefen entlang der Straßenachse anhand des Wellenlängenspektrums und beeinflusst die Griffigkeit, den Rollwiderstand und die Geräuschentwicklung. Man unterscheidet: • die *Megatextur:* Wellenlängen von 500 bis 50 mm (z. B. Schlaglöcher), • die *Makrotextur:* Wellenlängen von 50 bis 0,5 mm (beeinflusst Kraftschluss infolge der Drainagewirkung

>

124 Beckenbauer, T. 2008. Physik der Reifen-Fahrbahn-Geräusche – Geräuschentstehung, Wirkungsmechanismen und akustische Wirkung unter dem Einfluss von Bautechnik und Straßenbetrieb. In: 4. Informationstage „Geräuschmindernde Fahrbahnbeläge in der Praxis – Lärmaktionsplanung 11./12.6.2008“, Müller-BBM, Planegg.

im Reifen-Fahrbahn-Kontakt) und • die *Mikrotextur:* Wellenlängen < 0,5 mm (beeinflusst die Griffigkeit zufolge Nassreibung zwischen Reifengummi und Gesteinsoberfläche). (Quellen: Peschel & Reichart, 2014[125]; TP Textur-StB (ZTM) 2020[126]).

In Bezug auf die Mischgutzusammensetzung von Asphalten, die nach dem offenen Stützgerüstkonzept konzipiert sind, ist der Bindemittelfilmbedarf hoch, einerseits zur bestmöglichen Verklebung des Monokorngerüsts, andererseits zur Vermeidung von übermäßiger Bindemittelalterung (aufgrund der hohen Luftzirkulation in der hohlraumreichen Asphaltdeckschicht, wobei ja die Hohlräume zu einem großen Anteil verbunden sind).

Es kommt daher im Regelfall nur leistungsfähiges Polymermodifiziertes Bindemittel (z. B. PmB 40/100-65) mit Zusatz eines Bindemittelträgers zum Einsatz. Der Füllergehalt orientiert sich am Bindemittelgehalt und ist vergleichsweise gering.

Eine Straßendeckschicht aus Offenporigem Asphalt soll eine besonders gleichmäßige Ebenheit aufweisen (erhöhte Anforderungen im deutschen Technischen Regelwerk) und frei von ausgeprägten Megatexturen sein (keine Wellenlängen zwischen 50 und 500 mm, insbesondere keine Schlaglöcher, Querfugen/-risse oder Sanierungsflächen). Dazu ist ein Größtkorn-Durchmesser von 8 mm vorteilhaft, noch besser 6 oder 4 mm. Die Mitverwendung von plattigen Körnern sollte nach Möglichkeit vermieden werden.

(E) Vergleich der Bauprinzipien

Zur Veranschaulichung der oben erläuterten Bauprinzipien sind die Sieblinien verschiedener Asphaltarten und -sorten (nur Asphaltdeckschichtmischgut) in Abbildung 46 gegenübergestellt. Es wird deutlich: Das Bauprinzip wird von Sieblinie und Bindemittel bestimmt (siehe oben).

In Abbildung 47 sind die Mindestbindemittel- und Füllergehalte für unterschiedliche Asphaltarten und -sorten gegenübergestellt. Gemäß deutschem Technischen Regelwerk (TL Asphalt-StB)[110] schwankt für *Walzasphalte* der Mindestbindemittelgehalt zwischen 3,8 M.-% (Asphalt-

---

125 Peschel, U. & Reichart, U. 2014. Lärmmindernde Fahrbahnbeläge. Ein Überblick über den Stand der Technik. Umweltbundesamt unter Mitwirkung der Bundesanstalt für Straßenwesen, Dessau-Roßlau.

126 TP Textur-StB (ZTM) 2020. Technische Prüfvorschriften für Texturmessungen im Verkehrswegebau – Teil: Zirkulares Texturmessverfahren (ZTM). Technisches Regelwerk für das Straßen- und Verkehrswesen, Ausgabe 2020, Forschungsgesellschaft für Straßen- und Verkehrswesen e. V. (Hrsg.), FGSV Verlag, Köln.

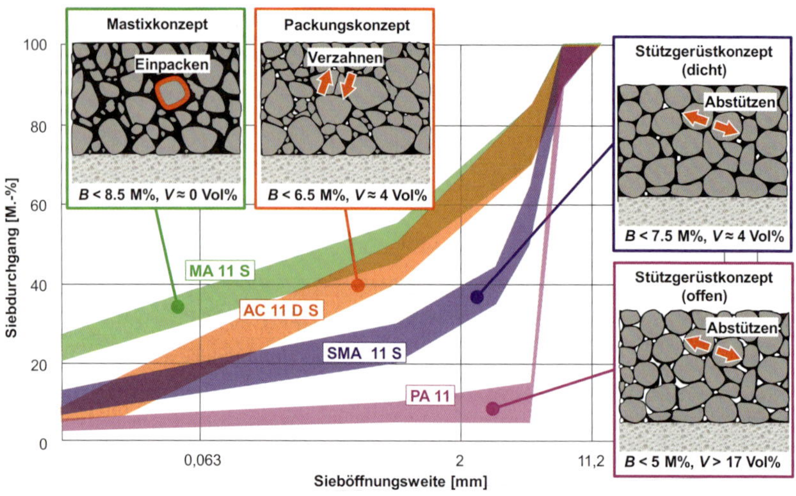

Abbildung 46 Bauprinzipien für verschiedene Asphaltmischgutsorten im Vergleich (nach Partl, 2011)[127]

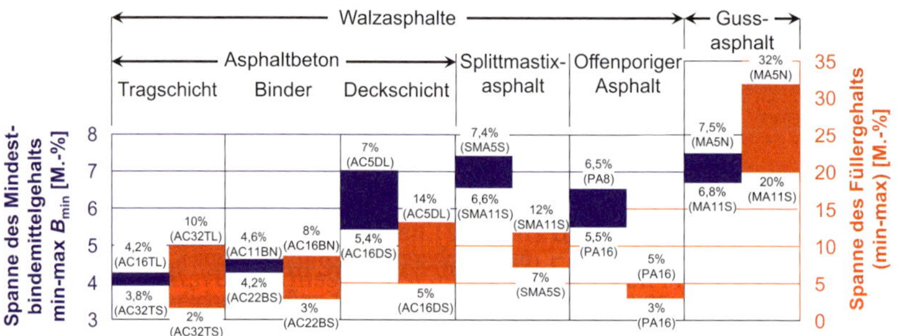

Abbildung 47 Spannen von Mindestbindemittelgehalt (blau) und Füllergehalt (rot) für unterschiedliche Asphaltarten bzw. -sorten im Vergleich (schematisch)

tragschicht AC 32 T S) und 7,4 M.-% (Splittmastixasphalt SMA 5 S) und der Füllergehalt zwischen 2 M.-% (Asphalttragschicht AC 32 T S) und 14 M.-% (Asphaltdeckschicht AC 5 D L). Für *Gussasphalt* schwankt der Mindestbindemittelgehalt zwischen 6,8 M.-% (MA 11 S) und 7,5 M.-% (MA 5 N) und der Füllergehalt zwischen 20 M.-% (MA 11 S) und 32 M.-% (MA 5 N). Man beachte, dass aufgrund der verschiedenen Beanspruchun-

127 Partl, M. N. 2011. Asphalt und Bitumen. ETH Zürich, archiv.ifb.ethz.ch/ educati-on/bachelor_werkstoffe1/2011FS/Asphalt_u_Bitumen.pdf.

gen von Asphaltschichten unterschiedliche Bindemittelsorten in Abhängigkeit von der zu erwartenden Belastung und der Bauweise eingesetzt werden.

2.5.6 Warmasphalt

Warmasphalt (*Niedrigenergieasphalt* oder *Niedrigtemperaturasphalt* oder *temperaturabgesenkter Asphalt*, englisch *Warm Mix Asphalt*, WMA) ist Asphalt, dessen Herstelltemperatur um etwa 20 bis 60 °C niedriger ist als die Herstelltemperatur von herkömmlichem Heißmischgut (siehe Abbildung 48).

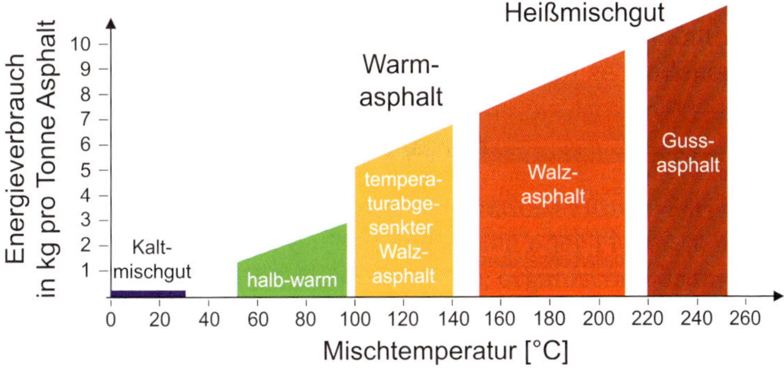

Abbildung 48 Energieverbrauch für unterschiedliche Asphaltarten (schematisch) (Quellen: Olard et al., 2008[128]; Vaitkus et al., 2009[129])

In der Praxis sind in diesem Zusammenhang auch die Begriffe *Temperaturabsenkung* und *Viskositätsabsenkung* bzw. *temperatur-* oder *viskositätsabgesenkter* oder besser *viskositätsveränderter Asphalt* in Verwendung.

Obwohl heute ein hoher Standard bezüglich Arbeitssicherheit, Umweltschutz und Ressourcenschonung im Asphaltstraßenbau erreicht ist, soll mittels Temperaturabsenkung im Produktionsprozess die Gesundheits- und Ökobilanz von Asphalt weiter verbessert werden, ohne dabei Einbußen in den Gebrauchseigenschaften von Asphalt hinnehmen zu müssen

128 Olard, F., Le Noan, C., Beduneau, E. & Romier, A. 2008. Low energy asphalts for sustainable road construction. Proc., 4th Eurasphalt and Eurobitume Congress, European Asphalt Pavement Association (EAPA), May 2008, Copenhagen.

129 Vaitkus, A., Vorobjovas, V. & Žalimienė, L. 2009. The research on the use of warm mix asphalt for asphalt pavement structures. Proc., XXVII International Baltic Road Conference, 24-26 August, 2009, Riga, Latvia.

(Wistuba, 2018)[130]. Hintergrund ist u. a. die Debatte um die CO_2-Reduktion im Bausektor (siehe auch Kapitel 6).

Die erwarteten Vorteile der Temperaturabsenkung bei der Asphaltproduktion liegen in

» der Reduktion der Wärme- und Qualmbelastung, insbesondere von Dämpfen und Aerosolen aus Bitumen (siehe Kasten) bei der Heißverarbeitung (10 °C Reduktion der Mischtemperatur entsprechen ungefähr einer Halbierung der Emissionen),

Seit März 2020 liegt der von der MAK-Kommission der Deutschen Forschungsgemeinschaft festgelegte Grenzwert für Dämpfe und Aerosole aus heißem Destillationsbitumen (oder heißem angeblasenem Oxidationsbitumen) bei 1,5 mg/m³.

» der Energieeinsparung (gemäß Nicholls & James (2013)[131] ist die Ersparnis je 10 °C Reduktion der Mischtemperatur rund 0,25 kg Öl, das sind rund 3-4 % Energieeinsparung pro Tonne Asphaltmischgut),

» der Reduktion von CO_2-Emissionen (gemäß Croteau & Tessier (2008)[132] entspricht eine Energiereduktion von rund 20 bis 35 % einer Reduktion von rund 4,1 bis 5,5 kg CO_2),

» der Kostenreduktion für das Aufheizen der Asphaltkomponenten (Gestein, Bitumen, Asphaltgranulat) und des Mischwerks,

» der Reduktion der Viskosität durch geeignete viskositätsverändernde Zusätze und dadurch in einer Verbesserung der Verarbeitbarkeit bei gleichzeitiger Erhöhung der Verformungsbeständigkeit (nicht für jedes viskositätsverändernde Zusatzmittel generell und für alle gleichermaßen der Fall, siehe dazu Renken & Wistuba, 2015)[133],

---

130 Wistuba, M. P. 2018. Zur CO2-Reduktion im Straßenbauwesen. Editorial, Straße und Autobahn, 10.2018, Kirschbaum Verlag, Bonn.

131 Nicholls, J. C. & James, D., 2013. Literature Review of Lower Temperature Asphalt Systems. Proc., Institution of Civil Engineers – Construction Materials, Vol. 166, Issue 5, 276-285, Berkshire, UK.

132 Croteau, J.-M. & Tessier, B. 2008. Warm Mix Asphalt Paving Technologies: A Road Builder's Perspective. Annual Conference of the Transportation Association of Canada, Montreal, Canada.

133 Renken, P. & Wistuba, M. P. 2015. Wiederverwendung von Ausbauasphalt mit viskositätsverändernden Zusätzen in Walzasphalt. Schlussbericht, Forschungsprojekt FE 07.0237/2010/ FGB i. A. des Bundesministeriums für Verkehr und digitale Infrastruktur, Institut für Straßenwesen, Technische Universität Braunschweig.

» sowie in der Erweiterung des Zeitfensters „Herstellung bis Einbau" (Einbau und Verdichtung auch bei widrigen Witterungsverhältnissen möglich) bei einer frühzeitigen Verkehrsfreigabe, daher auch bei Baustellen mit kurzen Sperrzeiten, wie beispielsweise bei Nachtbaustellen oder auf Start-/Landebahnen von Flugplatzbefestigungen.

Frühe Versuchsstrecken mit temperaturabgesenkten, viskositätsveränderten Asphalten wurden in Deutschland (1997 mit Fischer-Tropsch Wachs; 1999 mit Zeolithen) und in Norwegen (mit Schaumasphalt) gebaut. Eine Studie der *National Asphalt Pavement Association* im Jahr 2002 initiierte die Entwicklung in den USA (Prowell et al., 2012[134]; D'Angelo et al., 2008[135]). Seither wurden international verschiedene Technologien zur Viskositätsveränderung von Asphalt vorgestellt, die eine Reduktion der Herstelltemperaturen ohne wesentliche Einbußen im Gebrauchsverhalten ermöglichen. Dazu zählen vor allem die Asphaltmodifikation mittels viskositätsverändernder Mittel und die Technologie des Aufschäumens von Bitumen (*Schaumbitumen* bzw. Schaumasphalt, siehe übernächstes Kapitel).

Die Wiederverwendung von Ausbauasphalt (siehe Kapitel 2.4) für die Herstellung von Warmasphalt ist eine interessante Option, weil infolge der Temperaturreduktion die Bindemittelalterung während der Asphaltproduktion deutlich reduziert ist und dadurch hohe Recyclingraten erzielbar sind (Dinis-Almeida et al., 2016[136]; Sengoz et al., 2017[137]; Lu & Saleh, 2016[138]; Xiao et al., 2016[139]).

134 Prowell, B. D., Hurley, G. C. & Frank, B. 2012. Warm-Mix Asphalt: Best Practices. 3rd ed., National Asphalt Pavement Association, Lanham, USA.

135 D'Angelo, J., Harm, E., Bartoszek, J., Baumgardner, G., Corrigan, M., Cowsert, J., Harman, T., Jamshidi, M., Jones, W., Newcomb, D., Prowell, B., Sines, R. & Yeaton, B. 2008. Warm-Mix Asphalt: European Practice. U. S. Department of Transportation, Alexandria, USA.

136 Dinis-Almeida, M., Castro-Gomes, J., Sangiorgi, C., Zoorob, S. E. & Lopes Alfonso, M. 2016. Performance of Warm Mix Recylced Asphalt containing up to 100% RAP. Elsevier, Construction and Building Materials Volume 112 Pages 1-6, Covilhã, Portugal.

137 Sengoz, B., Topal, A., Oner, J., Yilmaz, M., Aghazadeh Dokandari, P. & Kok, B. 2017. Performance Evaluation of Warm Mix Asphalt Mixtures with Recycled Asphalt Pavement. Periodica Polytechnica Civil Engineering, Vol. 61, No 1, 117-127.

138 Lu, D. X. & Saleh, M. 2016. Laboratory evaluation of warm mix asphalt incorporating high RAP proportion by using Evotherm and Sylvaroad additives. Construction and Building Materials, Vol. 114, 580-587, Elsevier.

139 Xiao, F., Hou, X., Amirkhanian, S. & Kim, K. W. 2016. Superpave evaluation of higher RAP contents using WMA technologies. Construction and Building Materials Vol. 112, 1080-1087, Elsevier.

2.5.6.1 Viskositätsverändernde Mittel

Die Reduktion der Herstell- und Verarbeitungstemperaturen von Warmasphalt kann durch viskositätsverändernde Mittel (früher auch viskositätsabsenkende oder temperaturabsenkende Mittel) erzielt werden.

Die Anwendung von viskositätsverändernden Mitteln ist für alle Asphaltsorten möglich. Ausbauasphalt mit viskositätsverändernden Zusätzen kann in neuem Asphaltmischgut problemlos wiederverwendet werden (siehe dazu Renken & Wistuba, 2015)[133].

Zur Herstellung werden sowohl gebrauchsfertig gelieferte, modifizierte Bindemittel (Fertigprodukte) als auch Zusätze verschiedener Art verwendet. In ihrer Wirkung zu unterscheiden sind viskositätsverändernde *organische* Zusätze, viskositätsverändernde *chemische* Zusätze und viskositätsverändernde *mineralische* Zusätze.

Viskositätsverändernde *organische Zusätze* (Wachse) sind oberhalb des Schmelzpunkts vollständig löslich. Beim Abkühlen entsteht eine auskristallisierte Struktur und es resultiert daraus eine Erhöhung von Stabilität und Verformungsbeständigkeit. Beispiele sind *Fischer-Tropsch (FT) Paraffine* (Bsp. *Sasobit*; weltweit am weitesten verbreitet; 2-3 M.-% Zugabe bezogen auf das Bindemittel), *Fettsäureamide* und *Montanwachse*.

Viskositätsverändernde *mineralische Zusätze* (oder *Zeolithe*) sind pulverförmige Silikat-Minerale, die 20 bis 40 M.-% des Trockengewichts an Wasser speichern (als chemisch und physikalisch gebundenes Kristallwasser), das beim Erhitzen wieder abgegeben wird. Dabei resultiert ein Schäumeffekt (Schaumbitumen infolge von Dampfblasen), wodurch es zur Vergrößerung der Bitumenoberfläche und zur Senkung der Verarbeitungsviskosität kommt. Abkühlen führt zur Kondensation der mikrofeinen Dampfblasen, wodurch die Viskosität auf das Ausgangsniveau ansteigt. Die übliche Zugabe zum Füller liegt um 0,3 M.-% bezogen auf das Asphaltmischgut. Produktbeispiele sind *Advera* (synthetisch) oder *Clinoptilolite* (natürlich).

2.5.6.2 Schaumasphalt

Zur Produktion von *Schaumasphalt* wird das heiße Bitumen durch die Zugabe von rund 1-6 M.-% kaltem Wasser (bezogen auf die Bindemittelmasse) mit hohem Druck aufgeschäumt (*Schaumbitumen*), wodurch die

Viskosität stark abgesenkt und das Volumen um rund 5-15 % erhöht wird (Koenders et al., 2000)[140].

Schaumasphalt-Technologien werden heute in Deutschland kaum angewandt. Es bestehen Zweifel bezüglich der Steuerung zur ausreichend gleichmäßigen Umhüllung des Gesteins mit Schaumbitumen und zur Dauerhaftigkeit bei Anwesenheit von Wasser durch einen herabgesetzten Widerstand gegen Wasserangriff (nähere Informationen siehe Wirtgen, 2002[141]; Namutebi, 2011[142]; Stevenson, 2012[143]; Van de Ven et al., 2012[144]; Hailesilassie et al., 2015[145]).

2.6 Asphaltproduktion

Eine Anlage zur Herstellung von Asphalt wird als *Asphaltmischanlage* (AMA; auch Asphaltmisch*werk*) bezeichnet. In Deutschland sind überwiegend stationäre *Chargenmischanlagen* im Einsatz (siehe Kasten), wegen der Möglichkeit, eine Vielfalt an Asphaltmischgutsorten und auch kleine Mengen vorhalten zu können. Zur kontinuierlichen Herstellung einer Asphaltart bzw. -sorte betriebene *Durchlaufmischanlagen* können bei Großbaustellen zweckmäßig sein, wenn gleichmäßig große Asphaltmischgutmengen benötigt werden. Der Aufbau einer stationären Chargenmischanlage ist in Abbildung 49 schematisch dargestellt.

Asphaltmischgut-Charge: Als Charge wird die Serie einer Asphaltmischgutsorte mit gleichbleibenden Eigenschaften bezeichnet, die nach einer definierten Zusammensetzung an Komponenten (Rezeptur) hergestellt wird.

---

140 Koenders B. G., Stoker D. A., Bowen C., de Groot, O., Larsen O., Hardy D. & Wilms, K. P. 2000. Innovative Process In Asphalt Production And Application To obtain Lower Operating Temperatures. Proc., 2nd Eurasphalt & Eurobitume Congress, Barcelona, Spain.

141 Wirtgen, 2002. Foamed Bitumen – The Innovative Binding Agent for Road Construction. No 54-14 03/02, Wirtgen GmbH.

142 Namutebi, M. 2011. Some Aspects of Foamed Bitumen Technology. Licentiate Thesis, Division of Highway and Railway Engineering, Royal Institute of Technology, Stockholm.

143 Stevenson, P. 2012. Foam Engineering: Fundamentals and Applications. Wiley-Blackwell, Auckland, NZ.

144 Van de Ven, M. F., Sluer, B. W., Jenkins, K. J. & Van den Beemt, M. A. 2012. New developments with half-warm foamed bitumen asphalt mixtures for sustainable and durable pavement solutions. Road Materials and Pavement Design, Vol. 13, 713-730, Taylor & Francis.

145 Hailesilassie, B. W., Hugener, M. & Partl, M. N. 2015. Influence of foaming water content on foam asphalt mixtures. Construction and Building Materials, Vol. 85, 65-77, Elsevier, Stockholm.

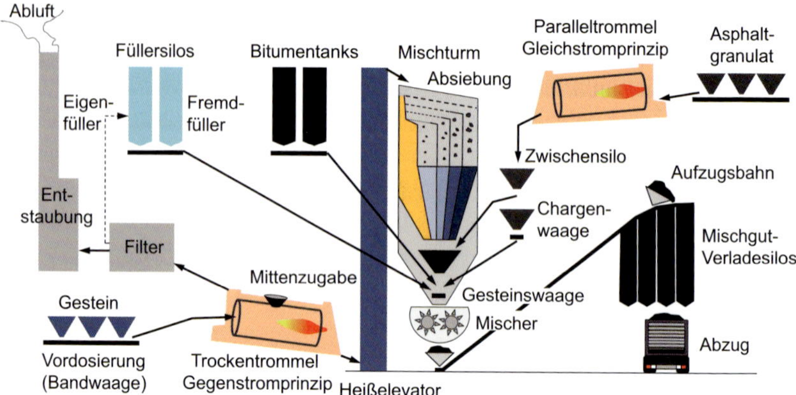

Abbildung 49 Stationäre Chargenmischanlage (schematisch)

In Asphaltmischanlagen werden alle Asphalte im *Heißverfahren* und im *Warmverfahren* hergestellt (siehe Kapitel 2.4).

Der Herstellungsprozess in der Asphaltmischanlage wird elektronisch gesteuert (Einwaagen, Temperaturen). Die einzelnen Asphaltkomponenten werden gezielt zusammengesetzt und entsprechend den Vorgaben aus der Rezeptur vermischt.

Zunächst werden die Gesteinskörnungen vordosiert und danach über ein Laufband in die *Trockentrommel* transportiert, wo das Gestein vollständig getrocknet wird. Es wird dabei auf eine für den späteren Mischvorgang ausreichend hohe Verarbeitungstemperatur erhitzt. Gegebenenfalls werden kalte Anteile an Asphaltgranulat bis zu 40 M.-% über eine Mittenzugabe (Zugabevorrichtung im mittleren Trommelbereich) in die Trockentrommel zugegeben.

Mit Hilfe einer speziellen Filteranlage werden die bei der Verbrennung anfallenden Feinstaubanteile abgetrennt. *Eigenfüller* der Gesteinskörnungen kann später wieder dem Mischprozess zugeführt werden, der im Rauchgas verbleibende Staub nicht.

Das trockene heiße Gesteinskörnungsgemisch verlässt die Trockentrommel und gelangt über den *Heißelevator* in den Mischturm zur *Heißabsiebung*, wo es exakt in die verschiedenen Korngrößen getrennt wird.

In der *Gesteinswaage* werden die mineralischen Komponenten gewogen und zusammen mit dem (in Silos trocken gelagerten Anteilen an Eigen-

und Fremd-)Füller sowie gegebenenfalls mit Anteilen an Asphaltgranulat (erhitzt aus der Paralleltrommel) in den *Mischer* geleitet.

Das heiße Bindemittel wird dosiert in den Mischer zugeführt. Dabei dürfen gewisse Höchsttemperaturen (170-195 °C bei Straßenbaubitumen; 180-190 °C bei PmB) nicht überschritten werden, um eine unzulässige Verhärtung des Bindemittels zu verhindern.

Der Mischvorgang dauert so lange, bis eine vollständige und gleichmäßige Umhüllung aller Gesteinskörnungen mit dem Bindemittel erzielt und ein gleichmäßiges, homogenes Gemisch entstanden ist (dauert ungefähr eine Minute je nach Mischerleistung und abhängig vom Verhärtungsgrad eines mitverwendeten Asphaltgranulats um Doppelumhüllung zu vermeiden). Das Mischervolumen bestimmt die Leistung der Anlage. Pro Stunde werden ab 80 und bis zu 350 Tonnen Asphaltmischgut erzeugt.

Die Gesteinstemperatur muss bereits in der Trockentrommel so eingestellt werden, dass trotz des nicht vorher erhitzten Füllers und eventuell zugegebener Anteile an Asphaltgranulat eine ausreichend hohe Asphaltmischguttemperatur erreicht wird.

Die Temperaturen sind davon abhängig, ob im Heiß- oder Warmverfahren produziert wird. Im Heißverfahren werden Walzasphalte mit einer Temperatur von 150 bis 210 °C gemischt, im Warmverfahren ist die Mischtemperatur mindestens 20 bis 60 °C niedriger. Gussasphalte werden unterhalb einer Temperatur von 250 °C hergestellt. Während der Mischgutproduktion werden Niedrig- und Höchsttemperaturen kontinuierlich überwacht.

Abschließend kann das frische Asphaltmischgut in beheizten *Mischgutsilos* bevorratet oder sofort auf die Ladefläche des Transportfahrzeugs geladen werden. Bevor es den Werksbereich verlässt, wird das beladene Transportfahrzeug gewogen.

Die Emissionen an Asphaltmischanlagen sind regelmäßig zu prüfen. Insbesondere bei Mitverwendung von Recyclingbaustoffen kann sich die Abluftqualität am Standort verschlechtern.

Die Wiederverwendung von Ausbauasphalt hat stets eine vorteilhafte Ökobilanz. Dies zeigten Kytzia und Pohl (2021)[146] im Rahmen einer Ökobilanzierung über den gesamten Lebenszyklus von verschiedenen Asphaltrezepturen (ohne und mit Verwendung von Ausbauasphalt). Die Umweltbelastung von Asphalt, der mit Ausbauasphalt hergestellt wurde,

146 Kytzia, S. & Pohl, T. 2021. Ökobilanz der Herstellung von Asphaltbelägen. Straße und Autobahn, Jahrgang 72, 8.2021, Kirschbaum Verlag, Bonn.

ist insgesamt gesehen geringer als ohne Wiederverwendung von Ausbauasphalt. Je höher der Zugabeanteil an Ausbauasphalt ist, desto geringer ist die Umweltbelastung, die anlagenspezifischen Luftemissionen haben vergleichsweise kaum Bedeutung. Bei einem Zugabeanteil von 60 M.-% an Ausbauasphalt ist die Umweltbelastung nur noch ein Drittel der Umweltbelastung von Asphalt aus frischen Rohstoffen.

3 Gebrauchsverhalten von Asphalt

3.1 Zum Begriff ‚Gebrauchsverhalten'

Der Begriff *Gebrauchsverhalten* (*Performance*) von Asphalt bezeichnet den Zustand und die Zustandsveränderungen des eingebauten Asphalts unter den jeweiligen Randbedingungen während des Gebrauchs, d. h. während der bestimmungsgemäßen Nutzung des fertigen Bauwerks Straße. Zu den Randbedingungen während des Gebrauchs zählen die Einwirkungen aus mechanischer Last (Verkehr) und Witterung (Temperatur, Feuchtigkeit) sowie die langfristigen Klimaeinflüsse (Bitumenalterung).

Das Gebrauchsverhalten bestimmt den Straßenzustand und wirkt sich damit auf die Verkehrssicherheit, den Fahrkomfort sowie bauliche, betriebliche, wirtschaftliche und ökologische Belange aus. Ein gutes Gebrauchsverhalten zu erreichen, ist daher das Ziel eines nachhaltigen Straßenbaus (leistungsfähig, ökonomisch, resilient, dauerhaft).

Das Gebrauchsverhalten der Straße wird durch die Baustoffeigenschaften und die strukturellen Eigenschaften der Straße gesteuert. Am Gebrauchsverhalten orientierte Leistungskriterien für Asphaltstraßen sind beispielsweise:

» die richtige *Dimensionierung* entsprechend der prognostizierten Verkehrsbelastung und der zu erwartenden Witterungseinflüsse; u. a. Wahl der Schichtkombination und der Schichtdicken,

» anforderungsgerechte *Baustoffqualitäten* (u. a. mechanische und chemische Eigenschaften und Zusammensetzung der Komponenten), daraus resultieren die *Bindemittel-Performance* (u. a. Haften am Gestein, Wasserunempfindlichkeit, Alterungsbeständigkeit) und die *Asphalt-Performance* (u. a. Oberflächeneigenschaften, Tragverhalten, Festigkeit, Widerstand gegen Kälterissbildung, Ermüdungswiderstand, Verformungswiderstand),

» eine gute *Einbauqualität* des Oberbaus (u. a. Verdichtung, innere Struktur, Schichtenverbund) und des Unterbaus (u. a. Tragfähigkeit, Widerstand gegen Verformung, Widerstand gegen Frost- und Tauwirkungen, Filterstabilität).

Wesentliche Gebrauchseigenschaften des Asphalts wie z. B. Steifigkeit, Festigkeit, Viskosität, Kriechverhalten, Ermüdungswiderstand, Alterungswiderstand werden von der Bitumenqualität bzw. Mastixqualität maßgeblich gesteuert (siehe Abbildung 50).

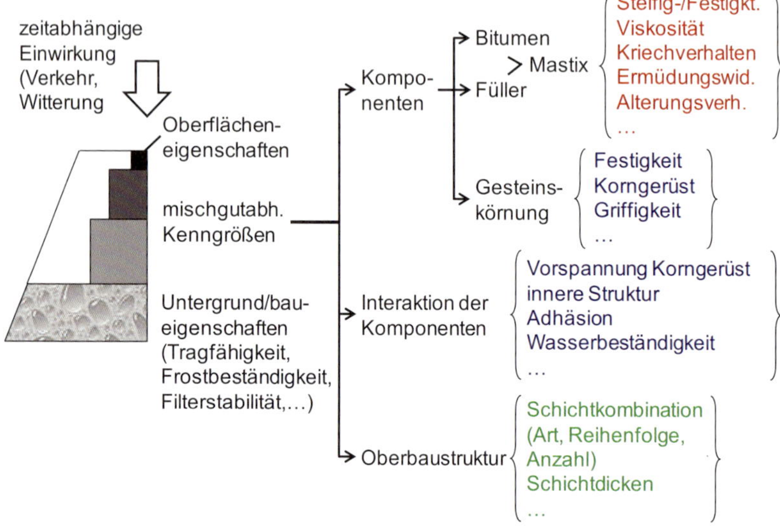

Abbildung 50 Mischgutabhängige Einflussgrößen auf das Asphaltverhalten

3.2 Äußere und innere Einwirkungen auf die Straße

Auf die Straße wirken verschiedene Kräfte ein, die unterteilt werden können in

» *äußere Einwirkungen* aus Verkehrslast (siehe Kapitel 3.2.1), Temperatur (siehe Kapitel 3.2.2) und anderen Witterungseinflüssen wie Sonneneinstrahlung und Wasser (siehe Kapitel 3.4)

» und *innere Einwirkungen*, welche aus Material- und Strukturveränderungen resultieren, beispielsweise verursacht durch innere Vorspannung (siehe Kapitel 3.2.3), last- und temperaturabhängige Materialreaktionen (siehe Kapitel 3.3), Bindemittelalterung (siehe Kapitel 3.4.1) oder Selbstheilung (siehe Kapitel 3.5).

3.2.1 Äußere mechanische Einwirkung

3.2.1.1 Achslasten des Schwerverkehrs

Die Höhe der einzelnen Achslasten und die Anzahl an Achsübergängen bestimmen maßgeblich die Beanspruchung der Asphaltstraße. Daher ist die Erfassung des Schwerverkehrs relevant, Lasteinwirkungen aus leichtem Fahrzeugverkehr (Personenkraftwägen, Motorräder u. a.) sind gegenüber dem Schwerverkehr vernachlässigbar.

Die Straßenbeanspruchung nimmt ungefähr mit der vierten bis achten Potenz der Achslast zu (bekannt als das *Vierte-Potenz-Gesetz*). Das bedeutet, dass eine Verdoppelung der Achslast zu einer mindestens 16-fachen und bis zu einer 256-fachen Beanspruchung führt.

Das Vorkommen der einzelnen Achslasten des Schwerverkehrs wird über die Häufigkeitsverteilungen von bestimmten Achslastklassen erfasst. Die entsprechenden Daten liegen entweder aus Achslastwägungen vor oder werden empirisch anhand des durchschnittlich täglichen Aufkommens an Schwerverkehr und der prognostizierten Verkehrszuwächse aus der jeweiligen Streckenkategorie (z. B. Fernverkehr, stadtnaher Verkehr, Mischverkehr) abgeschätzt.

Die größtmögliche Belastung durch ein einzelnes Fahrzeug ist per Gesetz (Straßenverkehrs-Zulassungs-Ordnung, StVZO) in Form des höchstzulässigen *Gesamtgewichts* und der höchstzulässigen *Achslast* (siehe Kasten) vorgegeben (§ 34 StVZO, Auszug):

» Einzelachslast: 10 Tonnen

» Angetriebene Einzelachslast: 11,5 Tonnen

» Gesamtgewicht (nicht mehr als 2 Achsen): 18 Tonnen

» Dreiachsige Sattelzugmaschine mit 2- oder 3-achsigem Sattelanhänger: bis 44 Tonnen

Die ***Achslast*** ist die Gesamtlast, die von den Rädern einer Achse oder einer Achsgruppe auf die Fahrbahn übertragen wird (Quelle: Straßenverkehrs-Zulassungs-Ordnung (StVZO); *verkehrsportal.de*).

In Deutschland sind klassifizierten Straßen (Bundesautobahn, Bundes-, Landes- und Kreisstraße) *Belastungsklassen* zugeordnet.

Die Belastungsklasse wird bestimmt von der Anzahl an prognostizierten Achsübergängen. Dazu werden die Achsübergänge unterschiedlicher

Achslasten (*Achslastspektrum*) auf eine im Hinblick auf die Schädigungswirkung äquivalente Anzahl an Achsübergängen einer Achslast zu 10 Tonnen (≙ 100 kN; sog. *äquivalente 10-Tonnen-Achsübergänge*) mittels *rechnerischer Dimensionierung* (nach RDO Asphalt)[147] umgerechnet.

Somit bestimmt die Anzahl an Achsübergängen einer äquivalenten 10-Tonnen-Achslast die Belastungsklasse. In Deutschland werden (gemäß RStO 12)[109] sieben Belastungsklassen unterschieden (Tabelle 10).

Tabelle 10 Belastungsklassen gemäß RStO 12[109]

Belastungsklasse	Äquivalente 10-t-Achsübergänge [Mio.]	Straßenkategorie (Beispiel)
Bk100	> 32	Autobahnen, Schnellstraßen
Bk32 (*)	> 10 und ≤ 32	Industriestraßen
Bk10	> 3,2 und ≤ 10	Hauptgeschäftsstraßen
Bk3,2	> 1,8 und ≤ 3,2	Verbindungsstraßen
Bk1,8	> 1,0 und ≤ 1,8	Sammelstraßen, wenig befahrene Hauptgeschäftsstraßen
Bk1,0	> 0,3 und ≤ 1,0	Wohnstraßen
Bk0,3	≤ 0,3	Wohnwege

* 32 wegen bis zu 32 Mio. Achsübergänge einer 10-Tonnen-Achse; analoge Bezeichnung für Bk10 bis Bk0,3

Die Achslast wird über die Räder und die Reifenaufstandsflächen (siehe Kasten) auf die Straße übertragen. Die auf die Straße einwirkende Kraft ist bestimmt durch die Radkonfiguration und die Radlast (Fahrwerk, Rad- und Achsabstände, Radtyp), die Größe der Reifenaufstandsfläche, den Kontaktdruck, die räumliche und zeitliche Lastverteilung (Fahrgeschwindigkeit, Lastpausen zwischen den Achsen und den Fahrzeugen) und die Eigenschaften der Straßenbefestigung (Längsebenheit, Schichtsteifigkeiten, Schädigungsgrad).

147 RDO Asphalt 09, Richtlinien für die rechnerische Dimensionierung des Oberbaues von Verkehrsflächen mit Asphaltdeckschicht. Technisches Regelwerk für das Straßen- und Verkehrswesen, Ausgabe 2009, Forschungsgesellschaft für Straßen- und Verkehrswesen e. V. (Hrsg.), FGSV Verlag, Köln.

Rad und Reifen im Sprachgebrauch: Der Unterschied zwischen Rad und Reifen lässt sich anschaulich erklären: Mit einem *Rad* kann man fahren, mit einem *Reifen* nicht. Ein Rad ist komplett, bestehend aus Felge und Reifen. Der Reifen trägt die *Radlast* und überträgt die *Antriebskraft* zwischen Felge und Fahrbahn, bei Kurvenfahrt auch die *Seitenführungskraft*. Er hat eine *Lauffläche*, jener Teil, auf dem das Rad abrollt. *Reifenaufstandsfläche* (oder Reifenlatsch) heißt die Fläche, die Kontakt zum Boden hat (etwa so groß wie eine Ansichtskarte).

Die Radlast wird oft vereinfacht mit Hilfe einer statischen *Topflast* modelliert (siehe Abbildung 51).

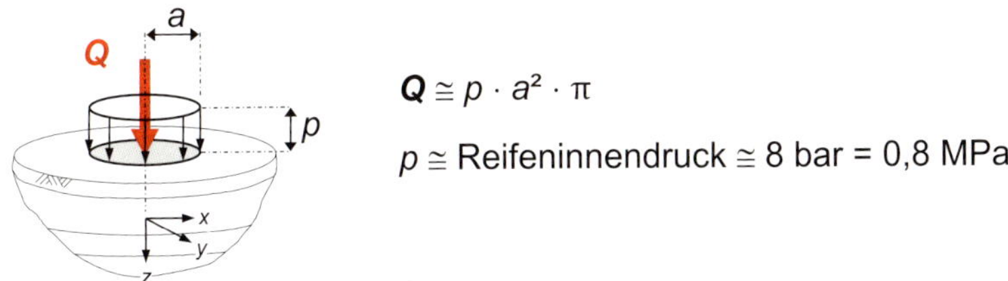

Abbildung 51 Modellierung der Radlast *Q* durch eine Topflast *p* mit dem Lastradius *a* (einfaches, sehr übliches Modell)

Für eine stehende Radlast ist die Beanspruchung näherungsweise rotationssymmetrisch. Vereinfacht dargestellt, ist die Vertikalbeanspruchung drehkegelförmig und nimmt von oben nach unten ab. Die Horizontalbeanspruchung ist ein Doppelkegel mit den Kegelspitzen etwa in der Mitte des Asphaltoberbaus (unter Annahme dass alle Schichten gleiche Eigenschaften haben), oben herrscht Druck, unten Zug (siehe Abbildung 52).

Die größte Druckbeanspruchung ist die vertikale Druckdehnung $\varepsilon_{D,max}$ lotrecht direkt unterhalb der Reifenaufstandsfläche im oberen Bereich des Asphaltoberbaus. Die größte Horizontalbeanspruchung ist die Biegezugdehnung $\varepsilon_{BZ,max}$ lotrecht unterhalb der Reifenaufstandsfläche an der Unterseite des Asphaltoberbaus (siehe Abbildung 52).

Die tatsächliche, aus der Überfahrt entstehende Beanspruchung der Straße kann die rein statische Beanspruchung um etwa 30 % übertreffen. In Abhängigkeit von Straßenbeschaffenheit, Fahrzeugtyp, Fahrgeschwindigkeit, Beladungszustand und Fahrwerkparameter ist der statischen Radlast eine aus der Bewegung heraus entstehende Komponente zu über-

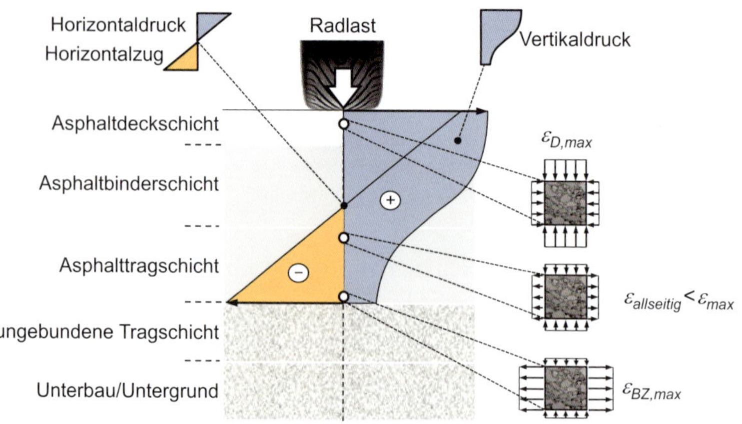

Abbildung 52 Beanspruchungszustand im Straßenoberbau unter der Annahme einer stehenden Einzellast (schematisch)

lagern. Den größten Einfluss auf Radlastschwankungen hat die Längsebenheit der Straße (siehe dazu Bachmann et al., 2008)[148].

3.2.1.2 Drehender Beanspruchungszustand

Aus der bewegten Radlast resultiert eine dreidimensionale Beanspruchung.

Dehnungsmessungen in Straßenbefestigungen unter bewegten Radlasten zeigen, dass es infolge der Radüberrollung zu einer dominanten, horizontalen Biegezugbeanspruchung an der Unterseite des Asphaltoberbaus kommt (entsprechend zu Abbildung 52). Ihre Größe ist stark von der Temperatur abhängig (siehe Abbildung 53). Die „Zugwelle" wird vor- und nachlaufend von einer „Druckwelle" begleitet, im dargestellten Beispiel beträgt diese in 22 cm Tiefe rund 15 bis 20 % der maximalen Biegezugdehnung. Mit abnehmender Tiefe wächst die Druckbeanspruchung an und überschreitet schließlich die Größe der Zugspannung. In Oberflächennähe dominiert die Druckwelle, deren Temperaturabhängigkeit deutlich weniger ausgeprägt ist (siehe Abbildung 54).

148 Bachmann, C., Gies, S., Wöhrmann, M. & Schrüllkamp, T. 2008. Realistische Lastannahmen für die Bemessung des Straßenoberbaus. Forschung Straßenbau und Straßenverkehrstechnik, Heft 998, Bundesministerium für Verkehr, Bau und Stadtentwicklung, Abteilung Straßenbau, Straßenverkehr, Bonn, ISBN 978-3-86509-815-3.

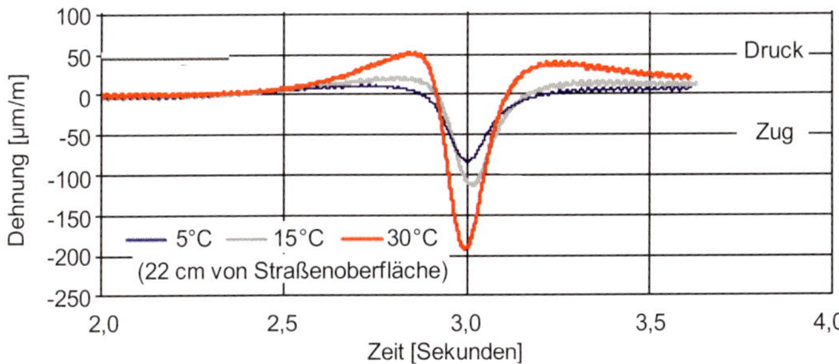

Abbildung 53 Dehnungsmessung an der Unterseite der Asphalttragschicht (in Lastachse, 22 cm Tiefe, 11 km/h Geschwindigkeit, 115 kN Achslast, Einzelachse mit Einzelbereifung und 8 Bar Reifeninnendruck) (Wistuba, 2004)[149]

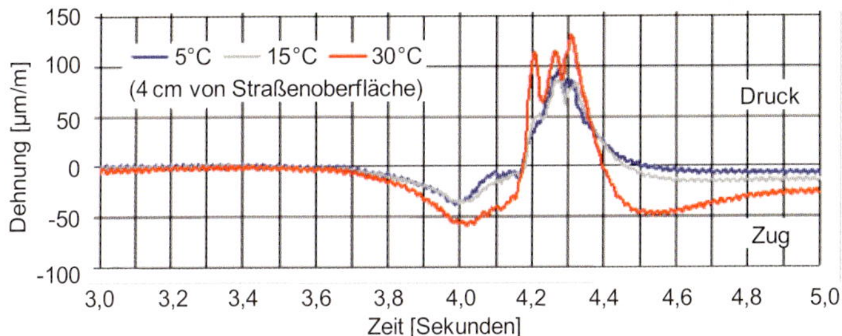

Abbildung 54 Dehnungsmessung an der Unterseite der Asphaltdeckschicht (in Lastachse, 4 cm Tiefe, 11 km/h Geschwindigkeit, 115 kN Achslast, Einzelachse mit Einzelbereifung und 8 Bar Reifeninnendruck) (Wistuba & Perret, 2004)[150]

Durch die Annäherung des Rads an einen Oberbauquerschnitt, und durch nachfolgendes Passieren und Entfernen, entsteht ein überaus komplexer, *drehender Beanspruchungszustand*. Bei jeder Belastung treten Zugspannungen, Druckspannungen und Scherspannungen kombiniert auf. Dies veranschaulicht Abbildung 55.

149 Wistuba, M. P. 2004. Analysis of strain data from ALT. Final Report, Short Term Scientific Mission, Ecole Polytechnique Fédérale de Lausanne (EPFL), Switzerland, COST 347 Improvements in Pavement Research with Accelerated Load Testing.

150 Wistuba, M. P. & Perret, J. 2004. Comparative strain measurement in bituminous layers with the use of ALT. Proc., 2nd Int. Conf. on Accelerated Pavement Testing, 25-29 September 2004, Minneapolis, Minnesota.

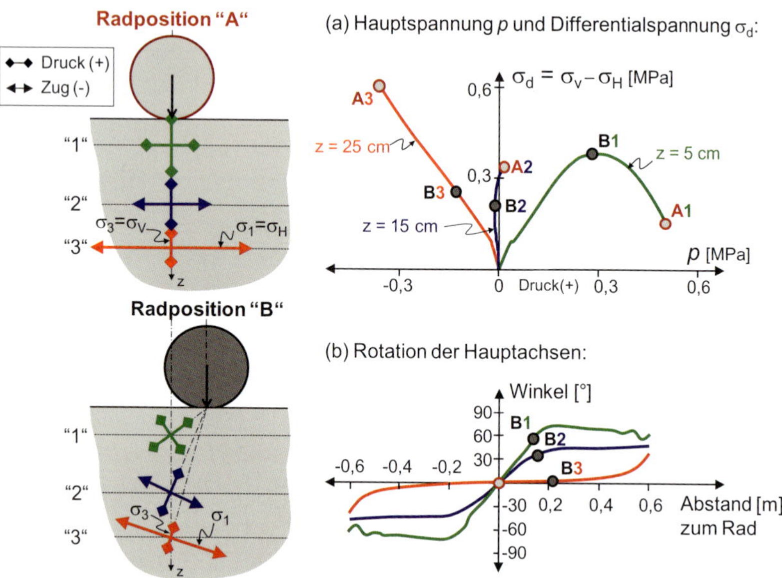

Abbildung 55 Spannungszustand bei Radüberrollung (a) Pfade von Mittelspannung p und Differentialspannung σ_d in den Tiefenpositionen z = 5 cm, 15 cm und 25 cm; (b) Drehung der Hauptachsen in Abhängigkeit von der Distanz des Rads vom Straßenquerschnitt (Quellen: Sohm et al., 2010[151]; Di Benedetto et al., 2005[152])

Die Pfade für die Mittelspannung p und die Differentialspannung σ_d sind in Abbildung 55 (a) dargestellt. Abbildung 55 (b) veranschaulicht die Drehung der Hauptachsen in Abhängigkeit von der Distanz des Rads vom betrachteten Straßenquerschnitt.

Mit der Annäherung bzw. Entfernung des Rads rotieren die Achsen der Hauptspannungen, vgl. die Radpositionen „A" und „B". In jeder Tiefenposition stellt sich eine andere Druck- und Zugbeanspruchung ein: In einer Tiefe von z = 5 cm sind sowohl die Vertikalspannung σ_V als auch die Radialspannung σ_H positiv, d. h. im Druckbereich. Für z = 15 cm ist σ_V po-

151 Sohm, J., Hornych, P., Gabet, T. & Di Benedetto, H. 2010. Cyclic triaxial apparatus for the study of permanent deformations of bituminous mixes. Proc., 11th Int. Conf. on Asphalt Pavements, Nagoya, Japan.

152 Di Benedetto, H., De la Roche, C. & Piau, J.-M. 2005. Propriétés mécaniques et thermomécaniques des mélanges bitumineux. Chapitre 2, Matériaux routiers bitumineux 2: Constitution et propriétés thermomécaniques des mélanges. Di Benedetto, H. & Corté, J.-F. (eds.), Hermes/Lavoisier, France.

sitiv, aber σ_H im Zugbereich, für z = 25 cm sind σ_V und σ_H im Zugbereich (siehe Kasten).

Berechnungsannahmen zu Abbildung 55: linear-elastisches Mehrschichtenmodell; isotropes Materialverhalten; Schichten horizontal unendlich ausgedehnt; Topflast zu 25 cm Durchmesser und 0,662 MPa Kontaktdruck. Die Mittelspannung *p* errechnet sich als das arithmetische Mittel der drei Hauptspannungen zu $p = \frac{\sigma_x+\sigma_y+\sigma_z}{3} = \frac{2\,\sigma_H+\sigma_V}{3}$ mit der Horizontalspannung σ_H (Radialspannung) jeweils in x- und y-Richtung und der Vertikalspannung σ_V in z-Richtung. Die Differentialspannung σ_d (siehe Kapitel 4.1.2) ergibt sich zu (Quellen: Sohm et al., 2010[151]; Di Benedetto et al., 2005[152]; Di Benedetto, 2017[153]).

3.2.1.3 Temperatur-Geschwindigkeits-Abhängigkeit

Durch die Verkehrslast entsteht im Straßenaufbau eine verkehrslastbedingte (*mechanogene*) Beanspruchung. Diese ist bei viskoelastischen Materialien wie Asphalt maßgeblich von Größe und Geschwindigkeit der Last (gleichbedeutend zu Lastamplitude und -frequenz) sowie von der Temperaturverteilung im Schichtaufbau abhängig (in Kapitel 4 wird dies zur rechnerischen Analyse des Beanspruchungszustands berücksichtigt).

Werden die jeweiligen *Ganglinien* (zeitlichen Verläufe) für die Achslast und die Temperatur zeitgenau überlagert, können die maßgebenden Beanspruchungszustände erfasst werden (siehe Walther, 2014)[154], beispielsweise die schädigenden Effekte während einer Periode mit hoher Verkehrsbelastung bei gleichzeitig extremer Witterung (Hitze-/Kältetage, Perioden geringer Untergrundtragfähigkeit) (Beispiel siehe Abbildung 56).

Die Beanspruchung von viskoelastischen Materialien wie Asphalt ist auch abhängig von der Belastungsgeschwindigkeit. Bei wiederholten Belastungen bestimmt die Belastungsgeschwindigkeit die Rate der Lastwiederholung. Die Anzahl der Lastimpulse pro Zeiteinheit kann durch die Belastungsfrequenz beschrieben werden. Beispielsweise haben Mollenhauer

153 Di Benedetto, H. 2017. Thermo-rheological modeling of bituminous materials and focus on linear viscoelasticity. Vorlesungsunterlagen, Oktober 2017, Technische Universität Braunschweig.

154 Walther, A. 2014. Rechnerische Dimensionierung von Asphaltstraßen unter Berücksichtigung stündlicher Beanspruchungszustände. Schriftenreihe Straßenwesen, Heft 28, Institut für Straßenwesen, Technische Universität Braunschweig.

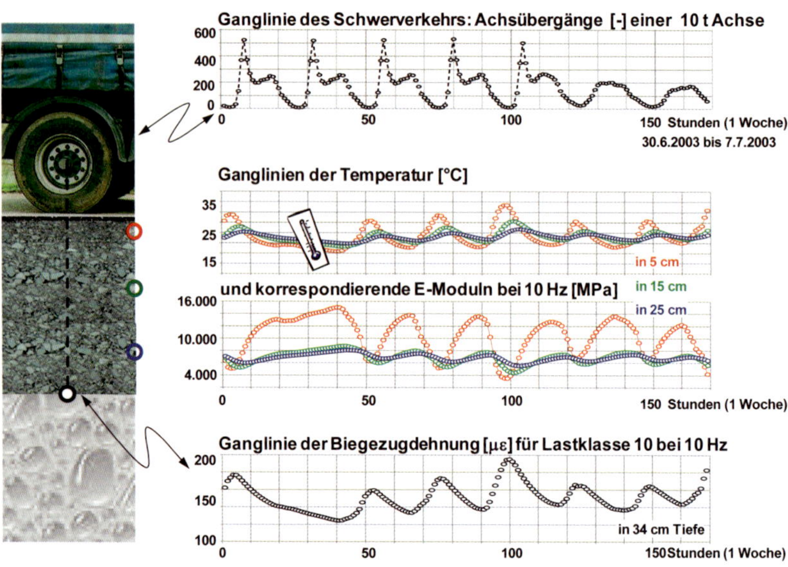

Abbildung 56 Zeitgenaue Überlagerung der Ganglinien von Verkehr und Temperatur und resultierende Ganglinie der Biegezugdehnung an der Unterseite der Asphalttragschicht (Beispiel) (Walther & Wistuba, 2016)[155]

et al. (2009)[156] anhand von Messungen von Biegezugdehnungen in einer Asphaltbefestigung in 18 cm Tiefe festgestellt, dass die Messsignale bei rund 30 km/h Fahrzeuggeschwindigkeit gegenüber jenen bei rund 3 km/h um etwa 30 % reduziert sind und einer zehnfach höheren Frequenz entsprechen.

Die Frequenzabhängigkeit von Asphalt zeigt sich auch in Laborversuchen, wenn die resultierende maximale Dehnung eines mit konstanter Lastamplitude beanspruchten Probekörpers bei hoher Frequenz kleiner ist als bei gleicher Lastamplitude mit geringerer Frequenz (Walther & Wistuba, 2016[155]; vgl. Kapitel 4).

155 Walther, A. & Wistuba, M. P. 2016. Studie zur erhöhten Asphaltermüdung bei geringen Fahrzeuggeschwindigkeiten. Straße und Autobahn, 8.2016, Kirschbaum Verlag, Bonn.

156 Mollenhauer, K., Wistuba, M. P. & Rabe, R. 2009. Loading Frequency and Fatigue: In situ conditions and Impact on Test Results. Proc., 2nd Workshop on Four Point Bending, 24.-25.09.2009, Minho, Portugal, ISBN 978-972-8692-42-1.

3.2.2 Äußere Einwirkung aus dem Temperaturgang

3.2.2.1 Lufttemperatur

Von den witterungsbedingten Einwirkungen (siehe Kasten) auf die Asphaltstraße (Temperatur, Strahlung, Wasser/Eis) ist es die Temperatur, die in der Asphalttechnologie mit Abstand die größte Beachtung findet.

Der Deutsche Wetterdienst erfasst in Deutschland an über 130 hauptamtlichen automatischen Wetterstationen und an zusätzlich rund 1.800 nebenamtlichen Wetterstationen meteorologische Wetterdaten, darunter die *Lufttemperatur*.

> Die ***Witterung*** beschreibt den momentanen Atmosphärenzustand zu einem Zeitpunkt an einem bestimmten Ort. Unter dem Begriff ***Klima*** werden die Auswertungen meteorologischer Langzeitbeobachtungen eines Orts oder Gebiets zusammengefasst. Zu den messbaren Klimaelementen gehören unter anderem die Ganglinien von Lufttemperatur, Sonnenstrahlung und Bodentemperatur. Diese Klimaelemente sind von den mikro- und makroklimatischen Standortbedingungen abhängig (geographische Breite, Seehöhe, Exponiertheit, Abschattung, Art des umliegenden Geländes, usw.). Durch meteorologische Beobachtungen an repräsentativen Klimastationen werden die makroklimatischen Standortunterschiede für bestimmte Klimaregionen erfasst.

Für die Straßenbautechnik von besonderem Interesse sind die *Extremwerte* der Temperatur (in zeitgleicher Überlagerung mit Extremlasten aus dem Schwerverkehr). Die minimalen und maximalen Lufttemperaturen lagen in Deutschland im Mittel der letzten zwanzig Jahre (2004 bis 2023) zwischen –23,4 °C (Standardabweichung 3,6 °C) und 38,3 °C (Standardabweichung 1,8 °C) (Abbildung 57).

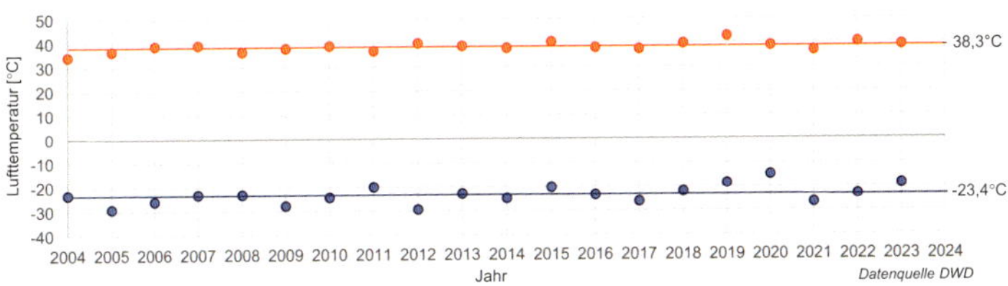

Abbildung 57 Minimale und maximale Lufttemperaturen in Deutschland (ausgewertet anhand von Daten des Deutschen Wetterdienstes, Pressemitteilungen, Deutschlandwetter 2004 bis 2023)

3.2.2.2 Straßenoberflächentemperatur

Deutschlandweit stehen nur wenige Messreihen zu den Temperaturverläufen in unterschiedlichen Tiefenpositionen der Straße zur Verfügung.

Sie zeigen, dass infolge der Änderungen der Witterungsbedingungen die Temperaturverteilung im Straßenaufbau ständigen Schwankungen unterworfen ist.

Der Temperaturhaushalt der Straßenbefestigung wird beeinflusst vom jeweiligen Atmosphärenzustand und den thermophysikalischen Eigenschaften der Straßenoberfläche und der Straßenbaustoffe sowie vom Energiestrom aus dem Untergrund (auch der Boden kann Energie speichern). Aus einer Momentaufnahme der Lufttemperatur kann daher noch nicht auf die Temperaturverteilung in der Straße geschlossen werden, es sind alle relevanten Einflussgrößen zu erfassen und auszuwerten. Dazu zählen Lufttemperatur, Globalstrahlung und Rückstrahlung von der Straßenoberfläche, Windgeschwindigkeit, Niederschlag, Luftfeuchte, Verdunstung, Kondensation und Bodenwärme. (Auch die Verkehrsstärke kann die Temperaturentwicklung der Straßenoberfläche beeinflussen, weil starker Verkehr den Wärmeübergang „stört".) Sind diese Größen (mit ausreichend guter Näherung) bekannt, kann anhand der *Energiebilanzgleichung* die *Oberflächentemperatur* der Straße mit guter Näherung berechnet werden.

Die stärksten Einflussgrößen sind die Lufttemperatur und die Globalstrahlung, die anderen Parameter können – je nach regionalen Besonderheiten – grob abgeschätzt werden (siehe dazu Krebs & Böllinger, 1981[157]; Pohlmann, 1989[158]; Arand et al., 1989[159]; Wistuba et al., 2001[160]; Wistuba, 2002[161]).

157 Krebs, H. G. & Böllinger, G. 1981. Temperaturberechnungen am bituminösen Straßenkörper. Schriftenreihe Forschung Straßenbau und Straßenverkehrstechnik, Bundesminister für Verkehr, Abteilung Straßenbau, Heft 347, Bonn – Bad Godesberg.

158 Pohlmann, P. 1989. Simulation von Temperaturverteilungen und thermisch induzierten Zugspannungen in Asphaltstraßen. Schriftenreihe Straßenwesen, Heft 9, Institut für Straßenwesen, Technische Universität Braunschweig.

159 Arand, W., Dörschlag, S. & Pohlmann, P. 1989. Einfluss der Bitumenhärte auf das Ermüdungsverhalten von Asphaltbefestigungen unterschiedlicher Dicke in Abhängigkeit von der Tragfähigkeit der Unterlage, der Verkehrsbelastung und der Temperatur. Schriftenreihe Forschung Straßenbau und Straßenverkehrstechnik, Bundesminister für Verkehr, Abteilung Straßenbau, Heft 558, Bonn – Bad Godesberg.

160 Wistuba, M. P., Litzka, J., Blab, R., Kromp-Kolb, H., Nefzger, H. & Potzmann, R. 2001. Klimakenngrößen für den Straßenoberbau in Österreich. Schriftenreihe Straßenforschung, Bundesministerium für wirtschaftliche Angelegenheiten, Heft 507, Wien.

161 Wistuba, M. P. 2002. Klimaeinflüsse auf Asphaltstraßen – Maßgebende Temperatur für die analytische Oberbaubemessung in Österreich. Dissertation, erschienen in Mitteilungen des Instituts für Straßenbau und Straßenerhaltung, Technische Universität Wien, Heft 15, 2003, ISBN 3-901912-14-2.

Bezüglich der Globalstrahlung sind die kurzwelligen Strahlungsanteile von besonderem Interesse. Sie werden von der *Albedo* (siehe Kasten) der Straßenoberfläche mitbestimmt, da das Reflexionsverhalten der Oberfläche die Menge an Energie regelt, die in die Energiebilanz der Straßenoberfläche einbezogen wird. Weil helle Oberflächen stärker reflektieren als dunkle, heizen sie sich weniger auf. Die Albedo für kurzwellige Strahlung liegt für Straßenoberflächen zwischen 6,8 (neu aufgetragener, nasser Asphalt) und 30,2 (heller, trockener Straßenbeton) (Nefzger & Karipot, 1997)[162].

Reflexionsvermögen von Straßenoberflächen (Albedo): Kurzwellige und langwellige Strahlungsanteile werden an der Erdoberfläche unterschiedlich stark reflektiert. Unter Reflexion versteht man, dass ein mehr oder weniger großer Anteil der auf die Oberfläche auftreffenden Strahlung ohne Zeitverzögerung zurückgeworfen und dadurch Strahlungsenergie nicht aufgenommen wird. Der reflektierte (in % ausgedrückte) Strahlungsanteil der Solarstrahlung wird *Reflexionsvermögen* oder *Albedo* genannt. • ***Aufhellung***: Im Hinblick auf die Spurrinnenbildung in Asphaltstraßen ist die Temperaturreduktion infolge einer Aufhellung der Straßenoberfläche zur Reduktion der Albedo interessant. Die Zugabe künstlicher oder natürlicher Aufhellungsstoffe kann die Verformungsstabilität der Asphaltschicht verbessern, nach Pohlmann (1996)[163] im Vergleich zu nicht aufgehellten Asphaltdecken um bis zu 50 %.

Meist ist die Straßenoberflächentemperatur bei kalter Witterung gleich der Lufttemperatur bzw. geringfügig wärmer. Die maximale Straßenoberflächentemperatur kann hingegen von der Lufttemperatur um bis zu rund +25 °C abweichen, weil intensive Sonneneinstrahlung, eine geringe Rückstrahlung (Albedo) an schwarzen Asphaltoberflächen und langdauernde Hitzeperioden zu einem extremen Aufheizen der Straßenoberfläche führen.

Für Asphaltstraßenoberflächen in Deutschland kann eine Spanne der Gebrauchstemperatur von –22 bis +56 °C angenommen werden. Die Abkühlung der Straßenoberfläche kann bis zu einem negativen Temperaturgradienten von etwa 4,5 °C pro Stunde betragen.

---

162 Nefzger, H. & Karipot, A. 1997. Einfluß von Strahlung und Mikroklima auf Straßenwetterprognosen. Schriftenreihe Straßenforschung, Heft 466, Bundesministerium für wirtschaftliche Angelegenheiten, Wien.

163 Pohlmann, P. 1996. Helle Asphaltstraßen verbessern deren Verformungsresistenz. Bitumen, Heft 1, Arbeitsgemeinschaft der Bitumenindustrie e. V. (ARBIT), Hamburg.

3.2.2.3 Temperaturprofil im Straßenkörper

Ist der Temperaturgang an der Asphaltoberfläche bekannt, konzentriert sich die Ermittlung des Temperaturverlaufs im Straßenkörper (*Temperaturprofil*) auf die Wärmeleitung im Schichtenpaket. Die meisten theoretischen Modelle zur Ableitung des Temperaturganges basieren auf dem *Fourierschen Wärmeleitungsgesetz*[164], wobei die Energieströme zwischen den bodennahen Luftschichten, dem Straßenkörper und dem Boden Berücksichtigung finden und daraus die Temperaturen im Straßenaufbau für beliebige Tiefen mit guter Näherung abgeleitet werden können.

Am stärksten ausgeprägt sind die Temperaturschwankungen im Tagesverlauf in den oberen Schichten. Sie reduzieren sich im Regelfall mit zunehmender Tiefe der Asphaltbefestigung, weil Asphalt ein schlechter Wärmeleiter ist (siehe Kasten). Dennoch können die Temperaturen in tief gelegenen Schichten wegen der Wärmespeicherung größer sein als in oberflächennahen Schichten zum selben Zeitpunkt.

Der zeitveränderliche Temperaturgradient im Straßenaufbau führt zu zeitveränderlichen Steifigkeiten in den Asphaltschichten und folglich zu zeitveränderlichen Beanspruchungen (vgl. Kapitel 3.2.1).

Die **Wärmeleitfähigkeit von Asphalt** λ [W/(m·°C)] (auch Wärmeleitkoeffizient) liegt zwischen 0,6 und 1,4; jene von Bitumen bei 0,16 (zum Vergleich: Thermoputz 0,1; trockener Sand 0,6; Zementestrich 1,4; Kupferdraht 400). Sie steigt bei gegebenem Bindemittelgehalt mit dem Verdichtungsgrad an und sinkt bei gegebenem Verdichtungsgrad mit der Erhöhung des Bindemittelgehalts. Die Wärmeleitfähigkeit ist ein Maß für die Wärmeleitung durch Übertragung von Schwingungsenergie infolge mechanischer Kopplung benachbarter Atome. Asphalt ist ein schlechter Wärmeleiter, d. h. er eignet sich gut zur Wärmedämmung. Kehrwert der Wärmeleitfähigkeit ist der (spezifische) Wärmewiderstand. Die Temperaturleitfähigkeit kann aus der Wärmeleitfähigkeit durch Division mit der auf das Volumen bezogenen Wärmekapazität berechnet werden.

3.2.3 Innere Einwirkung aus der Vorspannung des Korngerüsts

Das Volumen von Bitumen schrumpft bei Abkühlung. Wenn das Asphaltmischgut nach Einbau und Verdichtung abkühlt, zieht sich das Bindemittel zusammen. Dadurch wird auch das Korngerüst zusammengezogen. Aus dem thermisch bedingten Schrumpfen des Bindemittels beim Abküh-

164 Jean Baptiste Joseph Fourier (1768-1830), französischer Mathematiker und Physiker, Wärmeausbreitung in Festkörpern, Fourierreihen, Fourierintegrale.

len des Asphaltmischguts resultiert ein wichtiger Effekt: die Vorspannung des Korngerüsts.

Die Korn-zu-Korn Vorspannung ist eine innere Druckspannung und mitverantwortlich für den inneren Zusammenhalt (*Kohäsion*) und die Steifigkeit des Asphalts (siehe Gajári, 2013; 2021)[165, 166].

3.3 Strukturelle Schädigung

Das Gebrauchsverhalten von Asphaltstraßen wird nachteilig verändert, wenn sich strukturelle Schäden wie Risse (siehe Kapitel 3.3.1), Verformungen (siehe Kapitel 3.3.2), Materialermüdung (siehe Kapitel 3.3.3) oder sonstige Auflösungserscheinungen etwa zufolge Alterung oder Haftverlust (siehe Kapitel 3.4) einstellen.

3.3.1 Rissbildung

3.3.1.1 Zur Entstehung von Mikro- und Makrorissen

Materialversagen durch Rissbildung geht von einer *Fehlstelle* im Material aus. Das ist z. B. eine lokale Schwachstelle mit geringerer Festigkeit als im umgebenden Material, eine Kerbe, eine strukturelle Unregelmäßigkeit. Eine Fehlstelle kann herstellungsbedingt sein (z. B. abkühlungsbedingter Spannungsriss, mangelnder Haftverbund zwischen zwei Gesteinskörnern, Mikropore, Kerbe, Einschluss), oder erst im Gebrauch initiiert werden (z. B. infolge einer Überlast oder infolge Materialermüdung nach wiederholter Beanspruchung).

Die Fehlstelle entspricht der Größenordnung mikrostruktureller Materialcharakteristika (< 0,001 mm), man spricht nach einer Rissbildung daher von *Mikrorissen*. Mikrorisse sind verschwindend klein und mit dem Auge nicht sichtbar.

Um einen Riss bzw. über der Rissspitze kommt es zu einer lokalen Spannungskonzentration, welche die Rissausbreitung antreiben kann (siehe Abbildung 58), bis ein *Makroriss* entsteht. Makrorisse sind mit dem Auge erkennbar, haben also eine Größe von mehr als rund 0,2 mm.

165 Gajári, G. 2013. Modellierung bleibender Verformungen des Asphalts mit einem hypoplastischen Stoffgesetz der Bodenmechanik. Dissertation, Technische Universität Dresden.

166 Gajári, G., Kisgyörgy, L., Ádány, S., Mahler, A. & Lógó, J. 2021. A Visco-hypoplastic Constitutive Model for Rolled Asphalt. Periodica Polytechnica Civil Engineering, 65(3), pp. 798–809, doi.org/10.3311/PPci. 17515.

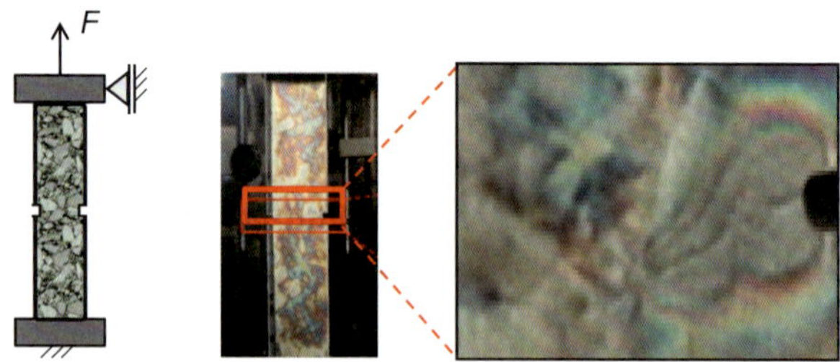

Abbildung 58 Spannungskonzentration an einer Kerbe im einaxialen Zugversuch: Versuchsanordnung (links); Visualisierung des Probekörpers (Mitte) und der Kerbe (rechts) mittels Spannungsoptik

Die Entstehung von Makrorissen kann drei grundlegenden Phänomenen zugeordnet werden:

(a.) Sprödes Materialversagen tritt schlagartig auf, wenn das Bindemittel nicht mehr ausreichend flexibel ist. Harte, gering duktile Bindemittel, tiefe Temperaturen, Bindemittelalterung (siehe Kapitel 3.4.1) und komplexe, mehrachsige Spannungszustände fördern sprödes Materialversagen.

(b.) Ermüdungsversagen ist eine Folge von Festigkeitsverlust nach zahlreichen Lastwiederholungen (siehe nachfolgendes Kapitel).

(c.) Versagen durch Verformung tritt bei einer plastischen Deformation im Material auf, der zufolge es zu lokalen Spaltungen und zu einem Abscheren der verbindenden Stege in der Materialmatrix kommt. Jeder Rissbildung geht eine Verformung voraus (siehe Kasten).

Anschauungsbeispiel zu plastischer Materialverformung, welche zur Rissbildung führt: Auf eine sonnenerhitzte Asphaltbefestigung wirkt eine hohe Achslast ein. An der Reifenflanke wird eine hohe Scherbeanspruchung in der Asphaltdeckschicht hervorgerufen, die zu einer Scherverformung führt. Es entsteht oberflächennah eine vertikale Scherfläche, deren Ausprägung durch die hohe Temperatur des weichen Asphalts begünstigt wird. Vielleicht ist die Scherfläche zunächst kaum sichtbar, weil die heiße Asphaltoberfläche durch die walkende Wirkung des Schwerverkehrs verdrückt wird. Erst später wenn sich bei winterlichen Temperaturen der Asphalt zusammenzieht, zeigt sich die lokale Trennung im Asphaltverbund in Form eines Risses.

Die *Bruchmechanik* beschäftigt sich mit der Entstehung und Ausbreitung von Rissen bis zum Bruch ausgehend von einer Fehlstelle.

Für homogene Werkstoffe kann mittels *bruchmechanischer Modelle* das Risswachstum in Abhängigkeit von der *Risszähigkeit* (ein Maß für den Widerstand gegen Rissentstehung und -ausbreitung) auf verschiedenen

Längenskalen simuliert werden. Die Betrachtungen erstrecken sich von der elementaren Beschreibung im Bereich < 10^{-8} m, über die Rissausbreitung im Maßstab < 10^{-4} m und die Rissspitzenplastizität im Maßstab < 10^{-2} m bis zur Rissausbreitungsprüfung im Labor im Millimetermaßstab.

Allerdings ist in einem derart inhomogenen Material wie Asphalt eine exakte Prognose des Risswachstums kaum möglich. Mikrostruktur und Rissbildung stehen in einem direkten Zusammenhang. Weil die Asphalteigenschaften in der Dimension von Mikrorissen ausgeprägt anisotrop sind, werden Richtung und Geschwindigkeit der Rissausbreitung erheblich bestimmt von den zahlreichen lokalen mikrostrukturellen Unregelmäßigkeiten im Asphalt (Inhomogenitäten). Darüber hinaus erschweren Witterungseffekte die Prognose für das Verhalten in situ, wenn temperatur- und alterungsabhängige Viskositätsschwankungen den Rissausbreitungsmechanismus maßgeblich verändern. Rissbildung in Asphalt kann daher in der Praxis schon weit früher einsetzen, als dies durch klassische Modelle des Risswachstums prognostiziert wird.

3.3.1.2 Abkühlungsbedingte (kryogene) Rissbildung

Wie jeder Werkstoff ein mehr oder weniger ausgeprägtes temperaturabhängiges Verhalten aufweist, dehnt sich auch Asphalt bei Erwärmung aus und schrumpft bei Abkühlung. Verantwortlich dafür ist das Bindemittel, das zwar nur im Volumenverhältnis zum Gestein von 1:4 (Gussasphalt) bis 1:8 (Walzasphalt) enthalten ist (vgl. Kapitel 2.5.4), aber einen Wärmeausdehnungskoeffizienten α_T hat, der rund 30-fach höher ist als jener von Gestein. Er beträgt nach Löffler (1981)[167]

» $\alpha_T = \pm 2{,}0\times10^{-6}$ [1/°C] bei niedrigen Temperaturen (im Bereich von rund -30 bis -5 °C),

» $\alpha_T = \pm 2{,}5\times10^{-6}$ [1/°C] im Mitteltemperaturbereich (von rund -5 bis 20 °C) und

» $\alpha_T = \pm 5{,}8\times10^{-6}$ [1/°C] bei hohen Temperaturen (im Bereich von rund 20 bis 50 °C).

Die bei Temperaturänderung entstehenden thermischen Spannungen werden in der Asphaltschicht durch *Relaxation* (siehe Kapitel 4.3.3)

---

167 Löffler, M. 1981. Neue Überlegungen zum eindimensionalen thermischen Ausdehnungskoeffizienten von Asphalt. Bitumen, Heft 5, 159-163, Arbeitsgemeinschaft der Bitumenindustrie e. V. (ARBIT), Hamburg.

selbststätig und im Regelfall ohne Schädigung abgebaut (Voraussetzung für den fugenlosen Einbau, siehe Seite 18; Vorspannungseffekt siehe Kapitel 3.2.3). Die notwendige Dauer zum vollständigen Abbau der thermischen Spannungen hängt ab von der Ausgangstemperatur der Asphaltschicht, der Temperaturrate und der Viskosität des Asphalts (siehe Wistuba et al., 2009)[168]. Sie liegt bei Temperaturen um +20 °C im Bereich von ein paar Sekunden, bei 0 °C bei einigen Minuten und bei –20 °C in der Größenordnung von Stunden (Arand, 1983)[169].

Je niedriger die Temperatur ist, umso mehr verzögert sich der selbststätige Spannungsabbau. Ab einer Temperatur unterhalb von rund –20 °C (Dörschlag, 1989)[170] ähnelt das Verhalten von Asphalt sogar jenem von Beton (bzw. dem eines dominant elastischen Stoffes). Das gleichsame „Einfrieren des Dämpfers" verhindert viskose Reaktionen und dadurch den selbsttätigen Spannungsabbau. Sind Relaxation und Spannungsabbau verzögert, entstehen abkühlungsbedingte (oder *kryogene* von griechisch *kryos* für *Frost* und lateinisch *generare* für *erschaffen*) Zugspannungen im Asphalt.

Die kryogenen Zugspannungen allein oder in Überlagerung mit verkehrslastbedingten Spannungen können die Größenordnung der (ebenfalls temperaturabhängigen) Zugfestigkeit des Asphalts erreichen. Dann kommt es zur Bildung eines *Kälterisses*. Der Widerstand gegen Kälterissbildung ist eine der wesentlichen Gebrauchseigenschaften von Asphaltstraßen.

Der typische Kälteriss beginnt an der Straßenoberfläche, weil dort der Temperaturgradient am größten ist, und er verläuft quer zur Straßenachse, weil die Temperaturspannung in Längsrichtung infolge der Einspannung größer ist als in Querrichtung (siehe Abbildung 59).

Neben der Kälteperiode ist auch die Tauperiode eine kritische Phase für das Entstehen von Rissen. In Tauwetterperioden im Frühjahr können die Tragfähigkeiten von ungebundenen Schichten und des Unterbaus/Unter-

168 Wistuba, M. P., Monismith, C., Bahia, H. U., Renken, P., Olard, F., Blab, R., Mollenhauer, K., Metzker, K., Büchler, S., Grönniger, J., Zeng, M. & Nam, K. 2009. Asphaltverhalten bei tiefen Temperaturen. Schriftenreihe Straßenwesen, Heft 23, Institut für Straßenwesen, Technische Universität Braunschweig.

169 Arand, W. 1983. Zum Einfluss tiefer Temperaturen auf das Ermüdungsverhalten von Asphalten. Straße und Autobahn, 10.1983, Kirschbaum Verlag, Bonn.

170 Dörschlag, S. 1989. Ermüdungsrechnungen für Asphaltbefestigungen bei Einwirkung mechanisch und thermisch induzierter Spannungen. Schriftenreihe Straßenwesen, Heft 10, Institut für Straßenwesen, Technische Universität Braunschweig.

Abbildung 59 Kältebedingte Querrisse in einer Asphaltstraße (Halbinsel Eiderstedt/Schleswig-Holstein)

grunds wegen Wasseranreicherungen herabgesetzt sein, während der Asphalt noch relativ steif ist. In dieser Zeit besteht der größte Unterschied zwischen den Steifigkeiten der Schichten und die steifste Asphaltschicht „zieht dann die Spannungen an".

3.3.2 Bleibende Verformung

Der *Verformungswiderstand* von Asphalt ist der Widerstand gegen irreversible, also bleibende Verformungen (vgl. FGSV, AH 7.02, 2014)[171]. Er ist eine der wesentlichen Gebrauchseigenschaften von Asphaltstraßen.

Bleibende (plastische) Verformungen in Asphalt können sich bei starker Verkehrsbeanspruchung (viele Achsübergänge) und bei Hitze bilden, wenn im Rahmen des Mix Design nicht entsprechend vorgebeugt wurde. Die Folge sind Verdrückungen, Spurrinnen in den Fahrspuren (Aquaplaning-Gefahr) und Querwellen vor Kreuzungen. Bei starken Spurrinnen bilden sich an den Rändern Aufwölbungen, in deren Längsrichtung zusätzlich Oberflächenrisse entstehen können.

Ursache für bleibende Verformungen sind zwei unterschiedliche (temperaturabhängige) Mechanismen: Zum einen die *Nachverdichtung* im Bereich der Fahrspuren durch Volumenreduktion eines unzureichend verdichteten Asphalts. Zum anderen die *Materialverdrückung* in und neben den Fahrspuren bei annähernd konstantem Volumen, bedingt durch eine mangelhafte Mischgutzusammensetzung.

Ein verformungskritischer Bereich der Asphaltbefestigung mit einer konzentrierten wiederholten Druckbeanspruchung ist in den Fahrspuren, lotrecht direkt unterhalb der Reifenaufstandsfläche im oberen Bereich des Asphaltoberbaus (siehe Kapitel 3.2.1). Daher werden insbesondere

Asphaltbinderschichten im Hinblick auf einen hohen Verformungswiderstand konzipiert.

3.3.3 Materialermüdung

3.3.3.1 Phänomen

Zur Rissbildung in Asphaltschichten kann es entweder (wie oben beschrieben) spontan kommen zufolge einer einzelnen *Überlast* (wenn die Beanspruchung die Festigkeit erreicht) oder aber als Folge einer allmählich voranschreitenden Materialermüdung bei wiederholter Belastung.

In den Materialwissenschaften versteht man unter *Materialermüdung* ein allmähliches Baustoffversagen infolge Dauerbeanspruchung unter dominanter Zugbeanspruchung. Zwar ist die Materialfestigkeit größer als die Einzellastbeanspruchung, doch bewirken zahlreiche Wiederholungen der Einzellast, dass am Ort der Beanspruchung die Materialsteifigkeit allmählich abfällt und gleichzeitig die Dehnungen ansteigen.

Der *Ermüdungswiderstand von Asphalt* ist definiert als der Widerstand gegen einen langsam voranschreitenden Schädigungsprozess durch Risse (vgl. FGSV, AH 7.02, 2014)[171]. Er ist – neben den Widerständen gegen Rissbildung bei Kälte und Verformung bei Wärme (siehe oben) – eine dritte wesentliche Gebrauchseigenschaft von Asphaltstraßen.

Es wird angenommen, dass in Asphalt der Verlust des Ermüdungswiderstands primär eine Folge der Bildung von Mikrorissen ist. Sobald Ermüdungsrissbildung eingesetzt hat, breiten sich Mikrorisse (unterhalb der technischen Detektionsgrenze) aus. Diese Phase, während der Ermüdungswiderstand, Steifigkeit und Substanzwert der Straße kontinuierlich herabgesetzt werden, kann bis zu 90 % des Schädigungsprozesses bestimmen.

Punkte innerhalb der Asphaltbefestigung mit einer konzentrierten wiederholten Beanspruchung sind besonders ermüdungsgefährdet. Üblicherweise wird davon ausgegangen, dass der maßgebende Punkt für die Initiierung von Ermüdungsrissen in der Asphaltbefestigung lotrecht weit unterhalb der Reifenaufstandsfläche an der Unterseite des Asphaltoberbaus liegt, weil dort die Biegezugbeanspruchung $\varepsilon_{BZ,max}$ am größten ist (siehe Kapitel 3.2.1). Daher werden Ermüdungsversuche im Labor vorzugsweise an Asphaltprobekörpern durchgeführt, die aus Asphalttrag-

171 FGSV, AH 7.02, 2014. Begriffsbestimmungen zur Performance von Asphalt, Forschungsgesellschaft für Straßen- und Verkehrswesen (FGSV), Arbeitsgruppe Asphaltbauweisen, Ad-hoc-Gruppe ‚Performance Asphalt' 7.02.

schichtmischgut zusammengesetzt sind (idealerweise aus der Asphalttragschicht ausgebohrt) (siehe Kapitel 5.4.4).

Nach gängiger Vorstellung treten – wenn der Ermüdungswiderstand in einer unterdimensionierten Asphaltstraße aufgebraucht ist – dort, wo die Beanspruchung am größten ist, Schäden in Form von Makrorissen auf. Sie verzweigen sich bei fortwährender Beanspruchung, wachsen (nach oben hin) an und schlagen schließlich bis zur Straßenoberfläche durch. In der Folge kommt es zu Kornverlust, Schlaglochbildung, Ebenheitsproblemen und zu einer Herabsetzung des Widerstands gegen Frost- und Tausalzangriff. Dann ist eine Sanierung in Form eines vollständigen Ausbaus und Neubaus der Asphaltschichten zweckmäßig.

3.3.3.2 Schichtenverbund

Asphaltstraßen sind überwiegend aus mehreren Schichten zusammengesetzt, im Regelfall aus Asphaltdeck-, Asphaltbinder- und Asphalttragschicht (siehe Abbildung 35 auf Seite 105). Voraussetzung dafür, dass der Oberbau die Kräfte dauerhaft schadlos aufnimmt, ist ein stets vollflächig einwandfreier *Schichtenverbund* an allen Schichtgrenzen.

Dazu wird in der Praxis die Oberfläche einer fertigen Schicht vor dem Einbau der jeweils nächsten Schicht gesäubert und mit einem *Vorspritzmittel* als Haftbrücke angespritzt.

Die alternative Ausführung als *kompakte Asphaltbefestigung* ist bezüglich des resultierenden Schichtenverbunds vorteilhaft (siehe Kasten).

Im Regelfall werden die Asphaltbinderschicht und die Asphaltdeckschicht nacheinander eingebaut, d. h. mit deutlicher zeitlicher Unterbrechung zwischen den beiden Schichten (Prinzip *heiß auf kalt*). Beim Einbau einer **kompakten Asphaltbefestigung** werden beide Schichten unmittelbar hintereinander eingebaut (Prinzip *heiß auf heiß*) und das Gesamtpaket aus beiden Schichten gleichzeitig in einem Arbeitsgang mittels Vibrationswalzen verdichtet (siehe M KA)[172]. Der so resultierende Schichtenverbund ist weder visuell noch prüftechnisch erkennbar. Eine kompakte Asphaltbefestigung kann entweder mittels eines *Kompaktasphaltfertigers* (der Firma *Dynapac*, Gruppe *Fayat*) unter hoher Vorverdichtungsleistung eingebaut werden oder mittels des Verfahrens *InLine Pave* (der Firma *Joseph Vögele AG, Gruppe Wirtgen, John Deere*), bei dem zwei einzelne Fertiger nacheinander zum Einsatz kommen und der Deckenfertiger auf der vorverdichteten Asphaltbinderschicht fährt.

172 M KA. Merkblatt für den Bau kompakter Asphaltbefestigungen. Ausgabe 2011, Technisches Regelwerk für das Straßen- und Verkehrswesen, Forschungsgesellschaft für Straßen- und Verkehrswesen e. V. (Hrsg.), FGSV Verlag, Köln.

Die Funktion des Schichtenverbunds ist die vollständige Übertragung von horizontalen Scherspannungen an der Schichtgrenze, die durch Achsübergänge, Beschleunigungs- und Bremsvorgänge innerhalb des Asphaltoberbaus entstehen (Walther, 2015)[173]. Nur bei einem dauerhaft voll funktionsfähigem Schichtenverbund kann die Straße die Lasten schadlos abtragen. Der Schichtenverbund sollte daher auch bei der Straßenerhaltungsplanung insbesondere zur Abschätzung der Erhaltungszyklen von Asphaltdeck- und Binderschicht berücksichtigt werden (vgl. Lohmann-Pichler, 2020)[174].

Der Schichtenverbund wird durch das Zusammenwirken von *Verzahnung*, *Reibung* und *Verklebung* erreicht, wobei deren Wirkungsanteile u. a. von der Temperatur, den eingesetzten Asphalten und von Vorspritzmittelart und -menge abhängig sind. Folgende Wirkzusammenhänge sind bekannt (aus Wistuba et al., 2016)[175].

» Art und Menge des Vorspritzmittels sind für den Schichtenverbund von großem Einfluss. Polymermodifizierte Emulsionen und solche mit einem niedrigen Wassergehalt sind vorteilhaft. Zu viel Vorspritzmittel schadet und wirkt ähnlich einem Schmierfilm zwischen den Schichten, der die Übertragung von Scherkräften reduziert.

» Eine feinkörnige Asphaltstruktur mit enggestufter Sieblinie ist vorteilhaft für einen guten Schichtenverbund, ebenso eine aufgeraute (oder angefräste) Oberfläche der Unterlage.

» Mit zunehmender Temperatur sinkt der Schichtenverbund. Dabei gewinnen Verzahnung und Reibung gegenüber der Verklebung an Bedeutung.

» In dünnen Deckschichten ist die Gefahr des Verlusts an Schichtenverbund besonders groß, wegen der großen horizontalen Schubkräfte bei Brems- und Beschleunigungsvorgängen. Bei mangelndem Schichten-

173 Walther, A. 2015. Rechnerische Dimensionierung von Asphaltstraßen unter Berücksichtigung stündlicher Beanspruchungszustände. Dissertation, Schriftenreihe Straßenwesen, Heft 28, Institut für Straßenwesen, Technische Universität Braunschweig.

174 Lohmann-Pichler, R. 2020. Zum Schichtenverbund in Asphaltstraßen und zu dessen Berücksichtigung in der Straßenerhaltungsplanung der ASFINAG. Dissertation, Schriftenreihe Straßenwesen, Heft 37, Institut für Straßenwesen, Technische Universität Braunschweig.

175 Wistuba, M. P., Isailović, I. & Büchler, S. 2016. Zyklische Schersteifigkeits- und Scherermüdungsprüfung zur Bewertung und Optimierung des Schichtenverbundes in Straßenbefestigungen aus Asphalt. Schlussbericht, Teil 2, Forschungsprojekt 17634 BG/2, i. A. der Arbeitsgemeinschaft Industrieller Forschung (AiF), Institut für Straßenwesen, Technische Universität Braunschweig.

verbund steigt die Gefahr eines horizontalen Schiebens der Deckschicht und folglich eines Hohlliegens und Reißens der Asphaltdecke (siehe Abbildung 60).

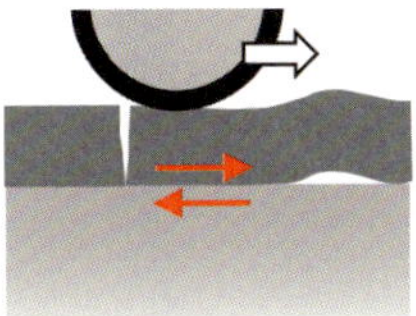

Abbildung 60 Mangelnder Schichtenverbund der Deckschicht – Hohlliegen, Aufwölbung, Reißen – (schematisch nach Raab & Partl, 2004)[176]

Nur bei vollständigem Verbund zwischen allen Asphaltschichten wirkt die Asphaltbefestigung hinsichtlich Lastabtragung als eine strukturelle Einheit. Ein mangelnder Schichtenverbund bewirkt einen veränderten dreidimensionalen Beanspruchungszustand im Asphaltoberbau. Folglich nimmt die Biegezugdehnung an der Unterseite des Asphaltoberbaus zu, und es steigt auch die Gefahr der Bildung von Ermüdungsrissen (Walther & Wistuba, 2013)[177].

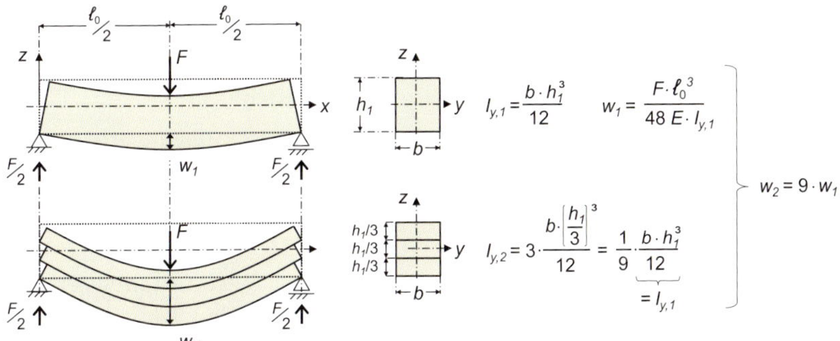

Abbildung 61 9-fache Durchbiegung eines Balkens aus drei Schichten ohne Verbund (nach Weber, 1991)[178]

176 Raab, C. & Partl, M. 2004. Interlayer Shear Performance: Experience with Different Pavement Structures. Proc., 3rd Eurasphalt & Eurobitume Congress, Vienna.

177 Walther, A. & Wistuba, M. 2013. Auswirkungen des Schichtenverbundes auf die theoretische Lebensdauer von Straßenbefestigungen aus Asphalt. *Straße und Autobahn,* 7.2013, Kirschbaum Verlag, Bonn.

178 Weber, R. 1991. Die Rißbildung in Asphaltstraßen als Folge mangelhaften Schichtenverbundes. Dissertation, Prüfamt für Bau von Landverkehrswegen, Technische Universität München.

Die Bedeutung des Schichtenverbunds veranschaulicht Abbildung 61 schematisch, in der die Durchbiegung w_1 eines Balkens (bei vollständigem Schichtenverbund) und die Durchbiegung w_2 nach lagenweiser Dreiteilung des Balkens (mit aufgehobenem Schichtenverbund) gegenübergestellt sind. Nach Balkentheorie (siehe Kapitel 4.1.3) ergibt sich für den dreigeteilten Balken eine neunfach größere Durchbiegung.

3.4 Alterung und Einwirkung von Wasser

Das Gebrauchsverhalten einer Asphaltstraße kann sich im Laufe der Zeit infolge von witterungsbedingten Materialveränderungen wie Bindemittelalterung (siehe Kapitel 3.4.1) und feuchtigkeitsbedingten Auflösungserscheinungen (Adhäsionsverlust, siehe Kapitel 3.4.2) gravierend ändern.

3.4.1 Bindemittelalterung

Alte Asphaltstraßendecken sind oft spröde und rissig, insbesondere in sonnenexponierten Streckenabschnitten, bei hohlraumreichen und/oder dünnen Asphaltschichten, bei dünnen Bindemittelfilmen und bei Asphalten mit einem hohen Paraffinanteil (unpolar, siehe Kapitel 2.2.2). Aus solchen Asphaltschichten zurückgewonnene Bindemittel sind zum Teil erheblich verhärtet (bis zu zwei bis drei Sortensprünge geringere Nadelpenetration) und haben nur noch eine geringe Klebkraft.

Ursache dafür ist die *Bindemittelalterung*, eine Änderung der physikalischen und chemischen Bindemitteleigenschaften mit der Zeit, d. h. während der Lagerung, im Zuge von Verarbeitung und Einbau sowie im eingebauten Zustand.

Der Alterungsprozess wird von *äußeren* und *inneren* Alterungseinflüssen bestimmt:

» *Äußere Alterungseinflüsse* sind die Umgebungsbedingungen, beispielsweise die Einwirkungen von Sauerstoff, hoher Temperatur und ultravioletter Sonneneinstrahlung. Durch die Wahl der Produktionsbedingungen (insbesondere Temperatur) können die äußeren Einflüsse zumindest teilweise kompensiert werden.

» Mit den *inneren Alterungseinflüssen* sind die Materialeigenschaften des Asphaltmischguts gemeint, wie Bindemittel- und Gesteins-Chemismus, Dicke des Bindemittelfilms und Hohlraumgehalt. Diese können durch eine optimierte Asphaltmischgutkonzeption gesteuert werden.

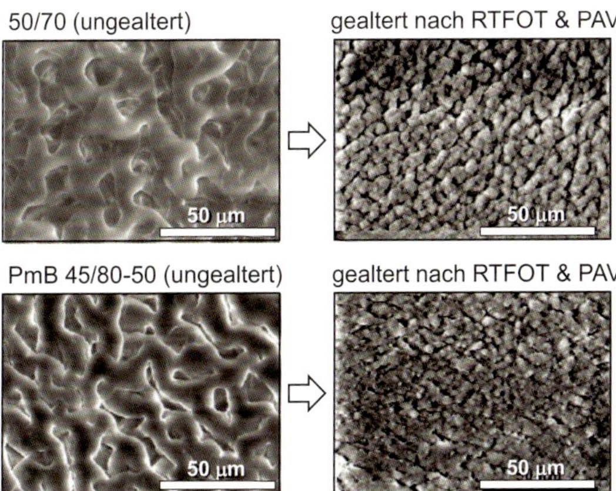

Abbildung 62 Alterungsbedingte Auflösung der Bindemittelstruktur an der Oberfläche von Straßenbaubitumen 50/70 und von Polymermodifiziertem Bitumen PmB 45/80-50 ermittelt nach dem Rolling Thin Film Oven Test (RTFOT) und dem Pres-sure Ageing Vessel (PAV) mittels Environmental Scanning Electron Microscopy (Quelle: Blab et al., Christian Doppler Labor, Technische Universität Wien)

Die Bindemittelalterung verändert die Bindemittelstruktur, wie Aufnahmen mittels ESEM erkennen lassen (Environmental Scanning Electron Microscopy, siehe Kapitel 5.2.5.6). Abbildung 62 zeigt für ein Straßenbaubitumen und für ein Polymermodifiziertes Bitumen die jeweilige Strukturveränderung infolge Laboralterung mittels RTFOT und PAV (Rolling Thin Film Oven Test und Pressure Ageing Vessel, siehe Kapitel 5.2.1) (vgl. auch Handle et al., 2014)[179].

Ein Maß für die Bindemittelalterung ist der *Viskositätsanstieg* des Bindemittels (siehe z. B. Zhang et al., 2022)[180]. Er wird verursacht durch eine Verschiebung der Anteile an Bindemittelkomponenten hin zu einem höheren Asphaltengehalt bzw. zu einem niedrigeren Gehalt an Maltenen (Übergang zum Gel-Zustand, siehe Kapitel 2.2.2).

Die alterungsbedingten Veränderungen im Bitumen können im Labor anhand der Veränderung der rheologischen Bitumeneigenschaften (Bsp. Viskosität), aber auch anhand der chemischen und der mikroskopischen

179 Handle, F., Füssl, J., Neudl, S., Grossegger, D., Eberhardsteiner, L., Hofko, B., Blab, R. & Grothe, H. 2014. The bitumen microstructure: a fluorescent approach. Materials and Structures, 49, doi: 10.1617/s11527-014-0484-3.

180 Zhang, R., Sias, J., Dave, E. V. 2022. Evaluation of the cracking and aging susceptibility of asphalt mixtures using viscoelastic properties and master curve parameters. Journal of Traffic and Transportation Engineering, Volume 9, Issue 1, doi.org/10.1016/j.jtte.2020.09.002.

Veränderungen nachgewiesen werden. Dabei korrelieren die Ergebnisse, die mit unterschiedlichen rheologischen und chemischen Methoden erhalten werden (siehe Primerano et al., 2023[181]; Pipintakos et al., 2022[182]; Koyun et al. 2020[183], 2021[184]).

Die alterungsbedingten Bitumenveränderungen resultieren aus drei maßgeblichen Mechanismen, der *oxidativen Alterung*, der *destillativen Alterung* und der *Strukturalterung*.

(A) Oxidative Bindemittelalterung

Oxidative Bindemittelalterung ist die chemische Reaktion von Kohlenwasserstoffen mit *Sauerstoff*, die mit einem Anwachsen des Anteils an Asphaltenen einhergeht. Der *Asphaltengehalt* wird daher oft als eine Kennzahl für den Alterungsgrad infolge Oxidation herangezogen.

Sauerstoffhaltige Reaktionspartner liegen in und um die Asphaltstraße vielfältig vor, beispielsweise in Form von Luftsauerstoff O_2, Ozon O_3 oder Hydroxyl-Radikal OH^- (siehe Abbildung 63). Weil die chemischen Reaktionen mit Sauerstoff unter Lichteinwirkung wesentlich schneller ablaufen als im Dunkeln und die Wirksamkeit des Lichts bis in eine maximale Tiefe von wenigen Mikrometern der Asphaltdecke reicht, ist die oxidative Alterung im Wesentlichen auf die Oberfläche der Asphaltstraße beschränkt (Handle, 2014)[5].

In der Praxis zeigt sich daher, dass bindemittelreiche Asphalte mit dicken Bindemittel- bzw. Mastixfilmen deutlich weniger zur Alterung neigen. Hingegen sind hohlraumreiche Asphalte und solche mit porösem Gestein alterungsanfälliger (siehe Kasten).

181 Primerano, K., Mirwald, J., Bhasin, A. & Hofko, B. 2023. Low-temperature characterization of bitumen and correlation to chemical properties. Construction and Building Materials, Vol. 366, Elsevier, doi: 10.1016/j.conbuildmat.2022.130202.

182 Pipintakos, G., Lommaert, C., Varveri, A. & Van den Bergh, W. 2022. Do chemistry and rheology follow the same laboratory ageing trends in bitumen? Materials and Structures, Vol. 55, Article 146, RILEM Publications, doi: 10.1617/s11527-022-01986-w.

183 Koyun, A. N., Büchner, J., Wistuba, M. P. & Grothe, H. 2020. Rheological, Spectroscopic and Microscopic Assessment of Asphalt Binder Aging. Road Materials and Pavement Design, Vol. 23, Issue 1, 80–97, Taylor & Francis, doi: 10.1080/14680629.2020.1820891.

184 Koyun, A. N., Büchner, J., Wistuba, M. P. & Grothe, H. 2021. Laboratory and field ageing of SBS modified bitumen: Chemical properties and microstructural characterization. Colloids and Surfaces A: Physicochemical and Engineering Aspects, Vol. 624, Article 126856, Elsevier, doi: 10.1016/j.colsurfa.2021.126856.

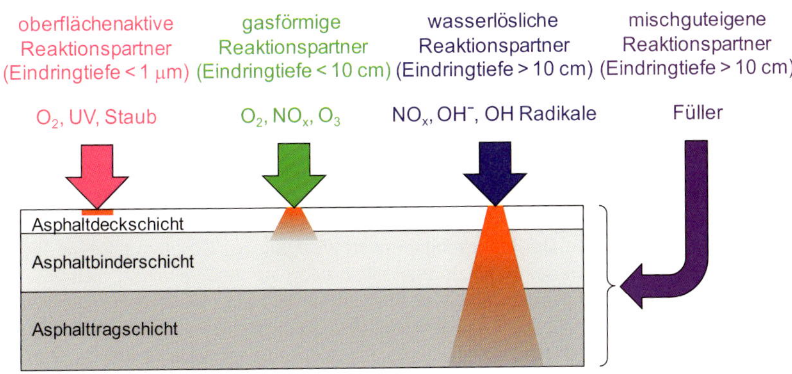

Abbildung 63 Bindemittelalterung: Mögliche Reaktionspartner und Größenordnung der Eindringtiefe (verändert nach Handle, 2014)[5]

Bitumenalterung in Wechselwirkung mit porösem Gestein: Manche Gesteinskörnungen saugen über ihre poröse Gesteinsoberfläche Bitumen auf. Daraus resultieren verschiedene nachteilige Effekte, welche die Adhäsion herabsetzen. Ein Effekt ist vergleichbar mit der Bitumenalterung: Weil insbesondere weiche Bitumenanteile vom Gestein absorbiert werden, nimmt die Steifigkeit des außerhalb des Gesteins verbleibenden Bitumenanteils signifikant zu. Dann ist das Bitumen in seiner Klebkraft und Sprödigkeit nachteilig verändert. Ein weiterer Effekt, der infolge von Migration von Bitumenanteilen ins Gestein beobachtet wurde, ist die Destabilisierung der inneren Gesteinsstruktur, wenn die aufgesogenen Bitumenanteile den Verband von Mineralaggregaten zersetzen (siehe Kreitz et al., 2022)[185].

Die oxidative Alterung ist vermutlich auch auf die Anfälligkeit des Bindemittels gegenüber alterungsbedingten Polaritätsänderungen zurückzuführen (siehe Kasten). Veränderungen in den Anteilen der einzelnen Fraktionen im Bindemittel sind beispielsweise feststellbar mittels SARA-Analyse (siehe Kapitel 2.2.2).

185 Kreitz, D., Kreitz, J., Peters, C., Neliepp, M., Dietzsch, M., Miesem, S. & Sandor, M. 2022. Gesteinsinduzierte Alterung von Bitumen in Asphalt. *Straße und Autobahn*, Vol. 9.2022, Kirschbaum Verlag, Bonn, doi.org/10.53184/STA9-2022-5.

Alterungsbedingte Polaritätsänderungen (nach Handle, 2014)[5]: Mithilfe von Fluoreszenzmikroskopie, bei der das Bindemittel mit Laserstrahlen beleuchtet wird und bestimmte Moleküle zum Fluoreszieren angeregt werden, können die Aromaten im Bindemittel sichtbar gemacht werden, welche die Asphaltene wie ein Mantel von wenigen Mikrometern Dicke umgeben (vgl. Systemskizze in Abbildung 6 auf Seite 26). Dieser aromatische „Schutzmantel" bildet einen allmählichen Übergang zwischen den hochpolaren Asphaltenen im Zentrum einer Mizelle und den unpolaren Gesättigten in der umgebenden Matrix. Hochpolare und unpolare Moleküle grenzen somit nicht direkt aneinander. Der Übergangsbereich wirkt wie ein Schutzmantel um die Mizelle. Vermutlich wird der Schutzmantel infolge von voranschreitender oxidativer Alterung zunehmend beeinträchtigt, das Bindemittel wird instabil, verliert seine viskosen Eigenschaften, wird spröde und rissanfällig. Dabei ist die Matrix, hauptsächlich bestehend aus unpolaren Aromaten, weitgehend resistent gegenüber Oxidation. Dringen die Reaktionspartner bis zum Mantel vor, wo die Konzentration von Heteroatomen ansteigt, gewinnt die Oxidation deutlich an Stärke. Die Polarität im Mantel steigt an, der Asphaltengehalt nimmt zu (siehe Abbildung 64) und es entsteht eine hochpolare Grenzschicht zwischen Matrix und Mizelle. Gleichzeitig verringert sich die Übergangszone zwischen unpolarer Matrix und hochpolarer Mizelle. D. h. der Schutzmantel löst sich auf, seine stabilisierende Wirkung geht verloren. Das oxidierte, gealterte Bindemittel wird instabil und beginnt zu zerfallen.

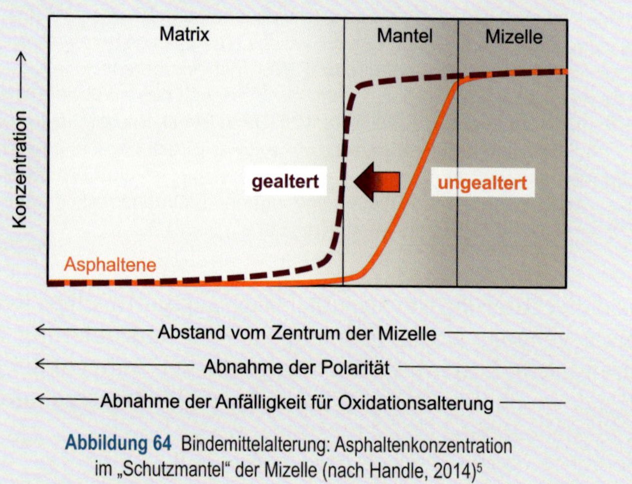

Abbildung 64 Bindemittelalterung: Asphaltenkonzentration im „Schutzmantel" der Mizelle (nach Handle, 2014)[5]

(B) Destillative Bindemittelalterung

Destillative Bindemittelalterung, auch *Verdunstungsalterung*, ist das Abdampfen (Verflüchtigen) von leicht flüchtigen Anteilen (mit niedriger Molekülmasse) an der Grenzfläche zu Luft. Die Verdunstungsgeschwindigkeit steigt mit zunehmender spezifischer Oberfläche an.

Destillative Bindemittelalterung tritt praktisch nur bei hohen Temperaturen ab rund 150 °C auf, wie sie bei der Asphaltherstellung und der Asphaltverarbeitung von Heißmischgut herrschen.

Wenn während des Mischprozesses die (dünnen) Bindemittelfilme in Kontakt mit den heißen Gesteinskörnern kommen, verdampfen die leicht flüchtigen Anteile, was gleichzeitig mit einem relativen Anstieg der Asphaltenanteile verbunden ist und mit einem Viskositätsanstieg von bis über 100 % (Bell, 1989[186]; Christensen & Anderson, 1992[187]; Fernández-Gómez et al., 2013[188]; Eberhardsteiner et al., 2014[189]). Gleichzeitig steigt der Anteil an Maltenen um bis zu 1 bis 4 M.-% (Farcas, 1996)[190].

Vermutlich reagiert das Bindemittel dabei sehr sensibel: Eine Temperaturerhöhung um 10 °C (im Verarbeitungstemperaturbereich) kann zu einer Verdopplung der verflüchtigten Menge führen (Hunter et al., 2015)[191]. Andererseits kann durch gezielte Temperaturabsenkung bei der Asphaltherstellung und beim Einbau die destillative Bindemittelalterung erheblich reduziert werden (beispielsweise bei Produktion von Warmasphalt, siehe Kapitel 2.5.6).

(C) Strukturalterung

Strukturalterung (englisch *physical hardening*, auch *steric hardening*) ist das allmähliche Verhärten des Bindemittels mit der Zeit. Ursache ist ein thermodynamisches Ungleichgewicht im Bindemittel, bedingt durch die ungleiche Verteilung an polaren und nicht polaren Anteilen (vgl. Abbildung 64). Denn jedes System, das sich nicht im thermodynamischen Gleichgewicht befindet, hat ein inneres Bestreben, ein solches zu erlangen.

---

186 Bell, C. A. 1989. Summary report on aging of asphalt-aggregate systems. Strategic Highway Research Program (SHRP), Report No A-305, National Research Council, Washington, DC.

187 Christensen, D. W. & Anderson, D. A. 1992. Interpretation of dynamic mechanical test data for paving grade asphalt cements (with discussion). Journal of the Association of Asphalt Paving Technologists, Vol. 61.

188 Fernández-Gómez, W. D., Rondón Quintana, H. & Reyes Lizcano, F. 2013. A review of asphalt and asphalt mixture aging. Ing. Investig., Vol. 33, No.1, Scielo, Bogotá, Colombia.

189 Eberhardsteiner, L., Füssl, J., Hofko, B., Handle, F., Hospodka, M., Blab, R. & Grothe, H. 2014. Towards a microstructural model of bitumen ageing behaviour. International Journal of Pavement Engineering, Volume 16, Issue 10, 939-949, Taylor & Francis.

190 Farcas, F. 1996. Etude d'une méthode de simulation du vieillissement sur route des bitumes. Laboratoire Central des Ponts et Chausses, Paris.

191 Hunter, R. N., Self, A. & Read, J. 2015. The Shell Bitumen Handbook. 6th ed., ICE Publishing.

Die Strukturalterung von Bitumen ist ein irreversibler Prozess, der sich mit der Zeit unabhängig von äußerlichen Randbedingungen stets fortsetzt, bis ein thermodynamisches Gleichgewicht erreicht ist (Neumann et al., 1992)[192]. Dabei klumpen dispergierte polare Bindemittelkomponenten (Mizellen) mit der Zeit zusammen (*Koagulation*) und das Bindemittel nimmt immer mehr den Gel-Zustand an. Wieder wächst dabei der Gehalt an Asphaltenen, jener der Maltene sinkt, das Bindemittel wird allmählich härter. Man spricht in diesem Zusammenhang auch von einer zunehmenden *Strukturviskosität*.

Unter der Bezeichnung Strukturalterung wird manchmal auch jenes Verhalten subsumiert, wenn bei niedrigen Temperaturen (auch unter 90 °C beobachtet) die im Bindemittel enthaltenen Paraffine sowie paraffinähnlichen Bestandteile (< 5 M.-%) auskristallisieren, wodurch die Viskosität zunimmt. Dieser Prozess ist durch Erhitzen des Bindemittels reversibel.

Auch die *Polymeralterung* wird bisweilen der Strukturalterung zugeordnet, worunter eine alterungsbedingte irreversible Verkürzung der ursprünglich langkettigen Polymere in zunehmend kurzkettige gemeint ist.

3.4.2 Haftverhalten unter Einwirkung von Wasser

Das *Haftverhalten* im Asphalt (*Adhäsion*; lateinisch *adhaerere* für *anhaften*; siehe Kasten) ist bestimmt durch die wechselseitige, molekulare Anziehung zwischen Bindemittel und Gestein infolge mechanischer, chemischer, physikalischer und thermodynamischer Bindungskräfte.

Bei mangelndem Haftvermögen im verdichteten Asphaltmischgut löst sich der Bindemittelfilm vom Gestein, was eine voranschreitende Schwächung des Gefüges bedeutet und sich an der Straßenoberfläche beispielsweise in Form von Ausmagerung, Mörtelverlust, Kornausbruch, Oberflächenrissen und Schlaglöchern zeigt (Grothe & Wistuba, 2010)[193].

Adhäsion und Kohäsion: • *Adhäsion* ist der durch molekulare Wechselwirkungen hervorgerufene Zusammenhalt an der Grenzfläche zwischen Gestein und Bindemittel bzw. Mastix. • *Kohäsion* (lateinisch *cohaerere* für *zusammenhängen, -kleben*) ist der durch molekulare Wechselwirkungen hervorgerufene Zusammenhalt innerhalb des Bindemittels bzw. der Mastix.

---

192 Neumann, H., Rahimain, I. & Paczynska-Lahme, B. 1992. Zur Strukturalterung von Bitumen. Bitumen, Vol. 54, Heft 2, 54-6, Arbeitsgemeinschaft der Bitumen-Industrie e. V. (ARBIT), Hamburg.

193 Grothe, H. & Wistuba, M. P. 2010. Affinität Bitumen/Gestein – eine dauerhafte Verbindung. GESTRATA Journal, Folge 129.

Folgende Adhäsionstheorien sind weit verbreitet (verkürzt wiedergegeben; vgl. auch Hefer, 2004)[194]:

» Die *mechanische Adhäsion* ist eine Verzahnung des Bindemittelfilms bzw. der Mastix in den Unebenheiten der Gesteinsoberfläche unter zusätzlicher Ausnutzung von Van-der-Waals-Kräften (vergleichbar mit einem Gecko, der mit den Flimmerhärchen an seinen Füßen in der Oberflächenstruktur von Wänden Halt findet). Eine raue, unregelmäßige Gesteinsoberfläche bewirkt eine bessere mechanische Adhäsion als eine glatte. Die mechanische Adhäsion bestimmt vermutlich dominant das Haftverhalten im Asphalt (siehe Grothe & Wistuba, 2010[193]; Wistuba et al., 2012[195]). Abbildung 65 zeigt beispielhaft in 8.000- und 10.000-facher Vergrößerung, wie Bitumen und Gestein ineinander verzahnt sind.

Abbildung 65 Bitumen-Korn-Übergang: Links 8.000-, rechts 10.000-fach vergrößert
Aufnahme mittels Tieftemperatur Environmental Scanning Electron Microscopy
(Quelle: Grothe, Technische Universität Wien)

» Die *chemische Adhäsion* bezeichnet die Ausbildung von kovalenten, chemischen Bindungen (vergleichbar mit Bindungen wie sie in einem handelsüblichen Klebstoff vorkommen). Basische Gesteine erzeugen eine bessere chemische Bindung zum sauren Bindemittel (Bindemittelsäure

194 Hefer, A.W. 2004. Adhesion in bitumen-aggregate systems and quantification of the effects of water on the adhesive bond. PhD Thesis, Office of Graduate Studies of Texas A&M University, USA.

195 Wistuba, M. P., Grothe, H., Handle, F. & Grönniger, J. 2012. Adhesion of bitumen: Screening and evaluating laboratory testing techniques. Proc., 5th Eurasphalt und Eurobitume Congress, June 13-15, 2012, Istanbul.

bestimmt vom Schwefelgehalt) als saure Gesteine (siehe Kapitel 2.3.1.5).

» Die *physikalische Adhäsion* beruht auf elektrostatischen Bindungen. Die Polarität der beiden Phasen, also Ladung und Orientierung der Bindemittel- und Gesteinsmoleküle und die Ausbildung von Dipolen an der Grenzfläche, bestimmen das Haftverhalten (vergleichbar mit der Wirkung eines Klebebands) (Grothe & Wistuba, 2010)[193].

» Nach der *Theorie der thermodynamischen Adhäsion* wird das Haftverhalten bestimmt durch unterschiedliche Oberflächenenergien von Bindemittel und Gestein als Auslöser von thermodynamischen Ausgleichsprozessen (Grothe & Wistuba, 2010)[193].

» Nach der *Theorie der molekularen Orientierung* streben die oberflächennahen Moleküle von basischen Gesteinen und sauren Bindemitteln einen ausgeglichenen Zustand an. Je saurer das Bindemittel ist, umso größer ist das Bestreben nach einem ausgeglichenen Zustand, welches zu einem besseren Adhäsionsverhalten führt (Grothe & Wistuba, 2010)[193].

Die jeweilige Ausprägung der Wirkmechanismen, die durch die Adhäsionstheorien beschrieben sind, hängt von den Eigenschaften der Haftpartner Bitumen und Gestein ab. Beim Bitumen spielen u. a. die chemische Zusammensetzung, die Oberflächenspannung, die Viskosität und das Alterungsverhalten eine wesentliche Rolle, beim Gestein die Mineralogie (chemische Zusammensetzung), die Oberflächenrauigkeit und die Porosität.

Das Haftvermögen wird im Asphalt oft erst bei Einwirkung von Wasser herabgesetzt. Obwohl die Straßenoberfläche im gut erhaltenen Zustand als weitgehend dicht angesehen werden kann, gelangt Wasser oft in den Straßenoberbau, sei es als Niederschlagswasser über Bankett, Deckenränder, Risse bzw. Fugen oder durch Einpressen bei Radüberrollung, oder es ist im Oberbau vorhanden als Kapillar- und Porenwasser oder Kondensationswasser nach Abkühlung der eingeschlossenen Luft (Grothe & Wistuba, 2010)[193]. Im Wasser sind Salze und Gase gelöst, die an der Grenzfläche Bindemittel-Gestein chemische Reaktionen auslösen und dadurch die Bindung stören. Dann tritt Wasser in die Grenzschicht ein und unterwandert und löst den kornumhüllenden Bindemittelfilm (englisch *stripping*). Darüber hinaus können Wassermoleküle auch durch einen intakten, geschlossenen Bindemittelfilm hindurch diffundieren, sodass die

Ablösung folglich von innen heraus stattfinden kann (Grothe & Wistuba, 2010[193]; vgl. auch Wilhelmi & Schulze, 1955[196]).

Die Anwesenheit von Wasser bzw. Feuchtigkeit kann die Adhäsion daher maßgeblich verändern. Einfluss haben jedenfalls die Oberflächenspannung, die Polarität und der pH-Wert des Wassers. Gelöste Salze bestimmen das Benetzungsvermögen der Komponenten und die Unterwanderungsgeschwindigkeit des Wassers mit, im Wasser gelöste Gase (Sauerstoff und Kohlendioxid) das Oxidationsvermögen bzw. den pH-Wert (siehe Hefer et al., 2007)[197].

Gängige Versagenstheorien zur Beschreibung des Adhäsionsversagens meist im Zusammenwirken mit Wasser sind die Verdrängungs-, die Unterwanderungs-, die Porendruck- und die Filmbruchtheorie. Eine scharfe Abgrenzung dieser Begriffe gelingt letztlich nicht (siehe Kasten).

Die **Verdrängungstheorie** beschreibt im Allgemeinen den allmählichen Ersatz von Bindemittel durch Wasser infolge unterschiedlicher Grenzflächenspannungen. Nach der **Unterwanderungstheorie** unterwandern Wassermoleküle den kornumhüllenden Bindemittelfilm und lösen so die Bindung. Die **Porendrucktheorie** macht Druckspannungen zufolge Verkehrslast und Temperaturänderungen dafür verantwortlich, dass es in den Poren des Asphaltmischguts zu hohen Kapillardrücken und folglich zur mechanischen Ablösung des Bindemittelfilms kommt. Ähnliche Ursachen gelten für die **Filmbruchtheorie**, der zu Folge die Druckspannungen an den Gesteinskanten einen Bruch des Bindemittelfilms verursachen, insbesondere bei dünnen Bindemittelfilmen und nach dem Zusammenziehen des Bindemittelfilms bei niedrigen Temperaturen (Grothe & Wistuba, 2010)[193].

3.5 Auto-Regeneration (Selbstheilung)

Asphalt hat die Fähigkeit zur Auto-Regeneration (Selbstheilung). Materialien mit (Selbst-)*Heilungsvermögen* sind in der Lage, eine bereits eingetretene Strukturschädigung (typischerweise in Form von Mikrorissen) während einer Lastpause ohne äußere mechanische oder thermische Einwirkungen selbsttätig zum Teil oder vollständig zurückzubilden, also zu *heilen* (englisch *healing* oder *self-healing*) und so eine Auto-Regeneration des Baustoffs zu bewirken.

196 Wilhelmi, R. & Schulze, K. 1955. Grenzflächenvorgänge am System Wasser- bituminöse Bindemittel und ihre Bedeutung, II. Teil: Einfluß des Wassers auf die Haftfestigkeit der Bindemittel an den Festkörpern. Bitumen – Teere – Asphalte – Peche 1/1955, 12ff, Verlag für Publizität, Hannover.

197 Hefer, A. W., Little, D. N. & Labib, M. E. 2007. Advances using surface chemistry relations to quantify bitumen-aggregate stripping. Proc., Int. Conf. on Advanced Characterization of Pavement and Soil Engineering Materials, Athens, 20-22 June 2007, Taylor & Francis.

Auto-Regeneration von Asphalt bedeutet, dass bereits entstandene Mikrorisse unter bestimmten Bedingungen durch innere Fließvorgänge der Mastix wieder geschlossen werden. Die Auto-Regeneration durch inneres Fließen der Mastix kann man sich so vorstellen: Der Zusammenhalt (die Kohäsion) der Mastix wird durch unterschiedlich geladene Moleküle erzeugt. Bei Entstehung eines Risses (infolge einer mechanisch eingetragenen Schädigungsenergie) kommt es zur Separierung von benachbarten Molekülen und an den Rissflächen infolge von Ladungsunterschieden zu einer freien Oberflächenenergie. Ist die freie Oberflächenenergie groß genug, ziehen sich die Rissflächen an, und der Riss schließt sich wieder. Ist hingegen die Schädigungsenergie weiter dominant, kommt es zum Risswachstum.

Untersuchungen zum Auto-Regenerationsvermögen von Bindemitteln und Asphalten erfolgen vorrangig mittels zyklischer Laborprüfungen (siehe Kapitel 5.4.4). Werden die Schädigungs- und Oberflächenenergien aus Laborprüfungen ausgewertet, kann auf das Auto-Regenerationsvermögen geschlossen werden.

Eine wesentliche Rolle für die Größe der Oberflächenenergie und damit für das Potential zur Auto-Regeneration spielt die durch Provenienz und Raffinieren bestimmte molekulare Zusammensetzung des Bindemittels: Hohe Asphalten-Anteile vermindern das Heilungsvermögen, hohe Anteile an Aromaten sind förderlich.

Frisches Bitumen weist daher ein hohes Potential zur Auto-Regeneration auf. Eine Polymermodifikation erhöht zwar den Risswiderstand, die Polymerketten binden aber teilweise die Aromate und reduzieren so die Auto-Regeneration (Little et al., 1999[198]; Kim & Roque, 2006[199]).

Heilung von im Asphalt aufgetretenen Schädigungen ist vermutlich eine von mehreren Ursachen dafür, dass die in der Praxis an Asphaltstraßen beobachtete tatsächliche Schädigungsentwicklung deutlich langsamer verläuft, als dies die Ergebnisse von kontinuierlichen Ermüdungsprüfungen an Asphaltprobekörpern im Labor zeigen. Es ist davon auszugehen, dass in der Realität Schädigung infolge Materialermüdung erst bei einer Lastwechselzahl eintritt, welche die prüftechnisch ertragbare Lastwechselzahl bei weitem übertrifft.

---

198 Little, D. N., Lytton, R. L., Williams, D. & Kim, Y. R. 1999. An analysis of the mechanism of microdamage healing based on the application of micromechanics first principles of fracture and healing. Asphalt Paving Technology, 501-537, Chicago.

199 Kim, B. & Roque, R. 2006. Evaluation of healing property of asphalt mixtures. Transportation Research Record, No. 1790, 84-91, Washington D.C.

4 Modellierung von rheologischen Eigenschaften

4.1 Grundbegriffe der Mechanik

4.1.1 Materialmodellierung

Zweck der *Materialmodellierung* ist die Vorhersage des Materialverhaltens, also der Reaktion des Materials (Begriff siehe Kasten) auf äußere Einflüsse wie beispielsweise Kraft oder Temperaturänderung. Weil das Asphaltverhalten von den Materialeigenschaften (Begriff siehe Kasten) bestimmt ist, helfen Asphaltmodelle beim Mix Design und bei der Beurteilung der möglichen Wirkung von neuen Mischgutkomponenten.

- **Begriff *Material*:** Materialien aus der Sicht des Straßenbauwesens sind Baustoffe oder Baustoffkomponenten, die für die Herstellung von Straßen verwendet werden.
- **Begriff *Materialeigenschaft*:** Zu den physikalischen Materialeigenschaften zählen *mechanische Eigenschaften* (wie Dichte, (Visko-)Elastizität, (Visko-)Plastizität oder Duktilität, Härte (Standfestigkeit), Zug-, Druck- und Dauerfestigkeit, Zähigkeit), *optisch-akustische Eigenschaften* (wie Schallabsorption, Schall- und Lichtreflexion, Lichtbrechung), *thermische Eigenschaften* (wie Wärmeausdehnung, -leitfähigkeit), *elektrische und sonstige Eigenschaften* (wie Dielektrizitätskonstante, elektrische Leitfähigkeit, Magnetismus). Für Straßenbaumaterialen von besonderem Interesse sind – neben diesen physikalischen Materialeigenschaften – auch die *fertigungstechnischen Eigenschaften* (wie Verarbeitbarkeit/Mischbarkeit, Verdichtbarkeit), die *physikalisch-chemischen Eigenschaften* (wie Alterungsbeständigkeit, Beständigkeit gegenüber Säuren/Laugen, Brennbarkeit) und die *ökologischen Eigenschaften* (Giftigkeit, Recyclingfähigkeit, Emissionen sowie Rohstoff-/Energieverbrauch bei Herstellung, Transport, Verarbeitung, Gebrauch und Wiederverwendung).

Ein Materialmodell (Begriff siehe Kasten) vereinfacht und reduziert die Wirklichkeit auf die relevanten mathematischen Wirkzusammenhänge. Die Vereinfachung, also das Ausklammern von unwesentlichen oder allzu komplexen Abhängigkeiten, obliegt dem Modell-Urheber bzw. -Urheberin. Ursachen der Komplexität – wie jener von Asphalt – sind beispielsweise nichtlineares Materialverhalten, ein mehrachsiger Beanspruchungszustand oder die gleichzeitige Abhängigkeit von mehreren Einflussparametern (z. B. Temperatur und Zeitdauer der Einwirkung). Für ein- und dasselbe Materialverhalten kann es daher – je nach Grad der Vereinfachung – verschiedene Modellansätze geben, die sich beispielsweise in der Genauigkeit, dem Gültigkeitsbereich, den Anwendungsbedingungen oder dem Berechnungsaufwand unterscheiden.

Begriffe *Materialmodell*, *Materialgesetz*, *Stoffgesetz*: Diese Begriffe werden von Ingenieuren und Ingenieurinnen oft als Synonyme verwendet. Genaugenommen ist ein Materialmodell, das die realen Wirkmechanismen auf jene Zusammenhänge reduziert, die dem Modell-Urheber bzw. der -Urheberin relevant sind, nicht zwingend ein Gesetz im Sinne eines Naturgesetzes (oder Materialgesetzes oder Stoffgesetzes), welches das physikalische Verhalten der Materie bestimmt.

Ein Gesamtmodell für die Asphaltstraße und ihre Beanspruchung ist kaum realisierbar. Schon die Beanspruchung von Straßenaufbauten ist hochgradig komplex. Die Radlasten wirken stark veränderlich in Größe und Zeit, der Spannungszustand dreht bei jeder Radüberrollung (siehe Kapitel 3.2.1), die Materialeigenschaften von Asphalt sind abhängig von der Belastungsintensität und -dauer (Kraft, Temperatur, Frequenz) und zeigen deutliche Nichtlinearitäten sowie zeitveränderliche Eigenschaften (Langzeit- vs. Kurzzeitverhalten, Alterung, Selbstheilung). Kurzum: Es existiert kein allgemein gültiges Modell für die Asphaltstraße bzw. eine sinnvolle Kombination von Teilmodellen zu einem *Gesamtmodell*, das alle Beanspruchungen und Schädigungen ausreichend realitätsnah abbildet, das aus den Eigenschaften der einzelnen Komponenten auf das Verhalten des Kontinuums über lange Zeiträume schließen lässt und Versuche im Labor und in situ entbehrlich machen würde.

Es gibt für die Simulation von Asphalt aber brauchbare *Teilmodelle für ausgewählte Wirkungen* (z. B. Kälterissmodell, Ermüdungsmodell, Verformungsmodell). Dies sind wertvolle Instrumente, um die Wirkzusammenhänge im Materialverhalten dieses komplexen Baustoffs auf unterschiedlichen Skalen zu entschlüsseln. Bei jeder Anwendung eines Teilmodells ist aber der Gültigkeitsbereich genau zu prüfen, d. h. ob die diesem Teilmodell zu Grunde liegenden Annahmen auch für den spezifischen Anwendungsfall genau genug zutreffen.

4.1.2 Spannung, Dehnung

Die mathematische Verknüpfung der *Einwirkungen* (auch Konstitutivvariablen) mit den *Reaktionen* (auch Materialgrößen, Materialkenngrößen oder Materialparameter) erfolgt durch *konstitutive Gleichungen*. Konstitutive Gleichungen (in Form von algebraischen, Differential- oder Integralgleichungen) setzen somit die Spannungen und Dehnungen in Relation.

(Mechanische) *Spannung* und *Dehnung* (auch Verzerrung) sind die beiden grundlegenden Größen der *Kontinuumsmechanik* (siehe Kasten), um zu erörtern, wie ein zusammenhängender, deformierbarer Körper auf eine äußere Last im Inneren reagiert.

Begriff *Kontinuumsmechanik*: Die *Kontinuumsmechanik* behandelt die Analyse der Bewegung von deformierbaren Körpern unter äußerer Belastung. Je nach Art des Körpers unterteilt man ferner in *Festkörpermechanik* (inklusive Materialtheorie), *Strömungsmechanik* (Flüssigkeiten) und *Gastheorie*. Die *Materialtheorie* behandelt (wie auch die eigenständige interdisziplinäre *Materialwissenschaft* und die *Baustofftechnik*) die Klassifizierung von Materialien und Materialeigenschaften sowie die Erstellung von Materialmodellen. Die Strömungsmechanik berührt die *Rheologie* (Fließkunde), die sich als eigenständige interdisziplinäre Wissenschaft mit der Analyse des Verformungs- und Fließverhaltens von Materie beschäftigt, teilweise unter Berücksichtigung der mikroskopischen Stoffstruktur.

4.1.2.1 Belastung und Beanspruchung

Die *Belastung* (kurz: Last) ist die Summe aller *von außen aufgebrachten* mechanischen oder thermischen Kraftgrößen (Kräfte, Momente, Zwänge, Verschiebungen). Mechanische (dynamische oder statische) Belastungsarten sind Zug (Dehnung), Druck (Stauchung oder allseitige Kompression), Biegung, Knickkraft, Scherung und Torsion (siehe Kasten). Eine thermische Belastung resultiert aus einer Änderung der Außentemperatur ungleich der Körpertemperatur.

Bei **Scherung** wird ein Körper durch entgegengesetzte Kräfte, die an zwei parallel zueinander liegenden Oberflächen tangential angreifen, verschoben oder verdreht. Der Querschnitt des Körpers bleibt unverändert. **Torsion** ist eine Sonderform der Scherung. Dabei wird der Körper durch eine externe Momenteneinwirkung in Form einer Drehbewegung um seine Längsachse verdrillt.

Die *Beanspruchung* ist die Summe aller belastungsbedingten, *im inneren des Körpers wirkenden* Spannungen und Verzerrungen. Unter thermischer Beanspruchung versteht man die Eigenspannungen im Körper, die durch Temperaturänderungen im Körperinneren entstehen.

4.1.2.2 Spannung, Spannungstensor

Allgemein gilt, dass eine auf einen Körper einwirkende *Last* zu einer inneren *Beanspruchung* führt (und diesen in Bewegung versetzen kann). Wie die Beanspruchung in einem Körper verteilt ist, sobald eine mechanische oder thermische Belastung auf ihn einwirkt, wird durch die *Spannung* zum Ausdruck gebracht (Newtonsches[200] Reaktionsprinzip).

Die elementare Definition der Spannung lautet (siehe Kasten): Spannung ($\sigma = F/A$) ist gleich Kraft F pro Fläche A (Cauchy, 1822)[201], für die in der Festkörpermechanik die Einheit Megapascal üblich ist (1 MPa = 1 Million Pa = 1 Million $MN/m^2 \equiv 1\ N/mm^2$).

Vorzeichenregel: Üblicherweise sind in der Straßenbautechnik (und in der Geotechnik im Gegensatz zum sonstigen Ingenieurbereich und zur Physik) Druckspannungen positiv und Zugspannungen negativ.

Die Spannung in einem bestimmten Punkt des Körpers ist der *Kraftfluss*, der über den Stoffschluss im Körper auf ein den Punkt umgebendes Feld (*Spannungstensorfeld*) wirkt. Der Spannungszustand in einem bestimmten Punkt des Körpers kann durch den Spannungstensor ***S*** (siehe Kasten) beschrieben werden (Gl. 5).

Begriffsdefinitionen: • ***Skalar**:* mathematische Größe mit einem (reellen) Zahlenwert (z. B. Temperatur); • ***Vektor**:* geometrisches Objekt mit einer Größe und einer Richtung (z. B. Kraft); Matrix mit nur einer Spalte; • ***Matrix**:* rechteckige mathematische Anordnung (Tabelle) von Elementen (auch Komponenten, Einträge); die Elemente sind indiziert durch die i-te Zeile und die j-te Spalte; es ergeben sich Zeilen(vektoren) und Spalten(vektoren); • ***Tensor**:* eine mathematische Struktur mit Bauform einer Matrix; ein Tensor ist eine generalisierte Matrix: ein Vektor ist ein eindimensionaler Tensor (Tensor erster Stufe), eine Matrix ein dreidimensionaler Tensor (Tensor zweiter Stufe). Wichtigster Unterschied zur Matrix ist, dass der Tensor über Transformationsgesetze mit anderen mathematischen Strukturen interagiert; beim Spannungstensor bezeichnet der Index i die Normalenrichtung der Fläche, der Index j die Wirkrichtung der Spannung.

$$\boldsymbol{S} = \begin{pmatrix} \sigma_x & \tau_{xy} & \tau_{xz} \\ \tau_{yx} & \sigma_y & \tau_{yz} \\ \tau_{zx} & \tau_{zy} & \sigma_z \end{pmatrix} = \begin{pmatrix} \sigma_{11} & \sigma_{12} & \sigma_{13} \\ \sigma_{21} & \sigma_{22} & \sigma_{23} \\ \sigma_{31} & \sigma_{32} & \sigma_{33} \end{pmatrix} \qquad \text{Gl. 5}$$

Der Spannungstensor ***S*** (Schreibweise auch σ_{ij} oder $\underline{\sigma}$) fasst die Normalspannungen (σ_{11} oder σ_x; σ_{22} oder σ_y; σ_{33} oder σ_z; wirken rechtwin-

200 Sir Isaac Newton (1642-1726), englischer Naturforscher; Hauptwerk ‚Philosophiae Naturalis Principia Mathematica' (Formulierung des Gravitationsgesetzes und der Bewegungsgesetze) ist Grundstein der klassischen Mechanik.

201 Augustin-Louis Cauchy (1798-1857), französischer Mathematiker, Pionier der Analysis.

kelig auf die Fläche; Druck positiv), bei denen Normalen- und Wirkrichtung gleich sind ($\sigma_x=\sigma_{xx}$; $\sigma_y=\sigma_{yy}$; $\sigma_z=\sigma_{zz}$), sowie die tangential wirkenden (transversale) Scherspannungen ($\sigma_{12}=\sigma_{21}$ oder $\tau_{xy}=\tau_{yx}$; $\sigma_{13}=\sigma_{31}$ oder $\tau_{xz}=\tau_{zx}$; $\sigma_{23}=\sigma_{32}$ oder $\tau_{yz}=\tau_{zy}$; wirken parallel zur Fläche) in einer mathematischen Struktur zusammen. Durch diese Schreibweise wird eine Verwechselung mit den Hauptspannungen ($\sigma_{1,2,3}$ oder $\sigma_{I,II,III}$ bzw. $\tau_{1,2,3}$ oder $\tau_{I,II,III}$) vermieden.

Die *Hauptspannungen* (Hauptnormal- und Hauptschubspannungen) sind die extremen Spannungen, die an einem Punkt im Material auftreten. Die *Hauptnormalspannungen* weisen in die drei paarweise senkrechten Richtungen, in denen bei Zug und Druck keine Scherspannungen auftreten. Jeder Spannungszustand kann mittels *Hauptachsentransformation* in ein Koordinatensystem umgerechnet werden, in dem alle Scherspannungen verschwinden (*Eigenwert- oder Eigenvektorproblem*) (siehe Abbildung 66).

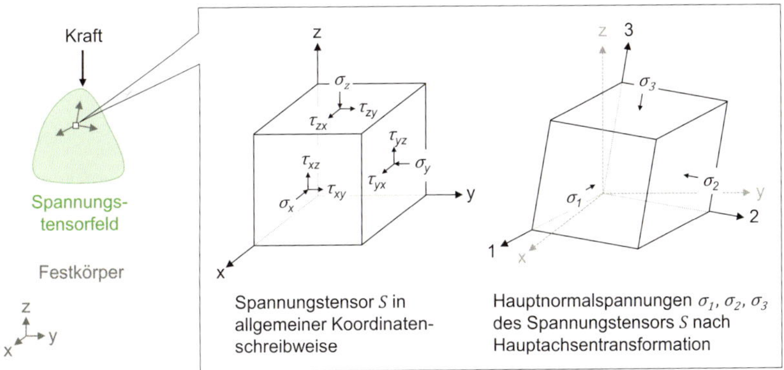

Abbildung 66 Spannungstensor: allg. Koordinatenschreibweise, nach Hauptachsentransformation

Ein einfaches, anschauliches grafisches Verfahren, um für den ebenen Spannungszustand die Hauptnormalspannungen, ihre Richtungen und die maximalen Scherspannungen aus den Scher- und Normalspannungen abzuleiten bzw. die ebenen Spannungsgrößen zwischen lokalen, kartesischen Koordinatensystemen zu transformieren, stellt der *Mohrsche Spannungskreis* dar. Die nach Mohr[202] benannten Kreise, deren Radien gleich

202 Christian Otto Mohr (1835-1918), deutscher Ingenieur und Baustatiker, Studium in Hannover, in Lüneburg im Dienste der Eisenbahn, Professor in Stuttgart und Dresden; Biegebalkentheorie, Mohrscher Spannungskreis.

den Hauptscherspannungen sind, umschließen alle möglichen Punkte, die durch eine beliebige Normalspannung und die zugehörige Scherspannung definiert sind.

Ein hydrostatischer Spannungszustand liegt vor, wenn alle drei Hauptnormalspannungen gleich groß sind ($\sigma_1=\sigma_2=\sigma_3$).

Zur Beschreibung eines lokalen Beanspruchungszustands in einem Festkörper (wie beispielsweise Asphalt) wird der Spannungstensor oft zerlegt in einen hydrostatischen Anteil p und einen deviatorischen Anteil q.

Der *hydrostatische Anteil p* des Spannungstensors (oder *Mittelspannung*) ist das arithmetische Mittel der drei Hauptspannungen (Gl. 6). Die Mittelspannung p ist der allseitig gleichmäßige Umgebungsdruck auf den Körper (und eine invariante Größe sowie unabhängig vom Koordinatensystem).

$$p = \frac{\sigma_x + \sigma_y + \sigma_z}{3} \qquad \text{Gl. 6}$$

Der *deviatorische Anteil q* des Spannungstensors ist jener, der vom hydrostatischen Anteil abweicht (Gl. 7).

$$q_i = \sigma_i - p \quad \text{mit i = x, y, z} \qquad \text{Gl. 7}$$

Die *Differentialspannung* σ_d ist die Differenz zwischen der größten (σ_1) und der kleinsten Hauptspannung (σ_3) (Gl. 8).

$$\sigma_d = \sigma_1 - \sigma_3 \qquad \text{Gl. 8}$$

Die Differentialspannung σ_d ist zur Modellierung von Verformungen in Asphaltstraßen von Interesse. Die Verformung einer Asphaltschicht unter Last kann durch Volumenänderung infolge (Nach-)Verdichtung des Korngerüsts bei Verringerung des Hohlraumgehalts, als auch durch eine volumenkonstante Gestaltänderung verursacht sein (Verquetschen von Material und folglich Spurrinnenbildung). Die Differentialspannung gilt als maßgebend für die Spurrinnenbildung in überbeanspruchten oder unterdimensionierten Asphaltschichten (vgl. Abbildung 55 a).

4.1.2.3 Verzerrung und Dehnung

Nach der Modellvorstellung der Kontinuumsmechanik steht die infolge einer Belastung in einen Festkörper eingeleitete Spannung jederzeit und überall mit der vom Material entgegengebrachten *Reaktionsspannung* im Gleichgewicht. Dadurch kommt es zu einer Änderung der inneren Anordnung.

Die *innere Anordnung* besteht aus Massenpunkten (Atome, Atomgruppen), die in (hauptsächlich elektrischer) Wechselwirkung stehen. Die Wechselwirkungskraft kann als Gradient der potentiellen Energie formuliert werden.

Die Änderung der inneren Anordnung hängt ab von den Materialeigenschaften (Steifigkeit) des Körpers und korrespondiert mit Verzerrungen und folglich mit Gestaltänderungen.

Eine *Gestaltänderung* ist eine Verformung (auch Deformation), die als *Längenänderung* (*Dehnung*; nach Vorzeichenwechsel auch *Stauchung*; bedingt durch Temperaturänderung auch Wärmeausdehnung bzw. Schrumpfen) oder als *Winkeländerung* (Scherung, Torsion) in Erscheinung tritt. Der *Verformungswiderstand* ist jene Kraft des Körpers, die einer äußeren Kraft entgegenwirkt.

Die maximal zulässige Gestaltänderung bestimmt die Grenze der *Belastbarkeit*. Bei Überschreiten der Belastungsgrenze verformt sich der Körper über ein zulässiges Maß, er versagt, ausgedrückt u. a. mittels Festigkeits-, Fließ-, Versagenskriterien, Plastifizierungsgesetzen. Bei isotropen, homogenen Materialien sind zur Auffindung dieser Grenzen meist nur die Hauptspannungen relevant.

Die *Verzerrung* ist ebenso wie die Spannung ein Tensor. Die Formulierung des zum Spannungstensor zugehörigen *Verzerrungstensors* gibt Aufschluss über die Größe der Beanspruchung.

Die Materialwissenschaft, die Baustofftechnik, die Rheologie beschäftigen sich mit der Modellierung des Zusammenhangs zwischen Spannungs- und Verzerrungstensor sowie deren Raten und zeitlichen Verläufen, um das Deformations- und Fließverhalten von Materialien zu prognostizieren.

Der (linearisierte) Verzerrungstensor ***E*** lautet:

$$\boldsymbol{E} = \begin{pmatrix} \varepsilon_{xx} & \varepsilon_{xy} & \varepsilon_{xz} \\ \varepsilon_{yx} & \varepsilon_{yy} & \varepsilon_{yz} \\ \varepsilon_{zx} & \varepsilon_{zy} & \varepsilon_{zz} \end{pmatrix} \qquad \text{Gl. 9}$$

Die Hauptdiagonalelemente des linearen Verzerrungstensors (beschreiben die Längenänderung (Dehnung)ie übrigen Elemente des Verzerrungstensors (eschreiben die Winkeländerung (Scherung).

Der elementare Dehnungsbegriff ist der Quotient von Längenänderung zu Ursprungslänge: Die *Dehnung* $\varepsilon = \Delta\ell/\ell_0$ ist die relative Längenänderung $\Delta\ell$ (Verlängerung bzw. Verkürzung) eines Körpers mit der Ausgangslänge ℓ_0 unter Belastung. Sie wird als dimensionslose Zahl (in Mikrometer [µ]) oder mit 100 multipliziert als Prozentwert oder in Mikrometer pro Meter (µm/m) angegeben (siehe Kasten). 1 Mikrometer (µm) entspricht 10^{-6} m oder 0,001 Millimeter (mm).

Verkehrslastbedingte Dehnungen in Asphaltstraßen liegen in der Größenordnung von 100 µm/m. Das entspricht 0,1 mm/m.

Im Laborversuch werden die Werte von $\Delta\ell$ und ℓ_0 idealerweise direkt am Probekörper gemessen und daraus die Dehnung ermittelt. Typisches Beispiel hierfür ist der einaxiale Druckversuch (Druckdehnung) oder der einaxiale Zugversuch (Zugdehnung), bei dem jeweils ein homogener Beanspruchungszustand (siehe nachfolgendes Kapitel) entsteht.

4.1.3 Homogener und inhomogener Spannungszustand

Liegt während eines Belastungsversuchs eines Körpers in jedem Punkt seines Querschnitts der gleiche Spannungszustand vor, so nennt man diesen einen *homogenen* Versuch. Beim *inhomogenen* Belastungsversuch variiert der Spannungs-Verzerrungszustand von Punkt zu Punkt des Querschnitts.

Zu den *homogenen Asphaltprüfverfahren* mit einem homogenen Spannungs-Dehnungs-Zustand im Messbereich zählen die meisten Scherprüfungen und einaxialen Zug-, Druck- oder Wechsellastprüfungen an schlanken Probekörpern (Verhältnis Höhen- zu Querschnittsausdehnung > 2,5) mit oder ohne radialer Einspannung.

Alle Biege- und indirekten Zugprüfungen (z. B. Spaltzug-Schwellversuch) sind den *inhomogenen Asphaltprüfverfahren* zuzuordnen. Die Ableitung von Asphaltkenngrößen mit Hilfe von inhomogenen Verfahren ist strenggenommen nur zulässig, solange lineares viskoelastisches Materialverhalten angenommen werden kann (Di Benedetto et al., 2001)[203], also nur im Bereich sehr kleiner Dehnungen (siehe Kapitel 4.2).

Ein homogener Spannungs-Verzerrungszustand ermöglicht den unmittelbaren Zugang zu Materialkenngrößen. Ein Beispiel hierfür ist der einaxiale Zug- oder Druckversuch (siehe Kasten), bei dem der Elastizitätsmodul E einfach mit dem Hookeschen[204] Materialgesetz bestimmbar ist.

---

203 Di Benedetto, H., Partl, M. N., Francken, L. & De La Roche Saint André, C. 2001. Stiffness testing for bituminous mixtures. Rilem TC-182, Performance Testing and evaluation of bituminous materials. Materials and Structures, Vol. 34, March 2001, pp 66-70.

204 Robert Hooke (1635-1702), englischer Universalgelehrter, hauptsächlich durch das Elastizitätsgesetz bekannt.

Der Vorteil eines **homogenen Spannungs-Verzerrungszustands** offenbart sich beispielsweise bei der Auswertung eines Steifigkeitsversuchs anhand einer einaxialen Druckprüfung im Bereich linear-elastischen Materialverhaltens (siehe Abbildung 67): Wird ein homogener, isotroper Probekörper mit Höhe h und dem Querschnitt $r^2 \times \pi$ einaxial mit der Druckkraft F belastet, dann gilt in jedem Punkt des Querschnitts $\sigma = F/(r^2 \times \pi)$. Zur Bestimmung des Elastizitätsmoduls (E-Modul, als Werkstoffanteil der Steifigkeit, siehe Kapitel 4.1.6.1) interessiert nur noch die erfolgte Stauchung des Probekörpers. Mittels eines (mechanischen oder Laser-)Extensometers (Dehnungssensor) oder eines aufgeklebten Dehnmessstreifens wird die Längenänderung Δh am Probekörper gemessen. Die Stauchung des Probekörpers ist $\varepsilon = \Delta h/h$. Der Elastizitätsmodul ergibt sich direkt aus Normalspannung σ und gemessener Längenänderung Δh anhand des linear-elastischen Materialgesetzes nach Hooke $E = \sigma\varepsilon$.

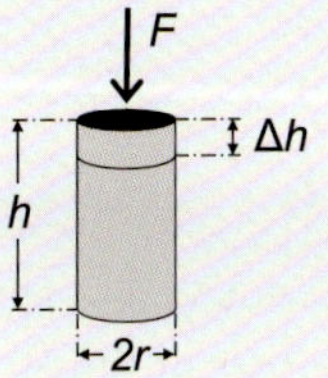

$$\left.\begin{aligned} \sigma &= \frac{F}{r^2 \cdot \pi} \\ \varepsilon &= \frac{\Delta h}{h} \end{aligned}\right\} \quad E = \frac{\sigma}{\varepsilon}$$

Abbildung 67 Homogener Spannungszustand im einaxialen Druckversuch

Liegt hingegen ein *inhomogener Spannungs-Verzerrungszustand* vor, sind die Spannungen nicht homogen über den Querschnitt verteilt. Dies veranschaulicht das nachfolgende Beispiel zur Durchbiegung eines Balkens auf zwei Stützen unter mittiger Belastung (Dreipunktbiegung) unter Annahme der Balkentheorie Erster Ordnung (siehe Kasten).

Um den E-Modul des Materials zu ermitteln, benötigt man bei inhomogenen Spannungs-Verzerrungszuständen eine Rechenhypothese (im Beispiel die Balkentheorie) und die Gewissheit, dass die Voraussetzungen für die Gültigkeit und Anwendbarkeit dieser Hypothese gegeben sind.

Dreipunktbiegung nach *Balkentheorie Erster Ordnung*: Ein spezieller Fall eines einachsigen Spannungszustands ist die reine Biegung um eine Achse. Gemäß den Bernoullischen[205] Annahmen besteht der Balken aus isotropem Material, folgt dem Hookeschen Gesetz, ist schlank (Länge >> Querschnitt), die Biegeverformungen sind klein im Vergleich zur Länge und auch nach der Biegeverformung bleiben die rechteckigen Querschnitte in sich eben und stehen weiterhin senkrecht auf der Balken-

>

205 Jakob I Bernoulli (1654-1705), Schweizer Mathematiker und Physiker aus der Gelehrtenfamilie Bernoulli. Entwicklung der Wahrscheinlichkeitstheorie (Bernoulli-Verteilung).

achse. Die elastische Verformung wird durch die Biegelinie w(x) dargestellt, welche die (Durch-)Biegung des Balkens als orthogonalen Versatz der verformten Lage zur unverformten Balkenachse zeigt. Sie hängt nur ab von der Belastung (Biegemoment M_y) und der Biegesteifigkeit (Elastizitätsmodul E und Flächenträgheitsmoment I_y). Das (axiale) Flächenträgheitsmoment I_y ist der Widerstand des rechteckigen Balkenquerschnitts gegenüber Biegung. Die Spannungsverteilung im Querschnitt ist symmetrisch um die neutrale (spannungs- und dehnungsfreie) Achse. Reagiert der Körper auf Zug und Druck identisch, kann die maximale Zugspannung in der Randfaser σ_f nach der in Abbildung 68 angegebenen Gleichung berechnet werden. Aufgrund der Querkraftbiegung treten im Querschnitt zusätzlich parabolisch verteilte Scherspannungen τ auf, mit der maximalen Scherspannung τ_{max} in Querschnittsmitte. (Quellen: Brinson & Brinson, 2015[206]; *wiki.polymerservice-merseburg.de*)

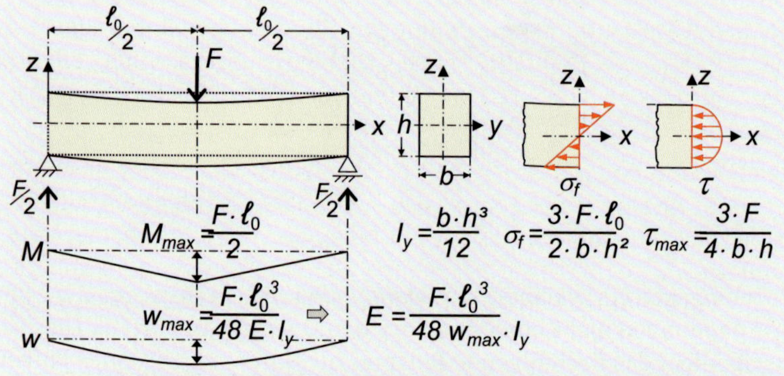

Abbildung 68 Inhomogener Spannungszustand bei Dreipunktbiegung

Aus der Belastung des Balkens resultiert somit ein komplexer inhomogener Spannungszustand. Gleichzeitig gibt es im Querschnitt Zug-, Druck- und Scherspannungen. Anstelle einer Dehnung wird daher der Einfachheit wegen die maximale Durchbiegung w_{max} in Probenmitte gemessen. Die elastische Durchbiegung steht nach der Biegetheorie in Zusammenhang mit der Belastung (Biegemoment M_y) und der Biegesteifigkeit, die wiederum vom Elastizitätsmodul E und vom axialen Flächenträgheitsmoment I_y abhängt. Aus der Gleichung für die maximale Durchbiegung w_{max} kann der E-Modul E rückgerechnet werden. Es braucht somit die Balkentheorie als Rechenhypothese, um den Elastizitätsmodul E aus einer Messgröße, hier die maximale elastische Durchbiegung w_{max}, rückrechnen zu können.

206 Brinson, H. F. & Brinson, L. C. 2015. Polymer Engineering Science and Viscoelasticity. Springer Science & Business Media New York, DOI 10.1007/978-1-4899-7485-3_2.

4.1.4 Isotropes Materialverhalten

Ein Material verhält sich *isotrop* (altgriechisch *isos* für gleich und *tropos* für Drehung, Richtung), wenn es in alle Richtungen gleiche Eigenschaften aufweist (im Gegensatz zur *Anisotropie*). Die Richtungsunabhängigkeit der Materialeigenschaften ist gleichbedeutend mit einer homogenen räumlichen Struktur.

Bitumen kann in erster Näherung als homogenes isotropes Material angesehen werden. Das verdichtete Asphaltmischgut ist hingegen hochgradig *heterogen*, d. h. es ist im inneren Aufbau nicht in jedem Punkt gleich, sondern hat eine inhomogene räumliche Struktur. Einbau- und Verdichtungsprozess führen zur Kornausrichtung und zur Ausprägung unterschiedlicher Materialeigenschaften (i.) in Richtung der vertikalen Verdichtungskraft, (ii.) horizontal längs der Walzrichtung und (iii.) horizontal quer zur Walzrichtung. Folglich verhält sich Asphalt *immer* ausgeprägt *anisotrop* (Motola & Uzan, 2007[207]; Di Benedetto et al., 2016[208]).

Idealisierend und vereinfachend erfolgt jedoch die Beschreibung des Spannungs-Dehnungs-Verhaltens von Asphalt meist unter der Annahme eines isotropen Materialverhaltens.

4.1.5 Verformungsverhalten: Elastizität, Plastizität, Viskosität

Straßenbauasphalt verhält sich als ein verdichtetes Haufwerk aus Gestein und Bitumen belastungs- und temperaturabhängig. Während bei Beanspruchung das Gestein *elastisch* reagiert, ist das Bindemittel Bitumen ein *thermo-viskoser* Baustoff. Die Eigenschaften beider Komponenten spiegeln sich im Verformungsverhalten von Asphalt wider, dessen Verformungsanteile von den jeweiligen Beanspruchungsbedingungen gesteuert werden.

Die Verformungsanteile von Asphalt können in *reversible* (rückstellbare, *elastische*) und *irreversible* (bleibende, dauerhafte, permanente, *plastische*) Anteile unterteilt werden.

Die jeweilige Ausprägung von reversiblen und irreversiblen Verformungsanteilen in einer Asphaltbefestigung hängt ab von den temperaturabhän-

207 Motola, Y. & Uzan, J. 2007. Anisotropy of field-compacted asphalt concrete material. Journal of Testing and Evaluation, 35(1), 103-105, doi: 10.1520/JTE100151.

208 Di Benedetto, H., Sauzéat, C. & Clec'h, P. 2016. Anisotropy of bituminous mixture in the linear viscoelastic domain. Mechanics of Time-Dependent Materials, 20(3), 281-297, doi: 10.1007/s11043-016-9305-0.

gigen Materialeigenschaften des Bitumens (bzw. der Mastix), der inneren Struktur des verdichteten, festen Asphalthaufwerks und von den Beanspruchungsbedingungen, insbesondere von Größe und Richtung der einwirkenden Kräfte (Zug-, Druck- oder Scherbeanspruchung), Temperatur und Lasteinwirkungszeit (Frequenz).

Daher zeigt Asphalt unter Belastung stets nebeneinander elastische bzw. viskoelastische und plastische bzw. viskoplastische Verformungsanteile in unterschiedlichen Verhältnissen zueinander. Die Modellierung dieser Verformungsanteile kann mittels der Grundelemente *Feder*, *Dämpfer* und *Reiber* (siehe Kasten) erfolgen.

Die ***Grundelemente der Mechanik*** (auch *Grundmodelle*) zur Beschreibung der idealisierten Grundeigenschaften *Elastizität*, *Viskosität* und *Plastizität* sind: die *Feder* (englisch *spring*), der *lineare Dämpfer* (englisch *dashpot*), der *nichtlineare* (oder *fraktionaler* oder *variabler*) *Dämpfer* (englisch *parabolic dashpot* oder *springpot*) und der *Reiber* (englisch *(frictional) slider*) (siehe Abbildung 69).

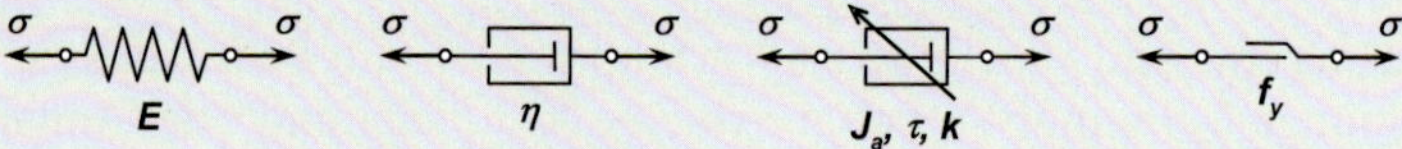

Abbildung 69 Grundelemente der Mechanik – von links nach rechts: Feder, linearer Dämpfer, nichtlinearer Dämpfer und Reiber (aus Wistuba et al., 2009)[209]

4.1.5.1 Elastisches Verformungsverhalten

Elastische Verformung erfolgt unter Lasteinwirkung spontan und ist nach Entlastung spontan rückstellbar (reversibel, keine verbleibende Verformung, keine Energiedissipation).

Für elastisches Materialverhalten gelten das Modell der *Feder* und das *Hookesches Gesetz*, wonach die Dehnung ε proportional zur wirkenden Spannung σ ist:

$$\sigma = E \cdot \varepsilon \qquad \text{Gl. 10}$$

209 Wistuba, M. P., Monismith, C., Bahia, H. U., Renken, P., Olard, F., Blab, R., Mollenhauer, K., Metzker, K., Büchler, S., Grönniger, J., Zeng, M. & Nam, K. 2009. Asphaltverhalten bei tiefen Temperaturen. Schriftenreihe Straßenwesen, Heft 23, Institut für Straßenwesen, Technische Universität Braunschweig.

Der Proportionalitätsfaktor E (*Federkonstante*) von Spannung zu Deformation (σ/ε) wird *E-Modul* genannt (*Elastizitätsmodul, Youngscher*[210] *Modul*, oft auch *Steifigkeitsmodul* wegen des *Werkstoffanteils* an der Steifigkeit gemäß Kapitel 4.1.6.1).

Infolge der Querdehnung bei Druckbeanspruchung (bzw. Querkontraktion bei Zugbeanspruchung) ergibt sich auch quer zur Kraftrichtung eine Beanspruchung ε_y. Das Verhältnis aus Quer- und Längsdehnung ist die *Poissonsche*[211] *Zahl* ν (oder *Poissonzahl* oder *Querdehnzahl*):

$$\nu = \varepsilon_y / \varepsilon_x \qquad \text{Gl. 11}$$

Analog zur Normalspannung gilt das Hookesche Gesetz auch bei Scherbeanspruchung (Schubbeanspruchung; siehe Kasten). Durch eine Scherbeanspruchung $\tau = F/A$ erfährt der Körper eine Gleitung mit der Scherdeformation γ (siehe Abbildung 70).

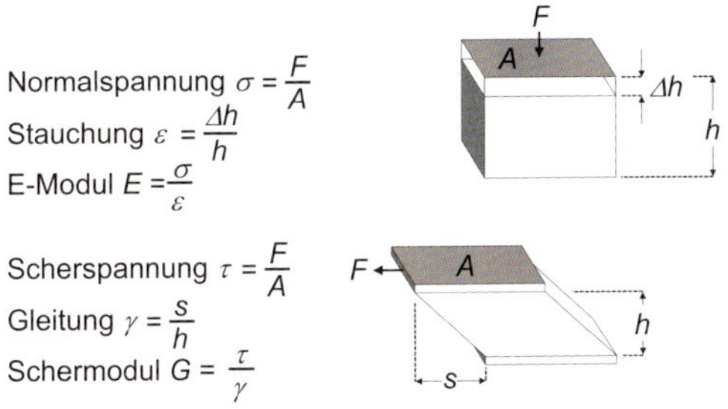

Normalspannung $\sigma = \frac{F}{A}$
Stauchung $\varepsilon = \frac{\Delta h}{h}$
E-Modul $E = \frac{\sigma}{\varepsilon}$
Scherspannung $\tau = \frac{F}{A}$
Gleitung $\gamma = \frac{s}{h}$
Schermodul $G = \frac{\tau}{\gamma}$

Abbildung 70 Druckbeanspruchung und Scherbeanspruchung (schematisch)

Nach dem Hookeschen Gesetz für Scherbeanspruchung bei elastischem Materialverhalten ist die Scherdeformation γ proportional zur Scherspannung τ:

$$\tau = G \cdot \gamma \qquad \text{Gl. 12}$$

Der Proportionalitätsfaktor G wird *Schermodul* (oder *Schubmodul*) genannt. Er ist (im Bereich linear-viskoelastischen Materialverhaltens) über die Poissonsche Zahl ν mit dem E-Modul verknüpft:

$$E = 2\,G \cdot (1 - \nu) \qquad \text{Gl. 13}$$

210 Thomas Young (1773-1829), englischer Augenarzt und Physiker; Schriften u. a. zur Wellentheorie des Lichts; promovierte 1796 in Göttingen.

211 Siméon Denis Poisson (1781-1840), französischer Physiker und Mathematiker, Schüler von Laplace, Arbeiten zu den physikalischen Grundlagen von Wellen, Akustik, Elastizität, Wärme und elektrischen Eigenschaften von festen Körpern.

Die Begriffe *Schubbeanspruchung* und *Scherbeanspruchung* beschreiben den gleichen physikalischen Vorgang, nämlich dass eine Kraft parallel zu einer Grundfläche auf einen Körper wirkt (siehe Abbildung 70). Die Begriffe werden als Synonyme verwendet und unterscheiden sich voneinander nur durch die Sichtweise: Die *Scherbeanspruchung* bezieht sich auf die Wirkung der *Scherkraft*, die eine Verformung (*Scherung*) auslöst, die *Schubbeanspruchung* bezieht sich auf die *Bewegung* des Körpers (*Schubverzerrung*).

Elastizität und Viskoelastizität (siehe unten) sind für die reversiblen Verformungsanteile im Asphalt verantwortlich. Bei sehr tiefen Temperaturen und Kurzzeitbelastung liegt näherungsweise ein linear elastisches, zeitunabhängiges Verhalten vor, d. h. dass die infolge der Lasteinwirkung spontan eintretende Dehnung bei Entlastung ebenso spontan zurückgestellt wird.

Bei Asphalt ist eine hohe Elastizität oft mit einer hohen Sprödigkeit (siehe Kasten) verbunden, sodass ausgeprägte sprödelastische Asphalteigenschaften bei extremer Kälte zu Rissbildung in Asphaltstraßen führen können.

Sprödigkeit: Stoffe mit ausgeprägter Sprödigkeit versagen schlagartig, d. h. ohne vorhergehende bleibende Formänderungen (Bsp. Keramik).

4.1.5.2 Plastisches Verformungsverhalten

Plastische (bleibende) *Verformung* erfolgt unter Lasteinwirkung spontan und wird nach Entlastung beibehalten. Das mechanische Modell dazu ist der *Reiber* (oder *St. Venant*[212] *Element*).

Der Reiber kann anhand eines Reibklotzes auf einer reibungsbehafteten Oberfläche veranschaulicht werden, der sich erst nach Überwinden der Haftreibungskraft in Bewegung versetzen lässt (siehe Abbildung 69, rechts).

Ein ideal plastischer Körper verformt sich nicht (genau wie ein ideal starrer Festkörper), solange die Spannung unterhalb seiner Fließgrenze σ_F ist. Ist die Fließgrenze σ_F überschritten, verformt er sich irreversibel mit

212 Adhémar Jean Claude Barré de Saint-Venant (1797-1886), französischer Ingenieur, Mathematiker und Physiker. Beiträge zur klassischen Mechanik und zur Hydromechanik (z. B. Saint-Venant-Gleichungen zur Simulation instationärer Wasserspiegellagen).

nicht definierter Geschwindigkeit (wie eine Flüssigkeit mit unendlich kleiner Viskosität). Es gilt:

$$\varepsilon = \begin{cases} 0: & \sigma < \sigma_F \\ \varepsilon(t): & \sigma \geq \sigma_F \end{cases} \quad \text{Gl. 14}$$

4.1.5.3 Viskoses Verformungsverhalten

Viskose Verformung ist eine *zeitabhängige* Verformung unter Lasteinwirkung. Für viskoses Materialverhalten gilt das Modell des *Dämpfers* (oder *Newton*[200] *Element*) (siehe Abbildung 69, Mitte).

Die dämpfende Wirkung des Newton Elements kann man sich anhand eines Türschließers vorstellen, der die zurückfedernde Tür gedämpft ins Schloss fallen lässt. Der Dämpfer beschreibt das Verhältnis von Spannung σ zu Deformationsgeschwindigkeit $\dot{\varepsilon}$:

$$\sigma = \eta \cdot \dot{\varepsilon} \quad \text{Gl. 15}$$

Der Proportionalitätsfaktor (auch Dämpfungskoeffizient) von Spannung σ zu Deformationsgeschwindigkeit $\dot{\varepsilon}$ ist die *dynamische Viskosität* η [Pa · s].

Die dynamische Viskosität η steht über die Dichte ρ mit der *kinematischen Viskosität* ν [m^2/s] in Zusammenhang:

$$\eta = \nu \cdot \rho \quad \text{Gl. 16}$$

Für einen linearen Dämpfer ist die Spannung linear proportional zur Deformationsgeschwindigkeit (*erste* Ableitung). Für einen nichtlinearen Dämpfer ist die Spannung proportional zur *n*-ten Ableitung der Deformation, mit *n* als reelle Zahl (siehe Pronk, 2003)[213].

Viskoelastizität kennzeichnet zeit-, temperatur- und frequenzabhängiges Materialverhalten, das unter Belastung *teilweise elastisch* (wie ein Festkörper) und *teilweise viskos* (wie eine zähe Flüssigkeit) ist. Die viskoelastische Verformung unter Lasteinwirkung erfolgt zeitabhängig, strebt unter konstanter Last einem Grenzwert zu und ist nach Entlastung zeitabhängig, aber vollständig rückstellbar (siehe Abbildung 71). Die vollständige Rückstellung kann allerdings in der Unendlichkeit ($t \rightarrow \infty$) liegen (mit asymptotischem Verlauf).

---

213 Pronk, A. 2003. The variable dashpot. DWW-2003-030, Dienst Weg- en Waterbouwkunde, Delft, The Netherlands.

Viskoplastizität kennzeichnet zeit-, temperatur- und frequenzabhängiges Materialverhalten, das unter Belastung *teilweise plastisch* (irreversibel verformbar) und ab der Fließgrenze *viskos* ist. Das Verhalten strebt unter konstanter Last einem Grenzwert zu und wird nach der Entlastung beibehalten.

Irreversible Asphaltverformungen sind auf die plastischen Eigenschaften des Asphalts zurückzuführen. Sie sind beispielsweise in Asphaltstraßen mit untauglicher Mischgutzusammensetzung hauptverantwortlich für die Spurrinnenbildung.

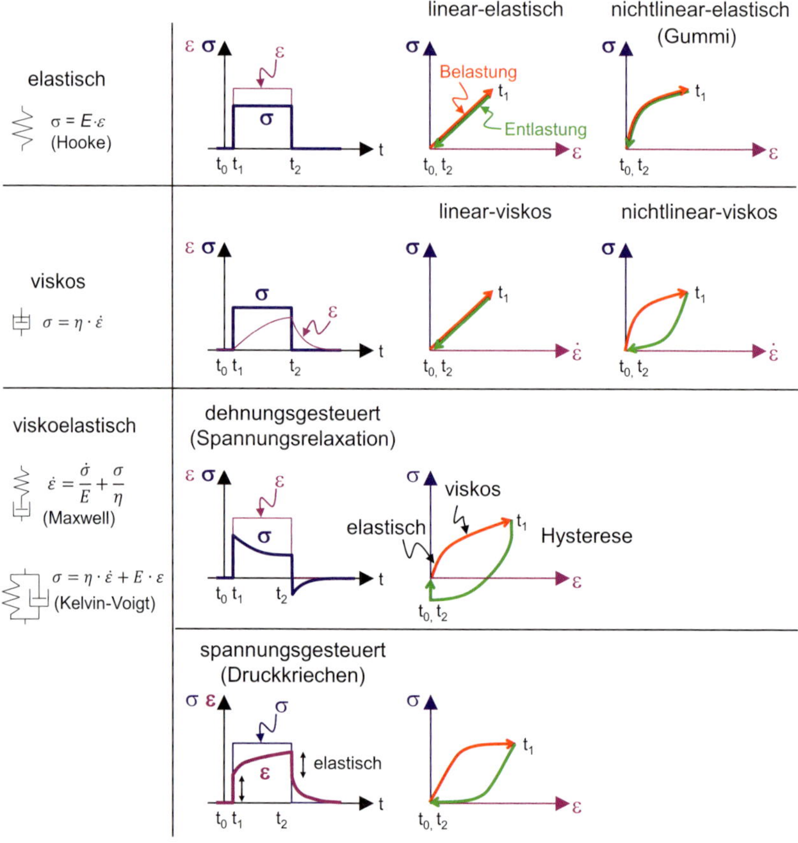

Abbildung 71 Elastisches, viskoses und viskoelastisches Materialverhalten (Relaxation und Kriechen)

4.1.6 Steifigkeit und Festigkeit

4.1.6.1 Steifigkeit

Die *Steifigkeit* ist der Widerstand eines Körpers gegen elastische Verformungen unter Last und wird bestimmt von seiner *Geometrie* (Flächenträgheitsmoment) und seinen *elastischen Eigenschaften*.

Für die Charakterisierung von elastischen Materialeigenschaften können die Materialkennwerte *E-Modul* oder *Schermodul* herangezogen werden. Es gilt:

$$\text{Steifigkeit} = E \cdot I \qquad \text{Gl. 17}$$

wobei E der *E-Modul* [$MN/m^2 = N/mm^2$] ist und damit der *Werkstoffanteil* der Steifigkeit, und I das Flächenträgheitsmoment [m^4] und damit der *Geometrieanteil* der Steifigkeit. Oft ist im Ingenieurwesen (unkorrekt) mit dem Begriff Steifigkeit nur der Werkstoffanteil der Steifigkeit gemeint.

Analoges gilt für Scherung, die Schersteifigkeit ergibt sich aus:

$$\text{Schersteifigkeit} = G \cdot I_p \qquad \text{Gl. 18}$$

mit G als Schermodul (Werkstoffanteil der Schersteifigkeit) und I_p als das polare Flächenträgheitsmoment.

Somit beschreibt der E-Modul bzw. der Schermodul den Zusammenhang zwischen Spannungen und Dehnungen bzw. Scherspannungen und Scherdehnungen im Bereich linear elastischen Materialverhaltens (also bei kleinen Verformungen proportional zur einwirkenden Kraft). Im Bereich linear viskoelastischen Materialverhaltens werden dann daraus der *komplexe E-Modul E** (siehe Kapitel 4.3.4.1) bzw. der *komplexe Schermodul G** (siehe Kapitel 4.3.4.2).

Je nach Art der Beanspruchung durch eine Druck- oder Zugkraft oder durch ein Moment (Biegung, Scherung, Torsion) unterscheidet man (unter Berücksichtigung des Flächenträgheitsmoments, das vom Versuchstyp abhängig ist) die *Dehnsteifigkeit* (Druck-, Zugsteifigkeit), die *Biegesteifigkeit* (Biegezug-, Biegedrucksteifigkeit), die *Schersteifigkeit* (oder Schubsteifigkeit) und die *Torsionssteifigkeit.*

Die Einheit der Steifigkeit ist jene der *Spannung* (Kraft pro Fläche). Der Kehrwert der Steifigkeit heißt *Nachgiebigkeit.*

4.1.6.2 Festigkeit

Die *Festigkeit* ist die Beanspruchbarkeit eines Körpers unter Last, bevor es zum Versagen (unzulässige Verformung, Bruch) kommt. Sie ist somit ein Maß für die *Grenzbelastung* (Versagensgrenze).

Die Einheit der Festigkeit ist jene der Spannung (Kraft pro Fläche).

Die Festigkeit eines Werkstoffs wird bestimmt von dessen Dichte, Härte und Zähigkeit (siehe Kasten), von der Art der Beanspruchung (Zug, Druck, Biegung, Scherung, Torsion) und vom zeitlichen Verlauf der Beanspruchung (konstant, zyklisch, dynamisch). Je nach Art der Beanspruchung und ihrem zeitlichen Verlauf unterscheidet man u. a. *Bruchfestigkeit* (Zugfestigkeit, Druck-, Biege-, Scher-, Torsionsfestigkeit) und *Ermüdungsfestigkeit* (oder Dauerfestigkeit; tritt nach vielen Lastzyklen bei einer deutlich geringeren Last auf als die Bruchfestigkeit).

Begriffe *Steifigkeit, Festigkeit, Härte* und *Zähigkeit*: Die *Steifigkeit* (= $E{\cdot}I$) ist der Widerstand gegen elastische Verformung (siehe oben). Die *Festigkeit* ist die Versagensgrenze gegenüber Verformung und Trennung. Von Steifigkeit und Festigkeit sind die Materialkennwerte *Härte* und *Zähigkeit* zu unterscheiden: Die *Härte* eines Werkstoffs ist dessen Widerstand gegenüber Eindringen eines Körpers und gegenüber Verschleiß. Die *Zähigkeit* ist das Vermögen, Verzerrungen ohne Bruch aufzunehmen.

4.2 Beanspruchungsbereiche von Bitumen und Asphalt

4.2.1 Linear-viskoelastischer (LVE) Bereich

Das Materialverhalten von viskosen Materialien wie Bitumen und Asphalt als Reaktion auf eine innere oder äußere Last (bestimmt durch Lastamplitude, Belastungsfrequenz, Anzahl an Belastungswiederholungen, Temperaturbedingungen) ändert sich gravierend in Abhängigkeit von der Größenordnung der Beanspruchung (siehe Abbildung 72 für Bitumen, Abbildung 73 für Asphalt). Daraus resultiert eine immense Vielfalt an Verhaltenszuständen – wie bei kaum einem anderen Werkstoff.

Bei geringer Einzellast (und bis zu wenigen hundert Wiederholungen einer Last mit kleiner Amplitude) oder bei geringer Temperatur liegt die Beanspruchung im *Bereich kleiner Dehnungen* (englisch *small strain domain*). Bei *kleiner Beanspruchung* und für *wenige Lastwechsel* zeigen Bitumen und Asphalt mit guter Näherung ein *linear-viskoelastisches* Materialverhalten – vorausgesetzt während der betrachteten Zeit altert das Material nicht und seine Eigenschaften bleiben gleich.

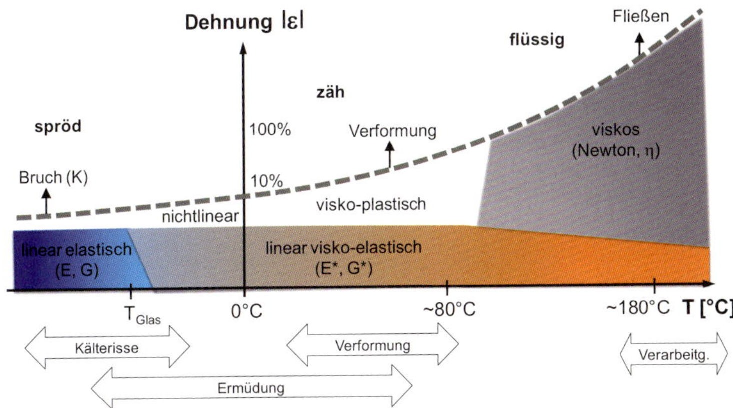

Abbildung 72 Temperaturabhängige Beanspruchungsbereiche von Bitumen (nach Di Benedetto, 1990)[214]

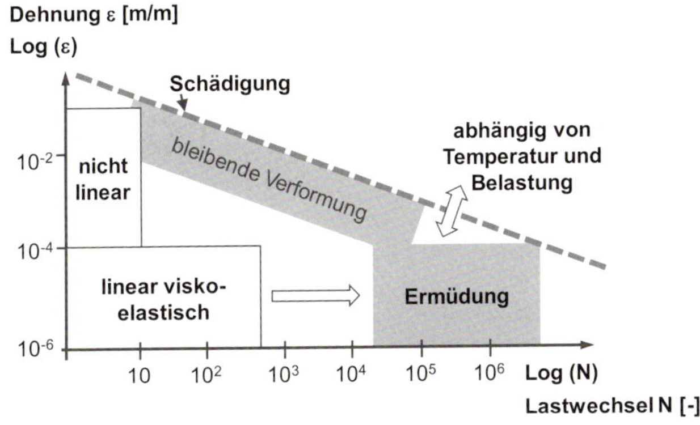

Abbildung 73 Temperaturabhängige Beanspruchungsbereiche von Asphalt (nach Di Benedetto, 1990)[214]

Jener Bereich des Materialverhaltens, der durch ein linear-viskoelastisches (LVE) Materialverhalten gekennzeichnet ist, wird *LVE Bereich* genannt (siehe Kapitel 4.3).

Bei großer Einzellast und bei vielen Wiederholungen einer Last mit kleiner Amplitude oder bei hoher Temperatur überschreitet die Beanspruchung die Grenze der Linearität. Außerhalb des LVE Bereichs kommt es zu einem *nichtlinearen Materialverhalten*, wobei sich die Nichtlinearität

214 Di Benedetto, H. 1990. Nouvelle approche du comportement des enrobés bitumineux: résultats expérimentaux et formulation rhéologique. Proc., 4th Int. RILEM Symposium, Budapest, Ed Chapman and Hall, 385-401.

mit zunehmendem Abstand von der Grenze des LVE Bereichs überproportional ausprägt. Eine Folge von nichtlinearem Materialverhalten außerhalb des LVE Bereichs ist eine allmähliche Zunahme der Materialschädigung bis hin zum Materialversagen (siehe Kapitel 4.2.2).

Die *Grenze der Linearität* ist daher eine entscheidende Größe für die Materialmodellierung und für die Materialcharakterisierung, weil sich an ihr das Materialverhalten gravierend ändert und sämtliche lineare Verhaltensmuster (die vergleichsweise einfach handhabbar sind) ihre Gültigkeit verlieren.

Für Bitumen und Asphalt ist die jeweilige Grenze der Linearität von der Materialzusammensetzung abhängig und muss daher im Einzelfall anhand einer Materialprobe im Labor bestimmt werden.

4.2.2 Nichtlineares Materialverhalten außerhalb des LVE Bereichs

Bitumen und Asphalt zeigen ein ausgeprägt nichtlineares Verhalten, wenn die Beanspruchung den LVE Bereich überschreitet, wenn also die Dehnungen groß sind (für Asphalt ungefähr $\varepsilon_{Mix} \gtrsim 10^{-4}$ [m/m]; für Bitumen ungefähr $\varepsilon_{Bind} \gtrsim 10^{-3}$ [m/m]) oder viele Lastwechsel aufgebracht werden ($N \gtrsim 500$ bis 800) oder das Material sich in seinen Eigenschaften deutlich verändert (z. B. infolge Alterung). Außerhalb des LVE Bereichs

» nehmen infolge Materialschädigung die plastischen (bleibenden) Verformungen allmählich zu (bis es schließlich zum Materialversagen kommt),

» verlieren alle linearen Grundgesetze der Rheologie wie Viskositäts- und Elastizitätsgesetze (Newton, Hooke) ihre Gültigkeit,

» ist die Materialmodellierung nicht mehr zuverlässig möglich und

» die Beschreibung des Materialverhaltens kann nur noch phänomenologisch (aus Experimenten beobachtet) erfolgen (unter den Voraussetzungen, dass die Wiederholbarkeit des Experiments akzeptabel ist und ausreichend viele Proben geprüft werden).

Während der Prüfung im LVE Bereich bleibt die Struktur im Probekörper zerstörungsfrei und der Schermodul $|G^*|$ kann weitgehend unabhängig von der aufgebrachten Scherspannung bzw. Scherdeformation bestimmt werden. Nach Überschreiten der Linearitätsgrenze nimmt der Schermodul deutlich ab, siehe Abbildung 74.

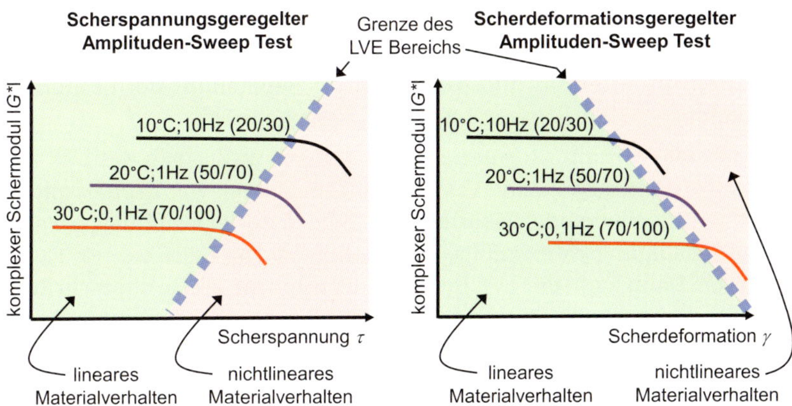

Abbildung 74 Verlauf des Schermoduls in und außerhalb des LVE Bereichs (Quelle: Büchner / Bitumenkompetenzzentrum, *itubs.de/bkz*)

Die Abnahme des Schermoduls außerhalb des LVE Bereichs ist auf eine nichtlineare Strukturänderung im Material zurückzuführen. Mit zunehmendem Abstand von der Nichtlinearitätsgrenze nimmt die Strukturänderung überproportional zu. Gleichzeitig vergrößert sich die Beanspruchung des Materials. Wenn die Beanspruchung lokal die Materialfestigkeit erreicht, wird das Material geschädigt. Es kommt schließlich zum Versagen, wenn die Schädigung so stark ist, dass das Material an einer Stelle bricht, reißt oder sich unmäßig verformt. Das Versagen kann spontan eintreten (Bsp. Rissbildung bei sprödem Materialverhalten) oder durch kleine Schädigungsraten allmählich herbeigeführt sein (Bsp. Verformung, Rissbildung infolge Materialermüdung).

Während einer zyklischen Laborprüfung ist nach geringfügiger Überschreitung der Grenze des LVE Bereichs die Antwort der Probe noch weitgehend periodisch, aber mit zunehmender Entfernung von der Grenze des LVE Bereichs immer weniger sinusförmig. Die Grenze des LVE Bereichs muss für das Probenmaterial bekannt sein (Bestimmung siehe Kapitel 5.2.3.2), um eine Fehlinterpretation des Prüfergebnisses zu vermeiden.

Während für Bitumen und Asphalt die Grenzlast, bei der jedenfalls spontanes Versagen eintritt, vergleichsweise einfach zu definieren ist (beispielsweise durch ein Risskriterium in Abhängigkeit von der Beanspruchung), ist ein allmähliches Versagen komplex und schwierig zu modellieren und zu prognostizieren. Die Beobachtung des Materialverhaltens unter Strukturänderung und der Akkumulation von Schädigungen bis zum Zeitpunkt des Materialversagens ist bei zyklischen, gebrauchsverhaltensorientierten Laborprüfungen zur Beurteilung der Leistungsfähigkeit eines Materials von Interesse (siehe Kapitel 5).

In gebrauchsverhaltensorientierten Prüfungen außerhalb des LVE Bereichs werden maßgebende Versagensmechanismen von Asphalt untersucht, wie die bleibende Verformung und die Materialermüdung, wo sich kleine Schädigungsraten infolge einer hohen Zahl an Lastwechseln akkumulieren. Dann kann der LVE Bereich auf zweifache Weise überschritten werden: durch eine Beanspruchung mit großer Amplitude ($\varepsilon > 10^{-4}$) oder durch eine hohe Anzahl an Belastungszyklen (Lastwechsel $N > 10^3$).

Somit wird bei gebrauchsverhaltensorientierten Prüfungen der LVE Bereich stets *gewollt* (aber möglichst geringfügig) überschritten und die strenggenommen nur für den LVE Bereich exakt gültigen rheologischen Gesetze näherungsweise angewendet. Mit zunehmender Entfernung von der Linearitätsgrenze schwindet aber deren Anwendbarkeit.

Dies ist in Abbildung 75 schematisch veranschaulicht anhand der Modellierung einer Zugprüfung an einer prismenförmigen Asphaltprobe (mit Hilfe des Federmodells):

» Grünes Textfeld: Das Federmodell ist zur Beschreibung des Materialverhaltens uneingeschränkt gültig, die Beanspruchung (hier Zugverformung) liegt im LVE Bereich und ruft ein lineares Materialverhalten hervor (gilt für Asphalt wenn die Belastung sehr klein ist und nur kurzzeitig bei niedriger Temperatur erfolgt). Daher geht die abgebildete Feder ausgehend von ihrer unbelasteten Ausgangsform (zum Zeitpunkt t_0) nach ihrer Zugverformung (zum Zeitpunkt t_1) vollständig in ihre Ausgangsform zurück (Zeitpunkt t_2).

» Blaues Textfeld: Die Beanspruchung liegt nun *geringfügig* über der Grenze des LVE Bereichs. Dadurch wird die Feder zum Zeitpunkt t_1 stärker verformt und geht nach Entlastung nicht mehr vollständig in ihre Ausgangsform zurück. Die Feder wird überwiegend elastisch, aber geringfügig eben auch bleibend (plastisch) verformt. Das Federmodell gilt nur näherungsweise, der Fehler ist abhängig von der Ausprägung des plastischen Verformungsanteils.

» Rosa Textfeld: Die Beanspruchung liegt klar außerhalb des LVE Bereichs. Die Feder wird zum Zeitpunkt t_1 so stark auseinandergezogen, dass sie infolge der Überdehnung kaputt geht und sich nach Entlastung nicht mehr zurückstellen kann (Zeitpunkt t_2). Das Federmodell verliert seine Gültigkeit. Auch eine Beschreibung des Materialverhaltens anhand von komplexeren rheologischen Modellen ist kaum sinnvoll möglich.

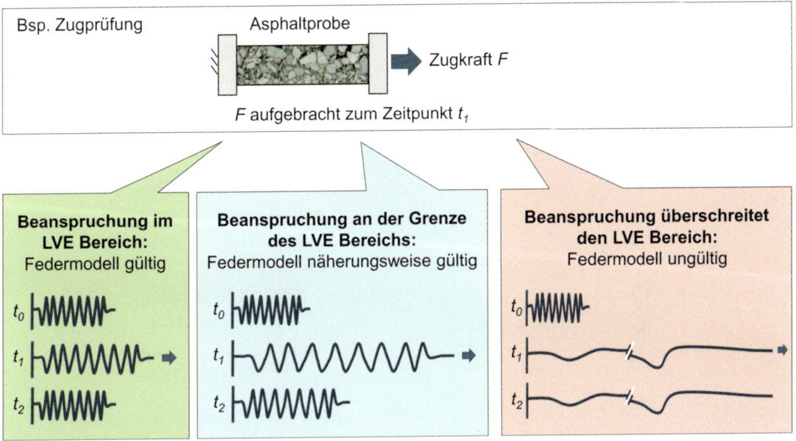

Abbildung 75 Zur Gültigkeit des Federmodells in und außerhalb des LVE Bereichs am Beispiel der Zugprüfung an Asphalt: Grün – Federmodell gültig; Blau – Feder geschädigt, funktioniert aber im Wesentlichen noch, Federmodell näherungsweise gültig; Rosa – Feder überdehnt und kaputt, Federmodell ungültig

Werden lineare Gesetzmäßigkeiten auf Prüfungen außerhalb des LVE Bereichs übertragen und zur Interpretation von Ergebnissen genutzt, so ist stets Vorsicht geboten, denn es besteht die Gefahr der Fehlinterpretation von Prüfergebnissen.

Darüber hinaus ist bei Prüfungen außerhalb des LVE Bereichs zu beachten, dass mit zunehmender Schädigung, die ungewollten und unvermeidlichen Inhomogenitäten im Probekörper das nichtlineare Verhalten zunehmend prägen und die Prüfstreuung zunimmt. Diesem Problem kann begegnet werden, indem eine statistisch ausreichend hohe Anzahl an Prüfkörpern untersucht wird.

Weil die Inhomogenität in Asphaltprobekörpern von vorneherein deutlich höher ist als in Bitumen- und Mastixproben, ist der störende Einfluss von Inhomogenitäten bei der Prüfung von Asphaltproben erheblich größer. Daher ist die Prüfstreuung von Bitumen- und Mastixprüfungen im Vergleich zu Asphaltprüfungen deutlich geringer (meistens sogar vernachlässigbar).

4.3 Materialverhalten im LVE Bereich

In der Literatur wird eine Dehnung von $\varepsilon_{Mix} \lesssim 10^{-4}$ [m/m] oft als die Grenze des LVE Bereichs von Asphalt bezeichnet (siehe z. B. Airey et al., 2003[(215)]) (siehe Kasten).

Für Bitumen gilt im Allgemeinen eine Dehnung von $\varepsilon_{Bind} \lesssim 10^{-3}$ [m/m] als Grenze des LVE Bereichs. Sowohl bei Asphalt auch bei Bitumen wird der LVE Bereich auch bei kleineren Dehnungen als 10^{-4} bzw. 10^{-3} nach einigen hundert Lastwechseln ($N \lesssim 800$) wieder verlassen (siehe Abbildung 76).

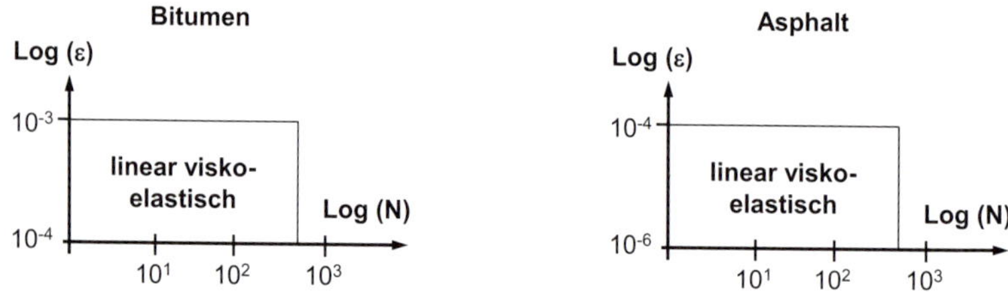

Abbildung 76 Grenzen des LVE Bereichs für Bitumen und Asphalt (schematisch)

Anmerkung zur Grenze der Nichtlinearität von Asphalt: Eine Dehnung von 10^{-4} m/m = 0,0001 m/m = 0,1 mm/m bedeutet eine Längenänderung von 0,1 Millimeter auf 1 Meter Länge. Doch strenggenommen zeigt Asphalt auch noch bei Dehnungen kleiner als 10^{-5} [m/m], das sind 0,01 Millimeter auf 1 Meter, kein rein lineares Materialverhalten (siehe Mangiafico et al., 2018)[216].

4.3.1 Superpositionsprinzip nach Boltzmann

Ob lineares oder nicht lineares Verhalten vorliegt, kann experimentell relativ einfach festgestellt werden. Denn lineares Materialverhalten trifft zu, wenn das *Superpositionsprinzip* (Superposition = Überlagerung) nach Boltzmann[217] eingehalten ist (siehe Abbildung 77). Für lineares Materialverhalten gilt:

---

215 Airey, G. D., Rahimzadeh, B. & Collop, A. C. 2003. Viscoelastic linearity limits for bituminous materials. Materials and Structures, 36, 643-647.

216 Mangiafico, S., Babadopulos, L. F. A. L., Sauzéat, C. & Di Benedetto, H. 2018. Nonlinearity of bituminous mixtures. Mechanics of Time-Dependent Materials, 22, 29-49.

217 Ludwig Eduard Boltzmann (1844-1906), österreichisch-deutscher Physiker und Philosoph; lehrte an den Universitäten Wien, Graz, München und Leipzig; bedeutende Schriften u. a. zur Thermodynamik und zur statistischen Mechanik.

$$\text{Belastung: } a \cdot \sigma_0(t) + b \cdot \sigma_1(t) \rightarrow \text{Antwort: } a \cdot \varepsilon_0(t) + b \cdot \varepsilon_1(t)$$
$$\text{Belastung: } a \cdot \varepsilon_0(t) + b \cdot \varepsilon_1(t) \rightarrow \text{Antwort: } a \cdot \sigma_0(t) + b \cdot \sigma_1(t)$$ Gl. 19

» Die Dehnungsreaktion auf überlagerte aufgebrachte Spannungen ist gleich der Superposition der individuellen Dehnungsreaktionen auf jede Spannung (siehe Abbildung 77 a bis c).

» Die Spannungsreaktion auf überlagerte aufgebrachte Dehnungen ist gleich der Superposition der individuellen Spannungsreaktionen auf jede Dehnung (siehe Abbildung 77 d bis f).

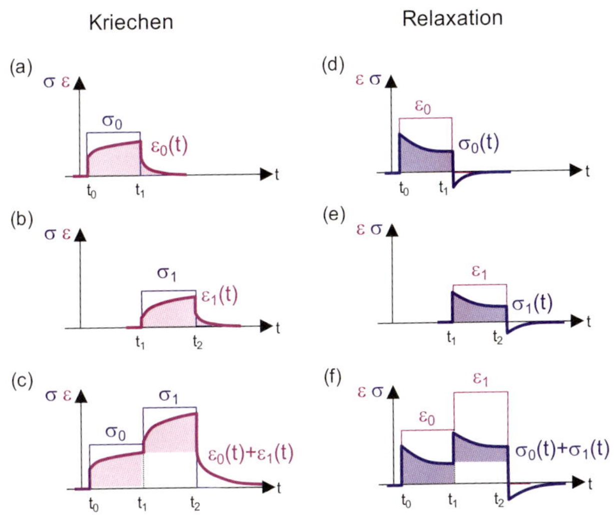

Abbildung 77 Boltzmannsches Superpositionsprinzip für linear-viskoelastisches Materialverhalten

Das Superpositionsprinzip ist sehr praktisch, weil auf seiner Grundlage für verschiedene Spannungen (oder Dehnungen), die zu verschiedenen Zeitpunkten aufgebracht wurden, die resultierenden zeitabhängigen Beanspruchungen (Dehnungen oder Spannungen) mit einem erträglichen Aufwand errechnet werden können.

Eine Folge davon ist, dass im Bereich des LVE Materialverhaltens, der komplexe E-Modul von Asphalt ($E^* = f(E_1, E_2, \nu)$ bzw. analog G^*) im Labor aus einer zyklischen Erregung (oder aus einer dynamischen Erregung) relativ einfach bestimmt werden kann. Allerdings ist das Materialverhalten von Asphalt zeit- *und* frequenzabhängig, daher ist der Modul stets eine komplexe Zahl.

Die Zeitabhängigkeit des LVE Materialverhaltens wird im Kriech- oder Relaxationsversuch anschaulich (siehe Kapitel 4.3.2 und 4.3.3). Die Frequenzabhängigkeit zeigt sich in einem zyklischen Versuch mit oszillatorischer Erregung (siehe Kapitel 4.3.4).

Jeder dieser drei Versuchstypen eignet sich dazu, das viskose Materialverhalten im LVE Bereich zu charakterisieren.

4.3.2 Kriechen (LVE Verhalten im Zeitbereich)

Im *Kriechversuch* (siehe Abbildung 77 a) wird eine zeitkonstante Spannung σ_0 aufgebracht, die resultierende Dehnung $\varepsilon(t)$ ist eine Funktion der Zeit: Die Dehnung wächst infolge von Materialfließen unter konstanter Last allmählich an. Ein derartiges Materialverhalten wird als *Kriechen* bezeichnet.

Die *Kriechrate* $D(t_0, t)$ (oder *Kriechnachgiebigkeit* oder *Kriechfunktion*) ist das Verhältnis aus der Dehnung $\varepsilon(t)$ bezogen auf die konstante Spannung σ_0:

$$D(t_0, t) = \frac{\varepsilon(t)}{\sigma_0} \qquad \text{Gl. 20}$$

woraus sich die Spannungs-Dehnungsrelationen für LVE Materialverhalten ergeben zu

$$\begin{cases} \sigma(t) = H(t - t_0) \cdot \sigma_0 \\ \varepsilon(t) = D(t_0, t) \cdot \sigma_0 \end{cases} \qquad \text{Gl. 21}$$

wobei $H(t-t_0)$ die Sprungfunktion (oder Heaviside-Funktion nach Heaviside[218]) ist, für die gilt

$$H(t-t_0) \rightarrow \begin{cases} 0: & t < t_0 \\ 1: & t \geq t_0 \end{cases} \qquad \text{Gl. 22}$$

Um eine zeitveränderliche Spannung zum (variablen) Zeitpunkt τ berücksichtigen zu können (siehe Abbildung 78), nutzt man die inkrementelle Schreibweise und aus $\sigma(t)$ wird $d\sigma(\tau)$. Folglich wird aus der Funktion der resultierenden Dehnung $\varepsilon(t)$ in inkrementeller Schreibweise $d\varepsilon(t)$ und Gl. 21 wird umformuliert für den Fall einer inkrementellen Spannungsänderung zum Zeitpunkt τ zu:

$$d\varepsilon(t) = D(\tau, t) \cdot d\sigma(\tau) \qquad \text{Gl. 23}$$

218 Oliver Heaviside (1850-1925), englischer Mathematiker und Physiker.

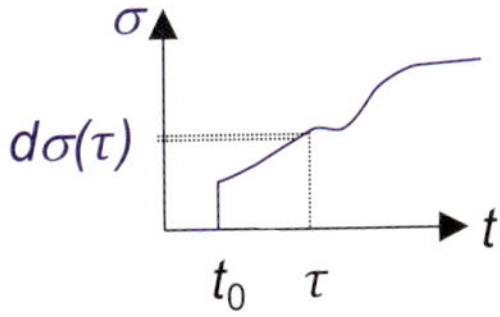

Abbildung 78 Inkrementelle Spannungsänderung $d\sigma(\tau)$ zum (variablen) Zeitpunkt τ

Im Bereich LVE Materialverhaltens kann das Boltzmannsche Superpositionsprinzip angewandt werden, sodass die Dehnung $\varepsilon(t)$ als überlagerte Reaktion aller Spannungskomponenten formuliert werden kann:

$$\varepsilon(t) = \int_{t_0}^{t} D(\tau,t) \cdot d\sigma(\tau) = \\ = D(t_0,t) \cdot \sigma(t_0) + \int_{t_0}^{t} D(\tau,t) \cdot \dot{\sigma}(\tau)\, d\tau \qquad \text{Gl. 24}$$

Für ein Material, das nicht altert, d. h. in den Zeitinkrementen $(t\text{–}\tau)$ seine Eigenschaften nicht ändert, gilt:

$$\varepsilon(t) = D(t - t_0) \cdot \sigma(t_0) + \int_{t_0}^{t} D(t - \tau) \cdot \dot{\sigma}(\tau)\, d\tau \qquad \text{Gl. 25}$$

oder

$$\varepsilon(t) = D(0) \cdot \sigma(t) + \int_{t_0}^{t} D(t - \tau) \cdot \frac{\partial \sigma}{\partial \tau}(\tau)\, d\tau \qquad \text{Gl. 26}$$

Der erste Term repräsentiert die spontane Reaktion, der zweite Term die zeitverzögerte.

4.3.3 Relaxation (LVE Verhalten im Zeitbereich)

Analoges gilt im *Relaxationsversuch* (siehe Abbildung 77 d) für den Spannungsabfall bei konstant gehaltener Dehnung. Das Erschlaffen des Materials wird als *Relaxation* bezeichnet.

Die *Relaxationsrate* $J(t_0, t)$ ist das Verhältnis aus der Spannung $\sigma(t)$ bezogen auf die konstante Spannung ε_0:

$$J(t_0,t) = \frac{\sigma(t)}{\varepsilon_0} \qquad \text{Gl. 27}$$

Die Spannungsfunktion für LVE Materialverhalten ergibt sich zu

$$\sigma(t) = J(t_0, t) \cdot \varepsilon_0 \quad \text{Gl. 28}$$

woraus die Spannungs-Dehnungsrelationen für LVE Materialverhalten resultieren zu

$$\begin{cases} \sigma(t)=J(t_0,t)\cdot\varepsilon_0 \\ \varepsilon(t)=H(t-t_0)\cdot\varepsilon_0 \end{cases} \quad \text{Gl. 29}$$

wobei für die Heaviside-Funktion *H(t–t0)* Gl. 22 gilt.

In Analogie zum Kriechen (siehe oben) kann für die Relaxation abgeleitet werden:

$$\sigma(t) = J(0) \cdot \varepsilon(t) + \int^{t} J(t-\tau) \cdot \frac{\partial \varepsilon}{\partial \tau}(\tau)\, d\tau \quad \text{Gl. 30}$$

Gl. 26 und Gl. 30 haben die gleiche Bauform. Der jeweils erste Teil ist die sofortige Antwort auf die Beanspruchung bedingt durch die elastische Verhaltenskomponente, der jeweils zweite Teil ist die zeitverzögerte viskoelastische Antwort.

Leider sind die in Gl. 26 und Gl. 30 angegebenen (Faltungs-)Integrale unbequem in der Lösung. Daher wird üblicherweise die Laplace-Carson-Transformation[219, 220] zur Umwandlung in algebraische Gleichungen angewandt (siehe Corté & Di Benedetto, 2005)[221]. Die umgewandelten Gleichungen haben dann die Bauform eines tensoriellen Produkts:

$$\varepsilon = D \otimes \sigma \quad \text{Gl. 31}$$

$$\sigma = J \otimes \varepsilon \quad \text{Gl. 32}$$

Folgender Aspekt ist dabei interessant: Gl. 31 und Gl. 32 haben die gleiche Bauform wie die entsprechenden Gleichungen für elastisches Materialverhalten (Hookesches Gesetz, siehe Kapitel 4.1.5.1). Daher kann man für denselben Beanspruchungsfall die von Seiten der Elastizitätstheorie vorliegenden Lösungen auch im linear-viskoelastischen Bereich näherungs-

---

219 Pierre-Simon (Marquis de) Laplace (1749-1827), französischer Mathematiker, Physiker, Astronom. Beiträge zur Himmelsmechanik (fünfbändiges Hauptwerk Traité de Mécanique Céleste), zur Wahrscheinlichkeitstheorie und zu Differentialgleichungen.

220 John Renshaw Carson (1886-1940), amerikanischer Nachrichtentechniker, Erfinder der Einseitenbandmodulation.

221 Corté, J.-F. & Di Benedetto, H. Matériaux routiers bitumineux, Vol. 1 (2005): Description et propriétés des constituants, Volume 2 (2005): Constitution et propriétés thermomécaniques des mélanges. Hermes/Lavoisier, France.

weise nutzen, vorausgesetzt die viskoelastischen Deformationen sind sehr klein.

Diese praktische Erleichterung wird *elastisch-viskoelastisches Korrespondenzprinzip* genannt (Biot, 1959)[222] und leitet sich aus dem Boltzmannschen Superpositionsprinzip ab. In den elastischen Gleichungen werden die Spannungen σ durch zeitabhängige Spannungsfunktionen $\sigma(t)$ ersetzt, die Deformationen ε durch zeitabhängige Deformationen $\varepsilon(t)$ und der Elastizitätsmodul E durch den Relaxationsmodul J bzw. den Kriechmodul D (oder den Schermodul G).

Die Kriechfunktion D und die Relaxationsfunktion J stehen in direktem Zusammenhang, es gilt

$$J \otimes D = D \otimes J = 1 \qquad \text{Gl. 33}$$

Sowohl alleine die Kriechfunktion D, als auch alleine die Relaxationsfunktion J, reichen daher aus, LVE Materialverhalten vollständig zu beschreiben.

4.3.4 Komplexer Modul (LVE Verhalten im Frequenzbereich)

4.3.4.1 Komplexer E-Modul E^*

In *zyklischen Asphaltprüfungen* (siehe Kapitel 5.1.2) wird auf einen Asphaltprobekörper zeitraffend eine hohe Anzahl an Belastungswiederholungen aufgebracht. Dies geschieht am einfachsten mittels einer sinusförmigen Oszillation der Beanspruchung bei einer konstanten Frequenz.

Die Prüffrequenz der Belastungswiederholungen im Labor kann mit der Belastungsgeschwindigkeit eines Fahrzeugs (beim Passieren eines Straßenquerschnitts) in Zusammenhang gebracht werden (siehe Abbildung 79).

In einem *kraftgeregelten* (oder *kraftgesteuerten* bzw. *spannungsgeregelten* oder *spannungsgesteuerten*) Versuch wird eine wiederkehrende (zyklische) konstante Kraft (bzw. Spannung) aufgebracht und die resultierende Zunahme der Verformung (bzw. Dehnung) gemessen. Hingegen wird beim *weggeregelten* (*verformungsgeregelten* oder *dehnungsgeregelten* oder *deformationsgeregelten* bzw. *-gesteuerten*) Versuch eine konstante Verformung (bzw. Dehnung) aufgebracht und die resultierende Abnahme der Kraft (bzw. Spannung) gemessen.

---

222 Biot, M. A. 1959. Dynamics of Viscoelastic Anisotropic Media. Proc., 4th Midwestern Conference on Solid Mechanics, 94-108, Texas, USA.

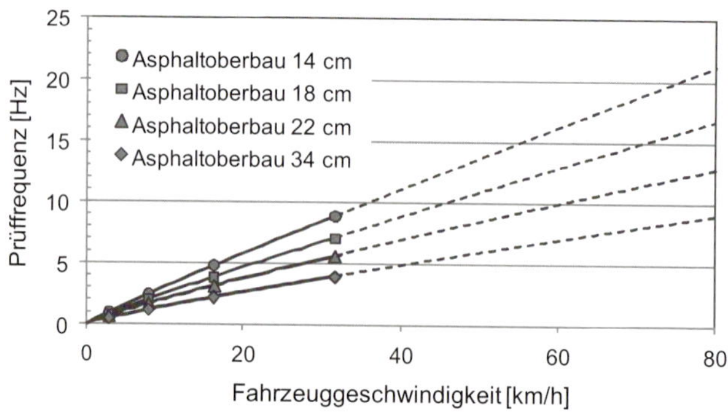

Abbildung 79 Zuordnung von Fahrzeuggeschwindigkeit zu Prüffrequenz (gestrichelte Linien sind extrapoliert) (Walther & Wistuba, 2016)[155]

Meistens wird als Belastungsform eine Sinusschwingung gewählt, deren Amplitude und Frequenz variiert werden. Der Sinusverlauf formt annähernd den realen Belastungsimpuls einer Fahrzeugüberfahrt nach (siehe Abbildung 80).

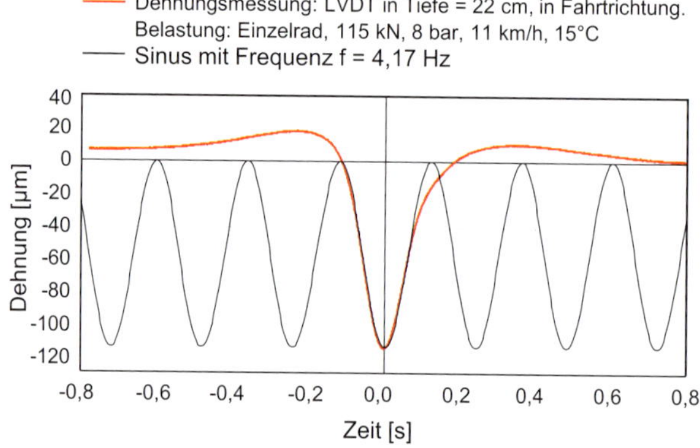

Abbildung 80 Dehnungssignal bei Überfahrt eines Lkw-Rads gemessen in 22 cm Tiefe mit einem induktiven Wegsensor (LVDT, Linear Variable Differential Transformer) (Wistuba, 2004)[149]

Das Grundprinzip einer zyklischen Prüfung an einem viskoelastischen Material im LVE Bereich ist, dass, sobald das Material oszillatorisch angeregt wird, dieses auf die zyklische Erregung ebenfalls oszillatorisch reagiert und zwar mit derselben Frequenz (siehe Kasten) aber (aufgrund der Viskosität) zeitlich etwas verzögert. Das bedeutet für die Prüfung von bitumenhaltigen Materialien, dass eine sinusförmige Anregung (z. B. bei

Kraftregelung das Aufbringen einer sinusförmigen Kraftamplitude *F(t)* mit der Kreisfrequenz ω bzw. Frequenz $f = \omega/2\pi$) zunächst *immer* zu einer sinusförmigen Beanspruchung im Material (z. B. Spannung $\sigma(t)$) führt und zeitlich gleich darauf *immer* zu einer sinusförmigen Reaktion (z. B. Dehnung $\varepsilon(t)$) (siehe Abbildung 81 links).

Die **Frequenz** (lateinisch *frequentia* für Häufigkeit) ist allgemein die Häufigkeit mit der ein Ereignis eintritt, in der Wellenphysik die Häufigkeit einer Schwingung pro Zeiteinheit. Die Einheit der Frequenz ist Hertz (Hz), wobei gilt: 1 Hz = s^{-1}. Beispielsweise bedeutet eine Prüffrequenz von 10 Hz, dass 10 Belastungsimpulse pro Sekunde aufeinanderfolgen. Der Kehrwert der Frequenz ist die Periodendauer.

Die *Zeitverzögerung* (oder *Zeitverschiebung*) $\Delta\tau = \phi/\omega$ zwischen der sinusförmigen Beanspruchung und der resultierenden sinusförmigen Reaktion ist auf die Viskoelastizität des Materials zurückzuführen. Sie hat ihre Ursache in dem viskosen (dämpfenden) Einfluss des Bindemittels und führt zu einer inneren Reibung mit Energiedissipation (siehe Kapitel 4.3.6).

Die im Versuch an bitumengebundenen Materialien stets auftretende Zeitverschiebung zwischen der Beanspruchung und der resultierenden Materialantwort wird exakt gemessen und als *Phasenverschiebung* (oder *Phasenwinkel*) ϕ (oder φ) bezeichnet (siehe Kasten). Der Phasenwinkel ist eine wesentliche Kenngröße zur Differenzierung von viskoelastischen Materialien.

Der **Phasenwinkel** ϕ als ein Maß für die innere Reibung des Materials (Findley et al., 1976)[223] kann zur Abschätzung der dissipierten Energie pro Lastwechsel herangezogen werden. Der Phasenwinkel weist immer eine Größe von $0 \leq \phi \leq \pi/2$ auf, wobei $\phi = 0$ für rein elastisches Materialverhalten und $\phi = \pi/2 = 90°$ für rein viskoses Materialverhalten gilt; dazwischen liegt LVE Materialverhalten vor. (Bogenmaß: 1 rad = 180°/π)

Anhand der Polardarstellung von komplexen Zahlen (wobei gilt $i^2=-1$) können die Vektoren der Beanspruchung, nämlich $\sigma(t) = \sigma_0 \times \sin(\omega \cdot t)$ und $\varepsilon(t) = \varepsilon_0 \times \sin(\omega \cdot t - \phi)$, in Abhängigkeit von ihrem Polarwinkel ($\omega \cdot t$ für σ) bzw. (($\omega \cdot t - \phi$) für ε) in einen realen und einen imaginären Anteil aufgespalten werden (siehe Abbildung 81 rechts):

223 Findley, W. N., Lai, J. S. & Onaran, K. 1976. Creep and relaxation of nonlinear viscoelastic materials. North-Holland Series in Applied Mathematics and Mechanics, Vol. 18, North-Holland Publishing Company, Amsterdam.

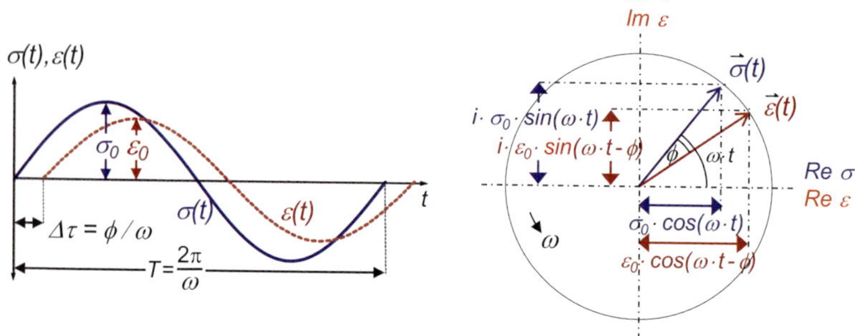

Abbildung 81 Spannungs-Dehnungsverlauf über die Zeit und Vektordarstellung (Aufspaltung in einen realen und einen imaginären Anteil)

$$\sigma(t) = \sigma_0 \cdot cos(\omega \cdot t) + i \cdot \sigma_0 \cdot sin(\omega \cdot t) \qquad \text{Gl. 34}$$

$$\varepsilon(t) = \varepsilon_0 \cdot cos(\omega \cdot t - \phi) + i \cdot \varepsilon_0 \cdot sin(\omega \cdot t - \phi) \qquad \text{Gl. 35}$$

mit σ_0 als Spannungsamplitude und ε_0 als Dehnungsamplitude.

Unter Anwendung der *Eulerschen*[224] *Formel*, nach der gilt

$$e^{i \cdot \omega t} = cos(\omega \cdot t) + i \cdot sin(\omega \cdot t), \qquad \text{Gl. 36}$$

können Gl. 34 und Gl. 35 auch in komplexe Exponentialfunktionen umformuliert werden zu:

$$\sigma(t) = \sigma_0 \cdot e^{i \cdot \omega t} \qquad \text{Gl. 37}$$

$$\varepsilon(t) = \varepsilon_0 \cdot e^{i \cdot (\omega t - \phi)} \qquad \text{Gl. 38}$$

Weil Asphalt bei kleiner Beanspruchung ($\varepsilon \lesssim 10^{-4}$) und für wenige Lastwechsel ($N \lesssim 100$ bis einige 100 Belastungszyklen) näherungsweise ein LVE Materialverhalten zeigt (siehe oben), und weil ferner die viskoelastischen Deformationen sehr klein sind, kann das *elastisch-viskoelastische Korrespondenzprinzip* (siehe Kapitel 4.3.3) angewandt werden.

Daraus ergibt sich der *komplexe E-Modul E** (oft auch einfach *Steifigkeitsmodul* genannt, als Werkstoffanteil der Steifigkeit von viskoelastischen Materialien, siehe Kapitel 4.1.6.1), angeschrieben mittels komplexer Winkelfunktionen *oder* mittels komplexer Exponentialfunktionen:

224 Leonhard Euler (1707-1783), Schweizer Mathematiker und Physiker, bedeutende Beiträge zur Analysis und zur Zahlentheorie. Die Eulersche Gleichung stellt eine Verbindung zwischen den trigonometrischen Funktionen und den komplexen Exponentialfunktionen mittels komplexer Zahlen dar.

$$E^* = \frac{\sigma(t)}{\varepsilon(t)} = \frac{\sigma_0 \cdot cos(\omega \cdot t) + i \cdot \sigma_0 \cdot sin(\omega \cdot t)}{\varepsilon_0 \cdot cos(\omega \cdot t - \phi) + i \cdot \varepsilon_0 \cdot sin(\omega \cdot t - \phi)} = \quad \text{Gl. 39}$$

$$= \frac{\sigma_0}{\varepsilon_0} cos\,\phi + \frac{\sigma_0}{\varepsilon_0} i \cdot sin\,\phi$$

$$\equiv E^* = \frac{\sigma(t)}{\varepsilon(t)} = \frac{\sigma_0 \cdot e^{i \cdot \omega t}}{\varepsilon_0 \cdot e^{i \cdot (\omega t - \phi)}} = \frac{\sigma_0}{\varepsilon_0} e^{i \cdot \phi} = |E^*| e^{i \cdot \phi} \quad \text{Gl. 40}$$

Somit kann der komplexe Modul mittels Polarkoordinaten (analog zu Spannungs- und Dehnungsvektor, vgl. Abbildung 81 rechts) in einen Realteil E_1 und in einen Imaginärteil E_2 zerlegt werden (siehe Abbildung 82):

$$E_1 = \frac{\sigma_0}{\varepsilon_0} \cos\phi \quad \text{Gl. 41}$$

$$E_2 = \frac{\sigma_0}{\varepsilon_0} \cdot sin\,\phi \quad \text{Gl. 42}$$

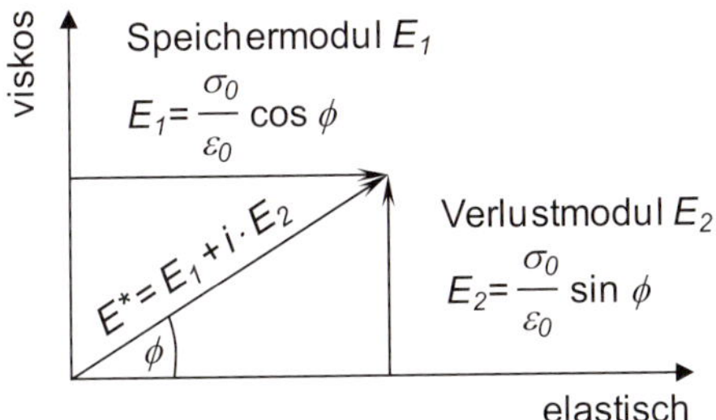

Abbildung 82 Zerlegung des komplexen Moduls: Speichermodul E_1, Verlustmodul E_2 (englisch *storage modulus* und *loss modulus*)

Der Realteil E_1 heißt *elastischer Modul* (oder *Elastizitätsmodul* oder *Speichermodul*; englisch *storage modulus*). Er repräsentiert die im Material gespeicherte Energie zur Verformungsrückstellung (siehe *Feder* in Kapitel 4.1.5.1).

Der Imaginärteil E_2 heißt *viskoser Modul* (oder *Verlustmodul*; englisch *loss modulus*). Er repräsentiert die durch viskose Verformung verlorene Energie (siehe *Dämpfer* in Kapitel 4.1.5.3).

In Abbildung 83 sind schematisch für einen weggeregelten Laborversuch die Schwingungssignale der aufgebrachten Dehnung *ε(t)* und der resultierenden Spannung *σ(t)* für idealelastisches, viskoelastisches und idealviskoses Materialverhalten gegenübergestellt. Das Materialverhalten eines idealelastischen Festkörpers ist durch den Speichermodul E_1 (*Elastizitätsmodul*) beschrieben, jenes einer idealviskosen Flüssigkeit durch den Verlustmodul E_2 (*viskoser Modul*). Man beachte, dass eine analoge Abbildung für den Schermodul ($G^* = G_1 + i \cdot G_2$) gezeichnet werden kann, siehe nachfolgendes Kapitel.

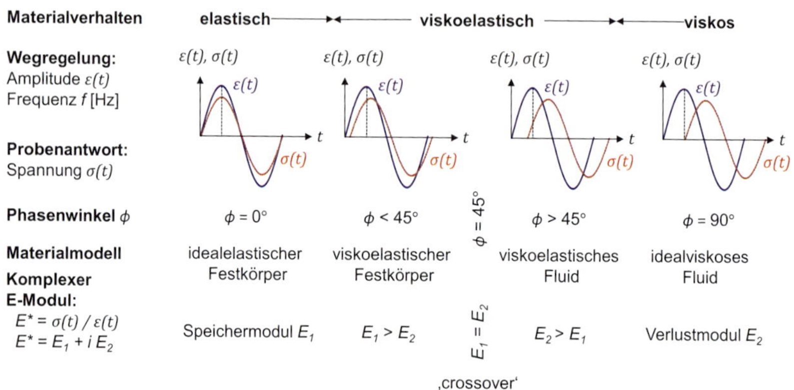

Abbildung 83 Elastisches, viskoelastisches und viskoses Materialverhalten in Abhängigkeit vom komplexen E-Modul

Werden der elastische Modul E_1 und der viskose Modul E_2 in Abhängigkeit von der Temperatur in einem Diagramm eingetragen, so bezeichnet man den Schnittpunkt der beiden Kurven als *crossover Temperatur*. Bei der crossover Temperatur gilt $E_1 = E_2$, und $\phi = 45°$.

Die Norm (der Betrag) des komplexen Moduls $|E^*|$ ergibt sich zu:

$$|E^*| = \sqrt{\left(\frac{\sigma_0}{\varepsilon_0} cos\, \phi\right)^2 + \left(\frac{\sigma_0}{\varepsilon_0} i \cdot sin\, \phi\right)^2} = \frac{\sigma_0}{\varepsilon_0} \qquad \text{Gl. 43}$$

Gl. 43 erleichtert die Auswertung von zyklischen Asphaltprüfungen im LVE Bereich, weil die Norm des komplexen E-Moduls $|E^*|$ direkt aus den Amplituden von Spannung (σ_0) und Dehnung (ε_0) bestimmbar ist. Dieses Prinzip wird zur Auswertung von zyklischen Asphaltprüfungen routenmäßig angewandt (siehe Kapitel 5.4.4).

4.3.4.2 Komplexer Schermodul G^*

Auf dieselbe Weise wie E^* kann der *komplexe Schermodul* G^* hergeleitet werden (oft auch einfach *Schersteifigkeitsmodul* genannt, als Werkstoffanteil der Schersteifigkeit von viskoelastischen Materialien, siehe Kapitel 4.1.6.1).

Das Aufbringen einer zyklischen Scherspannung von $\tau(t) = \tau_0 \cdot \sin(\omega \cdot t)$ resultiert in der zyklischen, phasenverschobenen Scherdehnung $\gamma(t) = \gamma_0 \cdot \sin(\omega \cdot t - \phi)$. Der komplexe Schermodul G^* ergibt sich (analog) zu (angeschrieben mittels komplexer Winkelfunktionen *oder* komplexer Exponentialfunktionen):

$$G^* = \frac{\tau(t)}{\gamma(t)} == \frac{\tau_0 \cdot cos(\omega \cdot t) + i \cdot \tau_0 \cdot sin(\omega \cdot t)}{\gamma_0 \cdot cos(\omega \cdot t - \phi_G) + i \cdot \gamma_0 \cdot sin(\omega \cdot t - \phi_G)} \qquad \text{Gl. 44}$$

$$= \frac{\tau_0}{\gamma_0} cos\,\phi_G + \frac{\tau_0}{\gamma_0} i \cdot sin\,\phi_G$$

$$\equiv G^* = \frac{\tau(t)}{\gamma(t)} = \frac{\tau_0}{\gamma_0} e^{i \cdot \phi_G} = |G^*| e^{i \cdot \phi_G} = G_1 + i \cdot G_2 \qquad \text{Gl. 45}$$

Für LVE Materialverhalten gilt:

$$G^* = \frac{E^*}{2 \cdot (1 + \nu^*)} \qquad \text{Gl. 46}$$

wobei ν^* die komplexe Poissonsche Zahl ist; für $\nu^* = 0{,}5$ gilt: $E^* = 3\ G^*$ (Material ist LVE, inkompressibel und isotrop).

Im LVE Bereich ist die Norm des komplexen Schermoduls $|G^*|$ das Verhältnis von Scherspannung (τ_0) und Scherdehnung (γ_0) (vgl. Gl. 43):

$$|G^*| = \sqrt{\left(\frac{\tau_0}{\gamma_0} cos\,\phi\right)^2 + \left(\frac{\tau_0}{\gamma_0} i \cdot sin\,\phi\right)^2} = \frac{\tau_0}{\gamma_0} \qquad \text{Gl. 47}$$

In Analogie zum komplexen E-Modul $|E^*|$ (siehe oben) gilt also, dass die Norm des komplexen Schermoduls $|G^*|$ direkt aus den Amplituden von Scherspannung (τ_0) und Scherdehnung (γ_0) bestimmbar ist. Dieses Prinzip wird bei Bitumen- und Mastixprüfungen mittels eines Dynamischen Scherrheometers routenmäßig angewandt (siehe Kapitel 5.2.3).

4.3.4.3 Komplexe Poissonsche Zahl ν^*

Wird ein viskoelastisches Material belastet, so resultiert eine Beanspruchung in Belastungsrichtung, aber auch orthogonal dazu (infolge des viskoelastischen Materialverhaltens geringfügig zeitversetzt). Die Schwingung der Querbeanspruchung (ε_y) ist zur Normalbeanspruchung (ε_x) gegenläufig und hat ebenfalls einen Phasenwinkel (ϕ_G). Die komplexe Poissonsche Zahl ν^* resultiert zu:

$$\nu^* = \frac{\varepsilon_y(t)}{\varepsilon_x(t)} = \frac{\varepsilon_{0y} \cdot e^{i\cdot(\omega t - \phi + \pi + \phi_G)}}{\varepsilon_{0x} \cdot e^{i\cdot(\omega t - \phi)}} = = \frac{\varepsilon_{0y}}{\varepsilon_{0x}} e^{i\cdot\phi_G} = |\nu^*| e^{i\cdot\phi_G} \qquad \text{Gl. 48}$$

Zur rechnerischen Dimensionierung von Straßenaufbauten wird üblicherweise angenommen, dass das Materialverhalten isotrop ist und durch zwei Kenngrößen beschrieben werden kann: den axialen komplexen Modul E^* und die Poissonsche Zahl ν, die meist als konstant zu $\nu = 0{,}35$ angesetzt wird.

Tatsächlich ist auch im Bereich von kleinen Dehnungen ($< 10^{-4}$ m/m), wenn linear viskoelastisches Materialverhalten und das Zeit-Temperatur-Superpositionsprinzip gelten, die Poissonsche Zahl eine komplexe Materialkenngröße.

Ihre Bestimmung erfordert die zeitgleiche Messung der Beanspruchung eines Probekörpers in zwei Richtungen während eines Versuchs, nämlich in Richtung der Belastung und orthogonal dazu. Dies ist technisch herausfordernd, weil es zwei separate Messeinrichtungen erfordert, und weil die Dehnungen in Querrichtung (zur Ermittlung von ν^*) eine Zehnerpotenz kleiner als in Längsrichtung (zur Ermittlung von E^*) sind (siehe dazu Graziani et al., 2018)[225].

Kim und Agudo et al. (2024)[226] haben erstmals eine Torsions-Zug-Prüfung (*Torsion Tension Test*) in einem Dynamischen Scherrheometer vorgestellt,

---

225 Graziani, A., Di Benedetto, H., Perraton, D., Sauzéat, C., Hofko, B., Nguyen, Q. T., Pouget, S., Poulikakos, L. D., Tapsoda, N., Grenfell, J., Cannone Falchetto, A., Wistuba, M. P. & Petit, C. 2018. Three-Dimensional Characterisation of Linear Viscoelastic Properties of Bituminous Mixtures. In: Partl, M. N., Porot, L., Di Benedetto, H., Canestrari, F., Marsac, P. & Tebaldi, G. (eds.), Testing and Characterization of Sustainable Innovative Bituminous Materials and Systems. State-of-the-Art Report of the RILEM TC 237-SIB, Chapter 3, 75-125, Springer.

226 Kim, Y. S., Agudo, J. R., Wistuba, M. P., Büchner, J. & Schäffler, M. 2024. Determination of Complex Poisson's Ratio of Asphalt Binders Using Torsion-Tension Tests in a Dynamic Shear Rheometer. Road Materials and Pavement Design, https://doi.org/ 10.1080/14680629.2024.2356787.

mit dem auf einen Probekörper aus Bitumen oder Mastix sowohl eine Scherbelastung als auch eine axiale Belastung aufgebracht werden kann. Damit kann an ein- und demselben Probekörper sowohl der komplexe Schermodul als auch der komplexe E-Modul bestimmt werden, woraus direkt die Poissonsche Zahl erhalten wird und rheologische Modelle erheblich verbessert werden können.

In Laborversuchen schwanken die Werte für die Poissonsche Zahl zwischen 0,2 und 0,5, wobei sich kleine Werte für hohe Frequenzen und niedrige Temperaturen ($f > 30$ Hz, $T < 5$ °C) und große Werte für niedrige Frequenzen und hohe Temperaturen ergeben ($f < 1$ Hz, $T > 30$ °C).

4.3.4.4 Cole-Cole Diagramm und Black Diagramm

Werden an einem Probekörper in einem Laborversuch im LVE Bereich viele Werte des komplexen Moduls E^* (oder des komplexen Schermoduls G^* oder auch der komplexen Poissonschen Zahl ν^*) für mehrere Temperaturen bei einer konstanten Frequenz ermittelt (*Temperatur-Sweep*; englisch *sweep* im Sinne von *Durchlauf*), oder für mehrere Frequenzen bei

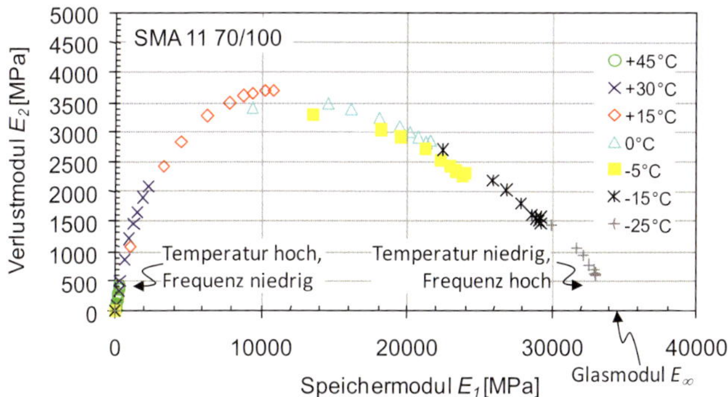

Abbildung 84 Cole-Cole Diagramm am Beispiel von SMA 11 mit Bitumen 70/100 (Darstellung des E-Moduls durch Aufspaltung in einen Realteil E_1 (Speichermodul) und in einen Imaginärteil E_2 (Verlustmodul))

einer Temperatur (*Frequenz-Sweep*), so ist die gesamtheitliche Ergebnisdarstellung für das geprüfte Material in Form eines *Cole-Cole*[227] *Diagramms* (oder *Cole-Cole Plot*) sehr anschaulich und daher weit verbreitet. Auf der Abszisse des Cole-Cole Diagramms ist üblicherweise der elas-

227 Kenneth Stewart Cole (1900-1984) und Robert H. Cole (1914-1990), US-amerikanisches Brüderpaar, Biophysiker/Chemiker; wegweisende Veröffentlichungen zur Frequenzabhängigkeit der Permittivität.

tische Realteil, also der Speichermodul E_1^* (oder G_1^* oder v_1^*) aufgetragen, auf der Ordinate der viskose Imaginärteil, also der Verlustmodul E_2^* (oder G_2^* oder v_2^*)

Der Zusammenhang von Phasenwinkel ϕ und der Norm des komplexen E-Moduls $|E^*|$ wird üblicherweise graphisch in einem *Black Diagramm* dargestellt (siehe Abbildung 85).

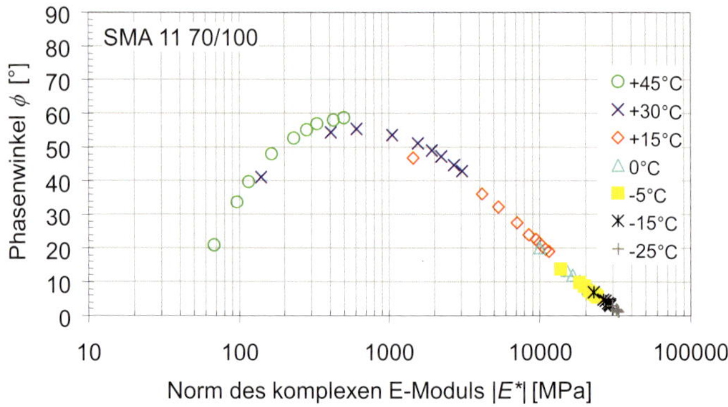

Abbildung 85 Black Diagramm am Beispiel von SMA 11 mit Bitumen 70/100 (Zusammenhang von Phasenwinkel ϕ und der Norm des komplexen E-Moduls $|E^*|$)

Cole-Cole und Black Diagramm sind aussagekräftige Darstellungen für ein Material, weil die dargestellten Kurven universell für alle Temperaturen und Frequenzen gelten (siehe z. B. Airey et al., 2022)[228].

4.3.5 Temperatur-Frequenz-Äquivalenz und Masterfunktion

Die zyklische Beanspruchung von viskoelastischen Materialien hängt gleichzeitig ab von der Temperatur T und der aufgebrachten Frequenz f (bzw. Kreisfrequenz $\omega = 2 \cdot \pi \cdot f$) (siehe Kasten).

228 Airey, G., Sias, J. E., Rowe, G. M., Di Benedetto, H., Sauzéat, C., Dave, E. V. An overview of black space evaluation of performance and distress mechanisms in asphalt materials. In: Di Benedetto, H., Baaj, H., Chailleux, E., Tebaldi, G., Sauzéat, C., Mangiafico, S. (eds) Proc. of the RILEM International Symposium on Bituminous Materials. ISBM 2020. RILEM Bookseries, vol 27. Springer, Cham. doi.org/10.1007/978-3-030-46455-4_29.

Abhängigkeit von Temperatur und Frequenz: Hohe Temperaturen und niedrige Frequenzen (also eine Beanspruchung über einen langen Zeitraum) ermöglichen eine hohe Beweglichkeit der Moleküle und führen daher zu einer flexiblen weichen Konsistenz, also zu einem niedrigen Modul und einer niedrigen Steifigkeit. Hingegen schränken tiefe Temperaturen und hohe Frequenzen (also eine kurzzeitige Beanspruchung) die Beweglichkeit der Moleküle ein. Es resultiert eine versteifte, inflexible Konsistenz, also ein hoher Modul und eine hohe Steifigkeit (vgl. Mezger, 2016)[229].

Ein bestimmter komplexer E-Modul E^* (oder G^* oder ν^*) ist daher stets durch zwei unterschiedliche Temperatur-Frequenz-Paare definiert:

$$E^*(T_1,\omega_1) = E^*(T_2,\omega_2) \text{ mit } (T_1,\omega_1) \neq (T_2,\omega_2) \qquad \text{Gl. 49}$$

Bei LVE Materialverhalten hängen auch die Relaxationsfrequenzen bzw. Relaxationszeiten (analog die Retardationsfrequenzen bzw. -zeiten) immer (in derselben Weise) von der Temperatur ab, daher gilt:

$$\omega_1 f(T_1) = \omega_2 f(T_2) \qquad \text{Gl. 50}$$

Ein solches Materialverhalten bezeichnet man als *thermorheologisch einfach*. Thermorheologisch einfache Materialien ändern in einem betrachteten Temperaturbereich ihren Strukturcharakter nicht sprungartig.

Für thermorheologisch einfache Materialien kann die Abhängigkeit des Moduls von Temperatur und Frequenz nur durch eine einzige Variable beschrieben werden: z. B. $E^*(\omega f(t))$. Diese Konsequenz (aus dem thermorheologisch einfachen Verhalten) nennt man die *Temperatur-Frequenz-Äquivalenz* (oder das *Temperatur-Zeit-Gesetz*).

Die Temperatur-Frequenz-Äquivalenz hat in Form des *Zeit-Temperatur-Superpositionsprinzips* (englisch *time-temperature superposition principle*, kurz *TTSP*; siehe Di Benedetto & De la Roche, 1998)[230] große praktische Bedeutung für die Extrapolation (Vorhersage) des Moduls über den eigentlichen Messbereich hinaus und die Konstruktion einer materialspezifischen *Masterkurve*.

Ist nämlich der Verlauf des Moduls nach Messungen in einem bestimmten Frequenzintervall bei unterschiedlichen Temperaturen bekannt, so kön-

229 Mezger, T. G. 2016. Das Rheologie Handbuch: Für Anwender von Rotations- und Oszillations-Rheometern. 5. Auflage, Vincentz Network, Hannover.

230 Di Benedetto, H. & De la Roche, C. 1998. State of the art on stiffness modulus and fatigue of bituminous mixtures. In: Francken L. E. & Spon F. N. (eds.), Bituminous binders and mixes: state of the art and interlaboratory test on mechanical behavior and mix design. Rilem Report 17, London, 137-180.

nen zur Konstruktion der Masterkurve – wie in Abbildung 86 schematisch dargestellt – die einzelnen Isothermen durch horizontale Parallelverschiebung mit der Referenzkurve zur Deckung gebracht werden.

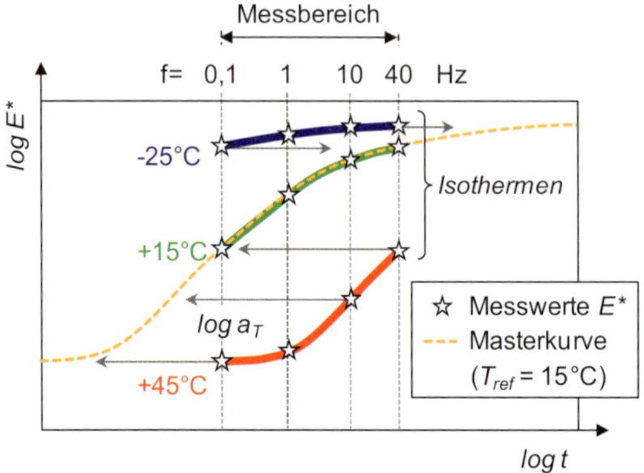

Abbildung 86 Konstruktion der Masterkurve: Verschiebung der Messpunkte aus dem Messbereich (Verschiebungsfaktor a_T)

Die Referenzkurve gilt für eine vorher festzulegende Referenztemperatur T_{ref}, der temperaturabhängige Verschiebungsfaktor a_T muss für die Referenztemperatur bestimmt werden. Ein positiver Wert des Verschiebungsfaktors a_T bedeutet eine Verschiebung der Isotherme nach rechts, ein negativer Wert nach links. Für die Masterkurve gilt:

$$E^*(T, \omega) = E^*(T_{ref}, a_T \cdot \omega) \qquad \text{Gl. 51}$$

Für den Verschiebungsfaktor a_T gilt:

$$a_T = \frac{f(T)}{f(T_{ref})} \quad \text{mit} \quad a_{T_{ref}} = 1 \qquad \text{Gl. 52}$$

Aus relativ wenigen Messwerten kann so die Masterkurve für ein Material abgeleitet werden. Diese bildet, basierend auf den Annahmen der Temperatur-Frequenz-Äquivalenz, den komplexen Modul über den gesamten Temperatur- und Frequenzbereich ab und ist daher überaus anschaulich und beliebt.

Der Verschiebungsfaktor a_T kann beispielsweise mit der Williams, Landel und Ferry (WLF)[231] Gleichung (welche für die Temperaturabhängigkeit

231 Williams, M. L., Landel, R. F. and Ferry, J. D. 1955. The Temperature Dependence of Relaxation Mechanism in Amorphous Polymers and other Glass-forming Liquids. J. Amer. Chem. Soc. 77 (1955) 3701–3707.

von Kriechen und Relaxation von viskoelastischen Materialien gilt) abgeleitet werden:

$$\log(a_T, T_{ref}) = -\frac{C_1(T - T_{ref})}{C_2 + (T - T_{ref})} \qquad \text{Gl. 53}$$

Dabei sind a_T der Verschiebungsfaktor bei einer beliebigen Temperatur T, T_{ref} die Referenztemperatur, sowie C_1 und C_2 universelle Konstanten.

Alternativ kann der Verschiebungsfaktor a_T mit der Arrhenius[232] Gleichung bestimmt werden:

$$\log(a_T) = \frac{\delta H}{R}\left(\frac{1}{T} - \frac{1}{T_{ref}}\right) \qquad \text{Gl. 54}$$

wobei δH die Aktivierungsenergie ($J \cdot mol^{-1}$) ist und R die universelle Gaskonstante (Naturkonstante 8,314 $J \cdot K^{-1} \cdot mol^{-1}$).

Modifizierte Bindemittel gehorchen oft nicht dem TTSP. Stattdessen kann das *Partielle Zeit-Temperatur-Superpositionsprinzip* angewandt werden (siehe Kasten).

Partielles Zeit-Temperatur-Superpositionsprinzip (Partial-TTSP): Die Masterkurve kann mittels Normierung des komplexen Moduls gefunden werden (siehe Olard et al., 2003)[233]. Der normierte Modul ist nach Gl. 55 eine Funktion des statischen Elastizitätsmoduls E_0 (gilt, wenn die Frequenz gegen Null geht $\omega \rightarrow 0$) und des Glasmoduls E_∞ (ein theoretischer Grenzwert der gilt, wenn die Frequenz infinit ist $\omega \rightarrow \infty$ oder wenn die Temperatur sehr niedrig ist $T \rightarrow -\infty$).

$$E^*_{norm} = \frac{E^* - E_\infty}{E_0 - E_\infty} \qquad \text{Gl. 53}$$

4.3.6 Energiedissipation bei zyklischer Beanspruchung

Als *dissipierte Energie* werden jene energetischen Anteile zusammengefasst, die in einem Belastungs-Entlastungszyklus verbraucht werden, in Form von mechanischer Arbeit, Wärmeerzeugung oder Materialschädigung (Rissbildung).

232 Svante August Arrhenius (1859-1927), schwedischer Physiker und Chemiker. 1903 Nobelpreis für Chemie für die Theorie der elektrolytischen Dissoziation.

233 Olard, F., Di Benedetto, H., Eckmann, B. & Triquigneaux, J.-P. 2003. Linear viscoelastic properties of bituminous binders and mixtures at low and intermediate temperatures. Road Materials and Pavement Design, Vol. 4, No 1, Taylor & Francis.

Die *dissipierte Energie W* [J/m³] je Belastungszyklus einer Sinusschwingung errechnet sich aus dem Produkt von Spannungsamplitude $\sigma_{0,i}$, Dehnungsamplitude $\varepsilon_{0,i}$ und Sinus des Phasenwinkels ϕ_i:

$$W_i = \pi \cdot \sigma_{0,i} \cdot \varepsilon_{0,i} \cdot \sin\phi_i \qquad \text{Gl. 56}$$

Bei einem idealelastischen Material wird die gesamte Energie, die während der Belastung in den Probenkörper eingebracht wird, bei Entlastung vollständig zurückgestellt. Es gibt keinen Energieverlust bzw. keine Energiedissipation, die Belastungskurve ist mit der Entlastungskurve ident (siehe Abbildung 87, links).

Bei einem viskoelastischen Material wie Asphalt, folgen Belastungskurve und Entlastungskurve eines Zyklus unterschiedlichen Wegen, wobei ein Teil der Energie durch die viskose Verformung verbraucht, d. h. dissipiert wird. Dann erscheint in einem Spannungs-Dehnungsdiagramm der Belastungs-Entlastungszyklus als eine Ellipse (*Hysteresis*), welche *Lissajous*[234]-Figur genannt wird. Die der Ellipse eingeschriebene Fläche entspricht der dissipierten Energie (siehe Abbildung 87, rechts).

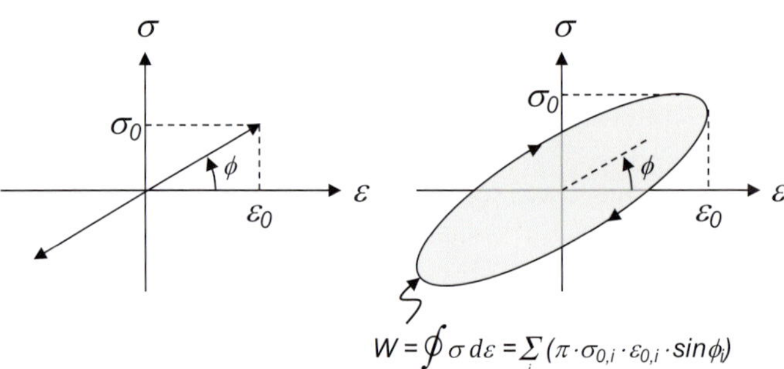

Abbildung 87 Belastungs-Entlastungszyklus im Spannungs-Dehnungsdiagramm (idealelastisches Material (links) und viskoelastisches Material (rechts))

Energiedissipation hat verschiedene Ursachen, darunter die Probekörperschädigung. Wird in einem zyklischen Versuch (bei Kraftregelung) beim Lastimpuls *i+1* mehr Energie dissipiert als beim Lastimpuls *i*, so steht dies in Zusammenhang mit einer Änderung der mechanischen Materialeigenschaften, beispielsweise mit einer Materialschädigung. So kann

234 Jules Antoine Lissajous (1822–1880), französischer Physiker, Entwickler der Lissajous-Figuren.

näherungsweise aus der Veränderung der dissipierten Energie während eines zyklischen Laborversuchs auf die Probekörperschädigung geschlossen werden.

Anschaulich wird dies dargestellt durch die Veränderung der Lissajous-Figur nach unterschiedlichen Anzahlen an Belastungszyklen. Eine Verdrehung und Ausbauchung der Lissajous-Figur mit zunehmender Versuchsdauer ist primär auf *Materialermüdung* zurückzuführen, während eine horizontale Verschiebung entlang der Dehnungsachse als *plastische Verformung* des Probekörpers interpretiert werden kann (siehe Abbildung 88) (Wistuba & Isailović, 2014[235]; Hahn, 2015[236])

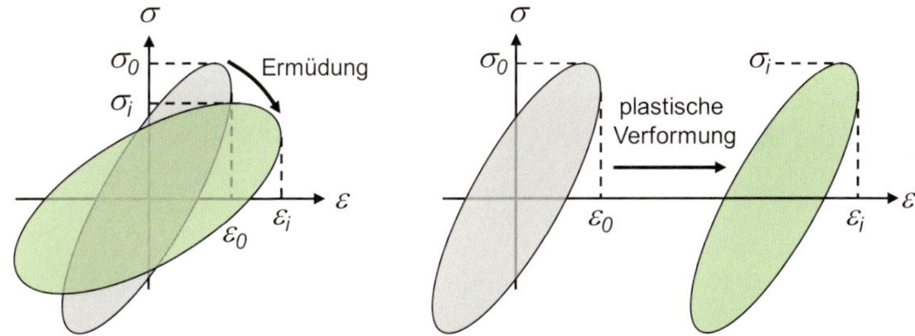

Abbildung 88 Veränderung der Lissajous-Figur infolge Materialermüdung und Verformung

4.3.7 Rheologische Modelle (Auswahl)

Zur Modellierung des linear LVE Materialverhaltens von Bitumen und Asphalt können die Grundelemente der Mechanik (Feder, Dämpfer, Reiber; siehe Kapitel 4.1.5) vielfältig kombiniert werden (siehe Adarkwa et al., 2016)[237]. So entstehen verschiedene rheologische Modelle, deren Genauigkeit mit der Anzahl an berücksichtigten Modellparametern ansteigt (siehe Abbildung 89).

---

235 Wistuba, M. P. & Isailović, I. 2014. Performance-orientierte Asphaltspezifikation – Entwicklung eines praxisgerechten Prüfverfahrens zur Ansprache des Verformungswiderstandes. Schlussbericht, Forschungsprojekt FE 84.0106/2009, i. A. des Bundesministeriums für Verkehr, Bau und Stadtentwicklung, Institut für Straßenwesen, Technische Universität Braunschweig.

236 Hahn, S. 2015. Auswertung der dissipierten Energie zur Bestimmung der Ermüdung von Straßenbauasphalt bei verschiedenen Prüfungsarten. Schriftenreihe Straßenwesen, Heft 29 (1. Teil), Institut für Straßenwesen, Technische Universität Braunschweig.

237 Adarkwa, O. A., Attoh-Okine, N. & Cook, P. 2016. Cookbook for Rheological Models – Asphalt Binders. Final Report, No CAIT-UTC-062, Center for Advanced Infrastructure and Transportation (CAIT), The State University of New Jersey, USA.

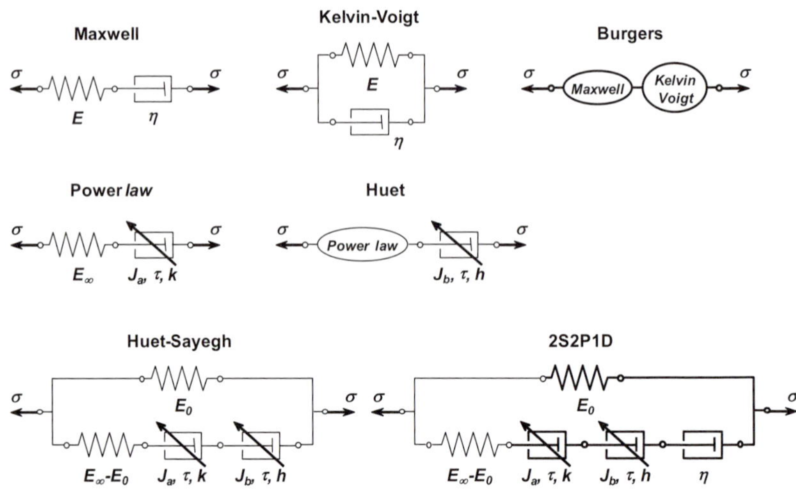

Abbildung 89 Auswahl an rheologischen Modellen für Bitumen und Asphalt (aus Wistuba et al, 2009)[238]

4.3.7.1 Maxwell, Kelvin-Voigt Modell

Die einfachsten Modelle zur Beschreibung des LVE Materialverhaltens sind das *Maxwell*[239] *Modell* und das *Kelvin*[240]*-Voigt*[241] *Modell,* die aus Kombinationen von linearen Federn und linearen Dämpfern zusammengesetzt sind.

Das *Maxwell Modell* entsteht aus der *Reihenschaltung* von Feder und Dämpfer. Die resultierende Dehnung setzt sich aus den beiden Einzeldeformationen zusammen. Aus der Summation der Deformationsgeschwindigkeiten der beiden Anteile ergibt sich eine lineare Differentialgleichung 1. Ordnung:

238 Wistuba, M. P., Monismith, C., Bahia, H. U., Renken, P., Olard, F., Blab, R., Mollenhauer, K., Metzker, K., Büchler, S., Grönniger, J., Zeng, M. & Nam, K. 2009. Asphaltverhalten bei tiefen Temperaturen. Schriftenreihe Straßenwesen, Heft 23, Institut für Straßenwesen, Technische Universität Braunschweig.

239 James Clerk Maxwell (1831-1879), schottischer Physiker. Maxwell-Gleichungen bilden die Grundlagen der Elektrizitätslehre und des Magnetismus. Entwickler der kinetischen Gastheorie und der Statistischen Mechanik (neben dem später wirkenden Ludwig Boltzmann), 1861 erste Farbfotografie.

240 Baron William Thomson Kelvin (1824-1907), Physiker, Elektrizitätslehre, Entwickler und Namensgeber der thermodynamischen Temperaturskala.

241 Woldemar Voigt (1850-1919), deutscher Physiker. Professor für Theoretische Physik an der Georg-August-Universität in Göttingen.

$$\dot{\varepsilon} = \frac{\dot{\sigma}}{E} + \frac{\sigma}{\eta} \qquad \text{Gl. 57}$$

Das *Kelvin-Voigt Modell* entsteht aus der *Parallelschaltung* von Feder und Dämpfer – also von elastischen und viskosen Deformationsanteilen – und beruht auf der Summation der Spannungsanteile σ_1 und σ_2:

$$\sigma = \eta \cdot \dot{\varepsilon} + E \cdot \varepsilon \qquad \text{Gl. 58}$$

Weder das Maxwell Modell noch das Kelvin-Voigt Modell beschreiben das komplexe Verhalten von bitumenhaltigen Materialien ausreichend genau (bzw. gelten sie nur für einen kleinen Bereich des Materialverhaltens), sie bilden aber die Grundelemente für brauchbare komplexere Modelle (siehe nachfolgende Kapitel).

4.3.7.2 Burgers Modell

Das *Burgers*[242] *Modell* entsteht aus der Reihenschaltung des Kelvin-Voigt Modells und des Maxwell Modells. Die resultierende Deformationsgeschwindigkeit ist die Summe der einzelnen Deformationsgeschwindigkeiten:

$$\dot{\varepsilon} = \left(\frac{\dot{\sigma}}{E_1} + \frac{\sigma}{\eta_1}\right) + \left(\frac{\sigma}{\eta_2} + \frac{E \cdot \varepsilon}{\eta_2}\right) \qquad \text{Gl. 59}$$

Das Burgers Modell kann zur Modellierung des viskoelastischen Verhaltens von Bitumen in Abkühl-, Zug-, Relaxations- und Retardationsversuchen herangezogen werden (siehe Büchler, 2010)[243].

4.3.7.3 Verallgemeinertes Maxwell und Kelvin-Voigt Modell

Das verallgemeinerte (generalisierte) Maxwell Modell und das verallgemeinerte Kelvin-Voigt Modell bestehen jeweils aus einer Kombination mehrerer Maxwell Modelle bzw. mehrerer Kelvin-Voigt Modelle (*Serienschaltung*), jeweils kombiniert mit einer Feder und einem linearen Dämpfer (siehe Abbildung 90).

---

242 Johannes Martinus Burgers (1895-1981), niederländischer Physiker, Fluidmechanik, Festkörpermechanik, Kontinuumsmechanik und Materialtheorie.

243 Büchler, S. 2010. Rheologisches Modell zur Beschreibung des Kälteverhaltens von Asphalten. Dissertation, Schriftenreihe Straßenwesen, Heft 24, Institut für Straßenwesen, Technische Universität Braunschweig.

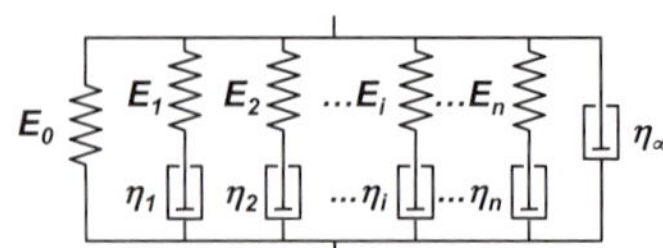

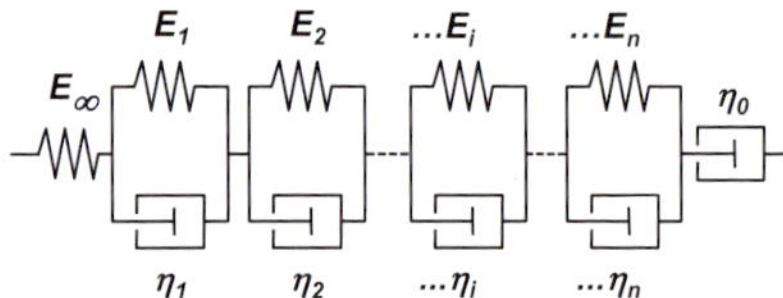

Abbildung 90 Verallgemeinerte Modelle: Maxwell und Kelvin-Voigt

Mit beiden Modellen kann LVE Materialverhalten *immer* gut beschrieben werden, vorausgesetzt, man verwendet genügend viele diskrete[244] Elemente *i*, am besten aber unabzählbar unendlich viele Elemente *n*. Das gilt für alle LVE Materialien, so auch für Bitumen und Asphalt. Die unendliche Anzahl von Elementen erfordert eine Darstellung der Modellgleichungen in Integralform (d. h. *im stetigen Spektrum*).

4.3.7.4 Power Law, Huet und Huet-Sayegh Modell

Die in Experimenten beobachtbare Nichtlinearität des Kriechverhaltens von bitumenhaltigen Materialien kann durch einen nichtlinearen (*fraktionalen*) Dämpfer berücksichtigt werden, am einfachsten mit einem *Power law Modell* bzw. nach Serienschaltung eines weiteren nichtlinearen Dämpfers mit dem *Huet Modell* (Huet, 1963)[245].

Das Power Law Modell funktioniert gut zur Simulation des Kälteverhaltens von Bitumen (siehe Aigner et al., 2007)[246].

Das Huet Modell ist für die Beschreibung des Bindemittelverhaltens infolge statischer Beanspruchung gut geeignet.

Die zusätzliche Parallelschaltung einer Feder führt zum *Huet-Sayegh Modell* (Sayegh, 1965)[247], das auch zur Modellierung des Asphaltverhaltens bei zyklischer Beanspruchung taugt. Wenn der statische Modul E_0 den Wert Null annimmt, wird das Huet-Sayegh Modell zum Huet Modell.

244 Diskret bedeutet abzählbar von lateinisch discernere für trennen, unterscheiden. Eine diskrete Anzahl von Elementen bedeutet endlich viele Elemente oder abzählbar unendlich viele Elemente. Das Gegenteil von diskret ist stetig (auch kontinuierlich, analog). Eine stetige Anzahl von Elementen bedeutet überabzählbar unendlich viele Elemente.

245 Huet, C. 1963. Étude, par une méthode d'impédance, du comportement visco-élastique des matériaux hydrocarbonés. Thèse, Laboratoires Centrales des Ponts et Chaussées, France.

246 Aigner, E., Lackner, R., Wistuba, M. P., Spiegl, M., Blab, R. & Eberhardsteiner, J. 2007. Integration schemes and parameter identification in viscoelastic modeling of asphalt: application to low-temperature assessment of flexible pavements. Proc., 7th World Congress on Computational Mechanics, July 16-22, 2006, Los Angeles, USA.

247 Sayegh, G. 1965. Variation des modules des quelques bitumes purs et bétons bitumineux. Thèse, Faculté des Sciences, Université de Paris.

Dennoch bilden all diese Modelle das Fließverhalten von Bitumen nur ungenau ab (Olard & Di Benedetto, 2003)[248].

4.3.7.5 2S2P1D Modell

Das *2S2P1D Modell* (nach Olard, 2003[249]; Olard & Di Benedetto, 2003[248]) ist eine Erweiterung des Huet-Sayegh Modells und wird erfolgreich zur Modellierung des viskoelastischen Materialverhaltens von Bindemitteln und Asphalten unter zyklischer Beanspruchung angewandt.

Das 2S2P1D Modell kombiniert zwei Federn (*2S* für englisch *two springs*), zwei nichtlineare Dämpfer (*2P* für englisch *two parabolic dashpots*) und einen Dämpfer (*1D* für englisch *one dashpot*) (siehe Abbildung 89).

Bei einer Referenztemperatur gilt für den komplexen E-Modul E^* (oder G^*) mit i als der komplexen Zahl ($i^2=-1$) und der Kreisfrequenz ω (Frequenz $f=\omega/2\pi$):

$$E^*(i\,\omega\,\tau) =$$

$$= E_0 + \frac{E_\infty - E_0}{1 + \delta(i\,\omega\,\tau)^{-k} + (i\,\omega\,\tau)^{-h} + (i\,\omega\,\beta\,\tau)^{-1}} \qquad \text{Gl. 60}$$

Sieben Parameter des 2S2P1D Modells (und zusätzlich die Parameter C_1 und C_2, siehe unten) sind zu bestimmen:

» der *statische* Elastizitätsmodul E_0, der gilt, wenn die Frequenz gegen Null geht ($\omega \rightarrow 0$), $E_0 = 0$ für Bindemittel und $E_0 > 0$ für Asphaltmischgut; E_0 wird vom Korngerüst des Asphaltmischguts und dessen innerer Vorspannung bestimmt (siehe Kapitel 3.2.3);

» der Glasmodul E_∞, ein theoretischer Grenzwert wenn die Frequenz infinit ist ($\omega \rightarrow \infty$) oder die Temperatur sehr niedrig ist ($T \rightarrow -\infty$); $E_\infty \approx 2 \cdot 10^9$ Pa für Bindemittel (Olard & Di Benedetto, 2003)[248];

» die Exponenten k und h (wobei gilt $0 < k < h < 1$), welche die Antworten der nichtlinearen Dämpfer beschreiben und die Kurvenform im Cole-Cole Diagramm mitbestimmen;

---

248 Olard, F. & Di Benedetto, H. 2003. General „2S2P1D“ Model and Relation Between the Linear Viscoelastic Behaviours of Bituminous Binders and Mixes. Road Materials and Pavement Design, Volume 4, No. 2/2003, 185-224, Taylor & Francis.

249 Olard, F. 2003. Comportement thermomécanique des enrobés bitumineux à basses températures. Relations entre les propriétés du liant et de l’enrobé. Thèse, ENTPE, Université de Lyon, France.

» die Konstante δ, welche auch die Kurvenform im Cole-Cole Diagramm mitbestimmt;

» die Konstante β, die mit der Newtonschen Viskosität η des Bindemittels folgendermaßen in Zusammenhang steht:

$$\eta = (E_\infty - E_0) \cdot \beta \cdot \tau \qquad \text{Gl. 61}$$

» und die charakteristische Zeit $\tau(T)$, die abhängig ist von der Relaxationszeit des Materials (je größer τ ist, umso steifer ist das Material), und die (solange Temperatur-Frequenz-Äquivalenz gilt, siehe Kapitel 4.3.5) über den Verschiebungsfaktor $a_T(T)$ ermittelt werden kann:

$$\tau(T) = \tau_0 \cdot a_T(T) \qquad \text{Gl. 62}$$

wobei a_T beispielsweise mit der Williams, Landel und Ferry (WLF)[231] Gleichung beschrieben werden kann (vgl. Gl. 53):

$$\log(a_T, T_{ref}) = -\frac{C_1(T - T_{ref})}{C_2 + (T - T_{ref})} \qquad \text{Gl. 63}$$

mit den universellen Konstanten C_1 und C_2.

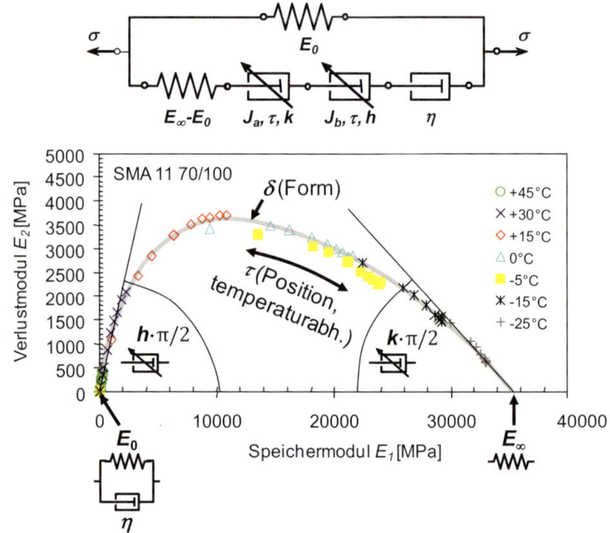

Abbildung 91 2S2P1D Modell in der Cole-Cole Darstellung (nach Olard & Di Benedetto, 2003)[248]

Die Modellparameter können im Cole-Cole Diagramm veranschaulicht werden (siehe Abbildung 91).

4.3.8 Korrelation von Bitumen- und Asphaltverhalten

Im Bereich des LVE Materialverhaltens stehen im gesamten Temperatur- und Frequenzbereich der komplexe E-Modul von Asphalt $E^*_{Mix} = |E^*_{Mix}|e^{i \cdot \phi Mix}$ und der komplexe E-Modul des zugehörigen Bindemittels $E^*_{Bind} = |E^*_{Bind}|e^{i \cdot \phi Bind}$ in einem direkten Zusammenhang (siehe Abbildung 92).

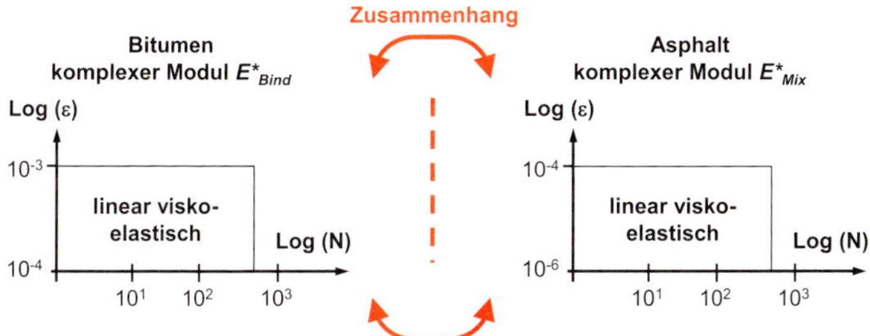

Abbildung 92 Korrelation von Bitumen- und Asphaltverhalten im LVE Bereich (nach Di Benedetto, 2017)[153]

Dies kann beispielsweise anhand des 2S2P1D Modells gezeigt werden (nach Olard & Di Benedetto, 2003)[248]. Gl. 60 lautet getrennt für Bindemittel und Asphalt:

$$E^*_{Mix}(i\,\omega\,\tau) = = E_{0,Mix} + \frac{E_{\infty,Mix} - E_{0,Mix}}{1 + \delta(i\,\omega\,\tau_{Mix})^{-k} + (i\,\omega\,\tau_{Mix})^{-h} + (i\,\omega\,\beta\,\tau_{Mix})^{-1}} \quad \text{Gl. 64}$$

und

$$E^*_{Bind}(i\,\omega\,\tau) = = E_{0,Bind} + \frac{E_{\infty,Bind} - E_{0,Bind}}{1 + \delta(i\,\omega\,\tau_{Bind})^{-k} + (i\,\omega\,\tau_{Bind})^{-h} + (i\,\omega\,\beta\,\tau_{Bind})^{-1}} \quad \text{Gl. 65}$$

Weil die Parameter δ, k, h, β in beiden Gleichungen von den Bindemitteleigenschaften abhängen und somit für das Bindemittel und den zugehörigen Asphalt gleich sind, ergibt sich der folgende Zusammenhang:

$$E^*_{Mix}(\omega, T) = = E_{0,Mix} + \left[E^*_{Bind}(10^{\alpha}\omega, T) - E_{0,Bind}\right] \frac{E_{\infty,Mix} - E_{0,Mix}}{E_{\infty,Bind} - E_{0,Bind}} \quad \text{Gl. 66}$$

Die Konsequenz dieser Gleichung ist überaus praktisch: Ist der komplexe E-Modul des Bindemittels E^*_{Bind} für eine bestimmte Temperatur bekannt, kann anhand von Gl. 66 der komplexe E-Modul des zugehörigen Asphalts E^*_{Mix} bei dieser Temperatur berechnet werden. Dazu müssen drei Konstante bekannt sein, die von der Mischgutzusammensetzung abhängen: $E_{0,Mix}$, $E_{\infty,Mix}$ und α, mit $E_{0,Mix}$ als der statische Asphaltmodul (bei der relevanten Temperatur) und $E_{\infty,Mix}$ als der Glasmodul des Asphalts (siehe oben).

Der Parameter α verbindet für eine Temperatur θ die charakteristische Zeit des Bindemittels τ_{Bind} mit jener von Asphalt τ_{Mix} (Gl. 67). Zwischen Bindemittel und Asphalt gilt größenordnungsmäßig $\alpha = 2{,}82$.

$$\tau_{Mix}(\theta) = 10^{\alpha} \cdot \tau_{Bind}(\theta) \qquad \text{Gl. 67}$$

Der durch Gl. 66 beschriebene Zusammenhang des Asphaltmoduls mit dem Bindemittelmodul entspricht einer dreifachen geometrischen Transformation im Cole-Cole Diagramm (vgl. Abbildung 93): Der Asphaltmodul kann grafisch bestimmt werden, indem der Bindemittelmodul zunächst (i.) horizontal nach links verschoben (*shift*), dann (ii.) durch zentrische Streckung nach rechts oben bewegt (*homothety*, englisch für *zentrische Streckung*) und schließlich (iii.) nach horizontaler Rechtsverschiebung (shift) den Wert des Asphaltmoduls bei derselben Temperatur ergibt. Diese dreifache Transformation heißt in der Literatur *Shift-Homothety-Shift in time-Shift* (SHStS).

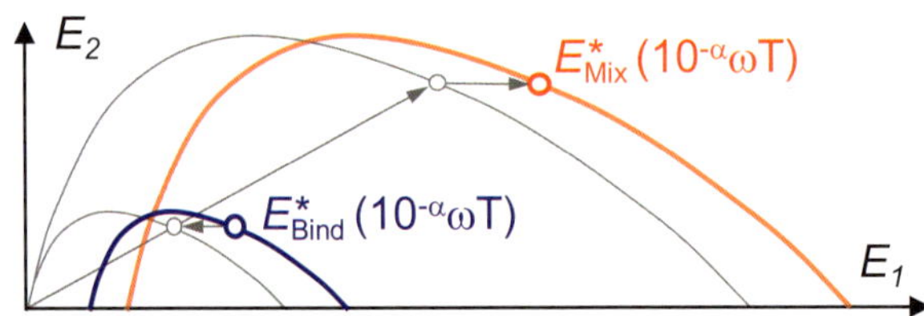

Abbildung 93 Shift-Homothety-Shift in time-Shift (SHStS) im Cole-Cole Diagramm (Bestimmung des Asphaltmoduls nach dreifacher Verschiebung des Bindemittelmoduls; nach Olard und Di Benedetto, 2003)[248]

Analog kann für den E-Modul des Bindemittels der korrespondierende E-Modul auf anderen Betrachtungsebenen gefunden werden, z. B. für Mastix (Bindemittel-Füller-Gemisch), Mörtel (Mastix-Sand-Gemisch), und auch Mastix mit zunehmender Konzentration an Sandkörnung. Alle Betrachtungsebenen stehen in dem mathematisch beschreibbaren Zusammenhang (siehe Abbildung 94).

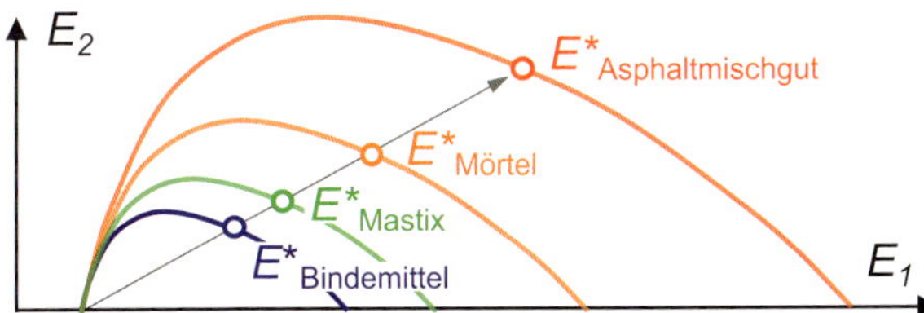

Abbildung 94 Zentrische Streckung des Moduls im Cole-Cole Diagramm entlang der Betrachtungsebenen Bindemittel-Mastix-Mörtel-Asphaltmischgut (nach Di Benedetto, 2017[252]; Riccardi, 2018[250])

Der Zusammenhang zweier Betrachtungsebenen ist durch den Parameter α definiert, der die charakteristischen Zeiten τ der beiden jeweiligen Betrachtungsebenen verbindet (verallgemeinerte Gl. 67).

Der Parameter α hängt maßgeblich ab von der Mischgutzusammensetzung, genauer von den Volumenkonzentrationen der Gesteinsfraktionen und ihrer räumlichen Verteilung, und vom Alterungszustand des Bindemittels (τ nimmt zu, wenn der Anteil an gealtertem Bindemittel zunimmt) (siehe Riccardi, 2017[(250)]; Riccardi et al., 2018[(251)]).

250 Riccardi, C. 2017. Mechanistic Behavior of Bituminous Mortars to predict the Performance of Asphalt Mixture with high RAP content. Dissertation, Schriftenreihe Straßenwesen, Heft 32, Institut für Straßenwesen, Technische Universität Braunschweig.

251 Riccardi, C., Cannone Falchetto, A., Losa, M. & Wistuba, M. P. 2018. Development of simple relationship between asphalt binder and mastic based on rheological tests. Road Materials and Pavement Design, Vol. 19, Issue 1, 18-35, Taylor & Francis.

252 Di Benedetto, H. 2017. Thermo-rheological modeling of bituminous materials and focus on linear viscoelasticity. Vorlesungsunterlagen, Oktober 2017, Technische Universität Braun-schweig.

5 Laborkennwerte des Asphaltverhaltens

5.1 Überblick

Ziel der Prüfung von bitumenhaltigen Baustoffen im Labor ist es, deren Materialverhalten anhand von charakteristischen Kenngrößen zu beschreiben. Diese Kenngrößen sollen vor allem dabei helfen, die im Hinblick auf das resultierende Gebrauchsverhaltens bestmöglichen Baustoffe bzw. Baustoffkomponenten zu identifizieren und möglichst nachhaltige Asphalte zusammenzusetzen.

5.1.1 Gebrauchsverhaltensorientierte Prüfung

5.1.1.1 Bindemittelprüfung

Das Bindemittel beeinflusst dominant den Zusammenhalt und das Gebrauchsverhalten der Asphaltstraße. Obwohl es lediglich 3 bis 8 M.-% des Asphaltgemischs ausmacht, ist es – auch im Zusammenwirken mit den feinen Gesteinskörnungen (Mastix bzw. Mörtel) – für dessen Dauerhaftigkeit von enormer Bedeutung, weshalb hohe Anforderungen an das Bindemittel gestellt werden. Sowohl bei der Verarbeitung (bei Temperaturen von rund 100 bis 230 °C) als auch unter Gebrauch (bei rund –20 bis 60 °C) muss das Bindemittel leistungsfähig bleiben. Es soll vor allem bei Hitze nicht erweichen (Gefahr der Spurrinnenbildung), bei Kälte nicht spröde reißen und bei mittleren Gebrauchstemperaturen durch die vielen Belastungsimpulse des Verkehrs nicht ermüden.

Die Anforderungen an Bindemittel bezüglich der Festigkeit, der Dauerhaftigkeit, der Verarbeitbarkeit beim Mischen und beim Einbau von Asphaltmischgut sowie der Pumpbarkeit werden formuliert anhand von Prüfkenngrößen aus mechanischen und rheologischen Bindemittelprüfungen. Ergänzend gibt es Anforderungen an Arbeitssicherheit und Umweltschutz (Emissionen).

Anforderungen an die chemische Bindemittelzusammensetzung werden im Allgemeinen nicht gestellt. Aufgrund der komplexen Bitumenzusammensetzung ist es kaum möglich, allein anhand von chemischen Kennwerten ein Bindemittel zu spezifizieren, das für eine bestimmte Anwendung geeignet ist.

Die straßenbautechnisch relevanten Bindemitteleigenschaften werden im Regelfall durch Kombination von unterschiedlichen Prüfverfahren bestimmt, sodass die zu erwartenden Einwirkungen und die Anforderungen in allen Bereichen der Produktions-, Verarbeitungs- und Gebrauchstemperaturen bestmöglich abgedeckt sind.

Die Palette an Prüfverfahren für bitumenhaltige Bindemittel reicht von prüftechnisch einfachen und wenig aufwendigen konventionellen Bindemittelprüfungen (für die schnelle Kontrolle empirisch festgelegter Anforderungswerte für Standardbindemittel) bis hin zu komplexen rheologischen, bruchmechanischen und/oder chemischen Analyseverfahren, deren Durchführung und Auswertung anspruchsvoll sein kann und die spezielle Prüfgeräte erfordern. Nur letztere ermöglichen aber eine umfassende Beschreibung des thermoviskosen Stoffverhaltens unter realitätsnahen Beanspruchungsbedingungen und damit auch eine Bewertung neuer Bindemittelmodifikationen.

Einfache Prüfverfahren werden beispielweise im Rahmen der Erstprüfung eingesetzt. Dabei werden die Güte des Bindemittels, d. h. seine Eigenschaften hinsichtlich bestimmter, vertraglich definierter Anforderungen, und die Eignung für den vorgesehenen Einsatzzweck überprüft (siehe Kapitel 2.5.3.3).

Die Bindemittelgüte sollte von der Bindemittellieferstelle garantiert werden, welche im Idealfall von der asphaltproduzierenden bzw. der asphalteinbauenden Stelle kontrolliert wird. Die Baupraxis sieht heute meist anders aus, weil oft innerhalb kurzer Zeit große Mengen an Asphaltmischgut eingebaut werden und dabei kaum Zeit bleibt für eine umfangreiche Bindemittelanalyse oder gegebenenfalls eine Korrektur noch vor dem Einbau.

Daher werden traditionell rasche Prüfverfahren mit einfacher Ergebnisinterpretation bevorzugt. Zu den üblichen Anforderungen an die Bindemittelgüte zählen heute die Bindemittelhärte, die Verformbarkeit im Hochtemperaturbereich, die Sprödigkeit bei Kälte und die Bindemittelelastizität. Diese Eigenschaften werden mit konventionellen Bindemittelprüfungen mit einfacher Prüf- und Gerätetechnik und mit wenig Kosten- und Zeitaufwand geprüft. Die dazu eingesetzten Prüfverfahren sind in Europa insbesondere (siehe Kapitel 5.2.2): *Nadelpenetration, Erweichungspunkt Ring und Kugel, Brechpunkt nach Fraaß, (Kraft)Duktilität (Streckbarkeit)* und *elastische Rückstellung*. Für diese konventionellen Kennwerte besteht ein rund hundertjähriger Erfahrungshintergrund und sie sind international weit verbreitet.

Der entscheidende Nachteil dieser konventionellen Bindemittelprüfungen ist ihre stark eingeschränkte Aussagekraft und Gültigkeit für komplexe, modifizierte Bindemittel. Doch gerade der heutzutage vermehrte Einsatz von Modifikationsmitteln (viskositätsverändernde Mittel, Rejuvenatoren und andere) macht die Bindemittelzusammensetzung zusehends komplex, sodass konventionelle Prüfmethoden an ihre Grenzen stoßen und eine ausreichende Differenzierung der Bindemittel verhindern.

Daher wurde in den vergangenen Jahrzehnten (ausgehend vom großangelegten Strategic Highway Research Program aus den Jahren 1987 bis 1992, siehe Kapitel 5.2.4.2) eine Reihe weiterführender Prüfverfahren entwickelt und erprobt. Dazu zählen insbesondere jene der *gebrauchsverhaltensorientierten Bindemittelprüfung* (*Performanceprüfung*) u. a. mit Hilfe des Dynamischen Scherrheometers (DSR) und des Biegebalkenrheometers (BBR), sowie Verfahren zur Ansprache der chemisch-physikalischen Bindemitteleigenschaften auf der Mikro- und Nanoebene. Es ist zu erwarten, dass die empirischen Methoden nach und nach ergänzt und abgelöst werden durch gebrauchsverhaltensorientierte Prüfungen, also durch fundierte Ansätze der Materialansprache und Materialmodellierung basierend auf physikalisch-mechanischen Wirkzusammenhängen.

Mit dem heute zur Verfügung stehenden Set an gebrauchsverhaltensorientierten Bindemittelprüfungen können die für den Bau von Verkehrsflächen eingesetzten Bindemittelqualitäten zu jedem Zeitpunkt im Lebenszyklus einer Asphaltstraße zuverlässig bestimmt werden. Auch das optimale Bindemittel für den jeweiligen Verwendungszweck kann damit ausgewählt werden, u. a. abhängig von der Asphaltart und -sorte, der Anwendung in verschiedenen Asphaltschichten, der Verkehrsbelastung (Belastungsklasse) und den zu erwartenden Witterungsbedingungen.

Im europäischen Technischen Regelwerk verankerte und allgemein bindende Anforderungen an gebrauchsverhaltensorientierte Bindemittelkennwerte gibt es heute (noch) nicht, doch es werden in Deutschland bereits neue Ansätze baupraktisch erprobt (siehe Wistuba et al., 2024)[253], beispielsweise zur Anwendung in

253 Wistuba, M. P., Büchner, J., Sigwarth, T., Mollenhauer, K., Wetekam, J. & Rudi, E. 2024. Untersuchung zur Charakterisierung von Bitumen (BEZIBIT). Schlussbericht, Forschungsprojekt FE 07.0313/2021/ERB, i. A. des Bundesministeriums für Verkehr und digitale Infrastruktur, Institut für Straßenwesen, Technische Universität Braunschweig.

» der Bindemittel-Erstprüfung,

» der Asphalt-Erstprüfung,

» der Wareneingangsprüfung von Bitumen,

» der Charakterisierung von rückgewonnenen Bindemitteln für die Asphaltgranulat-Klassifikation,

» der Eigenüberwachung des Einbauunternehmens und

» der Kontrollprüfung.

5.1.1.2 Mastixprüfung

Die meisten gebrauchsverhaltensorientierten Bindemittelprüfungen eignen sich (in angepasster Form) auch für die umfassende Charakterisierung von Mastix. Das ist von großem Interesse, denn wesentliche Materialeigenschaften des Asphalts wie z. B. Steifigkeit, Festigkeit, Viskosität, Kriechverhalten, Ermüdungswiderstand, Alterungsverhalten werden von der Mastix bzw. der Füller-Bitumen-Interaktion maßgeblich mitgesteuert (siehe Kasten) und gleichzeitig ist die Mastixprüfung gegenüber der Asphaltprüfung wesentlich weniger aufwendig. Die materialienabhängige Füller-Bitumen-Interaktion bewirkt eine Aussteifung der inneren elastischen Struktur des Bitumens und kann in einer Zunahme des komplexen Schermoduls quantifiziert werden.

Der **Einfluss von Mastixeigenschaften** auf rheologische Prüfergebnisse ist dem dominierenden Bitumeneinfluss nachgereiht. Zwischen den Prüfergebnissen zu Bitumen- und Mastixeigenschaften besteht ein signifikanter statistischer Zusammenhang. Mit zunehmenden Füller-Bitumen-Verhältnis ist im Regelfall eine exponentielle Zunahme bzw. Abnahme des entsprechenden rheologischen Materialkennwerts erkennbar (siehe Riccardi et al., 2017[254]; Wistuba et al., 2024[255]).

Im Rahmen des Mix Design von Asphalt, der Auswahl der Mischgutkomponenten (Abstimmung Bindemittel auf Gestein) oder zur vergleichenden Bewertung ähnlicher Asphaltvarianten können Mastix-

254 Riccardi, C., Cannone Falchetto, A., Losa, M. & Wistuba, M. P. 2017. Fatigue characterization of mortars at different volume concentration of aggregate particles. International Journal of Fatigue, 104(2017), 416-421, Elsevier.

255 Wistuba, M. P., Büchner, J. & Trifunović, S. 2024. Optimierung von Verfahren zur Prüfung von Füller-Bitumen-Gemischen mit dem Dynamischen Scherrheometer (RHEMAS). Schlussbericht, Forschungsprojekt FE 07.0317/2021/AGB, i. A. des Bundesministeriums für Verkehr und digitale Infrastruktur, Institut für Straßenwesen, Technische Universität Braunschweig.

prüfungen zweckmäßig sein (z. B. hinsichtlich der Auswahl des Füllers, siehe Kasten) und liefern mitunter mehr Information als reine Bindemittelprüfungen.

Anmerkung zur Mischgutzusammensetzung anhand von Mastixprüfungen: Die Zusammensetzung von Asphalt ist ein Optimierungsprozess. Um die bestmögliche Asphalt-Performance zu erreichen, ist ein Kompromiss zu finden aus Standfestigkeit und Rissresistenz. Daher sollte die Mastix einen ausgeprägten Widerstand gegen Kälterissbildung aufweisen (hohes Relaxationsvermögen), aber gleichzeitig auch einen ausgeprägten Widerstand gegen Verformung (niedrige Kriechrate). Die versteifende Wirkung von Füller wirkt in beide Richtungen und kann daher nicht a priori als vorteilhaft oder nachteilig bewertet werden (Wistuba et al., 2024)[255].

Insbesondere die gebrauchsverhaltensorientierte Mastixprüfung mit dem Dynamischen Scherrheometer (siehe Kapitel 5.2.3) gewinnt international an Bedeutung.

An der Technischen Universität Braunschweig wurde das Konzept von Bindemittelprüfungen im Dynamischen Scherrheometer mit der Platte-Platte-Messgeometrie auf die Prüfung von Mastix erweitert (siehe Büchner et al., 2019[256]; Wistuba et al., 2019[257]; Büchner, 2021[258]; Büchner & Wistuba, 2022[259]; Wistuba et al., 2024[255]; siehe auch Kasten). Im Ergebnis kann – analog zu Bitumen – auch bei Mastix das Dynamische Scherrheometer unter Variation von Plattendurchmesser und -abstand für alle Anwendungsfälle im Temperaturbereich von -30 bis +90 °C durchgängig eingesetzt werden (siehe Kapitel 5.3).

---

256 Büchner, J., Wistuba, M. P., Remmler, T. & Wang, D. 2019. On low temperature binder testing using DSR 4 mm geometry. Materials and Structures, Vol. 52, Issue 113, Springer, doi: 10.1617/s11527-019-1412-3.

257 Wistuba, M. P., Büchner, J., Hilmer, T., Steineder, M., Eberhardsteiner, L., Donev, V., Hofko, B., Arraigada, M. & Raab, C. 2019. Vereinfachung der prüftechnischen Ansprache des Gebrauchsverhaltens von Asphalt (VEGAS). FFG Projekt Nr. 863063, D-A-CH Kooperation Verkehrsinfrastrukturforschung, Technische Universität Braunschweig, Technische Universität Wien und EMPA/Schweiz.

258 Büchner, J. 2021. Prüfung von Asphaltmastix im Dynamischen Scherrheometer. Dissertation, Schriftenreihe Straßenwesen, Heft 38, Institut für Straßenwesen, Technische Universität Braunschweig.

259 Büchner, J. & Wistuba, M. P. 2022. Assessing Creep Properties of Asphalt Binder, Asphalt Mastic and Asphalt Mixture. Road Materials and Pavement Design, Vol. 23, Sup. 1: ISBM 2020 – on invitation only, 116-130, Taylor & Francis, doi: 10.1080/14680629.2021.2020153.

Danksagung: Die erfolgreiche Umsetzung und Erprobung von Mastixprüfungen mit dem Dynamischen Scherrheometer innerhalb von nur wenigen Jahren an Pionierarbeit an der Technischen Universität Braunschweig gelang mit maßgeblicher Unterstützung und im Auftrag von innovationsfördernden Bauunternehmen (siehe Wistuba et al., 2021[260], 2024[261]).

5.1.1.3 Asphaltprüfung

Die Auswahl an Prüfverfahren für Asphalt ist noch größer als jene für Bindemittel. Auch hier reicht die Bandbreite von wenig aufwendigen konventionellen Asphaltprüfungen (siehe Kapitel 5.4.2 und 5.4.3) bis hin zu komplexen rheologischen, bruchmechanischen und/oder strukturellen Analyseverfahren, die unter der Bezeichnung *gebrauchsverhaltensorientierte Asphaltprüfung* (*Performanceprüfung*; auch *fundamentale Asphaltprüfung*) subsumiert werden (siehe Kapitel 5.4.4), allerdings ohne exakte begriffliche Abgrenzung.

Die Ergebnisbewertung von *konventionellen Asphaltprüfungen* beruht auf *Empirie*, d. h. auf langjährigen Erfahrungswerten. Sie zielt ab auf die Anwendung in der Baupraxis, d. h. auf die rasche Überprüfung von einfach zu bestimmenden asphalttechnologischen Kenngrößen hinsichtlich vertraglich definierter Anforderungen. Für diese Anforderungen wird für bekannte Mischgutrezepturen eine hohe Korrelation mit dem Gebrauchsverhalten erwartet. Beispielsweise werden *volumetrische Kennwerte* (Korngrößenverteilung, Bindemittelgehalt, Raumdichte, Hohlraumgehalt, Hohlraum-Ausfüllungsgrad) und *Verdichtungskennwerte* (Verdichtungsgrad) auf die Einhaltung empirisch festgelegter Grenzwerte überprüft.

Die Festlegung der Grenzwerte erfordert eine langjährige Erprobung der relevanten Asphalte in realen Straßenbefestigungen (unter den verschiedenen Randbedingungen der Baupraxis). Die Grenzwerte sind daher auf

260 Wistuba, M. P., Büchner, J. & Sigwarth, T. 2021. Entwicklung einer Methodik zur Bewertung der Bindemittel- und Mastixeigenschaften im Asphaltstraßenbau. Schlussbericht (unveröffentlicht), Forschungsprojekt „Bit-Q" i. A. der Bauunternehmen (alphabetisch gereiht) EIFFAGE Infra-Südwest (vorm. Faber Bau), KEMNA Bau Andreae, Leonhard Weiss, MATTHÄI Bauunternehmen, STRABAG/TPA und F. Winkler. Institut für Straßenwesen, Technische Universität Braunschweig.

261 Wistuba, M. P., Büchner, J. & Bötel, J. 2024. Baupraktische Erprobung von rheologischen Bindemittel- und Mastixprüfungen im Asphaltstraßenbau. Unveröffentlicht, Forschungsprojekt „Bit-Q2" i. A. der Bauunternehmen (alphabetisch gereiht) KEMNA Bau Andreae, MATTHÄI Bauunternehmen und F. Winkler. Institut für Straßenwesen, Technische Universität Braunschweig.

neue Asphaltrezepturen bzw. solche mit neuartig modifizierten Bindemitteln nicht ohne Weiteres übertragbar.

Mit Hilfe von gebrauchsverhaltensorientierten Asphaltprüfungen wird das Gebrauchsverhalten mittels physikalisch interpretierbarer, fundamentaler Materialkenngrößen bzw. Materialgesetze beschrieben (beispielsweise Verlauf des komplexen E-Moduls oder Ermüdungsgesetz). Dabei wird das reale Material- und Strukturverhalten unter kontrollierten Laborbedingungen möglichst realitätsnah simuliert. So können technisch ähnliche Varianten aber auch neue Asphaltrezepturen anhand von materialspezifischen Verhaltenskurven (z. B. Black Diagramm, Cole-Cole Diagramm, Master-, Kriech-, Wöhlerkurve) hinsichtlich ihrer Performance verglichen und bewertet werden, um etwa ihre Leistungsfähigkeit zu überprüfen, ihre Eignung für den Gebrauchszweck nachzuweisen oder den jeweiligen Widerstand gegen Rissbildung und Verformung zu bewerten.

Viele Jahrzehnte lang wurde die Labortechnik zur Prüfung der Performance von Asphalt vorangetrieben. Frühe Veröffentlichungen zu gebrauchsverhaltensorientierten Asphaltprüfungen stammen u. a. von Nijboer (1955)[262], Papazian (1963)[263], Monismith et al. (1965)[264], Van Dijk et al. (1972)[265], Francken & Verstraeten (1974)[266] oder Bonnaure et al. (1977)[267].

262 Nijboer, L. W. 1955. Dynamic investigations of road constructions. Shell International Petroleum Company Ltd., London.

263 Papazian, S. H. 1963. The response of linear viscoelastic materials in the frequency domain with emphasis on asphalt concrete. Proc., 1st Int. Conf. on the Structural Design of Asphalt Pavements, 454-463, Ann Arbor, 20-24 August 1962.

264 Monismith, C. L., Secor, G. A. & Kenneth, E. 1965. Temperature induced stresses and deformations in asphalt concrete. Proc., Assoc. of Asphalt Paving Technologists, V34, Institute of Transportation and Traffic Engineering, Soil Mechanics and Bituminous Materials Research Laboratory, University of California, USA.

265 Van Dijk, W., Moreaud, H., Quedeville, A. & Ugé, P. 1972. The fatigue of bitumen and bituminous mixes. Proc., 3rd Int. Conf. on the Structural Design of Asphalt Pavements, Sept., 11-15, 1972, Grosvenor House, Park Lane, London, England, Vol. 1, 354-366, The University of Michigan, Ann Arbor, Michigan, USA.

266 Francken, L. & Verstraeten, J. 1974. Methods for Predicting Modulus and Fatigue Laws of Bituminous Mixes under Repeated Bending. Transportation Research Record 515, Transportation Research Board.

267 Bonnaure, F., Gravois, A. & Udron, J. 1977. A New Method for Predicting the Fatigue Life of Bituminous Mixes. Proc., Ass. of Asphalt Paving Technologies, Vol. 49.

2008 wurde in der Europäischen Union (auf gesetzlicher Grundlage der Bauproduktenrichtlinie) mit der Normenserie DIN EN 13108[268] (zur Spezifikation und zur Führung des Konformitätsnachweises von Asphalt) der gebrauchsverhaltensorientierte Prüfansatz (für Asphaltbeton) neben dem empirischen in das Europäische Normenwerk eingeführt.

Dieser gebrauchsverhaltensorientierte Prüfansatz gemäß Europäischer Norm (*performance-orientierte Asphaltspezifikation*) basiert auf Performanceprüfungen der wesentlichen Gebrauchseigenschaften (englisch *essential requirements*) an verdichteten Asphaltproben. Je nach Gebrauchstemperatur sind unterschiedliche Materialeigenschaften ausschlaggebend für die Leistungsfähigkeit des Baustoffs. Für die Untersuchung der jeweiligen Gebrauchseigenschaft sind unterschiedliche Prüfmethoden zugelassen, die in der Normenserie DIN EN 12697[269] näher erläutert sind. Das sind Kriech- und Zugfestigkeitsprüfungen im Tieftemperaturbereich (*Widerstand gegen Kälterissbildung*) sowie zyklische Prüfungen im Bereich des linear-viskoelastischen Materialverhaltens (*Steifigkeit* im LVE Bereich) und zyklische Prüfungen im Bereich des nichtlinearen Materialverhaltens (*Ermüdungswiderstand und Verformungswiderstand* außerhalb des LVE Bereichs) (Tabelle 11).

Tabelle 11 Prüfung der Performance von Asphalt gemäß Europäischer Norm

niedrig ← Gebrauchstemperatur → hoch

Widerstand gegen Kälterissbildung	Steifigkeit	Ermüdungs-widerstand	Verformungs-widerstand
infolge ver- bzw. behinderten thermischen Schrumpfens	komplexer E-Modul und komplexe Querdehnzahl	Widerstand gegen einen langsam voranschreitenden Schädigungs-prozess durch Risse	Widerstand gegen irreversible Verformungen infolge wiederholter Verkehrsbelastung
EN 12697-46	EN 12697-26	EN 12697-24	EN 12697-25, -22

Bei allen Prüfmethoden wird unter kontrollierten Prüfbedingungen jeweils ein Asphaltprobekörper mit definierten Abmessungen beansprucht und die last-, temperatur- und zeitabhängige Veränderung des Verhaltens im Asphaltprobekörper in Abhängigkeit von definierten Beanspruchungs-

268 DIN EN 13108. Asphaltmischgut – Mischgutanforderungen; Deutsche Fassung EN 13108.

269 DIN EN 12697. Asphalt – Prüfverfahren für Heißasphalt; Deutsche Fassung EN 12697.

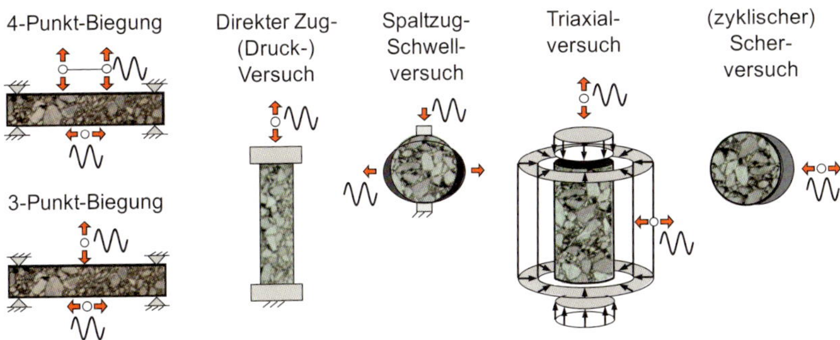

Abbildung 95 Beispiele für Performanceprüfungen an Asphalt

größen beobachtet. Gängige Beispiele für Performanceprüfungen zeigt Abbildung 95.

Die während der Performanceprüfung festgestellte Änderung der Beanspruchung (in Abhängigkeit von der aufgebrachten Belastung) wird zur Beurteilung des Materialverhaltens und zur Ableitung von materialspezifischen Verhaltenskenngrößen und -kurven herangezogen. So liefert ein Großteil der performance-orientierten Prüfverfahren aussagekräftige, physikalisch interpretierbare Materialkennwerte bzw. Materialgesetze. Diese können vorteilhaft auch zur Entwicklung und Beurteilung gänzlich neuer Mischgutrezepturen herangezogen werden. (Diesen entscheidenden Vorteil bietet die empirische Mischgutspezifikation nicht, siehe oben.)

Zur Prüfung einer bestimmten Gebrauchseigenschaft besteht im Europäischen Normenwerk meist eine Wahlmöglichkeit aus mehreren Versuchsanordnungen und die Prüfbedingungen können innerhalb vorgegebener weiter Grenzen frei gewählt werden. Unter Prüfinstituten gibt es heute international keine Einigung über das jeweils optimale Verfahren je Gebrauchseigenschaft und auch nicht über die für den jeweiligen Versuch idealen Prüfbedingungen. Die Möglichkeit der freien Wahl der Versuchsmethode bzw. der Prüfbedingungen führt zu teils widersprüchlichen Prüfergebnissen, zu Problemen bei der vergleichenden Interpretation derselben und zu Kritik an der gebrauchsverhaltensorientierten Prüfsystematik insgesamt (Wistuba & Schrader, 2018)[270].

---

270 Wistuba, M. P. & Schrader, J. 2018. Abschätzung der Performance von Asphalt anhand von Bitumenprüfungen. Tagungsband, Deutscher Straßen- und Verkehrskongress, 12.-14. September 2018, Erfurt, Forschungsgesellschaft für Straßen- und Verkehrswesen e. V. (FGSV); veröffentlicht in: Straße und Autobahn, 6.2019, Kirschbaum Verlag, Bonn.

Genau aus diesem Grund wird weiterhin nach alternativen Prüfverfahren geforscht, um das Gebrauchsverhalten von Asphalt mit Prüfverfahren bzw. einer Kombination aus mehreren Prüfverfahren analysieren zu können, die weniger labor- und zeitintensiv und in der Praxis besser umsetzbar sind. Rheologische Bindemittel- bzw. Mastixprüfungen in Kombination mit der Prüfung von strukturellen Asphalteigenschaften (wie Kenngrößen zu Hohlraum und Verdichtung) sind dazu im Gespräch (siehe Wistuba et al., 2019[257], 2024[255]).

5.1.2 Statische und zyklische Beanspruchung

Laborversuche werden in Abhängigkeit von der Art der Beanspruchung allgemein klassifiziert als *statisch* (oder *monoton*) oder *zyklisch* (oder *dynamisch*) (siehe Kasten).

> Während die **Statik** als Teilgebiet der Technischen Mechanik Kräfte in unbewegten Systemen behandelt, befasst sich die **Dynamik** mit dem zeitabhängigen Verhalten unter einwirkenden Kräften und der Beschreibung der *Bewegungsgleichungen*. *Zug* oder *Druck* sind klassische statische Beanspruchungen. Ändert sich die Beanspruchung über die Zeit (z. B. $\sigma(t)$, $\varepsilon(t)$) wird sie als *dynamisch* bezeichnet, bzw. *zyklisch* wenn sie regelmäßig ist.

Die meisten Bauwerke und Bauteile sind einer *schwingenden* dynamischen Beanspruchung ausgesetzt. *Zyklisch* (oder *periodisch*) heißt eine schwingende Beanspruchung, wenn sie regelmäßig mit konstanter Größe wiederkehrt.

Prüfverfahren an bitumenhaltigen Materialien unter der typischen periodisch schwingenden Beanspruchung werden daher zutreffend als *zyklisch* bezeichnet.

Meist verwendet man in der Prüftechnik eine sinusförmige zyklische Beanspruchung (mit gleichbleibender Amplitude und Frequenz; auch als *Schwellbeanspruchung* bezeichnet). Sie liegt als solche vollständig entweder im Druck- oder im Zugbereich, oder sie verändert als *Wechsellast* innerhalb eines Lastzyklus ihr Vorzeichen und schwankt dann zwischen Druck- und Zugbereich.

Obwohl physikalisch alles was schwingt unter den Begriff *Dynamik* fällt, ist zur besseren sprachlichen Unterscheidung der Ausdruck *dynamisch* meist für die Bezeichnung von *zerstörungsfreien Prüfverfahren mit Impulserregungstechnik* reserviert. In der Werkstofftechnik sind damit Messverfahren gemeint, die auf der Analyse des Ausbreitungsverhaltens von mechanischen, elektromagnetischen oder thermischen Wellen beruhen, wie akustische Resonanzanalyse, Ultraschallprüfung, Infrarotthermografie oder Magnetresonanz. Unter einer *mechanischen Welle* wird dabei eine sich räumlich ausbreitende periodische Schwingung verstanden (siehe Kasten), die aus einer impulsförmigen Erregung, einer Vibration oder einer periodischen Schwingung erzeugt sein kann.

Längswellen (oder Longitudinalwellen) schwingen in Ausbreitungsrichtung, im Festkörper in Form einer Druckwelle, bei der die Atome/Moleküle in Richtung der Wellenausbreitung um den Betrag der Amplitude hin- und herschwingen und nach dem Durchlauf der Schwingung wieder in ihre stabile Ruhelage zurückkehren (Energie- aber kein Massentransport). *Transversalwellen* (oder Quer-, Schub-, Scherwellen), die nur in Festkörpern vorkommen können, schwingen senkrecht zur Ausbreitungsrichtung.

5.1.3 Skaleneffekte (Mehrskalenmodell)

Mit dem Ziel das Gebrauchsverhalten einer Asphaltstraße mittels Laborprüfungen zu analysieren, kann das Verhalten des Materials oder jenes von Materialkomponenten auf laborgerechte Betrachtungsebenen (*Skalen*) aufgetrennt werden. So kann ein „Ausschnitt“ der Asphaltstraße je nach betrachtetem Maßstab unterschiedlich gewählt werden, etwa ein Ausbaustück (z. B. Bohrkern), eine aus verschiedenen Asphaltkomponenten zusammengesetzte Materialprobe (z. B. Mastix) oder eine Mischgutkomponente (z. B. Bitumen). Zweckmäßigerweise werden üblicherweise folgende hierarchisch getrennte, fünf *Betrachtungsebenen* (*Skalen*) unterschieden: Straße – (verdichteter) Asphalt – Mörtel – Mastix – Bitumen (siehe Abbildung 96).

Als *Mastix* wird im Allgemeinen das Gemisch aus Bitumen und Füller (Steinmehl) bezeichnet, als *Mörtel* das Gemisch aus Bitumen, Füller und Sand (siehe Kasten).

Das Gemisch aus Bitumen und Füller (mineralische Gesteinspartikel ≤ 0,063 mm bzw. 0,125 mm) wird als **Mastix** oder auch als *Asphaltmastix* bezeichnet; bisweilen auch als *Mörtel* bzw. *Asphaltmörtel*, was aber gemäß den Definitionen nach dem Mehrskalenmodell irreführend ist, weil Mörtel auch Sandkomponenten (Gesteinspartikel mit Durchmesser < 2 mm) enthält (vgl. Kapitel 5.1.3). Es sei angemerkt, dass die Verwendung des zugehörigen **Artikels** „*der* Mastix“ oder „*die* Mastix“ uneinheitlich ist und im deutschen Sprachraum (inklusive Österreich und Schweiz) beide Arten gebräuchlich sind und gleichbedeutend in Publikationen verwendet werden (Wistuba et al., 2024)[258].

Auf der *Makroskala* wird das wahre Zustandsverhalten der Straße (Kontinuum) beobachtet; sie ist die größte Betrachtungsebene.

Die *Mikroskala* für die Mastix und die *Nanoskala* für Bitumen sind die kleinsten Betrachtungsebenen (Bezeichnungen mit Bezug zum Metermaß, siehe Tabelle 12), dazwischen liegen die *Mesoskalen* für Mörtel und Asphalt.

Alle Skalen stehen in einem physikalischen Zusammenhang (siehe Kapitel 4.3.8) und bilden zusammen das *Mehrskalenmodell* (siehe Lackner et al., 2004)[271].

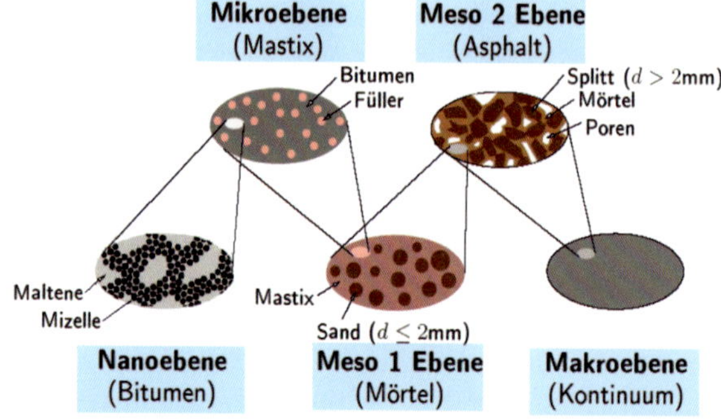

Abbildung 96 Mehrskalenmodell von Asphalt bestehend aus den Betrachtungsebenen des Asphaltverhaltens (Lackner et al., 2004)[271]

Zustandsbestimmende Materialeigenschaften werden anhand von Materialgleichungen beschrieben und skalenübergreifend in einen physikalischen Zusammenhang gebracht. Die Definition und Lösung solcher Materialgleichungen in Mehrskalenmodellen bezeichnet man allgemein als *Mehrskalentheorie* (für Asphalt erstmals eingeführt von Lackner et al., 2004)[271].

Die gleichzeitige Beobachtung auf mehreren Skalen ermöglicht einen Einblick in die asphaltmechanischen Wirkmechanismen. Allerdings kann im Labor das Gebrauchsverhalten einer Straße immer nur ausschnittsweise simuliert werden, d. h. maßstabsverkleinert, zeitraffend und unter einer eingeschränkten Auswahl an Prüfbedingungen.

271 Lackner, R., Blab, R., Jäger, A., Spiegl, M., Kappl, K., Wistuba, M. P., Gagliano, B. & Eberhardsteiner, J. 2004. Multiscale modeling as the basis for reliable predictions of the behavior of multi-composed materials. Int. Journal on Progress in Engineering Computational Technology, Saxe-Coburg Publications, ISBN 1-874672-22-9.

Tabelle 12 SI-Präfixe vor Einheiten

Präfix	Zeichen	Potenz	Faktor
Tera	T	10^{12}	1.000.000.000.000
Giga	G	10^{9}	1.000.000.000
Mega	M	10^{6}	1.000.000
Kilo	k	10^{3}	1.000
Hekto	h	10^{2}	100
Deka	da	10^{1}	10
Dezi	d	10^{-1}	0,1
Zenti	c	10^{-2}	0,01
Milli	m	10^{-3}	0,001
Mikro	µ	10^{-6}	0,000.001
Nano	n	10^{-9}	0,000.000.001

Daher kommt es zwangsläufig zu *Skalierungsfehlern*, wenn auf kleinen Skalen beobachtete Materialeigenschaften auf das Verhalten des Kontinuums „projiziert" werden. Solche Skalierungsfehler ergeben sich skalenübergreifend, beispielsweise wenn Zusammenhänge zwischen dem Materialverhalten des Mörtels und des Asphalts formuliert werden. Aber sie ergeben sich auch innerhalb einer Skala, weil die für eine Laborprüfung gewählte Probengröße das Prüfergebnis beeinflusst, also ein *Größeneffekt* (englisch *size effect*) besteht. Die Untersuchungen zum *size effect* bei bitumenhaltigen Baustoffen stehen am Anfang (siehe Cannone Falchetto et al., 2016)[272].

Die skalenübergreifenden Gleichungen und die Größeneffekte sind heute nur rudimentär bekannt. Eine Umsetzung in die Praxis der Asphaltmodellierung und der Prüfung auf den einzelnen Skalen sowie in die Baupraxis ist noch weit entfernt. Es ist daher sinnvoll, Laborkennwerte um Informationen zu ergänzen, die in Großversuchen unter zeitraffender Beanspruchung gemessen werden und/oder an realen Straßenabschnitten mittels Probenahme und anschließender Laborprüfung gewonnen werden. Zweckmäßig ist auch die Einbeziehung von Straßensensorik (siehe

272 Cannone Falchetto, A., Wistuba, M. P. & Marasteanu, M. 2016/2017. Size effect in asphalt mixture at low temperature: Types I and II. Journal of the Association of Asphalt Paving Technologists (AAPT), Vol. 85, pp. 349-378, 2016. Also published in: Road Materials and Pavement Design, Taylor and Francis, Vol. 18 (Suppl. 1), pp. 235-257, 2017.

z. B. Rubio-Gomez et al., 2022)[273] und von Daten aus der messtechnischen Zustandsaufnahme (z. B. der Tragfähigkeit mittels Fallgewichtsdeflektometers) und/oder aus der visuellen Zustandsaufnahme (mittels stationär arbeitenden und schnellfahrenden Messsystemen; siehe auch ZTV ZEB-StB, 2006/2018[274]).

5.2 Bindemittelkennwerte

5.2.1 Bindemittelalterung

Bitumenhaltige Bindemittel können im Labor zeitraffend künstlich gealtert werden mittels Temperatur, Oxidation oder photochemischer Konditionierung. Eine (näherungsweise) Übereinstimmung der Laboralterung mit der tatsächlichen Feldalterung ist methodenabhängig und nicht zwingend gegeben.

Es sind viele unterschiedliche Verfahren dokumentiert zur Laboralterung von Bindemittelproben, von Mastixproben, von Bindemitteln gemischt mit einer groben Gesteinskörnung und von Asphaltmischgutproben in losem und verdichtetem Zustand. Und es gibt weit mehr Verfahren zur Bindemittelalterung als zur Asphaltalterung.

Einflussgrößen, die je nach Verfahren in unterschiedlichem Ausmaß Berücksichtigung finden, sind die Temperatur und der Luftdruck, die Konditionierungszeit, die Durchlässigkeit (Hohlraumgehalt) der Probe, die Oberfläche und die Dicke des Bindemittelfilms sowie das Konditionierungsmedium (Sauerstoff, Ozon; siehe Hofko et al., 2020[275], Hofer et al., 2022[276]).

273 Rubio-Gomez, M.C., Moreno-Navarro, F., Jesus, M., Sauzéat, C., Mangiafico, S., Wistuba, M. P., Tebaldi, G., Freddi, F., Jenkins, K. & Geisler, F. 2022. Circular and connected pavements for carbon-neutral digital roads (CIRCOPAV). Ongoing Doctoral Training Network, European Union's Horizon Europe research and innovation programme, Marie Skłodowska-Curie Grant Agreement No 101072820, October 2022 to September 2026; individual research project No 3 (Lucas Sassaki Vieira da Silva): I_AM_PAVE (Interactive Analysis System for the Management of Pavements), Technische Universität Braunschweig.

274 ZTV ZEB-StB. Zusätzliche Technische Vertragsbedingungen und Richtlinien zur Zustandserfassung und -bewertung von Straßen. Ausgabe 2006, korrigierter und geänderter Nachdruck 2018. Forschungsgesellschaft für Straßen- und Verkehrswesen e. V. (Hrsg.), FGSV Verlag, Köln.

275 Hofko, B., Maschauer, D., Steiner, D., Mirwald, J. & Grothe, H. 2020. Bitumen ageing – Impact of reactive oxygen species. Case Studies in Construction Materials, 13, doi.org/10.1016/j.cscm.2020.e00390.

276 Hofer, K., Mirwald, J., Maschauer, D., Grothe, H. & Hofko, B. 2022. Influence of selected reactive oxygen species on the long-term aging of bitumen. Materials and Structures, DOI:10.1617/s11527-022-01981-1.

International anerkannte und weit verbreitete Verfahren der Bindemittelalterung sind der *Rolling Thin Film Oven Test* und der *Pressure Ageing Vessel*, die nachfolgend beschrieben sind (entwickelt im Rahmen des Strategic Highway Research Program, siehe Kapitel 5.2.4.2). Sie sind Standardverfahren der Bindemittelkonditionierung vor weitergehenden Analysen.

5.2.1.1 Rolling Thin Film Oven Test

Der *Rolling Thin Film Oven Test* (RTFOT; DIN EN 12607-1)[277] soll die *Kurzzeitalterung* simulieren, d. h. die Bindemittelveränderung infolge Masseänderung durch destillative und oxidative Einflüsse während der Verarbeitung, d. h. zum Zeitpunkt der Asphaltherstellung in der Asphaltmischanlage bis zur Fertigstellung des Asphalteinbaus.

Während des RTFOT werden dem Bindemittel unter dem Einfluss von Hitze und überströmender Luft durch zeitraffende, künstliche Verdunstung niedrigsiedende Komponenten ausgetrieben und oxidationsanfällige Komponenten oxidiert.

Das Gerät ist im Wesentlichen ein auf 163 °C temperierbarer Ofen mit einer Rotationstrommel (mit horizontal liegender Rotationsachse) und einer Luftdüse, durch die in den Ofen heiße Luft eingeblasen werden kann. Die Messprobe wird auf acht Bechergläser (zu je 35 Gramm) verteilt. Die Bechergläser werden horizontal liegend in der Trommel positioniert. Sobald die Trommel für die Dauer von 75 Minuten in Rotation versetzt wird (15 Umdrehungen pro Minute), bildet sich in den Bechergläsern ein dünner, ständig fließender Bindemittelfilm mit größtmöglicher Oxidationsoberfläche. Zusätzlich wird über die Luftdüse ein 163 °C heißer Luftstrahl bei einem Luftdurchfluss von 4 Litern pro Minute in die Gläser eingeblasen, wodurch Destillation und Oxidation angeregt werden.

Neben der Bindemittelkonditionierung kann auch der dabei auftretende Masseverlust des Bindemittels bestimmt werden, der Hinweise auf die Alterungsneigung geben kann.

Die Konditionierungsparameter im RTFOT wurden ursprünglich für Straßenbaubitumen festgelegt. Daraus ergibt sich für modifizierte Bindemittel mit hoher Viskosität das Problem, dass das Bindemittel im Becherglas nicht adäquat bewegt und nicht gleichmäßig verteilt wird.

277 DIN EN 12607-1:2015-01. Bitumen und bitumenhaltige Bindemittel – Bestimmung der Beständigkeit gegen Verhärtung unter Einfluss von Wärme und Luft – Teil 1: RTFOT-Verfahren; Deutsche Fassung EN 12607-1:2014.

5.2.1.2 Pressure Ageing Vessel

Mit dem *Pressure Ageing Vessel* (PAV; DIN EN 14769)[278], dem *Druckalterungsbehälter* (oder *Druckalterungstopf*), soll die *Langzeitalterung* simuliert werden, d. h. die Bindemittelalterung im eingebauten Zustand ab dem Zeitpunkt der Fertigstellung des Asphalteinbaus bis nach einer Liegedauer von 5 bis 10 Jahren. Die Bindemittelkonditionierung im PAV wird üblicherweise im Anschluss an den RTFOT durchgeführt.

Im Druckalterungsbehälter reagiert das Bindemittel unter dem Einfluss von heißer Druckluft zeitraffend mit Luftsauerstoff und verändert seine kollodiale Struktur infolge Oxidation. Der Druck verhindert den Verlust flüchtiger Bindemittelbestandteile.

Das Gerät ist ein zylinderförmiger Druckkessel, in dem die Messprobe verteilt auf dünne Schichten (zu je 50 g; rund 3 mm dick) in zehn waagrecht gelagerten Blechschalen bei hoher Temperatur (90, 100 oder 110 °C je nach Bindemittelsorte) für eine festgelegte Dauer (20 Stunden) einem erhöhten Umgebungsdruck (2,07 MPa = 300 PSI) ausgesetzt ist.

5.2.2 Konventionelle Bindemittelkennwerte

5.2.2.1 Nadelpenetration zur Sortenbezeichnung

Die (Nadel)Penetration *PEN* (englisch *needle penetration*) ist ein traditionelles Maß für die Bindemittelhärte im Normaltemperaturbereich.

Die Penetration *PEN* ist jene Wegstrecke in Zehntel-Millimeter [$^{1}/_{10}$ mm], die eine genormte Nadel mit 100 g Belastung vertikal in eine Bindemittelprobe bei einer Temperatur von 25 °C und für eine Belastungsdauer von fünf Sekunden eindringt (für Penetrationen bis höchstens 500 $^{1}/_{10}$ mm; gemäß DIN EN 1426)[279] (siehe Abbildung 97).

In Europa ist die Bindemittelklassifikation anhand der Nadelpenetration bis heute Prüfstandard. Gemäß Europäischer Norm dient die Nadelpenetration der Benennung der im Straßenbau verwendeten Bindemittelsorten (Tabelle 13). Ein Bindemittel der Sorte 50/70 hat beispielsweise einen Penetrationswert zwischen 50 und 70 $^{1}/_{10}$ mm.

---

278 DIN EN 14769:2023-09. Bitumen und bitumenhaltige Bindemittel – Beschleunigte Langzeitalterung mit einem Druckalterungsbehälter (PAV); Deutsche Fassung EN 14769:2023.

279 DIN EN 1426:2015-09. Bitumen und bitumenhaltige Bindemittel – Bestimmung der Nadelpenetration; Deutsche Fassung EN 1426:2015.

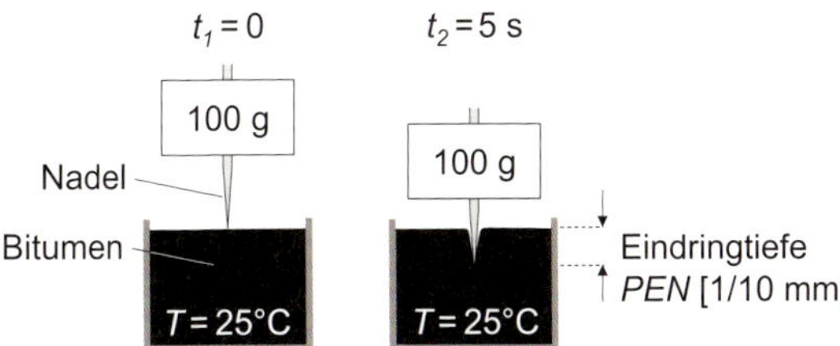

Abbildung 97 Ermittlung der Penetration *PEN* (Nadeleindringtiefe) (Versuchsprinzip)

Die Nadelpenetration soll die Bindemittelhärte bei mittlerer Gebrauchstemperatur charakterisieren. (Sie erfolgt aber bei 25 °C Raumtemperatur und somit deutlich oberhalb des eigentlich relevanten Temperaturbereichs.)

Tabelle 13 In Deutschland verwendete Bindemittelsorten gemäß europäischem Technischem Regelwerk (TL Bitumen-StB, 2013)[280]

Bindemittelart	Sorten-bezeichnung	Nadelpenetration [1/10 mm]	Erweichungs-punkt Ring und Kugel [°C]
Straßenbaubitumen	160/220 70/100 50/70 30/45 20/30	160 bis 220 70 bis 100 50 bis 70 30 bis 45 20 bis 30	35 bis 43 43 bis 51 46 bis 54 52 bis 60 55 bis 63
Polymermodifizierte Bitumen (PmB)	10/40-65 A* 25/55-55 A 45/80-50 A 120/200-40 A 40/100-65 A 45/80-65 A 65/105-70 A	10 bis 40 25 bis 55 45 bis 80 120 bis 200 40 bis 100 45 bis 80 65 bis 105	≥ 65 ≥ 55 ≥ 50 ≥ 40 ≥ 65 ≥ 65 ≥ 70

* A … elastomermodifiziert

Eine Extrapolation der Nadelpenetration auf die Bindemittelhärte bei anderen Temperaturen ist nicht möglich, weil mehrere Bindemittelproben mit ein- und derselben Nadelpenetration (bei 25 °C) unter- und oberhalb dieses gesicherten Werts deutlich unterschiedliche Bindemittelhärten haben können (siehe Abbildung 98).

280 TL Bitumen-StB – Technische Lieferbedingungen für Straßenbaubitumen und gebrauchsfertige Polymermodifizierte Bitumen. Ausgabe 2007 / Fassung 2013, Forschungsgesellschaft für Straßen- und Verkehrswesen e. V. (Hrsg.), FGSV Verlag, Köln.

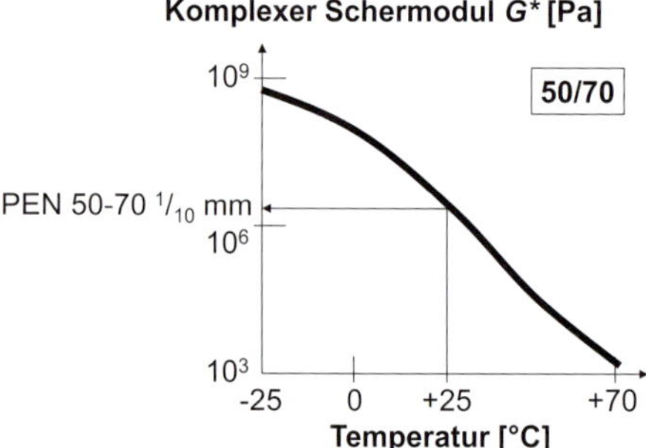

Abbildung 98 Beispiel zur Steifigkeit von Straßenbaubitumen 50/70 (Mit der Nadelpenetration wird die Bindemittelhärte allein bei der Temperatur von 25 °C charakterisiert. Hingegen kennzeichnet der komplexe Schermodul G* die Schersteifigkeit (Werkstoffanteil) des Bitumens im gesamten Gebrauchstemperaturbereich.)

Anhand der Nadelpenetration wurden Bindemittel erstmals um das Jahr 1900 in den USA klassifiziert (siehe Kandhal, 2003)[281]. Heute gilt die Nadelpenetration in den USA als überholt, die Bindemittelklassifikation (englisch *binder specification*) erfolgt anhand von Viskositätswerten und die Mehrzahl der US-Bundesstaaten verwendet gebrauchsverhaltensorientierte Bindemittelprüfungen und Leistungsspezifikationen basierend auf rheologischen Kennwerten (aus Versuchen mit dem Scher- und Biegebalkenrheometer) für regional auftretende Temperaturverhältnisse (englisch *Performance Grade System*, siehe Kapitel 5.2.4.2).

5.2.2.2 Erweichungspunkt Ring und Kugel

Der *Erweichungspunkt Ring und Kugel* T_{RuK} (auch *EWP, EP RuK, ERK*; englisch *Softening Point Ring and Ball*, $SP_{R\&B}$, auch $T_{R\&B}$) beschreibt das Fließverhalten von Bitumen bei hohen Temperaturen und ist jene Temperatur, bei der das Bitumen unter definierten Randbedingungen erweicht, d. h. eine definierte Verformung zeigt. Er ist damit ein Maß für die Verformbarkeit von Bitumen im hohen Temperaturbereich (gemäß DIN EN 1427)[282]).

Der Erweichungspunkt kann im Bereich von 30 bis 200 °C mit unterschiedlichen Prüfflüssigkeiten bestimmt werden: mit destilliertem oder

281 Kandhal, P. S. 2003. History of ASTM Committee D04 on Road and Paving Materials 1903-2003. Standardization News, September 2003, American Society for Testing and Materials.

282 DIN EN 1427:2015-09. Bitumen und bitumenhaltige Bindemittel – Bestimmung des Erweichungspunktes – Ring- und Kugel-Verfahren; Deutsche Fassung EN 1427:2015.

vollentsalztem Wasser im Temperaturbereich von 30 bis 80 °C, mit Glycerol von 80 bis 150 °C und mit Silikonöl von 150 bis 200 °C.

Dazu wird auf zwei in Messingringe gegossene und nach Auskühlen erhärtete Bitumenschichten je eine Stahlkugel (3,4 g) aufgelegt und in einem Flüssigkeitsbad mit einer Temperaturrate von 5 °C pro Minute erwärmt.

Der Erweichungspunkt wird als arithmetischer Mittelwert jener Temperaturen angegeben, bei denen die beiden Bitumenproben soweit erweicht sind, dass die vom Bitumen eingeschlossenen Kugeln jeweils einen Bitumensack ausbilden und dessen Verformung eine Messstrecke von (25 ± 0,4) mm (= 1 inch) erreicht (siehe Abbildung 99).

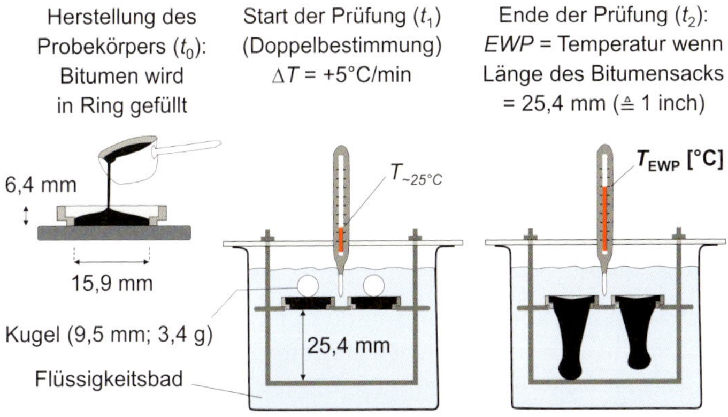

Abbildung 99 Ermittlung des Erweichungspunkts Ring und Kugel (Versuchsprinzip)

Der Erweichungspunkt dient traditionell der Benennung der im Straßenbau verwendeten Polymermodifizierten Bitumensorten. Ein PmB der Sorte 25/55-*55* weist beispielsweise eine kritische Erweichungstemperatur von mindestens *55* °C auf.

Das Verformungsverhalten bei Temperaturen oberhalb des Erweichungspunkts lässt sich als viskoplastisch beschreiben. Bei konstanter Belastung entstehen zunehmend Verformungen, die auch nach Entlastung erhalten bleiben. Bei weiterer Erwärmung wird das Material zunehmend flüssig und versagt bereits unter geringster Belastung.

Der Erweichungspunkt hat sich in Deutschland bis heute in der Praxis als rasches, einfaches und kostengünstiges Standardverfahren erhalten, beispielsweise um

» an der Asphaltmischanlage das angelieferte Bindemittel zu prüfen (Wareneingangskontrolle),

» im Rahmen der werkseigenen Produktionskontrolle die Bindemittelgüte im fertigen Asphaltmischgut zu kontrollieren,

» im Rahmen von Kontrollprüfungen durch den Auftraggeber bzw. die Auftraggeberin die Bindemittelgüte in der fertigen Asphaltschicht zu kontrollieren,

» das Bindemittel im Asphaltgranulat zu charakterisieren und daraus eine Rezeptur für das neue Asphaltmischgut mit Recyclinganteilen zu erstellen und

» die versteifende Wirkung von Füller zu beurteilen anhand der Bestimmung der Erweichungspunkt-Erhöhung *Delta Ring und Kugel* (siehe Kasten).

Die **Erweichungspunkt-Erhöhung** *Delta Ring und Kugel* (*ΔRuK*) bringt die versteifende Eigenschaft eines Füllers in der Mastix zum Ausdruck. Sie ist das Maß der Erhöhung der durch den *Erweichungspunkt Ring und Kugel* beschriebenen Steifigkeit des Bitumens aus der Mastix gegenüber der Ausgangssteifigkeit dieses Bitumens (DIN EN 13179-1)[283].

Bisweilen wird der Erweichungspunkt zur Prognose von Bindemitteleigenschaften in anderen Bereichen als der hohen Gebrauchstemperatur genutzt. Das ist fragwürdig, denn die Übertragbarkeit von Ergebnissen aus konventionellen Prüfverfahren auf unterschiedliche Temperaturbereiche ist nicht gewährleistet und führt zu Fehlinterpretationen.

Es ist heute bekannt, dass der Erweichungspunkt zur Charakterisierung von modifizierten Bitumen ungeeignet ist, verbunden mit einem hohen Risiko der Fehleinschätzung der tatsächlichen Bindemitteleigenschaften (vgl. Alisov, 2017)[284]. Dies gilt leider auch für PmB, für deren Sortenbezeichnung der Erweichungspunkt normgemäß namensgebend ist.

Aus diesem Grund wurde in Deutschland als Ersatz zum Erweichungspunkt Ring und Kugel das *Bitumen-Typisierungs-Schnellverfahren* (BTSV)

283 DIN EN 13179-1:2000-11. Prüfverfahren für mineralische Füller in bitumenhaltigen Mischungen – Teil 1: Delta-Ring- und Kugel-Verfahren; Deutsche Fassung EN 13179-1:2000.

284 Alisov, A. 2017. Prüfsystematik zur Typisierung von Bitumen mittels instationärer Oszillationsrheometrie. Dissertation, Schriftenreihe Straßenwesen, Heft 33, Institut für Straßenwesen, Technische Universität Braunschweig.

eingeführt, das mittlerweile auch europäisch genormt ist (siehe Kapitel 5.2.4.3).

5.2.2.3 Brechpunkt nach Fraaß

Der *Brechpunkt nach Fraaß* T_{Fraass} (englisch *Fraass breaking point*) dient traditionell der Beschreibung des *Bruchwiderstands* von Bindemitteln bei tiefen Temperaturen (gemäß DIN EN 12593)[285].

Zu seiner Bestimmung wird eine dünne Bindemittelschicht auf ein Metallplättchen aufgetragen und mit einer konstanten Abkühlrate von 1 °C pro Minute abgekühlt. Ab einer Temperatur von mindestens 15 °C über dem zu erwartenden Brechpunkt wird die Probe einmal pro Minute auf Biegung beansprucht. Der Brechpunkt ist diejenige Temperatur, bei der die Bindemittelschicht unter der Biegebeanspruchung bricht oder (akustisch hörbar) Risse bekommt (siehe Abbildung 100).

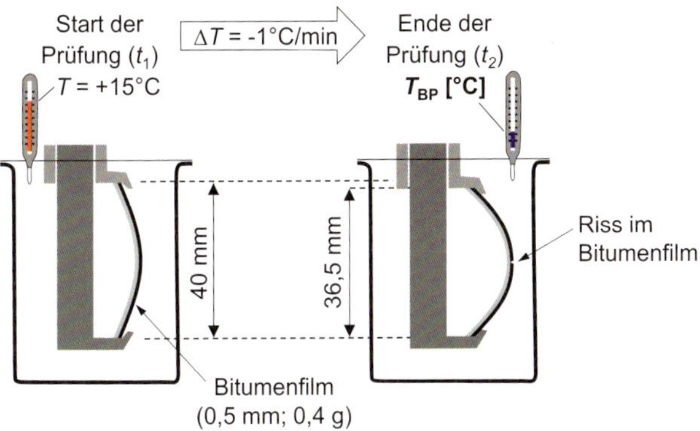

Abbildung 100 Ermittlung des Brechpunkts nach Fraaß (Versuchsprinzip)

Das Verformungsverhalten bei Temperaturen unterhalb des Brechpunkts lässt sich als sprödelastisch beschreiben. Bei Belastung sind die entstehenden Verformungen sehr gering und gehen nach Entlastung unverzögert und fast vollständig zurück, wobei die Verformung zeitunabhängig ist. Bei weiterer Abkühlung wird das Bindemittel glasartig spröde und bricht bereits unter geringster Belastung.

285 DIN EN 12593:2015-09. Bitumen und bitumenhaltige Bindemittel – Bestimmung des Brechpunktes nach Fraaß; Deutsche Fassung EN 12593:2015.

Die Beurteilung des Kälteverhaltens von Bitumen mit dem Brechpunkt nach Fraaß ist aufgrund der geringen Präzision des Prüfverfahrens allerdings nicht abschließend möglich (siehe Hugener & Bueno, 2014)[286].

5.2.2.4 Gebrauchstemperaturspanne (Plasitizitätsspanne)

Als *Gebrauchstemperaturspanne* eines Bindemittels (Plastizitätsspanne oder Gebrauchstemperaturbereich; englisch *Performance Grade, PG*) wird jener Temperaturbereich bezeichnet, dem das Bindemittel ausgesetzt sein kann, ohne ein kritisches Verformungsverhalten zu zeigen.

Die Gebrauchstemperaturspanne Δ wird am trivialsten abgegrenzt mit dem Erweichungspunkt Ring und Kugel $T_{R\&B}$ als die obere Temperatur der Gebrauchstemperaturspanne (Grenze knetbarer zu flüssiger Bereich) und dem Brechpunkt nach Fraaß $T_{Fraaß}$ als die untere Temperatur der Gebrauchstemperaturspanne (Grenze knetbarer zu spröder Bereich):

$$\Delta\ [°C] = T_{R\&B} - T_{Fraaß} \qquad \text{Gl. 68}$$

Die Gebrauchstemperaturspanne kann auch anhand von rheologischen Kennwerten definiert werden, z. B. mit den Temperaturen T_{high} *und* T_{low}, welche den Bindemittelanforderungen nach dem *Performance Grade* System zuzuordnen sind (vgl. Abbildung 112 in Kapitel 5.2.4.2):

$$\Delta\ [°C] = (T_{high}\ @\ G^*/\sin\delta = 5000\ \text{kPa})_{DSR} - (T_{low}\ @\ S = 300\ \text{MPa})_{BBR} \qquad \text{Gl. 69}$$

mit $G^*/\sin\delta$ aus der Prüfung des Verformungsverhaltens im Dynamischen Scherrheometer (DSR, siehe Kapitel 5.2.3) und S als Biegekriechsteifigkeit aus der Prüfung des Kälteverhaltens im Biegebalkenrheometer (BBR, siehe Kapitel 5.2.5.3).

Anhand der Gebrauchstemperaturspanne kann die Wahl der Bindemittelsorte auf den regionalen Temperatureinsatzbereich (Klimazone) abgestimmt werden.

Die Gebrauchstemperaturspanne von Straßenbaubitumen wird durch den Zusatz von Polymeren vergrößert, indem die obere Temperatur der Gebrauchstemperaturspanne nach oben verschoben wird.

286 Hugener, M. & Bueno, M. 2014. Neue Methoden zur Beurteilung der Tieftemperatureigenschaften von bitumenhaltigen Bindemitteln. Forschungsprojekt VSS 2006/001, Schweizerischer Verband der Strassen- und Verkehrsfachleute (VSS), Bundesamt für Strassen, Ittigen.

5.2.2.5 Duktilität, Kraftduktilität, elastische Rückstellung

Die *Duktilität (Streckbarkeit)* bezeichnet traditionell das Fadenziehvermögen von Bindemitteln. In der Duktilitätsprüfung (gemäß DIN 52013)[287] wird ein 30 mm langer (knochenförmiger) Bitumen-Probekörper unter festgelegten Bedingungen (Prüftemperatur, Wasser als Temperiermedium) mit konstanter Geschwindigkeit (z. B. 50 mm/min bei 25 °C; 10 mm/min bei 4 °C) gezogen, bis der sich bildende Bitumenfaden reißt. Der Ausziehweg bis zum Riss des Fadens wird in Zentimeter gemessen und als Duktilität angegeben (siehe Abbildung 101). Ein niedriger Duktilitätswert deutet auf eine hohe Sprödigkeit hin, während ein hoher Wert flexible Bitumen kennzeichnet.

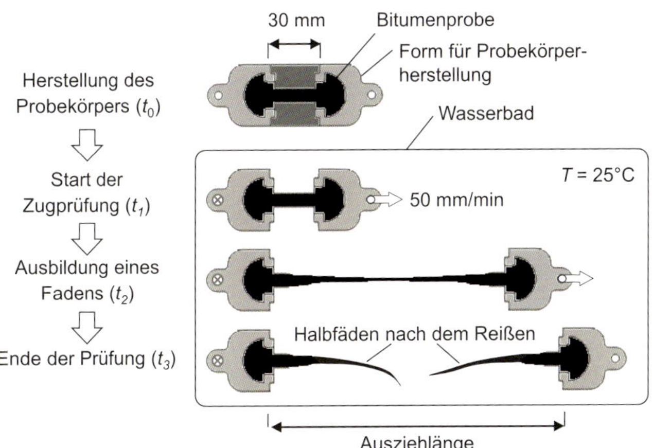

Abbildung 101 Ermittlung der Duktilität (Versuchsprinzip)

Als *Kraftduktilität* (lateinisch *ducere* für ziehen) wird der Ausziehweg als Funktion der aufgebrachten Zugkraft bezeichnet (gemäß DIN EN 13589)[288]. Sie ist die Eigenschaft von Bitumen, sich unter konstanter Zugbeanspruchung vor dem Auftreten eines Risses plastisch zu verformen. Dazu wird der Bitumenfaden mit der Ausgangslänge von 30 mm auf eine Länge von 400 mm gedehnt und die Formänderungsarbeit bei der Stre-

287 DIN 52013:2007-06. Bitumen und bitumenhaltige Bindemittel – Bestimmung der Duktilität.

288 DIN EN 13589:2018-08. Bitumen und bitumenhaltige Bindemittel – Bestimmung der Streckeigenschaften von modifiziertem Bitumen mit dem Kraft-Duktilitäts-Verfahren; Deutsche Fassung EN 13589:2018.

ckung von 200 mm auf 400 mm ermittelt. die Formänderungsarbeit mit der Maßeinheit Joule [J] ist die Fläche unter der Kurve im Kraft-Weg-Diagramm. Sie ist ein Maß für den inneren Zusammenhalt des Bindemittels (Kohäsionskraft). Anhand der Kraftduktilität können Straßenbaubitumen von PmB eindeutig unterschieden werden bzw. kann im Rahmen einer Kontrollprüfung die Verwendung von PmB rasch und eindeutig nachgewiesen werden, weil die Form der Kraft-Weg-Kurve im Fall einer Polymermodifikation ein deutliches Plateau ausbildet (siehe Abbildung 102), zurückzuführen auf das Auseinanderziehen der Polymerknäuel im Bitumen.

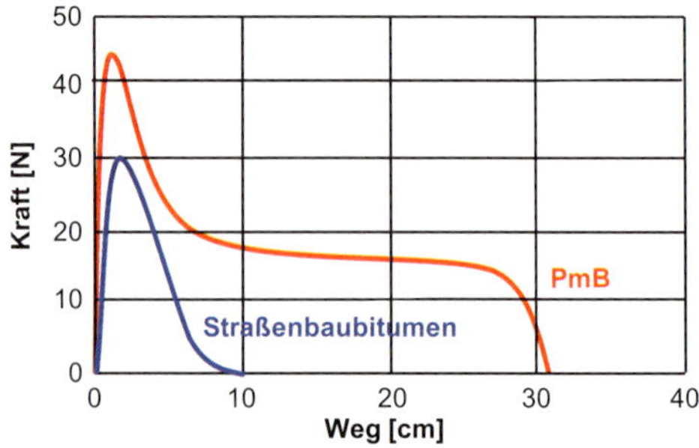

Abbildung 102 Beispiel für ein Ergebnis zur Kraftduktilität (Unterscheidung von Straßenbaubitumen und Polymermodifiziertem Bitumen (PmB) anhand des bei PmB ausgebildeten Plateaus im mittleren Bereich der Kraft-Weg-Kurve)

Die *Elastische Rückstellung* (gemäß DIN EN 13398)[289] dient der vereinfachten Bestimmung des elastischen Verformungsanteils von PmB. Hierzu wird ein Probekörper aus PmB (wie bei der Bestimmung der Duktilität) bei einer Prüftemperatur von 25 °C mit einer Ausziehgeschwindigkeit von 50 mm/min auf eine Länge von 200 mm auseinandergezogen. Reißt der Faden während des Ziehens, wird die elastische Rückstellung mit der Zuglänge bis zu diesem Punkt berechnet (und nicht mit 200 mm). Reißt der Faden nicht, wird er mit einer Schere mittig durchtrennt und der während der Zugverformung aufgebaute viskoelastische Anteil führt zur Rückstellung der beiden Halbfäden. Nach 30 Minuten Wartezeit wird der Abstand zwischen den Enden der beiden Halbfäden gemessen und auf die Ausziehlänge bezogen, in Prozent angegeben und als *elastische Rückstellung*

289 DIN EN 13398:2018-02. Bitumen und bitumenhaltige Bindemittel – Bestimmung der elastischen Rückstellung von modifiziertem Bitumen; Deutsche Fassung EN 13398:2017

bezeichnet. Eine hohe elastische Rückstellung kennzeichnet ein Bitumen, das langkettige Elastomere enthält. Somit zeigt ein elastomermodifiziertes Bitumen stets eine ausgeprägte elastische Rückstellung (ein plastomermodifiziertes Bitumen hingegen nicht).

5.2.3 Rheologische Bindemittelkennwerte im LVE Bereich

5.2.3.1 Das Dynamische Scherrheometer

Das Dynamische[290] Scherrheometer (DSR) wurde zu Beginn der 1990er Jahre im Rahmen des Strategic Highway Research Program (siehe Kapitel 5.2.4.2) für Bitumenprüfungen eingeführt. Das DSR ist ein Messgerät, mit dem eine zyklische (periodisch in konstanter Größe wiederkehrende) Scherdeformation auf eine Messprobe aufgebracht wird, um deren Verformungs- und Fließverhalten zu messen. Die Messprobe kann sowohl Flüssigkeits- als auch Festkörpereigenschaften haben.

Moderne Universalrheometer zu denen das DSR zählt, erlauben eine große Variabilität der Prüfparameter (Belastungsart, Belastungshöhe, Temperatur, Frequenz, etc.) und den Einsatz verschiedener Messgeometrien. Sie haben weite Messbereiche innerhalb und außerhalb des LVE Bereichs sowie die Möglichkeit zu statischen und zyklischen Untersuchungen, zu einer schergeschwindigkeits- oder scherspannungsgeregelten Betriebsweise und zur computerunterstützten Steuerung und Auswertung (vgl. Mezger, 2015)[291].

Daher eignet sich das DSR zur Ansprache aller relevanten rheologischen Bindemittel- und Mastixeigenschaften in allen relevanten Temperaturbereichen. Abhängig vom Gerätetyp können Bitumen- und Mastixproben mit unterschiedlichen Belastungsarten (rotierend oder oszillierend) auf Scherung, Biegung und mittels einer *Festkörpereinspannung* auch auf Torsion sowie axial auf Zug und Druck belastet werden, um so die rheologischen Eigenschaften des Materials zu bestimmen (siehe Abbildung 103).

Zur Messung stehen verschiedene Messsysteme zur Verfügung, darunter die Platte-Platte- bzw. Platte-Kegel-Messgeometrie und das ko-axiale Messsystem (siehe Abbildung 104).

(a) *Platte-Platte-Messgeometrie* bzw. *Platte-Kegel-Messgeometrie:* Eine kleine tropfen- bzw. plättchenförmige Messprobe wird im Spalt zweier

---

290 Begrifflich präziser wäre eigentlich *Zyklisches* Scherrheometer (siehe Kapitel 5.2).

291 Mezger, T. G. 2015. Angewandte Rheologie. Mit Joe Flow auf der Rheologie-Straße. 2. Aufl., Anton Paar, Graz.

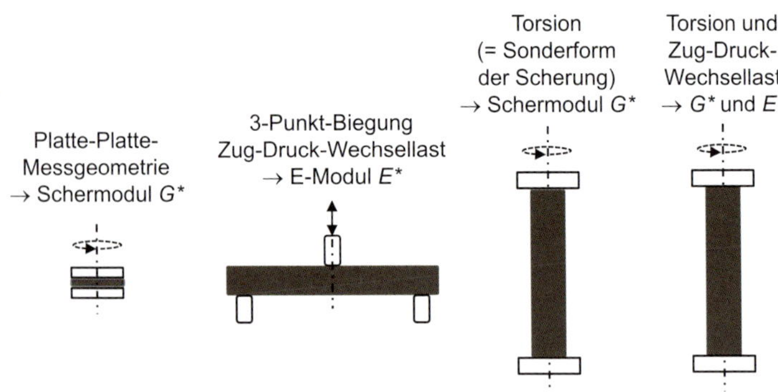

Abbildung 103 Grundsätzliche Möglichkeiten der Anordnung von Prüfungen im DSR (Platte-Platte-Messgeometrie, Drei-Punkt-Biegung und Torsion)

zueinander parallel angeordneter, ebener Platten montiert oder zwischen einer Platte und einem flachen Kegel (Kegelwinkel < 3°). Während die untenliegende Platte ruht, wird die Messprobe durch die Bewegung der oberen Platte bzw. des Kegels geschert.

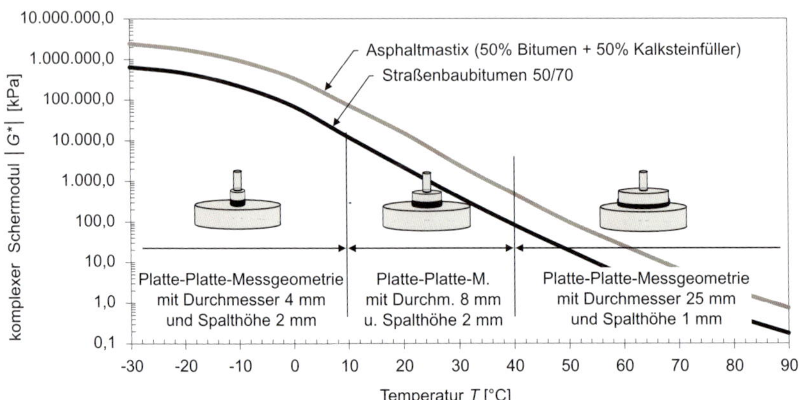

Abbildung 104 Empfohlene Arbeitsbereiche für unterschiedliche Platte-Platte-Messgeometrien (nach Büchner, 2021)[292]

292 Büchner, J. 2021. Prüfung von Asphaltmastix im Dynamischen Scherrheometer. Dissertation, Schriftenreihe Straßenwesen, Heft 38, Institut für Straßenwesen, Technische Universität Braunschweig.

Die Platte-Platte-Messgeometrie zählt zur Standardausstattung jedes marktüblichen DSR und ist in der Asphalttechnologie weit verbreitet. Es haben sich die Plattendurchmesser 25 mm, 8 mm, und 4 mm mit einem Plattenabstand (Spalthöhe) von 1 mm bzw. 2 mm bewährt (siehe Abbildung 105). Für Messungen unterhalb von 0 °C ist zusätzlich ein Thermostat notwendig.

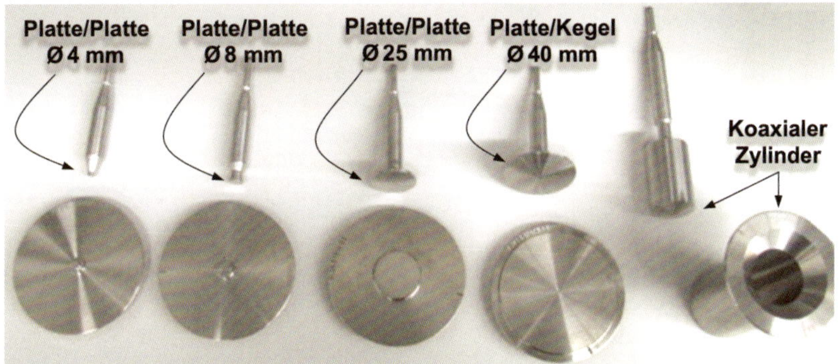

Abbildung 105 Messgeometrien für das Dynamische Scherrheometer: Platte-Platte-Messgeometrie, Platte-Kegel-Messgeometrie und ko-axiales Zylindersystem

Bei einem Plattendurchmesser von über 25 mm ist die Umlaufgeschwindigkeit am Plattenrand gegenüber jener in der Nähe der Rotationsachse deutlich größer, sodass die Schergeschwindigkeit innerhalb der Messprobe kaum noch homogen ist. Dann bewährt sich die Platte-Kegel-Messgeometrie. Durch die nach außen anwachsende Spalthöhe des Kegels wird die radial zunehmende Umlaufgeschwindigkeit mehr oder weniger ausgeglichen und in der Messprobe herrscht (nachdem sich abhängig von der Scherrate eine laminare Strömung eingestellt hat) näherungsweise eine homogene Schergeschwindigkeit.

(b) *Ko-axiales Zylinder-Messsystem*: Der äußere Zylinder ist der Messbecher, der die Messprobe beinhaltet. Der innere Zylinder ist der Messkörper (mit derselben Rotationsachse wie der äußere). Während der Messung rotiert entweder der Messkörper und der Messbecher bleibt still oder umgekehrt. Vorteilhaft ist das ko-axiale Messsystem bei dünnflüssigen Messproben. Ein Nachteil ist, dass die Schergeschwindigkeiten im oberen und unteren Bereich des Messbechers nicht eindeutig definiert und daher die Scherverhältnisse als inhomogen anzunehmen sind.

Anmerkung zur Wahl der Messgeometrie: Moderne DSR ermöglichen Prüfungen im Temperaturbereich von ungefähr –40 bis 200 °C und im Frequenzbereich von ungefähr 0,1 bis 150 Hz. Je nach Bereich werden aufgrund der temperaturabhängigen Steifigkeit der Messprobe (Bindemittel, Mastix) unterschiedliche Plattendurchmesser und damit Probekörperabmessungen gewählt. Für bitumenhaltige Bindemittel hat sich die Platte-Platte-Messgeometrie mit Durchmesser 4 mm im Temperaturbereich von –40 bis 10 °C, mit Durchmesser 8 mm im Temperaturbereich von –10 bis 40 °C und mit Durchmesser 25 mm im Temperaturbereich von 30 bis 90 °C als zweckmäßig erwiesen (Wistuba & Schrader, 2018[293]; Wang, 2020[294]). Abbildung 106 zeigt beispielhaft, wie Messergebnisse im LVE Bereich für unterschiedliche Messgeometrien in Abhängigkeit vom Temperaturbereich gekoppelt werden können.

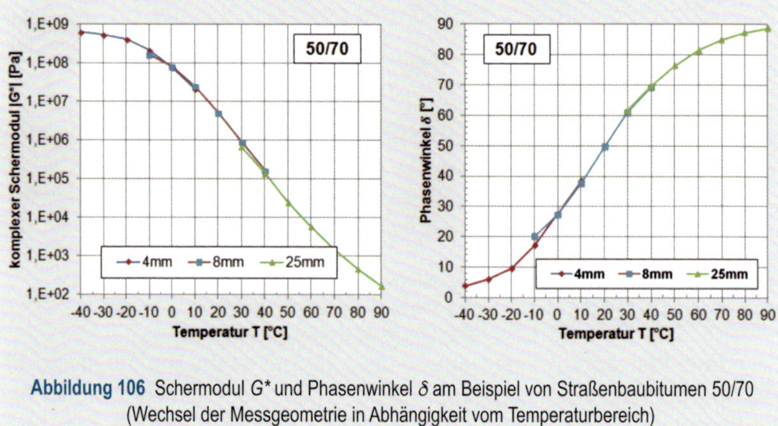

Abbildung 106 Schermodul G^* und Phasenwinkel δ am Beispiel von Straßenbaubitumen 50/70 (Wechsel der Messgeometrie in Abhängigkeit vom Temperaturbereich)

Eine Messprobe kann im *Rotationsmodus* oder im *Oszillationsmodus* geschert werden:

Im *Rotationsmodus* wird die obere Messgeometrie (Platte oder Kegel) um die Rotationsachse kontinuierlich gedreht. Aus dem Quotienten von Belastung und Reaktion (siehe unten) resultiert die *Scherviskosität,* der rheologische Kennwert für das materialspezifische viskose *Fließverhalten.*

Im *Oszillationsmodus* wird die Messprobe durch periodisches Hin- und Herdrehen der oberen Messgeometrie (Platte oder Kegel) geschert.

293 Wistuba, M. P. & Schrader, J. 2018. Abschätzung der Performance von Asphalt anhand von Bitumenprüfungen. Tagungsband, Deutscher Straßen- und Verkehrskongress, 12.-14. September 2018, Erfurt, Forschungsgesellschaft für Straßen- und Verkehrswesen e. V. (FGSV).

294 Wang, D. 2020. Investigation on the effect of aging temperature and experimental conditions on the rheological properties of asphalt binder. Dissertation, Schriftenreihe Straßenwesen, Heft 36, Institut für Straßenwesen, Technische Universität Braunschweig.

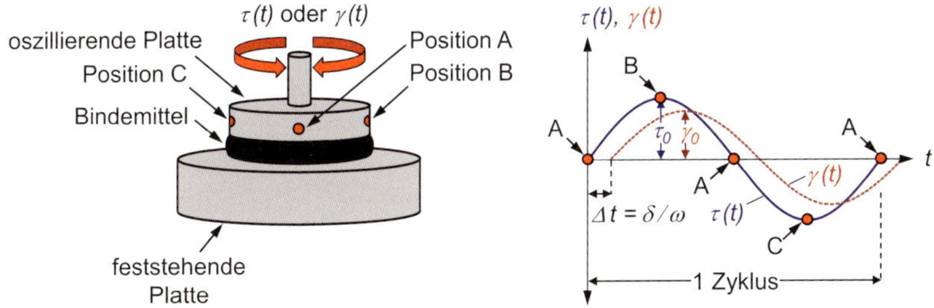

Abbildung 107 Oszillationsbeanspruchung im DSR (schematisch)

Oszillation (lateinisch *oscillare* für schaukeln) heißt die periodische (sinusförmige) Drehschwingung (mit bestimmter Frequenz) um den Mittelwert (siehe Abbildung 107).

Die *Schergeschwindigkeit* ergibt sich aus der Geometrie der Messanordnung und der Geschwindigkeit des bewegten Teils. Das zur Aufrechterhaltung der Bewegung notwendige Drehmoment T wird gemessen, woraus die Scherspannung τ in Abhängigkeit vom Probenradius r ermittelt werden kann:

$$\tau = \frac{2 \cdot T}{\pi \cdot r^2} \qquad \text{Gl. 70}$$

Die Scherdeformation γ ergibt sich aus dem Drehwinkel θ, dem Probenradius r und der Probenhöhe h:

$$\gamma = \frac{\theta}{r \cdot h} \qquad \text{Gl. 71}$$

Im DSR ist sowohl die Regelung der *Scherspannung* (spannungsgeregelt) als auch der *Scherdeformation* (deformationsgeregelt) möglich. Demnach wird entweder die Scherdeformation als Belastung vorgegeben und die Scherspannung als Reaktion gemessen (deformationsgeregelter Versuch), oder umgekehrt (spannungsgeregelter Versuch). In der Arbeitsanleitung *AL DSR-Prüfung (T-Sweep)*[295] (nationale Umsetzungsnorm der EN 14770)[296] ist zur Bestimmung des komplexen Schermoduls G^* die Deformationsregelung bei einer Frequenz von f = 1,59 Hz vorgeschrieben.

295 AL DSR-Prüfung (T-Sweep). Arbeitsanleitung zur Bestimmung des Verformungsverhaltens von Bitumen und bitumenhaltigen Bindemitteln im Dynamischen Scherrheometer (DSR) – Durchführung im Temperatursweep, Ausgabe 2014. Forschungsgesellschaft für Straßen- und Verkehrswesen e. V. (Hrsg.), FGSV Verlag, Köln.

Es ist anzumerken, dass – sofern die Regelungsvorgaben innerhalb des LVE Bereichs erfolgen – das Ergebnis von Oszillationsmessungen unabhängig von der Regelungsart ist. Geräte- und bindemittelabhängig kann die Genauigkeit der Regelung bei niedrigen Temperaturen (z. B. $T < 50$ °C bei harten Bindemitteln) durch eine Scherspannungsregelung und bei höheren Temperaturen (z. B. $T > 40$ °C bei weichen Bindemitteln) eher durch eine Scherdeformationsregelung erreicht werden.

5.2.3.2 Viskoelastisches Materialverhalten

(A) Bestimmung des LVE Bereichs

Im LVE Bereich bleibt das Material frei von jeglicher Schädigung. Daraus folgt, dass alle ermittelten Parameter des Materialverhaltens weitgehend unabhängig sind von der aufgebrachten Scherspannung bzw. Scherdeformation (siehe Abbildung 74 in Kapitel 4.2.2).

Die Grenze des LVE Bereichs (mögliche Messbereiche von Temperatur und Frequenz) ist vor jeder Messung einer noch unbekannten Bindemittelprobe mittels stufenweiser Erhöhung der Belastungsamplitude und Kontrolle der Linearität zu bestimmen. Erst danach können die zulässigen Beanspruchungen (Scherspannungen oder Scherdeformationen) in Abhängigkeit von Temperatur und Frequenz entsprechend gewählt werden (siehe Kasten). Zur Bestimmung der Grenze des LVE Bereichs eignet sich ein *Amplituden-Sweep (A-Sweep)* gemäß Anhang C der DIN EN 14770 (2023)[296].

Hinweis zur Bestimmung des LVE Bereichs: Die Grenze des LVE Bereichs gilt für Bindemittel üblicherweise als überschritten, wenn der Schermodul G^* um mehr als 5 % gegenüber seinem Ausgangswert abgefallen ist (Alisov, 2017)[284]. Weil im LVE Bereich gilt $E^* = 3\ G^*$ (gemäß Gl. 46), ist es ausreichend, das LVE Materialverhalten allein für den Schermodul G^* zu bestimmen.

(B) Komplexer Schermodul und Phasenwinkel (T-f-Sweep)

Im Oszillationsmodus werden für Bindemittel unter isothermen, stationären Bedingungen der *komplexe Schermodul G** (siehe Kasten) als Kennwert für die Materialsteifigkeit (Werkstoffanteil) und der zugehörige *Pha-*

296 DIN EN 14770:2023-09. Bitumen und bitumenhaltige Bindemittel – Bestimmung des komplexen Schermoduls und des Phasenwinkels – Dynamisches Scherrheometer (DSR); Deutsche Fassung EN 14770:2023.

senwinkel δ als Kennwert für das viskoelastische Materialverhalten bestimmt (DIN EN 14770)[296].

Begriffe bei Messungen mit dem DSR: Allgemein wird der Ausdruck *Schermodul* für *G** (kaum *Schubmodul*) und als Kurzzeichen für den Phasenwinkel der griechische Buchstabe δ (anstelle von ϕ) bevorzugt verwendet. Zur Erläuterung des komplexen Schermoduls *G** siehe Kapitel 4.3.4.2.

Wegen der Temperaturabhängigkeit (siehe Abbildung 108) und der Frequenzabhängigkeit wird ein Temperatur- und Frequenz-Sweep durchgeführt.

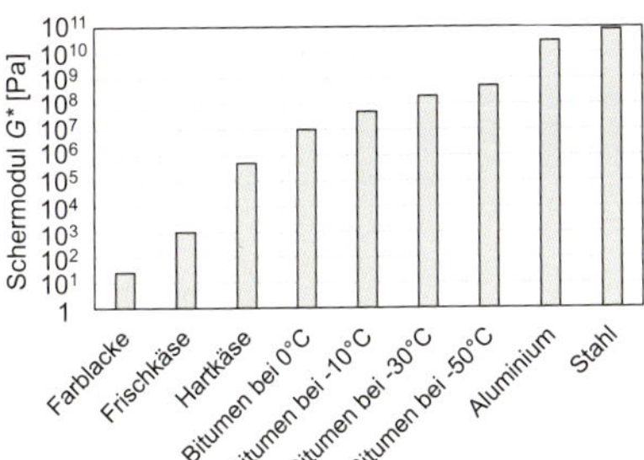

Substanz	Schermodul G* [Pa]	kPa	MPa	GPa
Farblacke	25	-	-	-
Frischkäse	1000	1	-	-
Hartkäse	500000	500	-	-
Bitumen bei 0°C	10.000.000	-	10	-
Bitumen bei -10°C	50.000.000	-	50	-
Bitumen bei -30°C	200.000.000	-	200	-
Bitumen bei -50°C	500.000.000	-	500	-
Aluminium	28.000.000.000	-	-	28
Stahl	80.000.000.000	-	-	80

Abbildung 108 Schermodul verschiedener Substanzen im Vergleich zu Bitumen (Datenquelle: *Anton Paar*)

Im *Temperatur-Frequenz-Sweep (T-f-Sweep)* wird die Temperatur (üblicherweise im Bereich von 30 bis 90 °C) stufenweise erhöht und dann bei jeder Temperatur eine Oszillationsprüfung mit stufenweise ansteigender Prüffrequenz durchgeführt. Die Europäische Norm EN 14770 empfiehlt die Berücksichtigung eines Frequenzbereichs von 0,1 bis 10 Hz mit gleichmäßiger logarithmischer Abstufung.

Üblicherweise werden der Schermodul und der Phasenwinkel in Abhängigkeit von der Temperatur (siehe Abbildung 109), oder der Schermodul in Abhängigkeit von der Frequenz als *Masterfunktion*, oder der Schermodul in Abhängigkeit vom Phasenwinkel in Form des *Black Diagramms* grafisch dargestellt (siehe Abbildung 110). Oder es wird der Imaginärteil G_2 gegen den Realteil G_1 in einem *Cole-Cole Diagramm* aufgetragen (zu Masterfunktion, Black und Cole-Cole Diagramm siehe Kapitel 4.3.4 und 4.3.5).

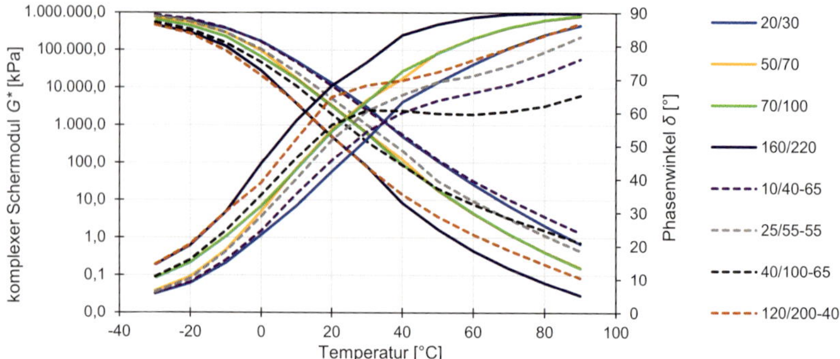

Abbildung 109 Schermodul und Phasenwinkel für verschiedene Bindemittel (Wistuba et al., 2024)[297]

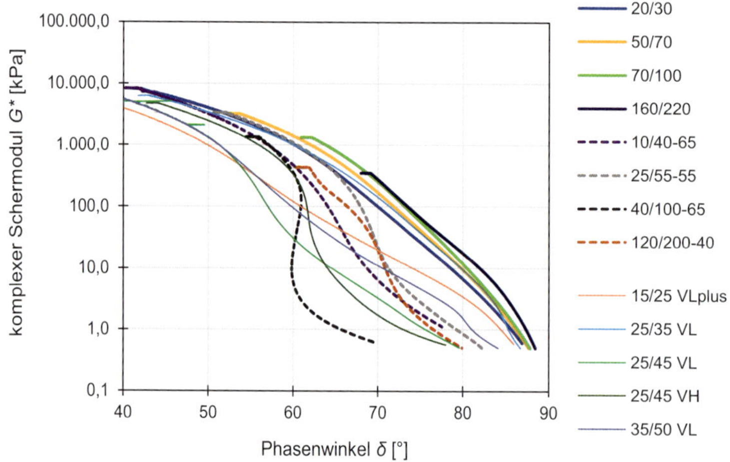

Abbildung 110 Black Diagramm für verschiedene Bindemittel (Wistuba et al., 2024)[297]

297 Wistuba, M. P., Büchner, J., Sigwarth, T., Mollenhauer, K., Wetekam, J. & Rudi, E. 2024. Untersuchung zur Charakterisierung von Bitumen (BEZIBIT). Schlussbericht, Forschungsprojekt FE 07.0313/2021/ERB, i. A. des Bundesministeriums für Verkehr und digitale Infrastruktur, Institut für Straßenwesen, Technische Universität Braunschweig.

5.2.4 Bindemittelklassifikation

5.2.4.1 Klassifikation gemäß Europäischer Norm

Nach Europäischer Norm werden Straßenbaubitumen gemäß DIN EN 12591[298] und Polymermodifizierte Bitumen gemäß DIN EN 14023[299] anhand der Nadelpenetration und des Erweichungspunkts Ring und Kugel klassifiziert. In Abbildung 111 sind die nach der Europäischen Norm zulässigen Kombinationen an Anforderungswerten für die Nadelpenetration und den Erweichungspunkt Ring und Kugel eingetragen,

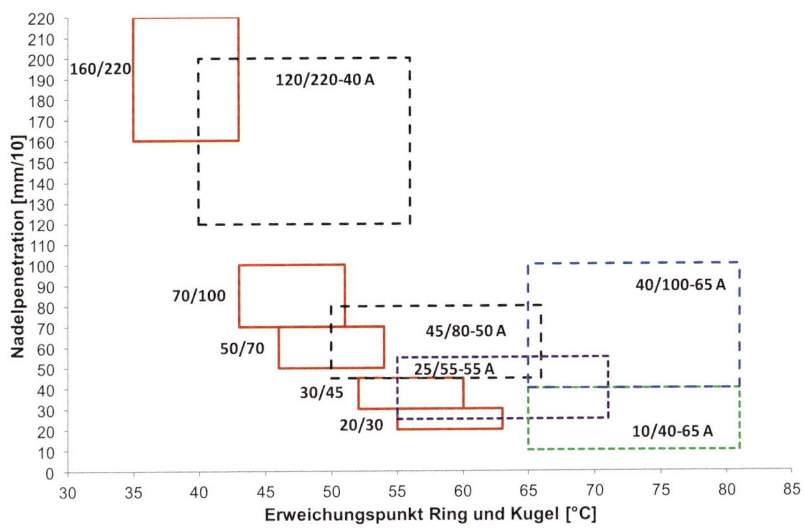

Abbildung 111 Bindemittelsorten gemäß EN: Nadelpenetration und Erweichungspunkt

wobei die roten Rahmen die Straßenbaubitumen kennzeichnen und die strichlierten die Polymermodifizierten Bitumen. Überlappungen der Sortenspannen bedeuten, dass sich die Bindemittelanforderungen in weiten Bereichen überschneiden. Somit ist die Differenzierung von Bindemittelsorten anhand von Nadelpenetration und Erweichungspunkt Ring und Kugel gemäß Europäischer Norm nicht eindeutig möglich. Beachtet man

298 DIN EN 12591:2009-08 bzw. 2016-05-Entwurf. Bitumen und bitumenhaltige Bindemittel – Anforderungen an Straßenbaubitumen; Deutsche Fassung EN 12591:2009 bzw. prEN 12591:2016.

299 DIN EN 14023:2013-04 bzw. 2020-05-Entwurf. Bitumen und bitumenhaltige Bindemittel – Rahmenwerk für die Spezifikation von polymermodifizierten Bitumen; Deutsche Fassung EN 14023:2010 bzw. prEN 14023:2020.

außerdem, dass der Erweichungspunkt Ring und Kugel für PmB nicht zuverlässig funktioniert, ist das heute in Europa übliche System zur Bindemittelklassifikation als suboptimal zu bewerten.

5.2.4.2 Performance Grade System

Außerhalb Europas (insbesondere USA und Kanada) ist das *Performance Grade* (PG) *System* als Teil von *Superpave* (siehe Kasten) weit verbreitet (siehe auch Anmerkungen in Kapitel 5.2.2.1), das gleichermaßen für Straßenbaubitumen und Polymermodifizierte Bitumen (im Anlieferungszustand und nach Alterung) anwendbar ist.

Das **Superpave System** (englisch für *SUperior PERforming Asphalt PAVEments*) besteht aus verschiedenen Verfahren zur Bindemittelspezifikation (englisch *asphalt binder specification*), zur Mischgutzusammensetzung (englisch *Mix Design*) und zur Vorhersage des Gebrauchsverhaltens (*performance prediction*). Es wurde im **Strategic Highway Research Program** (SHRP) in den Jahren 1987 bis 1992 in den USA entwickelt und 1992 durch die *Federal Highway Administration* (FHWA) eingeführt (und später aktualisiert), um im Wesentlichen Spurrinnen und Kälterisse in Asphaltstraßen zu vermeiden (FHWA, 1996)[300].

Das *PG System* beruht auf Anforderungen an rheologische Kennwerte, die für verschiedene Bereiche der Gebrauchstemperatur mit dem Dynamischen Scherrheometer (DSR), dem Biegebalkenrheometer (BBR) und dem Rotationsviskometer (RV) ermittelt werden (siehe unten).

Die Anforderungen werden nach den zu erwartenden extremen Asphalttemperaturen definiert. Dazu werden die Asphalttemperaturen zunächst aus den regionalen Wetterdaten ermittelt: Die Maximaltemperatur T_{max} (englisch *high* (*temperature*) *Performance Grade*) errechnet sich aus dem Mittelwert der Tagesmaxima der sieben heißesten aufeinanderfolgenden Tage eines Jahres in 20 mm Tiefe für die Asphaltdeckschicht und in 70 mm Tiefe für die Asphaltbinder- und Asphalttragschicht. Die Minimaltemperatur (englisch *low PG*) ist die niedrigste Jahreslufttemperatur.

Mit dem Wertepaar der extremen Temperaturen – in der Schreibweise *PG* T_{max}-T_{min} – wird der regionale Gebrauchstemperaturbereich definiert und passende Bindemittel können entsprechend ausgewählt werden.

300 FHWA, 1996. The Superpave System: New Tools for Designing and Building More Durable Asphalt Pavements, No. FHWA-SA-96-010; The Superpave Regional Centers: A Partnership for Better Pavements, No. FHWA-SA-96-082.

Damit die Angabe des Wertepaares *PG* T_{max}-T_{min} einheitlich erfolgt, sind gemäß PG System für den *high PG* sieben ganzzahlige Temperaturen zwischen 46 und 82 °C zur Auswahl vorgegeben, denen als *low PG* eine aus sieben vorgegebenen ganzzahligen Temperaturen zwischen –46 und –10 °C zuzuordnen ist. Beispielsweise ist ein Bindemittel mit der Klassifikation *PG 70-28* in Regionen einsetzbar, für die Asphalttemperaturen über –28 °C und unter 70 °C zu erwarten sind.

Die Leistungsfähigkeit der Bindemittel wird mittels rheologischer Bindemittelprüfungen mit dem *Biegebalkenrheometer* (BBR), dem *Dynamischen Scherrheometer* (DSR) und dem *Rotationsviskosimeter* (RV) je nach Temperaturbereich beurteilt. Der früher zusätzlich vorgesehene *Direkte Zugversuch* (DTT) entfällt nach aktuellem US-amerikanischen Technischen Regelwerk.

Die Bindemittelprüfungen erfolgen an (frischen) Bindemitteln im Ausgangszustand und an Bindemitteln nach Kurzzeitalterung mittels *Rolling Thin Film Oven Tests* (RTFOT) und nach Langzeitalterung mittels *Pressure Ageing Vessel* (PAV).

Die Bindemittelanforderungen je Temperaturbereich sind in Abbildung 112 eingetragen. Verbreitet sind folgende Kennwerte (sowohl für Bindemittel als auch für Mastix; zu Mastix siehe z. B. Cooley et al, 1998[301]; Pérez-Jiménez et al., 2008[302]; Bahia, 2010[303]):

» aus dem BBR-Versuch die Biegekriechsteifigkeit S und der *m*-Wert (siehe Kapitel 5.2.5.3) als Anforderungswerte für den Widerstand gegen die Bildung von Kälterissen im Bereich tiefer Gebrauchstemperaturen,

» aus der Bestimmung des viskoelastischen Verhaltens mit dem DSR (siehe Kapitel 5.2.3) der Kennwert $G^* \cdot \sin \delta$ als Anforderungswert für den Widerstand gegen Materialermüdung im Bereich mittlerer Gebrauchstemperaturen und

» der Kennwert $G^*/\sin \delta$ als Anforderungswert für den Widerstand gegen Verformung im Bereich hoher Gebrauchstemperaturen.

---

301 Cooley, L. A., Stroup-Gardiner, M., Brown, E. R., Hanson, D. I. & Fletcher, M. O. 1998. Characterization of Asphalt-Filler Mortars with Superpave Binder Tests. Journal of the Association of Asphalt Paving Technologists, Vol. 67, 42–66, Association of Asphalt Paving Technologists (AAPT).

302 Pérez-Jiménez, F. E., Recasens, R. M. & Martínez, A. 2008. Effect of Filler Nature and Content on the Behaviour of Bituminous Mastics. Road Materials and Pavement Design, Vol. 9, Sup. 1: EATA 2008, 417–431, Taylor & Francis, doi: 10.1080/14680629.2008.9690177.

303 Bahia, H. U. 2010. Test Methods and Specification Criteria for Mineral Filler Used in HMA. NCHRP Report for Project 9-45, University of Wisconsin – Madison, USA.

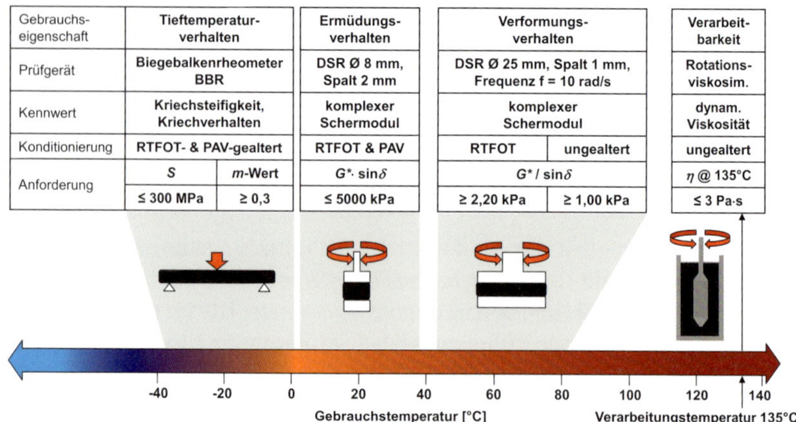

Abbildung 112 Bestimmung von Bindemittelkennziffern nach dem PG System

5.2.4.3 Bitumen-Typisierungs-Schnellverfahren und T-Sweep

Rheologische Kennwerte des viskoelastischen Materialverhaltens sind auch zur Klassifizierung von Bindemitteln geeignet und könnten daher die derzeit übliche suboptimale Klassifikation gemäß Europäischer Norm ersetzen. Für ihre Bestimmung empfiehlt sich das *Bitumen-Typisierungs-Schnellverfahren (BTSV)* im Hochtemperaturbereich und der *Temperatur-Sweep (T-Sweep) Test* im mittleren Temperaturbereich. Beide Prüfverfahren werden im DSR mit Platte-Platte-Messgeometrie durchgeführt.

(A) Bitumen-Typisierungs-Schnellverfahren (BTSV)

Das *Bitumen-Typisierungs-Schnellverfahren* (BTSV) (nach Alisov, 2017[284]; Alisov et al., 2018[304]) dient der rheologischen Differenzierung von Bitumen im hohen Temperaturbereich (DIN EN 17643[305]; AL DSR-Prüfung (BTSV)[306]; das Allgemeine Rundschreiben Straßenbau ARS 08/2019 ent-

304 Alisov, A., Riccardi, C., Schrader, J., Cannone Falchetto, A. & Wistuba, M. P. 2018. A Novel Method to Characterize Asphalt Binder at High Temperature. Road Materials and Pavement Design, Vol. 21, Issue 1, 143–155, Taylor & Francis, doi: 10.1080/14680629.2018.1483 258.

305 DIN EN 17643:2022-09. Bitumen und bitumenhaltige Bindemittel – Bestimmung der Äqui-Schermodultemperatur und des Phasenwinkels im Dynamischen Scherrheometer (DSR) – BTSV-Prüfung.

306 AL DSR-Prüfung (BTSV). Arbeitsanleitung zur Bestimmung des Verformungsverhaltens von Bitumen und bitumenhaltigen Bindemitteln im Dynamischen Scherrheometer (DSR) – Teil 4: Durchführung des Bitumen-Typisierungs-Schnell-Verfahrens, Ausgabe 2017. Forschungsgesellschaft für Straßen- und Verkehrswesen e. V. (Hrsg.), FGSV Verlag, Köln.

hält einen Anforderungsbereich für BTSV-Kennwerte im Eignungsnachweis). Die notwendige Probenmenge liegt im Bereich von wenigen Gramm, die Versuchsdurchführung ist vergleichsweise einfach, die Versuchsdauer kürzer als zwei Stunden.

Die beiden BTSV-Kennwerte, nämlich die Temperatur T_{BTSV} und der zu dieser Temperatur korrespondierende, charakteristische Phasenwinkel δ_{BTSV} dienen der Klassifikation von Straßenbaubitumen und (wie auch immer) modifizierten Bindemitteln im Hochtemperaturbereich (Literatur zum BTSV siehe z. B. Alisov et al., 2018[307]; Schrader & Wistuba, 2018[308]; 2019[309]; Büchner & Wistuba, 2021[310]). Zudem liefert eine Veränderung der beiden Kennwerte infolge von Alterung wertvolle Hinweise auf die Alterungsbeständigkeit des Bindemittels (Wistuba et al., 2024)[311].

Die BTSV-Prüfung erfolgt mit einem Plattendurchmesser von 25 mm und einem Plattenabstand von 1 mm. Die Prüffrequenz ist 1,59 Hz, die oszillierende Scherspannung beträgt 500 Pa. Die Messung erfolgt nicht unter isothermen Bedingungen, sondern die Temperatur wird ausgehend von der Starttemperatur von 20 °C – ähnlich wie beim Verfahren *EP RuK* (ΔT = 5,0 °C/min) – während der Messung stetig erhöht, jedoch im geringeren Maß von ΔT = 1,2 °C/min. Folglich ist die Probe während der gesamten Messdauer einem *instationären Temperaturzustand* ausgesetzt, was sich dadurch kennzeichnet, dass sich in der Probe ein Temperaturgefälle einstellt (*instationäre Oszillationsrheometrie*). Die Regelung der Temperatur erfolgt von 20 bis maximal 90 °C, woraus sich zur Charakterisierung eines Bindemittels eine maximale Prüfdauer von rund 60 Minuten ergibt.

---

307 Alisov, A., Riccardi, C., Schrader, J., Cannone Falchetto, A. & Wistuba, M. P. 2018. A Novel Method to Characterize Asphalt Binder at High Temperature. Road Materials and Pavement Design, Vol. 21, Issue 1, 143–155, Taylor & Francis, doi: 10.1080/14680629.2018. 1483258.

308 Schrader, J. & Wistuba, M. P. 2018. Zur Anwendung des neuen Bitumen-Typisierungs-Schnell-Verfahrens (BTSV). Asphalt, Jahrgang 53, Heft 5, 11–15, Deutscher Asphaltverband (DAV) e.V., Bonn.

309 Schrader, J. & Wistuba, M. P. 2019. On the use of a novel Binder-Fast-Characterization-Test. Proc., RILEM 252-CMB-Symposium, Chemo-Mechanical Characterization of Bituminous Materials, September 17-18, 2018, Braunschweig (eds.: L. D. Poulikakos et al.), RILEM bookseries, Vol. 20, 123–128, Springer, Cham, doi: 10.1007/978-3-030-00476-7_20.

310 Büchner, J. & Wistuba, M. P. 2021. Evaluating rejuvenator effectiveness using Binder-Fast-Characterisation-Test. Proc., 7th Eurasphalt and Eurobitume Congress, June 15-17, 2021, Madrid.

311 Wistuba, M. P., Büchner, J., Sigwarth, T., Mollenhauer, K., Wetekam, J. & Rudi, E. 2024. Untersuchung zur Charakterisierung von Bitumen (BEZIBIT). Schlussbericht, Forschungsprojekt FE 07.0313/2021/ERB, i. A. des Bundesministeriums für Verkehr und digitale Infrastruktur, Institut für Straßenwesen, Technische Universität Braunschweig.

Während der Temperierung wird die Bindemittelprobe kontinuierlich mit der konstanten oszillierenden Scherspannung von τ = 500 Pa bei einer Frequenz von f = 1,59 Hz beansprucht. Die Vorgabe der Scherspannung führt für alle Bindemittel automatisch zu einer Deformation innerhalb des LVE Bereichs, sofern für G^* der Wert von 15 kPa nicht unterschritten ist (Alisov, 2017)[284]. Die Werte für den Schermodul G^* und den Phasenwinkel δ werden kontinuierlich im Abstand von 1,0 Sekunde bis maximal 2,5 Sekunden aufgezeichnet. Bei zunehmenden Temperaturen nimmt folglich auch die resultierende Deformation aus der spannungsgeregelten Oszillation zu.

Nach Durchführung der BTSV-Prüfung können die temperaturabhängigen Verläufe von G^* und δ dargestellt werden (siehe Abbildung 113). Es wird schließlich jene Temperatur bestimmt, bei welcher der komplexe Schermodul auf einen Wert von G^* = 15 kPa abgesunken ist. Diese wird als charakteristische Temperatur T_{BTSV} bezeichnet. Das ist eine *Äquiviskositätstemperatur*, das heißt, alle Bindemittel haben bei der T_{BTSV} die gleiche Viskosität (gleicher Zustand der Zähigkeit). Im deutschen Technischen Regelwerk wird T_{BTSV} daher als *Äqui-Schermodultemperatur* $T(G^* = 15\text{ kPa})$ bezeichnet (anstelle von T_{BTSV}).

Die zweite abzulesende Größe ist der zu dieser Temperatur korrespondierende, charakteristische Phasenwinkel δ_{BTSV} (= $\delta@T(G^* = 15\text{ kPa})$.

Die Kenntnis über die Kennwerte T_{BTSV} und δ_{BTSV} (entsprechend $T(G^* = 15\text{ kPa})$ und $\delta@T(G^* = 15\text{ kPa})$) reicht aus, um Bindemittel zielsicher hinsichtlich ihrer Härte und der Wirkung einer eventuellen Modifizierung mit Polymeren zu differenzieren:

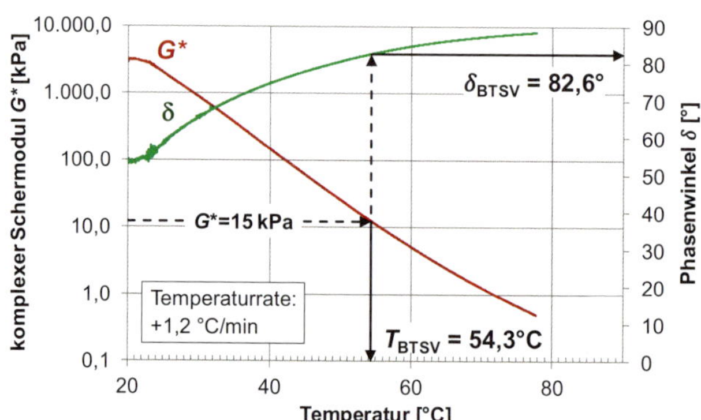

Abbildung 113 Prinzip zur Ableitung der BTSV-Kennwerte T_{BTSV} und δ_{BTSV} (Alisov, 2017)[284]

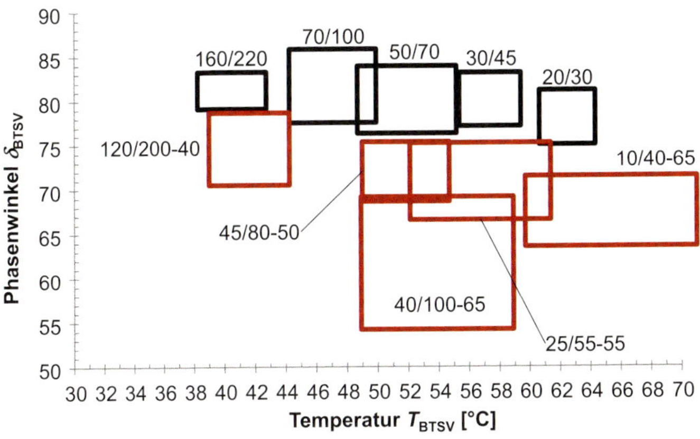

Abbildung 114 BTSV-Spannweiten von Straßenbaubitumen und PmB (dt. Markt): Klassifikation nach Bitumen-Typisierungs-Schnellverfahren (BTSV) (Wistuba et al., 2024)[311]

(i.) Die Temperatur T_{BTSV} (= $T(G^* = 15$ kPa)) ist ein Maß für die Bindemittelhärte:

In Abbildung 114 sind BTSV-Ergebnisse aus Reihenuntersuchungen an am deutschen Markt verfügbaren Bitumen in einem Diagramm zusammengefasst. Die aufgezeigten Kästchen kennzeichnen die resultierenden Spannweiten von T_{BTSV} und δ_{BTSV} je Bitumensorte. Straßenbaubitumen können in Abhängigkeit von ihrem Härtegrad über den Kennwert T_{BTSV} voneinander differenziert werden. Je härter das Bitumen ist, umso höher liegt die Temperatur bei $G^* = 15$ kPa. (Der Phasenwinkel δ_{BTSV} für Straßenbaubitumen beträgt stets rund 80°).

(ii.) Der Phasenwinkel δ_{BTSV} (= $\delta@T(G^* = 15$ kPa)) ist ein Maß für die Bindemittelelastizität:

Der Wirkungsgrad einer Bitumenmodifizierung kann mit dem Phasenwinkel δ_{BTSV} differenziert werden. Je höher der Anteil an Modifizierungsmittel ist, umso deutlicher nimmt der Phasenwinkel δ_{BTSV} ab (und die Temperatur T_{BTSV} steigt geringfügig an). Die zunehmende Wirkung einer Modifizierung wird demnach durch einen abnehmenden Phasenwinkel δ_{BTSV} angezeigt.

Die PmB weisen generell einen kleineren Phasenwinkel (≤ 75°) als die Straßenbaubitumen auf. Die Spanne des Bitumens der Sorte 40/100-65 A weist den geringsten Phasenwinkel auf und somit die stärkste Wirkung der Modifikation.

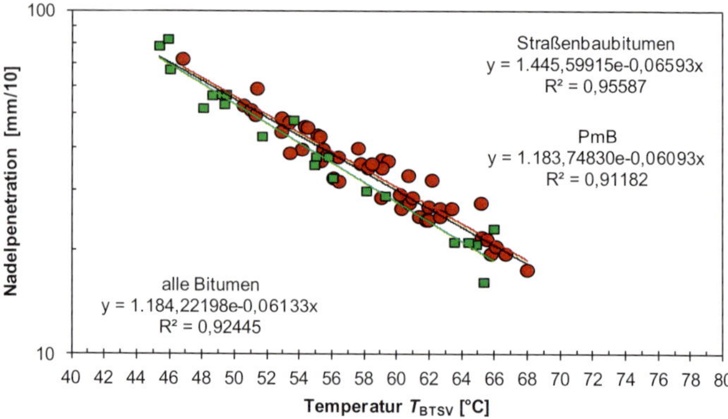

Abbildung 115 Zusammenhang zwischen der Nadelpenetration und T_{BTSV} für Straßenbaubitumen und für Polymermodifizierte Bitumen (Alisov, 2017)[284]

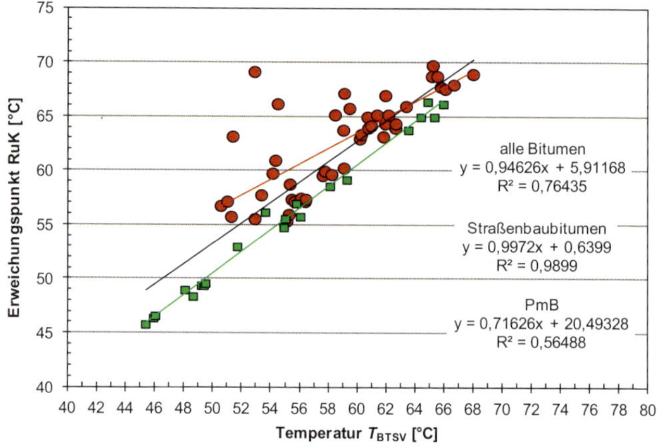

Abbildung 116 Zusammenhang zwischen Erweichungspunkt und T_{BTSV} für Straßenbaubitumen und für Polymermodifizierte Bitumen (Wistuba et al., 2018)[312]

In einigen Bereichen ergeben sich Überlappungen zu den angrenzenden Sortenspannen. Hier ist eine Differenzierung nur eingeschränkt möglich, da die Bitumen in den Überlappungsbereichen gleiche Härte und gleiche Wirkung der Modifizierung haben. Ursache dafür sind die Bindemittelanforderungen nach konventioneller Klassifikation, die sich auch in Bereichen überschneiden (vgl. Abbildung 111, Seite 259).

---

312 Wistuba, M. P., Schrader, J. & Alisov, A. 2018. Rheologische Differenzierung von Bitumen für den Asphaltstrassenbau mit dem neuen Bitumen-Typisierungs-Schnell-Verfahren (BTSV). Straße und Verkehr, Nr. 6., Schweizerischer Verband der Strassen- und Verkehrsfachleute, Zürich.

Es besteht ein Zusammenhang zwischen dem Kennwert T_{BTSV} (= $T(G^* = 15\text{ kPa})$) und der Nadelpenetration sowohl für Straßenbaubitumen als auch für Polymermodifizierte Bitumen (siehe Abbildung 115). Dieser kann durch eine Exponentialfunktion beschrieben werden. Der Kennwert T_{BTSV} ist geeignet, den Härtegrad eines Bitumens zu beschreiben.

Es besteht für Straßenbaubitumen auch ein eindeutiger Zusammenhang zwischen dem Kennwert T_{BTSV} (= $T(G^* = 15\text{ kPa})$) und dem Erweichungspunkt Ring und Kugel (siehe Abbildung 116). Das muss auch so sein, weil ja im BTSV das Verfahren Erweichungspunkt simuliert wird.

Für Polymermodifizierte Bitumen funktioniert die Bestimmung des Erweichungspunkts Ring und Kugel nicht zuverlässig, weil mit dem Erweichungspunkt kein äquivalenter rheologischer Zustand bestimmt werden kann. Daher ist der Zusammenhang zwischen den Kennwerten *EP RuK* und T_{BTSV} weniger stark ausgeprägt.

(B) Temperatur-Sweep Test (T-Sweep Test)

Mithilfe des *T-Sweep Tests* (kurz auch nur *T-Sweep* genannt) nach DIN EN 14770[(296)] werden zwei Kennwerte im mittleren Temperaturbereich bestimmt, die Äqui-Schermodultemperatur $T(G^* = 5\text{ MPa})$ und der zugehörige Phasenwinkel $\delta@T(G^* = 5\text{ MPa})$. Die Werte ergänzen die BTSV-Kennwerte, die nur für den Hochtemperaturbereich gelten (siehe oben).

Tabelle 14 Prüfparameter zur Bestimmung von Bindemittelkennwerten des viskoelastischen Materialverhaltens im oberen und mittleren Bereich der Gebrauchstemperatur (BTSV und T-Sweep Test)

Oberer Bereich der Gebrauchstemperatur (20 bis < 90 °C)	Mittlerer Bereich der Gebrauchstemperatur (0 bis 40 °C)
Bitumen-Typisierungs-Schnellverfahren DIN EN 17643, AL DSR-Prüfung (BTSV) » Messgeometrie: Platte-Platte » Plattendurchmesser: 25 mm » Plattenabstand: 1 mm » Prüftemperatur: Start bei 20 °C, Temperaturrate 1,2 K/min » Prüffrequenz: 1,59 Hz » Scherspannung: 500 Pa (Oszillation) » Kennwerte: T_{BTSV} = T(G*=15 kPa) und δ_{BTSV} = δ@T(G*=15 kPa) » Gesamtdauer: ca. 1,5 Stunden	Temperatur-Sweep Test DIN EN 14770 » Messgeometrie: Platte-Platte » Plattendurchmesser: 8 mm » Plattenabstand: 2 mm » Prüftemperatur: Start bei 40 °C, Temperatursprung jeweils –10 °C, bis 0 °C » Prüffrequenz: 1,59 Hz » Scherdeformation: 0,1 % (Oszillation) » Kennwerte: T(G*=5 MPa) und δ@T(G*=5 MPa) » Gesamtdauer: ca. 2,5 Stunden

Das Wertepaar $T(G^* = 5\ \text{MPa})$ und $\delta@T(G^* = 5\ \text{MPa})$ wird mit einem Plattendurchmesser von 8 mm und einem Plattenabstand von 2 mm im Temperaturbereich 0 bis 40 °C ermittelt, wobei ausgehend von der Starttemperatur von 40 °C die Temperatur um jeweils 10 °C reduziert wird. Die Prüffrequenz ist 1,59 Hz, die Deformation beträgt 0,1 %.

Diese beiden Kennwerte sind Bestandteil aktueller internationaler Ringversuche und werden als mögliche Alternative zur Nadelpenetration diskutiert. Auch ihre Veränderung infolge von Alterung ist von Interesse.

Die Prüfparameter zu BTSV und T-Sweep Test sind in Tabelle 14 zusammenfassend wiedergegeben.

5.2.4.4 Bestimmung der Phasenübergangstemperatur

Als *Phasenübergangstemperatur* wird jene Temperatur bezeichnet, bei der viskositätsveränderte Bindemittel ein erkennbar abweichendes Materialverhalten infolge Scherbeanspruchung aufweisen.

Die Bestimmung der Phasenübergangstemperatur kann im DSR mit einer Platte-Platte-Messgeometrie (Durchmesser 25 mm, Spaltweite 1 mm) im Rotationsmodus mit konstanter Scherrate von 2 s^{-1} erfolgen (gemäß Alisov, 2017[284] bzw. AL DSR-Prüfung (konstante Scherrate)[313]). Die Prüfung wird bei abnehmender Temperatur (die Temperaturrate beträgt -0,02 °C/s) in einem Temperaturbereich von 150 bis 70 °C durchgeführt. Das Ergebnis ist die Temperatur, bei der in der doppelt-logarithmischen Darstellung ein überproportionaler Anstieg der Scherspannung festzustellen ist.

Gemäß deutschem Technischem Regelwerk (TL VBit-StB 22)[314] wird unterschieden zwischen

» viskositätsveränderten Bitumen mit einer Phasenübergangstemperatur von < 100 °C, die der Kategorie *L* (englisch für *low phase transition temperature* für eine niedrige Phasenübergangstemperatur) zugeordnet sind (Bitumenbenennung z. B. 25/45 VL, wobei *V* für *viskositätsverändert* steht),

313 AL DSR-Prüfung (konstante Scherrate). Arbeitsanleitung zur Bestimmung der Phasenübergangstemperatur viskositätsveränderter Bindemittel mittels Dynamischem Scherrheometer (DSR) – Teil 3: Durchführung mit konstanter Scherrate. Ausgabe 2016. Forschungsgesellschaft für Straßen- und Verkehrswesen e. V. (Hrsg.), FGSV Verlag, Köln.

314 TL VBit-StB 22. Technische Lieferbedingungen für gebrauchsfertige Viskositätsveränderte Bitumen. Ausgabe 2022, Forschungsgesellschaft für Straßen- und Verkehrswesen e. V. (Hrsg.), FGSV Verlag, Köln.

» und viskositätsveränderten Bitumen mit einer Phasenübergangstemperatur von ≥ 100 °C, die der Kategorie *H* (englisch für *high phase transition temperature* für eine hohe Phasenübergangstemperatur) zugeordnet sind (Bitumenbenennung z. B. 25/45 VH).

Zur Untersuchung des thermischen Verhaltens von viskositätsveränderten Bitumen eignen sich Verfahren der Thermischen Analyse, beispielsweise die *Dynamische Differenzkalorimetrie* (auch Differentialthermoanalyse, englisch *differential scanning calorimetry, DSC,* siehe Kasten).

Mit Hilfe der **Dynamischen Differenzkalorimetrie** können chemische oder physikalische Zustandsänderungen von Materialien in Abhängigkeit von der Temperatur und der Zeit analysiert werden, u. a. Schmelztemperatur, Kristallisation, Glasübergangstemperatur. Das Messprinzip beruht auf der Temperaturdifferenz, die entsteht, wenn sich in einer wärmedurchströmten Probe durch Phasenumwandlung oder chemische Reaktion die Wärmekapazität ändert.

5.2.5 Kennwerte des Gebrauchsverhaltens von Bindemitteln

Die Prüfung des Gebrauchsverhaltens von Bindemitteln kann grundsätzlich mit unterschiedlichen Rheometern (Dynamisches Scherrheometer, Biegebalkenrheometer, Rotationsviskosimeter) und Messverfahren erfolgen. Allerdings zeigen aktuelle Forschungsergebnisse, dass allein die Verwendung eines Dynamischen Scherrheometers mit Platte-Platte Messgeometrie (in unterschiedlichen Abmessungen) ausreicht, um bitumenhaltige Bindemittel (und Mastix, siehe Kapitel 5.3.3) im gesamten Gebrauchstemperaturbereich vollständig zu charakterisieren. Dabei wird durch eine Beanspruchung knapp außerhalb des LVE Bereichs eine gewollte Schädigung herbeigeführt.

Folgende Prüfverfahren mit dem DSR und Platte-Platte-Messgeometrie haben sich in einer umfangreichen Vergleichsstudie (Wistuba et al., 2024)[315] aufgrund der vergleichsweise einfachen Handhabung, des jeweils rheologisch gut interpretierbaren Ergebnisses und der Prüfgenauigkeit als geeignet für die Praxisanwendung erwiesen:

» Prüfung des Verformungswiderstands mit dem *Single Shear Creep Test* (SSCT) nach Wistuba et al, 2024[315],

315 Wistuba, M. P., Büchner, J., Sigwarth, T., Mollenhauer, K., Wetekam, J. & Rudi, E. 2024. Untersuchung zur Charakterisierung von Bitumen (BEZIBIT). Schlussbericht, Forschungsprojekt FE 07.0313/2021/ERB, i. A. des Bundesministeriums für Verkehr und digitale Infrastruktur, Institut für Straßenwesen, Technische Universität Braunschweig.

» Prüfung des Ermüdungswiderstands mit dem *Stress Amplitude Fatigue Test* (SAFT) nach Wistuba et al, 2024[315] und

» Prüfung des Widerstands gegen Kälterissbildung mit der *Relaxationsprüfung* nach Büchner & Wistuba, 2022[316] und Büchner et al., 2023[317].

Die Prüfparameter zur Ermittlung von Bindemittelkennwerten des Gebrauchsverhaltens mit der Platte-Platte-Messgeometrie sind in Tabelle 15 zusammenfassend wiedergegeben.

Sie sind mit allen marktüblichen DSR-Geräten (unabhängig vom Gerätehersteller bzw. -herstellerin) ausführbar und nachweislich geeignet, um unterschiedliche Bindemittel ausreichend zu differenzieren. Eine Übernahme in das deutsche Technische Regelwerk wird aktuell diskutiert.

Dieselben Prüfverfahren können auch an (labor-)gealterten Bitumenproben angewandt werden. Aus dem Ergebnisvergleich zu frischen Proben kann die *Dauerhaftigkeit* (Beständigkeit gegen Alterung) beurteilt werden.

5.2.5.1 Verformungswiderstand

(A) Multiple Stress Creep and Recovery Test (MSCRT)

Zur Bewertung des Verformungsverhaltens von Bindemitteln kann der *Multiple Stress Creep and Recovery Test (MSCRT)* mit der Platte-Platte-Messgeometrie mit einem Durchmesser von 25 mm und einem Plattenabstand von 1 mm angewandt werden. Im Jahr 2015 wurde der MSCRT (ausgehend von den USA, siehe Bahia et al., 2001)[318] in das europäische Technische Regelwerk übernommen und wird seitdem auch in Deutschland angewandt (DIN EN 16659)[319].

316 Büchner, J. & Wistuba, M. P. 2022. Analysis of low temperature relaxation properties of asphalt binder and asphalt mastic using a dynamic shear rheometer. Proc., 11th International Conference on the Bearing Capacity of Roads, Railways and Airfields, Vol. 2 (eds. I. Hoff et al.), Vol. 2, 508–516, CRC Press, doi: 10.1201/9781003222897-47.

317 Büchner, J., Ryś, D., Trifunovic, S. & Wistuba, M. P. 2023. Development and Application of Asphalt Binder Relaxation Test in Different Dynamic Shear Rheometers. Construction and Building Materials, Vol. 364, Article 129929, Elsevier. DOI: 10.1016/j.conbuildmat.2022.129929.

318 Bahia, H. U., Hanson, D. I., Zeng, M., Zhai, H., Khatri, M. A. & Anderson, R. M. 2001. Characterization of Modified Asphalt Binders in Superpave Mix Design. NCHRP Report 459. Transportation Research Board, Washington D.C.

319 DIN EN 16659:2016-03. Bitumen und bitumenhaltige Bindemittel – MSCR-Prüfung (Multiple Stress Creep and Recovery Test); Deutsche Fassung EN 16659:2015.

Tabelle 15 Prüfparameter zur Ermittlung von Bindemittelkennwerten des Gebrauchsverhaltens mit der Platte-Platte-Messgeometrie

Widerstand gegen	Platten-Ø [mm]	Bezeichnung der DSR-Prüfung und Prüfparameter	
Veformung	25	Multiple Stress Creep and Recovery Test (MSCRT) DIN EN 16659, AL DSR-Prüfung (MSCRT) » Plattenabstand: 1 mm » Prüftemperatur: 60 °C » Scherspannung:3,2 kPa (Kriechmodus) » Zyklen: 10 Be- und Entlastungszyklen mit jeweils 1 s bzw. 9 s Dauer » Kennwerte: Nachgiebigkeit J_{nr} und Rückformung *R* » Gesamtdauer: ca. 20 min	Single Shear Creep Test (SSCT) Wistuba et al, 2024[315] » Plattenabstand: 1 mm » Prüftemperatur: 60 °C » Prüfdauer: 10 min » Scherspannung: 0,1 kPa (Kriechmodus) » Kennwert: Kriechrate » Gesamtdauer: ca. 30 min
Ermüdung	8	Stress Amplitude Fatigue Test (SAFT) Wistuba et al, 2024[315] » Plattenabstand: 2 mm » Prüftemperatur: 20 °C » Prüffrequenz: 10 Hz » Scherspannung: Start 0 kPa (Oszillation), Erhöhung um 1 kPa alle 10 Sekunden » Kennwert: Ermüdungslastwechselzahl N_{Rowe} » Gesamtdauer: ca. 1-2 Stunden	
Kälterisse	4	Relaxationsprüfung Büchner & Wistuba, 2022[316]; Büchner et al., 2023[317] » Plattenabstand: 2 mm » Prüftemperatur: –20 °C » Scherdeformation: 0,1% (Kriechmodus) » Prüfdauer: 60 min » Kennwert: Spannungsrelaxation nach 60 min » Gesamtdauer: ca. 1,5 Stunden	

Während der Prüfung wird auf die Bindemittelprobe bei einer Prüftemperatur von 60 °C in mehreren Belastungszyklen jeweils für eine Kriechphase von einer Sekunde eine konstante Scherspannung aufgebracht (Kriechmodus, englisch *creep*), und anschließend eine lastfreie Erholungsphase (englisch *recovery*) von neun Sekunden abgewartet

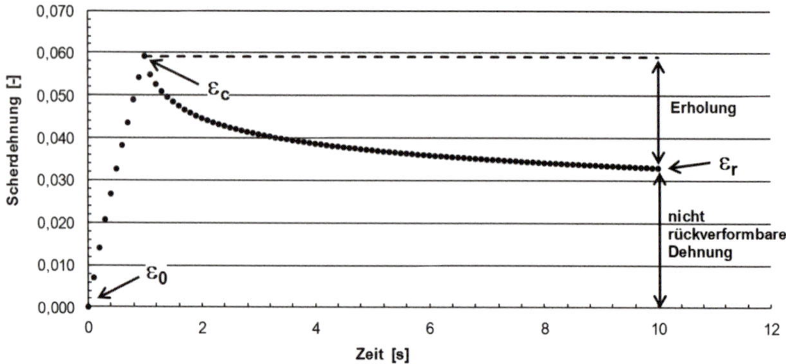

Abbildung 117 Lastzyklus im Multiple Stress Creep and Recovery Test (Beispiel) (AL DSR-Prüfung (MSCRT))[320]

(siehe Abbildung 117). Gemäß EN 16659 beträgt die Scherspannung jeweils 1 kPa für 10 Belastungszyklen, danach jeweils 3,2 kPa für 10 Belastungszyklen.

Während der Kriechbelastung werden mindestens alle 0,10 Sekunden Spannung und Verformung aufgezeichnet und mindestens alle 0,45 Sekunden in der Erholungsphase, und jedenfalls zu den Zeitpunkten 1,00 und 10,00 Sekunden.

Normgemäß werden zehn Kriech- und Erholungszyklen bei einer Kriechspannung von 3,2 kPa durchgeführt. Zur Auswertung wird die Spannungs-Erholungs-Kurve von 10 aufeinanderfolgenden Zyklen in einem Diagramm dargestellt (siehe Abbildung 118).

Für jeden Zyklus wird aufgezeichnet:

» die aufgebrachte Verformung ε_0 zu Beginn der Kriechphase und die Verformung ε_c am Ende der Kriechphase (nach einer Sekunde) sowie die gesamte Kriechverformung $\varepsilon_1 = \varepsilon_c - \varepsilon_0$ am Ende jeder Kriechphase,

» die Verformung ε_r am Ende der Erholungsphase (nach 10 Sekunden) und die gesamte Verformung $\varepsilon_{10} = \varepsilon_r - \varepsilon_0$ am Ende jeder Erholungsphase.

---

320 AL DSR-Prüfung (MSCRT). Arbeitsanleitung zur Bestimmung des Verformungsverhaltens von Bitumen und bitumenhaltigen Bindemitteln im Dynamischen Scherrheometer (DSR) – Teil 2: Durchführung der MSCR-Prüfung (Multiple Stress Creep and Recovery Test), Ausgabe 2016. Forschungsgesellschaft für Straßen- und Verkehrswesen e. V. (Hrsg.), FGSV Verlag, Köln.

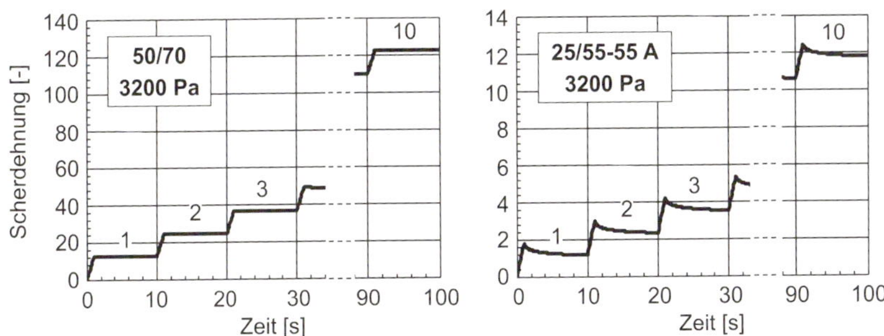

Abbildung 118 Spannungs-Erholungs-Kurven im MSCRT für Straßenbaubitumen 50/70 und für Polymermodifiziertes Bitumen 25/55-55 A (unten) nach jeweils 10 Zyklen (Beispiel)

Mit den erhaltenen Ergebnissen werden die durchschnittliche *prozentuale Rückformung R* und die *Kriechnachgiebigkeit J_{nr}* des Bindemittels bestimmt. Die durchschnittliche prozentuale Rückformung in der Erholungsphase für jeden der zehn Zyklen pro Laststufe $N = 1$ bis 10 kann berechnet werden mit:

$$R_N = \left(\frac{\varepsilon_1 - \varepsilon_{10}}{\varepsilon_1}\right) \cdot 100 \qquad \text{Gl. 72}$$

Die durchschnittliche prozentuale Rückformung für die Kriechbelastung von 3,2 kPa ist:

$$R_{3200\,Pa} = \sum R_N/10 \quad \text{für } N = 1 \text{ bis } 10. \qquad \text{Gl. 73}$$

Anschließend werden die prozentualen Unterschiede der Erholung zwischen den einzelnen Laststufen berechnet.

Für jeden der zehn Zyklen wird außerdem der nicht rückverformbare Anteil berechnet. Dafür wird die verbleibende Verformung eines Probekörpers nach einem Kriech- und Erholungszyklus durch die aufgebrachte Spannung dividiert. Der durchschnittliche nicht rückverformbare Anteil ergibt die *Kriechnachgiebigkeit J_{nr}*:

$$J_{nr} = \sum(\varepsilon_{10}/3200)/10 \qquad \text{Gl. 74}$$

Interpretationsprobleme mit diesem Verfahren ergeben sich aus den kurzen Belastungs- (1 s) und Entlastungszeiten (9 s), in denen kein tatsächliches Kriechen bzw. Rückformen möglich ist (vgl. Santagata et al., 2014)[321]. Außerdem stellen manche Autoren die Aussagekraft der beiden ermittelten Materialkennwerte in Frage (siehe z. B. Merusi, 2012)[322]. Rückformung und Nachgiebigkeit sind wenig anschaulich und keine rheologisch interpretierbaren Kenngrößen, und 10 Zyklen haben gegenüber einem Zyklus keinen Mehrwert. Einige Autoren haben bereits mit modifizierten MSCRT experimentiert (siehe z. B. Santagata et al., 2017[323]; Elnasri et al., 2018[324]; Wistuba et al., 2024[325]).

(B) Single Shear Creep Test (SSCT)

Gleichwertig im Ergebnis zum MSCRT ist der *Single Shear Creep Test (SSCT)* (nach Wistuba et al., 2024)[325], der aber gegenüber dem MSCRT einfacher und rascher in der Durchführung ist. Die Wiederholbarkeit des SSCT ist besser als jene des MSCRT.

Im SSCT wird ebenfalls die Kriechrate im Bereich des quasi-linearen Kriechens mit der Platte-Platte-Messgeometrie mit einem Plattendurchmesser von 25 mm und einem Plattenabstand (Spalthöhe) von 1 mm bestimmt. Die Belastungsdauer ist 10 Minuten, die Prüftemperatur 60 °C, die oszillierende Scherspannung beträgt 0,1 kPa (Kriechmodus). Allerdings wird nun auf die Erholungsphase verzichtet, weil bei Langzeitversuchen ohnehin kaum bis keine Materialerholung erkennbar ist.

Als charakteristischer Kennwert ausgewertet wird die *Kriechrate* im Bereich der quasi-linearen Kriechphase. Das ist der prozentuale Anstieg der Deformation pro Sekunde Kriechdauer. Je höher die Kriechrate ist,

321 Santagata, E., Baglieri, O., Alam, M. & Dalmazzo, D. 2014. A novel procedure for the evaluation of anti-rutting potential of asphalt binders. Int. Journal of Pavement Engineering, Vol. 16, Issue 4, 287-296, Taylor & Francis.

322 Merusi, F. 2012. Delayed mechanical response in modified asphalt binders. Characteristics, modeling and engineering implications. Road Materials and Pavement Design, Vol. 13, 321-345, Taylor & Francis.

323 Santagata, E., Baglieri, O., Riviera, P. R. & Alam, M. 2017. Correlating creep properties of bituminous binders with anti-rutting performance of corresponding mixtures. Int. Journal of Pavement Research and Technology, Issue 10, 38-44, Elsevier.

324 Elnasri, M., Airey, G. & Thom, N. 2018. Developing the multiple stress-strain creep recovery (MS-SCR) test. Mechanics of Time-Dependent Materials, Springer.

325 Wistuba, M. P., Büchner, J., Sigwarth, T., Mollenhauer, K., Wetekam, J. & Rudi, E. 2024. Untersuchung zur Charakterisierung von Bitumen (BEZIBIT). Schlussbericht, Forschungsprojekt FE 07.0313/2021/ERB, i. A. des Bundesministeriums für Verkehr und digitale Infrastruktur, Institut für Straßenwesen, Technische Universität Braunschweig.

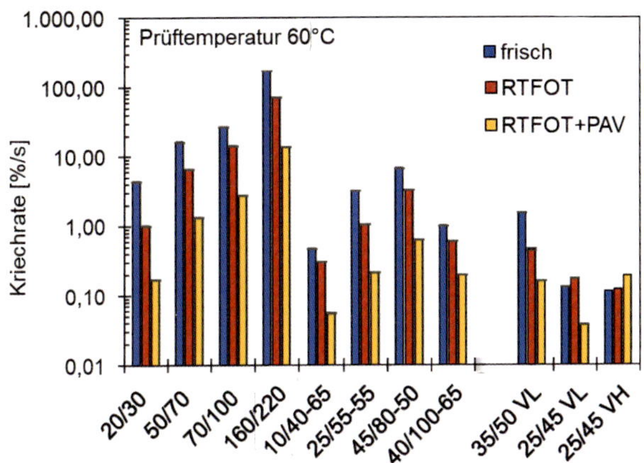

Abbildung 119 Kriechraten aus dem SSCT für unterschiedliche Bindemittel (Wistuba et al., 2024)[325]

umso stärker neigt das Material zu nachteiligen Verformungen. In Abbildung 119 sind beispielhaft die Kriechraten für unterschiedliche Bitumen aufgeführt.

5.2.5.2 Ermüdungswiderstand

(A) Stress Amplitude Fatigue Test (SAFT)

Die Ermittlung des Widerstands gegen Materialermüdung kann mittels des *Stress Amplitude Fatigue Tests (SAFT)* erfolgen (nach Wistuba et al., 2024)[325]. Er wird im Oszillationsmodus mit der Platte-Platte-Messgeometrie mit einem Durchmesser von 8 mm und mit einem Plattenabstand von 2 mm durchgeführt. Die Prüffrequenz ist 10 Hz, die Prüftemperatur 20 °C.

Ausgehend von einem spannungsfreien Zustand zu Beginn der Prüfung wird die Scherspannungsamplitude stufenweise um 1 kPa alle 10 Sekunden erhöht. Die Prüfdauer beträgt etwa zwischen 20 und 60 Minuten.

Charakteristischer Kennwert ist die bis zum Eintritt der Ermüdung ertragbare *Lastwechselzahl* N_f (siehe späteres Kapitel 5.4.4.3).

(B) Forschungsbedarf zum Ermüdungsverhalten

Es ist bekannt, dass das Ermüdungsverhalten von Bitumen stark vom gewählten Prüfverfahren und den Prüfbedingungen abhängig ist (Belastungsart, Belastungsamplitude, Prüftemperatur, Prüffrequenz) (siehe

z. B. Soenen & Eckmann, 2000[326]; Shen et al., 2006[327], 2010[328]; Schrader et al., 2016[329]). Der genaue Einfluss der Prüfparameter auf das Prüfergebnis ist heute nicht abschließend geklärt.

Es wurde auch festgestellt, dass Rheometer von unterschiedlichen Geräteherstellern bzw. -herstellerinnen erhebliche Unterschiede u. a. im Motorkonzept, in der Motorkühlung bei Dauerbeanspruchung und in der Gerätesteifigkeit aufweisen und daher die mit unterschiedlichen Rheometern erzielten Ergebnisse von Ermüdungsprüfungen nicht miteinander vergleichbar sind (siehe Wistuba et al., 2024)[325].

5.2.5.3 Widerstand gegen Kälterissbildung

(A) Relaxationsprüfung mit 4 mm Plattendurchmesser

Die *Relaxationsprüfung* (nach Büchner & Wistuba, 2022[316]; Büchner et al., 2023[317]) kann zur Bewertung des Kälteverhaltens herangezogen werden. Sie wird mit der Platte-Platte-Messgeometrie mit einem Durchmesser von 4 mm und mit einem Plattenabstand von 2 mm durchgeführt.

Der Probekörper wird bei einer Prüftemperatur von konstant –20 °C für eine Dauer von 60 Minuten mit einer konstanten Scherdeformation von 0,1 % (Kriechmodus) beansprucht. Dadurch stellt sich eine quasi-stationäre Kriechphase ein.

Charakteristischer Kennwert ist der *prozentuale* Abfall der *Scherspannung nach 60 Minuten* (oder *Spannungsrelaxation*). Je höher dieser Kennwert ist, umso höher ist die Relaxationsfähigkeit des Materials und umso besser ist es in der Lage, Dehnungen bei Kälte abzubauen und sich einer Rissbildung zu widersetzen.

Die Art des Füllers beeinflusst das Kälteverhaltens kaum.

---

326 Soenen, H. & Eckmann, B. 2000. Fatigue Testing of Bituminous Binders with a Dynamic Shear Rheometer. Proc., 2nd Eurasphalt & Eurobitume Congress, Barcelona.

327 Shen, S., Airey, G. D., Carpenter, S. H & Huang, H. 2006. A Dissipated Energy Approach to Fatigue Evaluation. Road Materials and Pavement Design, Vol. 7, 47-69, Taylor & Francis.

328 Shen, S., Chiu, H.-M. & Huang, H. 2010. Characterization of Fatigue and Healing in Asphalt Binders. Journal of Materials in Civil Engineering, Vol. 22, Issue 9, American Society of Civil Engineers.

329 Schrader, J., Alisov, A. & Wistuba, M. P. 2016. Bewertung des Ermüdungsverhaltens von Straßenbaubitumen. Straße und Autobahn, 10.2016, Kirschbaum Verlag, Bonn.

(B) Biegekriechverhalten im Biegebalkenrheometer (BBR)

Mit dem *Biegebalkenrheometer* (BBR) werden seit vielen Jahrzehnten das viskose *Kriechverhalten* und die *Biegekriechsteifigkeit* von Bitumen im Bereich tiefer Gebrauchstemperaturen adressiert (gemäß DIN EN 14771[330]; AL BBR-Prüfung[331]).

Der BBR wurde zu Beginn der 1990er Jahre im Rahmen von SHRP (siehe Kapitel 5.2.5.5) für Bitumenprüfungen eingeführt. Er ist ein rheologisches Messgerät zur Dreipunktbiegung eines bitumenhaltigen Messbalkens bei Temperaturen unter Null Grad Celsius (0 bis −36 °C). Der Messbalken ist bezüglich seiner Abmessungen genormt (6,4×12,7×127 Millimeter; rund 10 Gramm Masse). Er wird zentrisch, im Kältebad (Flüssigkeit oder Luft) bei konstanter Temperatur (−25, −16 und −10 °C), mit einer konstanten Last (100 Gramm; entspricht 0,98 Newton), während einer vorgegebenen Zeitdauer (240 Sekunden) belastet. Die vertikale Durchbiegung im Mittelpunkt des Messbalkens wird zu bestimmten Zeitpunkten (nach 8, 15, 30, 60, 120 und 240 Sekunden) gemessen und daraus die Balkensteifigkeit, hier *Biegekriechsteifigkeit* genannt, berechnet.

Die Biegekriechsteifigkeit S [N/mm² = MN/m²] errechnet sich (nach der Balkentheorie; siehe Abbildung 68 auf Seite 184) aus der Prüflast P [N], den Querschnittabmessungen der Messprobe, mit Breite b [mm] und Höhe h [mm], dem Abstand L [mm] der Auflagerpunkte und der gemessenen Durchbiegung $\delta(t)$ [mm] zum Zeitpunkt t:

$$S(t) = \frac{P \cdot L^3}{4 \cdot bh^3 \cdot \delta(t)} \qquad \text{Gl. 75}$$

Durch Anpassung an die Messpunkte erhält man die Zeit-Verformungs-Kurve in Form einer *Masterkurve für die Kriechsteifigkeit (Kriechkurve)*. Achtung: Das Ergebnis ist von der Wahl der Regressionsfunktion und der Anzahl an Stützstellen abhängig.

Die der Belastungszeit von 60 Sekunden zugehörige Tangentenneigung der Kriechkurve (in der doppelt logarithmischen Darstellung) wird be-

330 DIN EN 14771:2023-09. Bitumen und bitumenhaltige Bindemittel – Bestimmung der Biegekriechsteifigkeit – Biegebalkenrheometer (BBR); Deutsche Fassung EN 14771:2023.

331 AL BBR-Prüfung. Arbeitsanleitung zur Bestimmung des Verhaltens von Bitumen und bitumenhaltigen Bindemitteln bei tiefen Temperaturen im Biegebalkenrheometer (BBR), Ausgabe 2017. Forschungsgesellschaft für Straßen- und Verkehrswesen e. V. (Hrsg.), FGSV Verlag, Köln.

rechnet und als *m-Wert* angegeben. Der *m*-Wert [-] zu einem Zeitpunkt *t* ist die erste Ableitung der Biegekriechsteifigkeit *S*(t):

$$m(t) = \frac{d[\log S(t)]}{d[\log t]} \qquad \text{Gl. 76}$$

Er ist ein Maß für das Relaxationsvermögen der Messprobe: Je steiler die Kriechkurve ist, d. h. je größer der *m*-Wert ist, umso schneller baut das Material die aufgebrachte Last durch Spannungsrelaxation ab, d. h. umso vorteilhafter ist seine Kälteflexibilität.

Ergebnis der Prüfung einer Messprobe bei einer bestimmten Temperatur sind üblicherweise die Biegekriechsteifigkeit *S* und der zugehörige *m*-Wert nach 60 Sekunden. Anhand der bei unterschiedlichen Prüftemperaturen bestimmten Biegekriechsteifigkeiten wird zusätzlich jene Temperatur ermittelt, für die eine Biegekriechsteifigkeit von 300 MPa gilt.

Beispiele aus BBR-Versuchen für ein Straßenbaubitumen zeigt Abbildung 120. Man erkennt die Temperaturabhängigkeit des Verformungsverhaltens: Je tiefer die Temperatur sinkt, umso steifer wird das Material, umso geringer ist die Durchbiegung (a.) und umso größer ist die Biegekriechsteifigkeit (b. und c.).

Beispiele aus BBR-Versuchen für verschiedene Straßenbaubitumen und Polymermodifizierte Bitumen zeigt Abbildung 121. Man erkennt (a.), dass sich Straßenbaubitumen unterschiedlicher Härte (im hohen Temperaturbereich) auch im Tieftemperaturverhalten unterscheiden. Polymermodi-

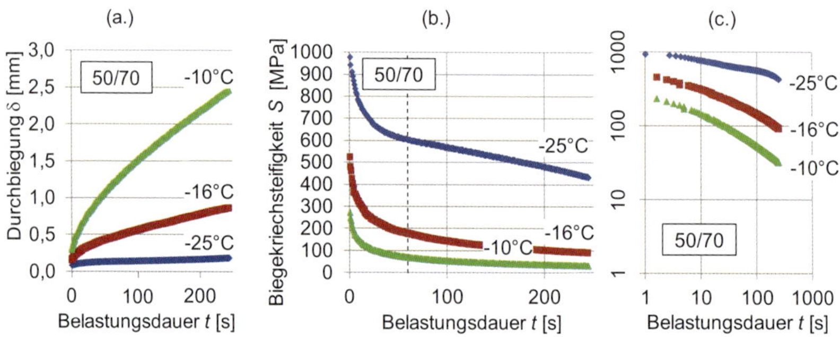

Abbildung 120 Beispiele aus BBR-Versuchen für ein Straßenbaubitumen 50/70: (a.) *Durchbiegung δ (t)*; (b.) *Biegekriechsteifigkeit S(t)* [MPa] in linearer Darstellung und (c.) in doppelt logarithmischer Darstellung

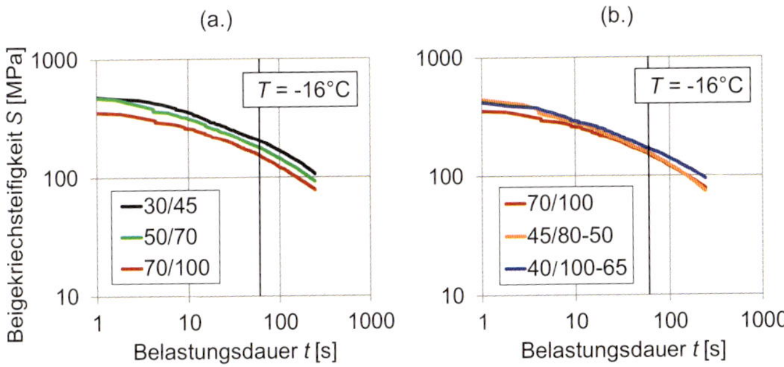

Abbildung 121 Beispiele für die Biegekriechsteifigkeit bei 16 °C Prüftemperatur: (a.) Verschiedene Straßenbaubitumen, (b.) Straßenbaubitumen 70/100 und daraus hergestellte Polymermodifizierte Bitumen 45/80-50 und 40/100-65

fizierte Bitumen weisen hingegen ein ähnliches Materialverhalten bei tiefen Temperaturen auf wie ihr Ausgangsbitumen, aus dem das PmB hergestellt wurde. Demnach beeinflusst die Modifizierung das Tieftemperaturverhalten im BBR kaum (b.).

Anzumerken ist, dass die geringe Vergleichpräzision von BBR-Versuchen derzeit keine sichere Differenzierung von verschiedenen Bindemittelsorten ermöglicht.

Nachteilig für BBR-Versuche sind auch die vergleichsweise große Probengeometrie (ca. 150 g pro Materialvariante) und der erhebliche Einfluss der Herstellungsgüte des Probekörpers, des Alterungszustands und der Wahl des Prüfmediums (Ethanol oder Luft) auf das Prüfergebnis (siehe Wang et al., 2019)[332].

Zwischen dem Ergebnis aus BBR Versuchen und den Ergebnissen aus Abkühlversuchen an Asphalt besteht eine signifikante Korrelation (siehe Cannone Falchetto, 2017)[333].

---

332 Wang, D., Cannone Falchetto, A., Riccardi, C., Poulikakos, L., Hofko, B., Porot, L., Wistuba, M. P., Baaj, H., Mikhailenko, P. & Moon, K. H. 2019. Investigation on the combined effect of ageing temperatures and cooling medium on rheological properties of asphalt binder based on DSR and BBR. Road Materials and Pavement Design (RMPD), Vol. 20, No. S1, 217-232, Taylor & Francis, doi: 10.1080/14680629.2019.1589 559.

333 Cannone Falchetto, A., Moon, K. H. & Wistuba, M. P. 2017. Development of a simple correlation between bending beam rheometer and thermal stress restrained specimen test low-temperature properties based on a simplified size effect approach. Road Materials and Pavement Design, Vol. 13, No. 1, Taylor & Francis.

Auch bei niedrigen Temperaturen ermittelte DSR-Kennwerte korrelieren mit BBR-Kennwerten (siehe Carret et al., 2015)[334].

Eine direkte Übertragung der Versuchsanordnung des Biegeversuchs aus dem BBR in ein DSR gelang Kim et al. (2022)[335]. Damit wird die Prüfung mittels BBR obsolet, und bei gleichem Ergebnis sind mit dem DSR entscheidende prüftechnische Vorteile verbunden:

» Die notwendige Probenmenge für die DSR-Prüfung ist um etwa 90 % reduziert gegenüber der notwendigen Probenmenge für die BBR-Prüfung.

» Die Probenherstellung für die DSR-Prüfung ist wesentlich einfacher und weniger fehleranfällig als jene für die BBR-Prüfung.

» In der DSR-Prüfung entfällt das für die BBR-Prüfung notwendige Prüfmedium Ethanol, was die Handhabung vereinfacht.

5.2.5.4 Dynamische Viskosität im Rotationsviskosimeter

Die *dynamische Viskosität* von bitumenhaltigen Bindemitteln ist ein Kennwert für ihre Verarbeitbarkeit (Pumpfähigkeit, Dosierbarkeit, Mischbarkeit mit Gesteinskörnung) im Mittel- und Hochtemperaturbereich.

Zur Bestimmung der dynamischen Viskosität wird ein Viskosimeter verwendet. Ein *Rotationsviskosimeter* (RV) (DIN EN 13302)[336] ist im Grunde genommen ein Scherrheometer mit einem ko-axialen Zylinder-Messsystem (siehe Seite 264), das nur im Rotationsmodus messen kann.

In das temperierte Bindemittel (im äußeren Zylinder) wird eine Messspindel (innerer Zylinder; Größe viskositätsabhängig) eingetaucht und mit einer definierten Winkelgeschwindigkeit [rad/s] bewegt (z. B. 20 Umdrehungen pro Minute). Das erforderliche *Drehmoment* M_d [Nm] wird gemessen.

334 Carret, J.-C., Cannone Falchetto, A., Marasteanu, M. O., Di Benedetto, H., Wistuba, M. P. & Sauzeat, C. 2015. Comparison of rheological parameters of asphalt binders obtained from bending beam rheometer and dynamic shear rheometer at low temperatures. Road Materials and Pavement Design, Vol. 16, Suppl. 1, 211-227, Taylor & Francis.

335 Kim, Y. S., Büchner, J. Wistuba, M. P., Rodriguez Agudo, J., Rochlani, M. & Schäffler, M. 2022. Asphalt binder testing at low temperature: Three-Point Bending Beam Test in Dynamic Shear Rheometer. Frontiers in Materials, Structural Materials, Special Issue: Recent Advances in Asphalt Materials, Vol. 9, doi.org/10.3389/fmats.2022.831443.

336 DIN EN 13302:2018-08. Bitumen und bitumenhaltige Bindemittel – Bestimmung der dynamischen Viskosität von bitumenhaltigem Bindemittel mit einem Viskosimeter mit rotierender Spindel; Deutsche Fassung EN 13302:2018.

Die dynamische Viskosität η [Pa·s] kann unter Berücksichtigung eines Formfaktors A [m^{-3}] (abhängig von der Spindelform) und eines Geometriefaktors M [1/rad] (abhängig von Spindel- und Becherdurchmesser) berechnet werden:

$$\eta = \frac{M_d}{\omega} \cdot \frac{A}{M} \qquad \text{Gl. 77}$$

Nach dem *Performance Grade System* zur Bindemittelklassifikation (siehe Kapitel 5.2.5.5, Seite 274) limitiert der Grenzwert von 3.000 mPa·s bei einer Temperatur von 135 °C die zulässige Zähigkeit des Bindemittels und garantiert damit seine Verarbeitbarkeit.

5.2.5.5 Haftverhalten Bindemittel-Gestein

Zur Analyse des Haftverhaltens zwischen Bindemittel und Gestein sind mehr als 150 Prüfverfahren bekannt, die für Materialauswahl, Produktionskontrolle oder zur Prognose des Gebrauchsverhaltens verwendet werden. Ihre Kategorisierung kann erfolgen hinsichtlich (siehe Renken, 2008)[337]:

» der Art des Prüfguts: lose bindemittelumhüllte Einzelkörner; verdichtete Probekörper aus Mastix oder Asphalt; speziell präparierte Probekörper (Bsp. Kontaktwinkelmessung);

» der Art der Beanspruchung: Haftwirkung vor und nach Wasserlagerung; statische oder zyklische Prüfverfahren zur Kontrolle der Auswirkung der Wasserlagerung;

» und der Messgröße: z. B. Farbabsorption, Reflexion von Licht oder Ultraschall, Bindemittelablösung, mechanische Kennwerte.

Oft wird dabei ein „praktisches" Haftvermögen bestimmt, das zusammenfassend sowohl die echte Adhäsion an der Grenzfläche, als auch die mechanische Antwort der Umgebung inklusive der Bindungskräfte innerhalb des Materials (Kohäsion) beschreibt, ohne diese zu isolieren (Grothe & Wistuba, 2010)[193].

---

337 Renken, P., Wistuba, M. P., Grönniger, J. & Schindler, K. 2008. Adhäsion von Bitumen am Gestein (Haftverhalten) – Verfahren der quantitativen Bestimmung auf Grundlage der Europäischen Normung. Forschungsprojekt 07.0209 i. A. des Bundesministeriums für Verkehr, Bau und Stadtentwicklung, Institut für Straßenwesen, Technische Universität Braunschweig.

Trotz der Vielzahl mangelt es bis heute an einem aussagekräftigen, praxisgerechten Prüfverfahren zur Charakterisierung des Haftverhaltens. Daher sind weder präzise Anforderungen an das Haftverhalten definiert, noch können die mechanische, physikalische und chemische Adhäsion zwischen Gestein und Bitumen ganzheitlich und überzeugend angesprochen werden (Grothe & Wistuba, 2010)[193].

Ein sehr einfaches, weit verbreitetes Verfahren (CEN, 2009)[338] ist das *Flaschenrollverfahren* (englisch *Rolling-Bottle-Test, RBT*; gemäß EN 12697-11)[339] zur qualitativen Beurteilung der Adhäsion am Einzelkorn.

Im Flaschenrollverfahren wird das Haftverhalten visuell an einer Kornklasse beurteilt, die einer mechanischen Rührbeanspruchung unter Wasser ausgesetzt war: Das Gestein und eine definierte Bindemittelmenge werden gemeinsam mit einem Rührstab und Wasser in eine Flasche gefüllt. Diese wird unter konstanter Neigung mit einer konstanten Rotationsgeschwindigkeit (40 Umdrehungen pro Minute) bei Raumtemperatur eine vorgegebene Prüfdauer lang (zwischen 6 und 72 Stunden) gedreht. Prüfergebnis ist der per Augenschein (auf 5 % genau) geschätzte, verbleibende Umhüllungsgrad des Gesteins nach der Beanspruchung (siehe Kasten).

Digitalbildauswertung von Ergebnissen aus dem Flaschenrollverfahren: Bewährt hat sich eine computergestützte Ergebnisinterpretation. Dabei wird anhand von Digitalaufnahmen der Grad der verbliebenen Bitumen-Bedeckung der Gesteinskörner mittels Klassifizierung der Farb- bzw. Grauwertverteilung festgestellt und somit der subjektive Einfluss bei der Ergebnisbewertung durch das Laborpersonal vermieden (Grothe & Wistuba, 2010[193]; zur computergestützten Ergebnisinterpretation siehe Grönniger et al., 2010[340]).

5.2.5.6 Bestimmung des Alterungszustands

Ein genormtes Prüfverfahren zur direkten Bestimmung des Alterungszustands von Bindemitteln oder zur Angabe von bindemittelspezifischen Alterungsfunktionen gibt es nicht. Die Feststellung des Alterungszustands

338 CEN AhG-Adhesion, 2009. Activity Report of the CEN Ad-hoc Group „Adhesion/Durability". Report 2009/TC/012-N090, Comité Européen de Normalisation (CEN), Bruxelles.

339 DIN EN 12697-11:2020-05. Asphalt – Prüfverfahren – Teil 11: Bestimmung der Affinität von Gesteinskörnungen und Bitumen; Deutsche Fassung EN 12697-11:2020.

340 Grönniger, J., Wistuba, M. P. & Renken, P. 2010. Adhesion in bitumen-aggregate systems – new technique for automated interpretation of Rolling Bottle Tests. Road Materials and Pavement Design (RMPD), ISSN 1468-0629, Vol. 11, No. 4/2010, Lavoisier, Paris.

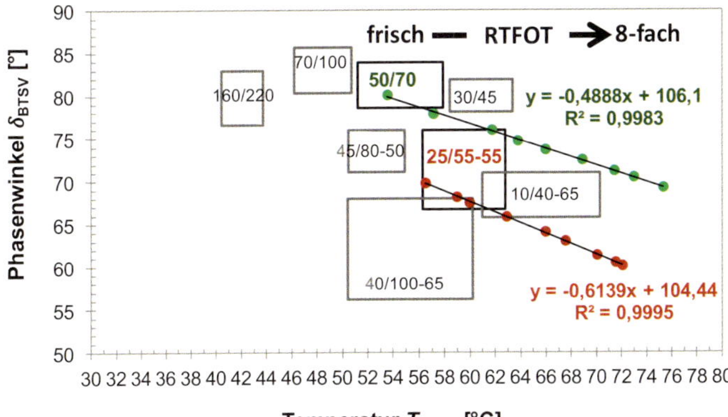

Abbildung 122 Alterungsverhalten von Straßenbaubitumen 50/70 und PmB 25/25-55 nach mehrfacher Alterung mittels Rolling Thin Film Oven Tests (RTFOT, jeweils 75 Minuten) (Alisov & Wistuba, 2017)[341]

erfolgt heute meist durch Vergleich von Bindemittelproben vor und nach der Laboralterung. Diese Möglichkeit entfällt für Bindemittel, die aus einer Straßenprobe rückgewonnen wurden und für die (meistens) der Ausgangszustand nicht bekannt ist.

Ein erster Hinweis zum Alterungszustand kann der Asphaltengehalt im Bindemittel sein (siehe Kapitel 3.4.1).

Für Straßenbaubitumen kann der Erweichungspunkt Ring und Kugel zur Quantifizierung des Alterungszustandes herangezogen werden. Für Polymermodifizierte Bindemittel ist der Erweichungspunkt Ring und Kugel ein unzuverlässiger Kennwert (siehe Kapitel 5.2.1, Seite 257).

Alternativ zum Erweichungspunkt kann mittels *Bitumen-Typisierungs-Schnellverfahrens* (BTSV, siehe Kapitel 5.2.5.5, Seite 277) für Straßenbaubitumen und auch für modifizierte Bindemittel eine Aussage zum Verformungsverhalten des gealterten Bindemittels im Bereich von hohen Gebrauchstemperaturen und damit zum Alterungszustand getroffen werden (Wistuba & Alisov, 2017)[342]. Im Bereich von hohen Gebrauchs-

341 Alisov, A. & Wistuba, M. P., 2017. Addressing bitumen softening characteristics through Dynamic Shear Rheometer. Proc., 7th EATA Conference, European Asphalt Technology Association, 12-14 June 2017, Zurich.

342 Wistuba, M. P. & Alisov, A. 2017. Bitumen-Typisierungs-Schnellverfahren. Tagungsband, Asphaltstraßentagung 2017, 16./17. Mai 2017, Bamberg, Schriftenreihe der Arbeitsgruppe Asphaltbauweisen, Forschungsgesellschaft für Straßen- und Verkehrswesen (FGSV), Köln.

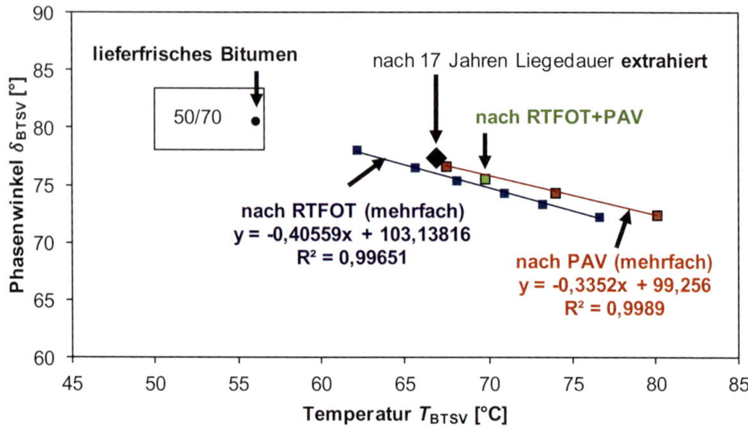

Abbildung 123 Einfluss mehrfacher RTFOT-Alterung auf T_{BTSV} und δ_{BTSV} von Straßenbaubitumen 50/70 (rot) und von PmB 25/55-55 A (blau) (nach Alisov, 2017)[284]

temperaturen folgt die alterungsbedingte Änderung der Bitumenviskosität einem Trend. Abbildung 122 zeigt beispielhaft die Veränderung der BTSV-Kennwerte T_{BTSV} und δ_{BTSV} (entsprechen $T(G^* = 15\ \text{kPa})$ und $\delta@T(G^* = 15\ \text{kPa})$) für ein Straßenbaubitumen 50/70 und für ein Polymermodifiziertes Bitumen 25/55-55 A, jeweils im frischen Zustand und nach einfacher sowie mehrfacher Laboralterung mit dem Rolling Thin Film Oven Test (RTFOT siehe Kapitel 5.2.1, Seite 253). Es zeigt sich, dass die alterungsbedingte Änderung der BTSV-Kennwerte eine bindemittelspezifische Proportionalität aufweist und sich die Kennwerte entlang einer Trendlinie verändern.

In Abbildung 123 sind die BTSV-Kennwerte dargestellt für ein Straßenbaubitumen 50/70 im frischen Zustand, nach RTFOT-Alterung (mehrfach), nach PAV-Alterung (mehrfach), nach kombinierter RTFOT und PAV-Alterung (einfach) und nach Rückgewinnung aus einer Probe, die nach 17 Jahren Liegezeit aus der Straße entnommen wurde. Vermutlich folgt der Alterungsverlauf von in der Straße langzeitgealterten Bindemitteln demselben Trend.

5.2.5.7 Beurteilung der Wirksamkeit eines Regenerationsmittels

Die rheologische Wirksamkeit eines Regenerationsmittels (siehe Kapitel 2.4.2) erfolgt am einfachsten mit dem Bitumen-Typisierungs-Schnellverfahren (idealerweise in Kombination mit dem T-Sweep Test, siehe unten), wie erstmals Alisov (2017)[343] zeigte und verschiedene Autoren verifizierten (Schrader & Wistuba, 2018[344], Rudi et al., 2018[345], Nytus et al., 2018[346], Schrader et al., 2019[347], Gogolin & Buttgereit, 2019[348], Gogolin & Lümkemann, 2019[349], Isailović, 2019[350], Büchner & Wistuba 2020[351], Radenberg et al., 2021[352]).

Ein Regenerator sollte die alterungsbedingte Zunahme der Bindemittelsteifigkeit zurücksetzen, so dass im Idealfall die T_{BTSV} (= $T(G^* = 15\text{ kPa})$) auf ihr Ausgangsniveau sinkt und gleichzeitig der korrespondierende Phasenwinkel δ_{BTSV} (= $\delta@T(G^* = 15\text{ kPa})$) auf sein Ausgangsniveau ansteigt.

Zur Veranschaulichung ist in Abbildung 124 dargestellt, wie die Zugabe von weichen Bitumen (160/220 oder 330/430) oder von verschiedenen marktüblichen Regenerationsmitteln (REJ1 bis REJ5) die BTSV-Kennwer-

343 Alisov, A. 2017. Prüfsystematik zur Typisierung von Bitumen mittels instationärer Oszillationsrheometrie. Dissertation, Schriftenreihe Straßenwesen, Heft 33, Institut für Straßenwesen, Technische Universität Braunschweig.

344 Schrader, J. & Wistuba, M. P. 2018. Zur Anwendung des neuen Bitumen-Typisierungs-Schnellverfahrens (BTSV). Asphalt, Jahrgang 53, Heft 5, 11-15, Deutscher Asphaltverband (DAV) e.V., Bonn.

345 Rudi, E., Nytus, N. & Müssenich, H. 2018. Erprobung von zwei Rejuvenatoren mit unterschiedlichen Asphaltgranulat-Anteilen in Asphaltdeck- und Asphaltbinderschicht – Teil 1. Straße und Autobahn, Jahrgang 69, 5.2018, Kirschbaum Verlag, Bonn.

346 Nytus, N., Rudi, E., Stutz, B. & Müssenich, H. 2018. Erprobung von zwei Rejuvenatoren mit unterschiedlichen Granulat-Anteilen in Asphaltdeck- und Asphaltbinderschicht – Teil 2. Straße und Autobahn, Jahrgang 69, 6.2018, Kirschbaum Verlag, Bonn.

347 Schrader, J., Wistuba, M. P., Cannone Falchetto, A., Riccardi, C. & Alisov, A. 2019. A new Binder-Fast-Characterization-Test using DSR and its application for rejuvenating reclaimed asphalt binder. J. of Testing and Evaluation, Vol. 48, Issue 1, 52–59, American Society for Testing and Materials (ASTM), DOI: 10.1520/JTE20180893.

348 Gogolin, D. & Buttgereit, A. 2019. Wirksamkeit und Performance von Rejuvenatoren, Teil 2: Praxiserprobung und Bedeutung für das Erhaltungsmanagement. Asphalt, Jahrgang 54, Heft 4, 30-37, Deutscher Asphaltverband (DAV) e.V., Bonn.

349 Gogolin, D. & Lümkemann, T. 2019. Wirksamkeit und Performance von Rejuvenatoren, Teil 3: Vergleichsstudie zur Wirkungsweise unterschiedlicher Rejuvenatoren. Asphalt, Jahrgang 54, Heft 6, 28–35, Deutscher Asphaltverband (DAV) e.V., Bonn.

350 Isailović, I. 2019. Praktische Beispiele für den Einsatz von Rejuvenatoren. Vortrag, VSVI Seminar, 5. Februar 2019, Technische Universität Braunschweig.

351 Büchner, J. & Wistuba, M. P. 2020. Evaluating rejuvenator effectiveness using Binder-Fast-Characterisation-Test. Proc., 7th E&E Congress, Version 1.0, Paper 211.

352 Radenberg, M., Nytus, N., Stephan, D. & Schwettmann, K. 2021. Rejuvenatoren – Bestimmung der optimalen Dosierung und Wirksamkeit. Asphalt, Jahrgang 56, Heft 2, 28–35, Deutscher Asphaltverband (DAV) e.V., Bonn.

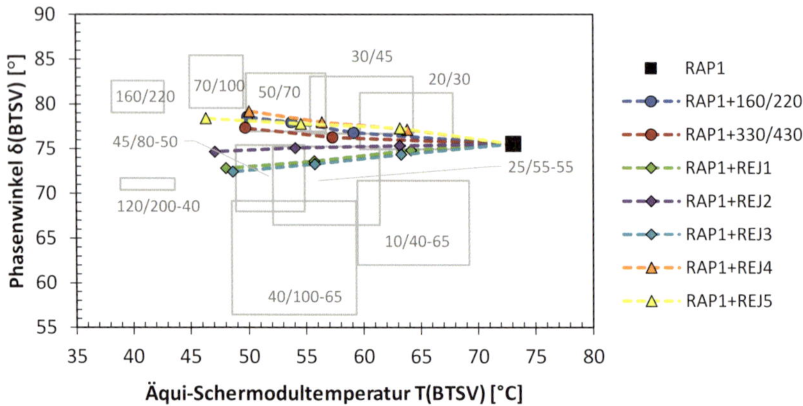

Abbildung 124 Veränderte BTSV-Kennwerte nach Regeneration (RAP1 Bindemittel aus Ausbauasphalt, REJ1 bis REJ5 verschiedene Regenerationsmittel; aus Wistuba et al., 2022)[353]

te für ein aus Ausbauasphalt zurückgewonnenes, verhärtetes Bindemittel (RAP1) verändern kann (aus Wistuba et al., 2022)[353].

Für jedes Regenerationsmittel REJ1 bis REJ5 ist eine gestrichelte Linie eingetragen. Das ist die jeweilige *Regenerationslinie*, die sich aus einer zunehmenden Dosierung an Regenerationsmittel ergibt. Mit Symbolen gekennzeichnete Datenpunkte markieren die zunehmende Dosierung.

Anhand der Veränderung der BTSV-Kennwerte T_{BTSV} (=$T(G^* = 15$ kPa)) und δ_{BTSV} (=$\delta@T(G^* = 15$ kPa)) kann die Wirkungsweise unterschiedlicher Regenerationsmittel hinsichtlich der Veränderung der Bindemittelsteifigkeit und seines viskoelastischen Verhaltens im oberen Temperaturbereich differenziert werden (aus Wistuba et al., 2022)[353]:

» Die Regenerationslinie verläuft stets nach links, was bedeutet, dass alle Regenerationsmittel die T_{BTSV} (=$T(G^* = 15$ kPa)) und damit die Bindemittelsteifigkeit mehr oder weniger stark zurücksetzen. Über die Dosierung an Regenerationsmittel kann die resultierende Bindemittelsteifigkeit gesteuert werden.

353 Wistuba, M. P., Grönniger, J., Hugener, M., Arraigada, M., Hofko, B., Maschauer, D., Radenberg, M. & Staschkiewicz, M. 2022. Mehrfachrecycling im Straßenbau (MARS). Schlussbericht, D-A-CH Forschungsprojekt, Technische Universität Braunschweig, Eidgenössische Materialprüfungs- und Forschungsanstalt, Technische Universität Wien und Ruhr-Universität Bochum, i. A. der Forschungsgesellschaft für Straßen- und Verkehrswesen e. V., Deutschland (FGSV), des Schweizerischen Verbands der Strassen- und Verkehrsfachleute in der Schweiz (VSS) und der Forschungsgesellschaft Straße-Schiene-Verkehr mit dem Baustoffrecyclingverband in Österreich (FSV/BRV).

» Die Änderung des Phasenwinkels δ_{BTSV} (=δ@T(G^* = 15 kPa)) ist ein spezifisches Merkmal eines Regenerationsmittels: Bei der Regeneration mit Bitumen (160/220 oder 330/430) oder mit den Regenerationsmitteln REJ4 oder REJ5 weist die Trendlinie nach oben. Das bedeutet, dass der Phasenwinkel in Richtung des Niveaus eines nicht gealterten Bindemittels ansteigt und damit die Regeneration in Bezug auf die Rücksetzung der viskoelastischen Eigenschaften zufriedenstellend ist. Nach heutiger Empfehlung des Deutschen Asphaltverbands muss der Phasenwinkel bei Reduzierung von T_{BTSV} mindestens gleichbleiben, um eine zufriedenstellende Wirkungsweise sicherzustellen (DAV, 2020)[354]. Nach dieser Vorgabe sind die Regenerationsmittel REJ1, REJ2 und REJ3 in der Abbildung unzureichend.

Somit kann das Bitumen-Typisierungs-Schnellverfahren die Bestimmung der optimalen Dosierung an Regenerationsmittel zum gealterten Bindemittel im Bereich hoher Gebrauchstemperaturen unterstützen, wie auch erstmals von Alisov (2017)[343] vorgeschlagen wurde: Es wird ein Zielwert für T_{BTSV} (=T(G^*=15 kPa)) für das regenerierte Bindemittel definiert und die Dosierung des Regenerationsmittels so eingestellt, dass dieser Zielwert erreicht wird (siehe Kasten).

Idealerweise sollten Grenzwerte für die T_{BTSV}, also die Äqui-Schermodultemperatur T(G^*=15 kPa) definiert werden, die jeweils für ein spezifisches Zielbindemittel zu fordern sind (beispielsweise im Rahmen des Eignungsnachweises nach ARS 09/2019[355]). Diese Vorgehensweise entspricht der Idee der Festlegung der optimalen Dosierung anhand des Erweichungspunkts Ring und Kugel, mit dem Unterschied, dass die Bestimmung der Äqui-Schermodultemperatur T_{BTSV} für alle Straßenbaubitumen genauso wie für (wie auch immer) modifizierte bitumenhaltige Bindemittel zuverlässig funktioniert und die Prüfung mit einem DSR erfolgt (aus Wistuba et al., 2022)[353].

Die vorteilhafte Anwendung des BTSV funktioniert auch im Rahmen der mehrfachen Wiederverwendung von Asphalt. Dazu zeigt Abbildung 125 beispielhaft eine dreimalige Regeneration von Straßenbaubitumen 50/70 jeweils nach Laboralterung mittels RTFOT und PAV, wobei zur Regeneration des gealterten Bitumens drei verschiedene Regenerationsmittel

354 DAV, 2020. Technisches Informationspapier, Verwendung von Rejuvenatoren bei der Wiederverwendung von Asphalt. Deutscher Asphaltverband e. V. (DAV), Bonn.

355 ARS 08/2019, 2019. Allgemeines Rundschreiben Straßenbau Nr. 08/2019, Durchführung von Prüfungen an Straßenbau- und Polymermodifizierten Bitumen. Bundesministerium für Verkehr und digitale Infrastruktur (BMVI), Bonn.

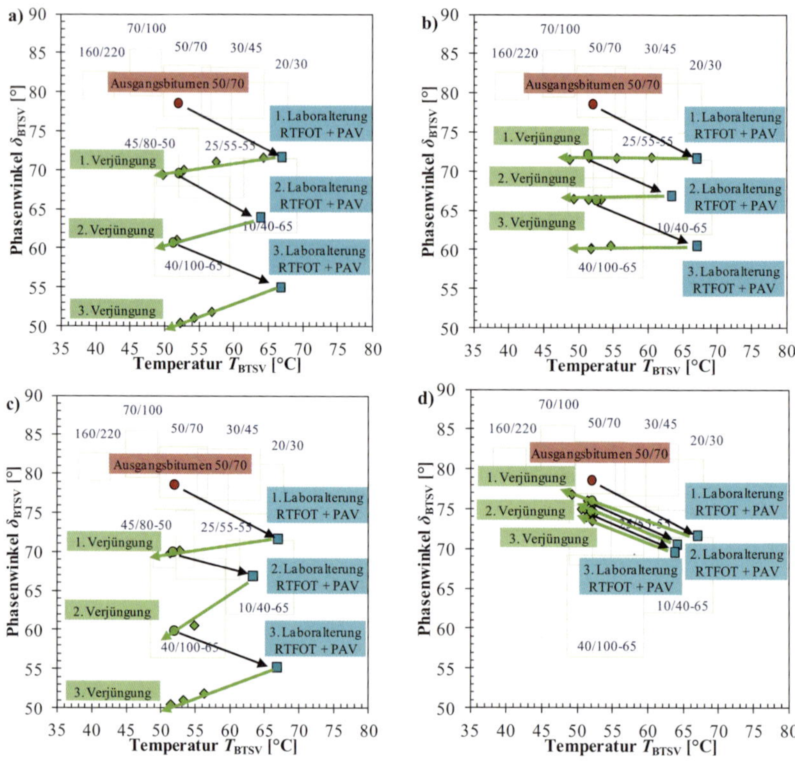

Abbildung 125 Beispiel zur Bewertung der Dauerhaftigkeit eines Regenerationsmittels anhand der Veränderung der BTSV-Kennwerte von Bitumen 50/70 infolge dreifacher Laboralterung und Regeneration durch Zugabe eines Regenerationsmittels (a, b oder c) oder weichen Bitumens (d) (aus Wistuba et al., 2022)[353]

(a, b und c) und ein weiches Straßenbaubitumen 160/220 (d) eingesetzt werden (aus Wistuba et al., 2022)[353].

In Abbildung 125 ist zu erkennen, dass (aus Wistuba et al., 2022)[353]

» für jedes Regenerationsmittel eine optimale Dosierung gefunden werden kann, um eine dem Ausgangsbitumen ähnliche Temperatur T_{BTSV} (= $T(G^*=15$ kPa)) zu erzielen (Hinweis: Das BTSV gilt nur für den Bereich hoher Gebrauchstemperaturen),

» die Neigung der jeweiligen Regenerationslinie vom verwendeten Regenerationsmittel abhängt und somit Regenerationsmittel in Bezug auf ihre Wirksamkeit (zur Rücksetzung der viskoelastischen Bindemitteleigenschaften) voneinander unterscheidbar sind (nachteilige Abnahme des Phasenwinkels δ_{BTSV} in den Bildern a und c; kaum eine Änderung in Bild b; vorteilhafter Anstieg des Phasenwinkels in Bild d) und

» für jedes untersuchte Regenerationsmittel die Neigung der Regenerationslinie in den drei Alterungsstufen ähnlich ist, was zur Annahme berechtigt, dass sich bei mehrfacher Wiederverwendung des Asphalts die Effizienz des Regenerators nicht maßgeblich ändert.

Zu beachten ist, dass die Äqui-Schermodultemperatur T_{BTSV} (=$T(G^*$=15 kPa)) allein ein Kennwert für das Bitumenverhalten im Bereich hoher Gebrauchstemperaturen ist (weil Alisov diesen Kennwert und das BTSV als Alternative zum Erweichungspunkt Ring und Kugel erdacht hat, siehe oben). Eine ausschließlich mit dem BTSV bestimmte Dosierung an Regenerationsmittel ist daher nur für hohe Gebrauchstemperaturen optimal. Für niedrigere Gebrauchstemperaturen könnte das resultierende (regenerierte) Asphaltmischgut insgesamt zu weich werden (Wistuba et al., 2022)[353].

Eine zusätzliche Bestimmung der Dosierung mittels DSR im Bereich von mittleren Gebrauchstemperaturen wurde erstmals von Isailović et al. (2019)[356] vorgeschlagen, die das BTSV sinngemäß bei niedrigeren Temperaturen (-10 bis 40 °C) und für eine Äqui-Schermodultemperatur von $T(G^*$=5 MPa) als Kennwert angewandt haben. Auch Radenberg et al. (2021)[352, 357] haben erkannt, dass die Wirkungsweise von Regenerationsmitteln temperaturabhängig ist und eine Äqui-Schermodultemperatur von $T(G^*$=10MPa) vorgeschlagen. Für beide Kennwerte zeigte sich deutlich, dass die notwendige Dosierungsmenge für gleichwertige rheologische Eigenschaften zum Frischbindemittel mit abnehmender Temperatur sinkt (Wistuba et al., 2022)[353].

Es wird daher bis auf weiteres empfohlen, zusätzlich einen T-Sweep Test durchzuführen (siehe Kapitel 5.2.4.3.(B)), um die Äqui-Schermodultem-

356 Isailović, I. 2019. Praktische Beispiele für den Einsatz von Rejuvenatoren. Vortrag, VSVI Seminar, 5. Februar 2019, Technische Universität Braunschweig.

357 Radenberg, M., Nytus, N., Stephan, D. & Schwettmann, K. 2021. Postcarbone Straße – Der endlose Wiederverwendungskreislauf von Bitumen. Straße und Autobahn, Jahrgang 72, 3.2021, Kirschbaum Verlag, Bonn.

peratur $T(G^* = 5\ \text{MPa})$ sowie den zugehörigen Phasenwinkel $\delta@T(G^* = 5\ \text{MPa})$ im Temperaturbereich -10 bis 40 °C zu bestimmen.[358]

Auch die Kontrolle einer Probemischung am Asphaltmischwerk ist erforderlich – idealerweise kombiniert mit Prüfungen zum Gebrauchsverhalten im oberen und im unteren Temperaturbereich (siehe Kapitel 5.2.3 (F) zu Performanceprüfungen an Bitumen bzw. Kapitel 5.4.4 zu Performanceprüfungen an Asphalt).

5.2.6 Analyse der elementaren Bindemittelzusammensetzung

Auf mikroskopischer bzw. submikroskopischer Betrachtungsebene gibt es eine Vielzahl von Ansätzen, chemische Elemente im Bindemittel zu quantifizieren, die Kolloidstruktur zu analysieren und einen Zusammenhang zwischen der elementaren Zusammensetzung und den mechanischen Bindemitteleigenschaften abzuleiten.

Im Folgenden werden einige chromatografische, spektroskopische und mikroskopische Analysemethoden (verkürzt) vorgestellt. Für Routine-Untersuchungen in einem Standard-Bitumenlabor sind diese wegen des instrumentellen und Analyseaufwands bisher kaum gebräuchlich.

5.2.6.1 Chromatografische Verfahren

Chromatografische Verfahren (von altgriechisch *chroma* für Farbe und *graphie* für Schreiben; auch *Chromatographie*) sind Standardverfahren der organische Synthesechemie, bei denen ein Stoffgemisch hinsichtlich der Verteilung seiner Stoffbestandteile analysiert wird.

Es wird das Prinzip der *Elution* (von lateinisch *eluere* für *auswaschen*) genutzt, nach dem die Stoffbestandteile mittels Adsorption (Anlagern an Feststoffoberfläche) aus einem Lösungsmittelgemisch herausgelöst werden. Die Stofftrennung des Gemischs erfordert

» eine *mobile Phase* (sich bewegende Phase), das ist ein Gas oder eine Flüssigkeit, welche(s) das gelöste Gemisch durch die stationäre Phase transportiert,

» und eine *stationäre Phase* (ruhende Phase), eine Flüssigkeit oder ein Feststoff, durch den das zu analysierende Gemisch gezogen wird.

---

358 Derzeit wird darüber beraten, ob diese Kennwerte in den Entwurf zur Europäischen Norm aufgenommen werden sollen (prEN 14023, 2020. Bitumen und bitumenhaltige Bindemittel – Rahmenwerk für die Spezifikation von polymermodifizierten Bitumen. Entwurf, Europäisches Komitee für Normung (CEN), Brüssel).

Das Stoffgemisch (Bitumen) wird zunächst in einer Flüssigkeit (Lösungsmittel, mobile Phase) gelöst. Anschließend trägt die Flüssigkeit die Stoffbestandteile durch eine Struktur, die ein anderes Material enthält (stationäre Phase). Die stationäre Phase adsorbiert oder verlangsamt die verschiedenen Stoffbestandteile in unterschiedlichem Maße. Dadurch bewegen sich die verschiedenen Stoffbestandteile mit unterschiedlichen Geschwindigkeiten, wodurch sie getrennt werden.

Bei der sog. *Säulenchromatografie* saugen Kapillarkräfte das Gemisch aus Bitumen und Lösungsmittel (mobile Phase) in dünne Quarzstäbchen (Chromarods, stationäre Phase).

Das Eluat ist das ausgetragene Gemisch aus Lösungsmitteln und gelösten Substanzen, den SARA-Fraktionen: gesättigte Kohlenwasserstoffe (Saturates S), aromatische Verbindungen (Aromatics A), Harze (Resins R) und Aspahltene (Asphaltenes A), siehe Kapitel 2.2.2.3.

Ein weniger aufwendiges Verfahren für die SARA-Analyse ist die *Dünnschichtchromatografie* (DC oder TLC für englisch *Thin Layer Chromatography*). Dabei besteht die stationäre Phase aus Glas-, Kunststoff- oder Aluminiumfolie, die mit einer dünnen Schicht aus Adsorptionsmaterial, normalerweise Kieselgel, Aluminiumoxid (Aluminiumoxid) oder Zellulose beschichtet ist. Im ersten Schritt werden mit dem Fließmittel Heptan gesättigte, nichtaromatische zyklische und azyklische Kohlenwasserstoffe (Naphtene, Paraffine) (S) aus der Bitumenlösung herausgezogen, im zweiten Schritt mit einem Toluol-Heptan-Gemisch als Fließmittel die aromatischen Kohlenwasserstoffverbindungen (A). Im letzten Schritt wird mit einem Lösungsmittelgemisch aus Dichlormethan bzw. Methanol der Harzanteil (R) entzogen. Am Ausgangspunkt der aufgetragenen Bitumenlösung verbleiben die Asphaltene (A). Nach Auftrennung der Stoffbestandteile erscheinen diese als vertikal getrennte Flecken. Die Dünnschichtchromatografie ist schnell, kostengünstig und einfach in der Durchführung.

Mittels *Flammenionisationsdetektor* (FID) können anschließend die Anteile der SARA-Fraktionen quantitativ bestimmt werden. Dazu werden die Chromarod-Stäbe in einer Wasserstoffflamme abgebrannt. Die bei der Ionisierung freigewordenen Elektronen werden detektiert und grafisch als Signalpeak ausgewertet. Die Flächen unter den Peaks sind ein Maß für die SARA-Fraktionen. Dazu wird die durch den FID registrierte Ionenintensität [mV] in einem Chromatogramm auf der Ordinate abgetragen, während die Abszisse den zeitlichen Verlauf [min] der chromatischen

Trennung wiedergibt. Deutlich sichtbar werden die Peaks der vier SARA-Fraktionen. Ein *Iatroscan* ist ein Messgerät für die Bitumenanalyse, das TLC und FID vereint (TLC-FID Analyzer).

Eine rasche Bestimmung der Bitumenzusammensetzung ist auch mittels *Gas-(Flüssigkeits-)Chromatografie* (GC oder GLC; bzw. HPLC für Hochleistungsflüssigkeitschromatografie) möglich. Das ist eine weit verbreitete Analysemethode zum Auftrennen von gasförmigen verdampfbaren Komponenten (Siedebereich bis 400 °C). Ein Trägergas, das die Probe transportiert (mobile Phase), wird durch eine gewickelt gebogene, kapillarartige Trennsäule (stationäre Phase) gedrückt (Länge 10-200 m). Je nach Polarität und Dampfdruck verweilen die Komponenten der Probe unterschiedlich lange in der Säule. Ein Detektor misst den Austritt am Säulenende. Die Menge wird grafisch dargestellt und mit Standardsubstanzen verglichen.

5.2.6.2 Spektroskopische Verfahren

Mit spektroskopischen Verfahren kann eine Strahlung zerlegt und die Intensität bestimmter Eigenschaften analysiert werden. So erhält man beispielweise das Spektrum an Wellenlängen, an Energie, an Masse u. a.

Die *Massenspektrometrie* ist ein in vielen Bereichen in unterschiedlichen Ausführungen angewandtes Verfahren zum Messen der Masse von Atomen oder Molekülen. Dazu werden diese in die Gasphase überführt (Desorption unter Hochvakuum) und ionisiert. Die Ionen werden danach in einem elektrischen Feld beschleunigt und nach ihrem Masse-zu-Ladung-Verhältnis analysiert.

Ein Massenspektrometer kann relativ einfach mit einem Gas-Chromatografen (siehe oben) gekoppelt werden (GC-MS), um so nacheinander die verschiedenen Massenspektren der einzelnen Fraktionen zu erhalten (siehe z. B. Koyun et al., 2021)[359].

Die *Infrarotspektroskopie* (IR) beruht auf der Anregung von Molekülen mit Infrarotlicht (Wellenlänge 800 Nanometer bis 1 Millimeter) und deren spektraler (mengenmäßiger) Bestimmung anhand der Schwin-

359 Koyun, A. N., Zakel, J., Kayser, S., Stadler, H., Keutsch, F. N. & Grothe, H. 2021. High resolution nanoscale chemical analysis of bitumen surface microstructures. Scientific reports, Vol. 11, Issue 1, p. 13554, doi: 10.1038/s41598-021-92835-3

gungsinformationen durch Vergleich mit bekannten Referenzsubstanzen. Bei Bitumen kommt insbesondere die *Fourier-Transform-Infrarotspektroskopie* (FTIR) mit hoher Leistungsfähigkeit zur Anwendung (z. B. Hou et al., 2018[360]; Hofko et al., 2018[361]).

Die *ATR-Infrarotspektroskopie* (englisch *Attenuated Total Reflection* für *abgeschwächte Totalreflexion*) ist eine Sonderform für undurchsichtige Stoffe wie Bitumen, bei der aus der Intensität des reflektierten Lichts auf das absorbierende Medium rückgeschlossen wird.

Zur quantitativen Bestimmung von Substanzen auf molekularer Ebene, deren Identifikation anhand eines Referenzspektrums erfolgt, eignen sich spektroskopische Oberflächenmethoden. Dazu ist neben der *Infrarotspektroskopie* die *Röntgen Photoelektronen Spektroskopie* (XPS) interessant. Bei dieser erfolgt die Anregung der Elektronen durch elektromagnetische Strahlung. Die Elektronen werden bis zu einer Tiefe von 7 Nanometer aus dem Festkörper herausgeschlagen. Ihre Austrittsrichtung und kinetische Energie ermöglichen Rückschlüsse auf die Oberflächenchemie und die Beschaffenheit des Festkörpers. Beide Methoden erlauben somit eine Identifikation der chemischen Oberflächengruppen und bieten damit einen Zugang zum Verständnis der chemischen Adhäsion (Grothe & Wistuba, 2010)[193].

5.2.6.3 Mechanische Abtastverfahren der Oberflächenchemie

Die *Rasterkraftmikroskopie* (AFM für englisch *Atomic Force Microscopy)* ist eine weit verbreitete Methode zur Identifikation der Oberflächenchemie von Werkstoffen. Sie beruht auf der mechanischen Oberflächenabtastung des topografischen Profils einer Messprobe mit einer nanoskopisch kleinen Nadel und der Messung der nanoskopischen Kräfte zwischen den Atomen der Oberfläche und der Nadelspitze (siehe z. B. Burnham et al.,

360 Hou, X., Lv, S., Chen, Z. & Xiao, F. 2018. Applications of Fourier transform infrared spectroscopy technologies on asphalt materials. Measurement, Vol. 121, 304–316, Elsevier, doi: 10.1016/ j.measurement.2018.03.001.

361 Hofko, B., Porot, L., Cannone Falchetto, A., Poulikakos, L. D., Huber, L., Lu, X., Mollenhauer, K. & Grothe, H. 2018. FTIR spectral analysis of bituminous binders – Reproducibility and impact of ageing temperature. Materials and Structures, Vol. 51, Issue 45, Springer, doi: 10.1617/ s11527-018-1170-7.

2023[362]; Ouyang et al., 2022[363]; Das et al., 2016[364]; Fischer & Cernescu, 2015[365]).

Bei der *Rasterelektronenmikroskopie* wird die Probe von einem fokussierten Elektronenstrahl abgerastert. Niederenergetische Sekundärelektronen, welche die Probenoberfläche verlassen, liefern die Signale zur Bilderzeugung.

Die *Environmental Scanning Electron Microscopy* (ESEM) ist eine Variante des Rasterelektronenmikroskops, mit dem Unterschied, dass sich in der Probenkammer nicht ein Hochvakuum, sondern ein Gas befindet (Gasdruck 130 bis 1300 Pa) und das Vakuum geringer ist (höherer Druck). Außerdem ist der Detektor speziell angepasst.

Bei der *Tieftemperatur Environmental Scanning Electron Microscopy* (cryo-ESEM) werden bindemittelummantelte Gesteinskörner bei der Temperatur von flüssigem Stickstoff (bei –196 °C) gefroren und dann gespalten. Der Bruch gibt den Blick auf die Grenzfläche zwischen Bitumen und Gestein frei (Grothe & Wistuba, 2010)[193].

Eine chemische Zuordnung von Partikeln erlaubt die *Confocal Laser Scanning Microscopy (CLSM)*, eine spezielle Form der Lichtmikroskopie, bei der ein Laser die Probe abrastert und das von einem fluoreszierenden Stoff emittierte und gefilterte Licht bildgebend ist. Es zeigen sich dabei deutlich die fluoreszierenden Asphaltene, die zu Mizellen aggregieren (Grothe & Wistuba, 2010)[193].

---

362 Burnham, N. A., Lyu, L. & Poulikakos, L. D. 2023. Towards artefact-free AFM image presentation and interpretation. Journal of microscopy, Vol. 291, Issue 2, 163–176, Wiley, doi: 10.1111/jmi.13193.

363 Ouyang, Q., Xie, Z., Liu, J., Gong, M. & Yu, H. 2022. Application of Atomic Force Microscopy as Advanced Asphalt Testing Technology: A Comprehensive Review. Polymers, Vol. 14, Issue 14, MDPI, doi: 10.3390/polym14142851.

364 Das, P. K., Baaj, H., Tighe, S. & Kringos, N. 2016. Atomic force microscopy to investigate asphalt binders: a state-of-the-art review. Road Materials and Pavement Design, Vol. 17, Issue 3, 693–718, doi: 10.1080/14680629.2015.1114012.

365 Fischer, H. R. & Cernescu, A. 2015. Relation of chemical composition to asphalt microstructure – Details and properties of micro-structures in bitumen as seen by thermal and friction force microscopy and by scanning near-field optical microscopy. Fuel, Vol. 153, 628–633, Elsevier, doi: 10.1016/j.fuel.2015.03.043.

5.3 Mastixkennwerte

5.3.1 Mastixproben

Mastix ist das Gemisch aus definierten Mengenanteilen von Bitumen und Füller (siehe Kasten). Ein maximales Füller-Bitumen-Verhältnis von 3 gilt als Anwendungsgrenze für die Herstellung von Mastixproben, die anschließend in einem Dynamischen Scherrheometer geprüft werden sollen.

Herstellung und Lagerung von Mastixproben: Es wird empfohlen, die Mastix bei einer Mischtemperatur von 160 °C herzustellen. Der heiße Füller wird portionsweise mit einem Dosierungslöffel in das heiße Bitumen eingerührt (von Hand oder mit Laborrührer mit rund 250 Umdrehungen pro Minute). Nachdem der gesamte Füller mit dem Bitumen vermischt ist, wird noch mindestens zwei Minuten und nicht länger als 5 Minuten nachgemischt (*Homogenisierungszeit*). • Die **Probenlagerung** hat einen Einfluss auf die Prüfergebnisse im DSR. Mit zunehmender Lagerungsdauer nimmt die Steifigkeit der Mastix zu, bei Raumtemperatur deutlich stärker als bei Lagerung im Kühl- bzw. Gefrierschrank, mutmaßlich weil der Füller leichte Bitumenanteile absorbiert. Eine Lagerung von Mastixproben von bis zu 7 Tagen im Kühlschrank ist unproblematisch (Wistuba et al., 2024)[258].

Soll in einem fertigen Asphaltmischgut enthaltene Mastix nachträglich kontrolliert werden, so kann die Mastix nicht einfach entnommen werden. Stattdessen ist der Asphalt in seine Einzelkomponenten zu zerlegen, d. h. mittels Lösemittel das Gestein vom Bitumen zu trennen, durch Siebung zu fraktionieren, und danach das Bitumen vom Lösemittel zu destillieren. Aus den getrennten Einzelkomponenten Füller und Bitumen kann danach die Mastix rezeptgetreu in den gewünschten Mengenanteilen zusammengesetzt und Mastixproben hergestellt werden. Dabei können die Verfahrens- und Lösemitteleinflüsse die Eigenschaften des Bitumens und des Füllers verändert haben.

Als Alternative haben Kim et al. (2023)[366] mit einem mechanischen Granulierverfahren experimentiert, um die Mastix direkt aus einer Asphaltprobe „herauszuschlagen" (siehe Kasten).

---

366 Kim, Y. S., Wistuba, M. P. & Büchner. 2023. Extraction of asphalt mastic from mixture without chemical agent. Road Materials and Pavement Design (RMPD), doi: 10.1080/14680629.2023.2219329.

Im **Granulierverfahren zur Mastixgewinnung** nach Kim et al. (2023)[366] werden verschiedene Verfahrensschritte kombiniert (Abkühlen, Granulieren mittels Granuliermaschine, Druckluftexposition, Auftrennen der Fraktionen mittels Zyklons, Siebung unter Zugabe von Trockeneis, Mahlen in einer Kaffeemühle), um im Ergebnis eine Mastixprobe zu erhalten, die im DSR prüfbar ist. Das Füller-Bitumen-Verhältnis ist gegenüber der Rezeptur bis zu doppelt so hoch.

5.3.2 Viskoelastisches Materialverhalten (T-f-Sweep)

Das viskoelastische Materialverhalten von Mastix kann im Dynamischen Scherrheometer (DSR) mittels Oszillationsmessungen im LVE Bereich problemlos charakterisiert werden. Die Prüfungen können in Analogie zu den Bindemittelprüfungen erfolgen (siehe Kapitel 5.2.3.2) mittels Platte-Platte-Messgeometrie (mit Durchmessern von 25 mm, 8 mm und 4 mm) im Temperaturbereich von –20 bis 90 °C.

Der LVE Bereich wird vorab mittels *Amplituden-Sweep* ermittelt (siehe Kapitel 5.2.3).

Ein *Temperatur-Frequenz-Sweep (T-f-Sweep)* kann zur vollständigen Charakterisierung von Mastix im LVE Bereich eingesetzt werden. Dafür werden die in Tabelle 16 zusammengestellten Prüfparameter empfohlen.

Abbildung 126 zeigt Beispiele des Schermodulverlaufs bei 1,59 Hz für eine sehr harte Mastix, eine sehr weiche Mastix und eine Referenzvariante.

Als charakteristischer Kennwert wird der *komplexe Schermodul* (Mastixsteifigkeit) mit dem zugehörigen *Phasenwinkel* (Viskoelastizität) aus-

Tabelle 16 Prüfparameter zur Bestimmung des viskoelastischen Materialverhaltens von Mastix (T-f-Sweep in Anlehnung an DIN EN 14770)[296]

<table>
<tr><th colspan="2">Platte-Platte-Messgeometrie [mm]</th><th rowspan="2">Temperaturbereich</th><th rowspan="2">Frequenzbereich [Hz]</th><th rowspan="2">Prüfdauer [h]</th></tr>
<tr><th>Durchmesser</th><th>Plattenabstand</th></tr>
<tr><td>25</td><td>1</td><td>50 bis 90 °C, aufsteigend in 10 °C-Schritten</td><td rowspan="2">0,1 bis 10</td><td rowspan="2">ca. 2,5</td></tr>
<tr><td>8</td><td rowspan="2">2</td><td>20 bis 60 °C, aufsteigend in 10 °C-Schritten</td></tr>
<tr><td>4</td><td>–20 bis 30 °C, absteigend in 10 °C-Schritten</td><td>0,01 bis 10</td><td>ca. 3,5</td></tr>
</table>

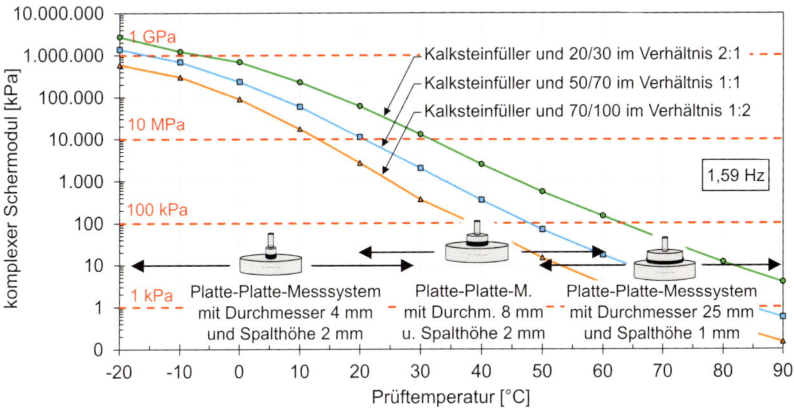

Abbildung 126 Kurvenverläufe des Schermoduls verschiedener Mastixvarianten im Temperaturbereich 20 bis 90 °C bei einer Frequenz von 1,59 Hz (Wistuba et al., 2024)[367]

gewertet und üblicherweise bei einer Temperatur von 40 °C und einer Prüffrequenz von 1,59 Hz angegeben (Wistuba et al., 2024)[367].

Meist reichen Prüftemperaturen von 20 bis 60 °C und Prüffrequenzen von 0,1 bis 10 Hz aus. In diesem Fall wird allein die Platte-Platte-Messgeometrie mit einem Durchmesser von 8 mm benötigt. Üblicherweise werden dann die Frequenzen 0,1; 0,215; 0,464; 1; 1,59 (≙10 rad/s; internationale Standardfrequenz); 2,15; 4,64 und 10 Hz gemessen. Wird auch im tiefen Temperaturbereich geprüft, interessiert das Materialverhalten unter sehr langsamer Beanspruchung. Dann empfiehlt sich, zusätzlich die sehr geringen Frequenzen 0,01; 0,0215 und 0,0464 Hz zu berücksichtigen (Wistuba et al., 2024)[367].

5.3.3 Kennwerte des Gebrauchsverhaltens von Mastix

5.3.3.1 Widerstand gegen Verformung, Ermüdung und Kälterisse

Die Bestimmung der Kennwerte des Gebrauchsverhaltens von Mastix kann in Analogie zu den gebrauchsverhaltensorientierten Bindemittelprüfungen im Dynamischen Scherrheometer erfolgen (mit Durchmessern von 25 mm, 8 mm und 4 mm) im Temperaturbereich von –20 bis 90 °C.

367 Wistuba, M. P., Büchner, J. & Trifunović, S. 2024. Optimierung von Verfahren zur Prüfung von Füller-Bitumen-Gemischen mit dem Dynamischen Scherrheometer (RHEMAS). Schlussbericht, Forschungsprojekt FE 07.0317/2021/AGB, i. A. des Bundesministeriums für Verkehr und digitale Infrastruktur, Institut für Straßenwesen, Technische Universität Braunschweig.

Die Prüfparameter zur Ermittlung von Mastixkennwerten des Gebrauchsverhaltens mit der Platte-Platte-Messgeometrie sind in Tabelle 17 zusammenfassend wiedergegeben (analog zu Tabelle 15 für Bindemittelkennwerte).

Tabelle 17 Prüfparameter zur Ermittlung von Mastixkennwerten des Gebrauchsverhaltens mit der Platte-Platte-Messgeometrie

Widerstand gegen	Platten-Ø [mm]	Bezeichnung der DSR-Prüfung und Prüfparameter	
Veformung	25	Multiple Stress Creep and Recovery Test (MSCRT) DIN EN 16659, AL DSR-Prüfung (MSCRT) » Plattenabstand: 1 mm » Prüftemperatur: 60 °C » Scherspannung:3,2 kPa (Kriechmodus) » Zyklen: 10 Be- und Entlastungszyklen mit jeweils 1 s bzw. 9 s Dauer » Kennwerte: Nachgiebigkeit J_{nr} und Rückformung R » Gesamtdauer: ca. 15 min	Single Shear Creep Test (SSCT) Wistuba et al, 2024[367] » Plattenabstand: 1 mm » Prüftemperatur: 60 °C » Prüfdauer: 60 min » Scherspannung: 0,5 kPa (Kriechmodus) » Kennwert: Kriechrate » Gesamtdauer: ca. 1,5 Stunden
Ermüdung	8	Stress Amplitude Fatigue Test (SAFT) Wistuba et al, 2024[367] » Plattenabstand: 2 mm » Prüftemperatur: 20 °C » Prüffrequenz: 10 Hz » Scherspannung: Start 0 kPa (Oszillation), Erhöhung um 1 kPa alle 10 Sekunden » Kennwert: Ermüdungslastwechselzahl N_{Rowe} » Gesamtdauer: ca. 2-3 Stunden	
Kälterisse	4	Relaxationsprüfung Büchner, 2021[368] und Büchner & Wistuba, 2022[316] » Plattenabstand: 2 mm » Prüftemperatur: –20 °C » Scherdeformation: 0,1% (Kriechmodus) » Prüfdauer: 60 min » Kennwert: Spannungsrelaxation nach 60 min » Gesamtdauer: ca. 1,5 Stunden	

368 Büchner, J. 2021. Prüfung von Asphaltmastix im Dynamischen Scherrheometer. Dissertation, Schriftenreihe Straßenwesen, Heft 38, Institut für Straßenwesen, Technische Universität Braunschweig.

5.3.3.2 Mastixviskosität im ko-axialen Zylinder

Einen Anhaltspunkt zum viskositätsabhängigen Verhalten von Asphaltmischgut (beispielsweise beim Mischen, Asphalteinbau, Verdichten) kann die Viskosität der Mastix geben. Sie kann bestimmt werden mittels eines ko-axialen Zylinder-Messsystems (siehe Kapitel 5.2.3) mit einer *rotierenden Spindel* (siehe Cooley et al., 1998[369]; Wang et al., 2011[370]; Faheem et al., 2012[371]; Matos et al., 2013[372]; Romeo et al., 2016[373]; Mukhtar et al., 2021[374]) oder mit einer *flügelförmigen Spindel* (siehe Hesami, 2014)[375].

Alternativ kann mittels Platte-Platte-Messgeometrie die *komplexe Viskosität* und die *Zero-Shear-Viscosity* ermittelt werden (siehe Liao, 2007[376]; Clopotel et al., 2012[377]).

369 Cooley, L. A., Stroup-Gardiner, M., Brown, E. R., Hanson, D. I. & Fletcher, M. O. 1998. Characterization of Asphalt-Filler Mortars with Superpave Binder Tests. Journal of the Association of Asphalt Paving Technologists, Vol. 67, 42–66, Association of Asphalt Paving Technologists (AAPT).

370 Wang, H., Al-Qadi, I. L., Faheem, A. F., Bahia, H. U., Yang, S.-H. & Reinke, G. H. 2011. Effect of Mineral Filler Characteristics on Asphalt Mastic and Mixture Rutting Potential. Transportation Research Record: Journal of the Transportation Research Board, Vol. 2208, Issue 1, 33-39, Transportation Research Board (TRB), Washington D.C, doi: 10.3141/2208-05.

371 Faheem, A. F., Hintz, C., Bahia, H. U., Al-Qadi, I. L. & Glidden, S. 2012. Influence of Filler Fractional Voids on Mastic and Mixture Performance. Transportation Research Record: Journal of the Transportation Research Board, Vol. 2294, Issue 1, 74-80, Washington D.C., doi: 10.31 41/2294-08.

372 Matos, P., Micaelo, R. & Duarte, C. 2013. Bituminous mastic behaviour at mixing and paving temperatures: filler and bitumen influence analysis. Proc., 5th EATA 2013, European Asphalt Technology Association (EATA), June 3-5, 2013, Braunschweig.

373 Romeo, E., Ghizzardi, V., Rastelli, S. & Montepara, A. 2016. Influence of Mineral Fillers and Their Fractional Voids on Mastic Rheological and Mechanical Properties. In: 8th RILEM International Symposium on Testing and Characterization of Sustainable and Innovative Bituminous Materials (eds. F. Canestrari, M. N. Partl), RILEM bookseries, Vol. 11, 681–692, Springer.

374 Mukhtar, N., Mohd Hasan, M. R., Mohd Ghazali, M. F. H., Mohd Zin, Z., Shariff, K. A. & Sani, A. 2021. Influence of concentration and packing of filler particles on the stiffening effect and shearing behaviour of asphalt mastic. Construction and Building Materials, Vol. 295, Article 123660, Elsevier, doi: 10.1016/j.conbuildmat.2021.123660.

375 Hesami, E. 2014. Characterisation and Modelling of Asphalt Mastics and Their Effect on Workability. Thesis, KTH, Royal Institute of Technology, Stockholm.

376 Liao, M.-C. 2007. Small and Large Strain Rheological and Fatigue Characterisation of Bitumen-Filler Mastics. Thesis, University of Nottingham, UK.

377 Clopotel, C., Velasquez, R. & Bahia, H. U. 2012. Measuring physico-chemical interaction in mastics using glass transition. Road Materials and Pavement Design, Vol. 13, Sup. 1: AAPT 2012, 304–320, Taylor & Francis, doi: 10.1080/14680629.2012.657095.

5.3.3.3 DSR-Prüfung mittels Festkörpereinspannung

Bei Oszillationsmessungen im DSR mittels *Festkörpereinspannung* wird ein schlanker, freistehender Probekörper fest fixiert und oszillierend auf Scherung beansprucht. U. a. in der Polymerindustrie ist diese Prüfanordnung als *Dynamisch Mechanische Analyse* bekannt.

Die Einspannung kann gleichermaßen an Probekörpern mit rundem Querschnitt (*Solid Circular Fixture*, SCF) oder mit rechteckigem Querschnitt (*Solid Rectangular Fixture*, SRF) erfolgen. Die Querschnittsabmessungen sind frei wählbar, die Geometrie des Probekörpers wurde bisher nicht standardisiert (siehe z. B. prismenförmige Probekörper mit den Abmessungen 4,5 x 2,4 x 17,33 mm bei Tan & Guo (2013)[378], oder zylindrische Probekörper mit 7 mm Durchmesser und 12 mm Höhe bei Rudi (2020)[379]). Die mit unterschiedlichen Probekörperabmessungen erzielten Prüfergebnisse sind ähnlich (Wistuba et al., 2024)[367].

Die Möglichkeit der Festkörpereinspannung kann für Mastixprüfungen zur Ansprache des Ermüdungsverhaltens (*Ermüdungswiderstand*) und des Tieftemperaturverhaltens (*Widerstand gegen Kälterisse*) genutzt werden.

Die Prüfung des Verformungsverhaltens (*Verformungswiderstand*) ist nicht möglich, weil der zulässige Temperaturbereich auf rund –20 bis 20 °C beschränkt ist und damit deutlich kleiner als mit der Platte-Platte-Messgeometrie. Bei Temperaturen über der Raumtemperatur verformt sich der Probekörper unzulässig stark.

Die Prüfung erfolgt also im Temperaturbereich –20 bis 20 °C und in einem Frequenzbereich von 0,01 bis 10 Hz. Die Oszillationsbeanspruchung erfolgt deformationsgeregelt mit einer Deformation im Bereich zwischen 0,01 und 0,2 %.

Die DSR-Prüfung mittels Festkörpereinspannung zur Ansprache des Ermüdungsverhaltens und des Tieftemperaturverhaltens ist auch gut nutzbar für steife Mastixproben und Mörtelproben (Mastix-Sand-Gemische mit Korngrößen bis 2 mm). Denn bei Verwendung von modernen Rheometern (mit Möglichkeit der Festkörpereinspannung) ist normalerweise nicht zu befürchten, dass die Nachgiebigkeit des Prüfgeräts unzureichend wäre und das Prüfergebnis beeinflussen könnte. Insbesondere bei

378 Tan, Y. & Guo, M. 2013. Study on the phase behavior of asphalt mastic. Construction and Building Materials, Vol. 47, 311–317, doi.org/ 10.1016/j.conbuildmat.2013.05.064, Elsevier.

379 Rudi, E. 2020. Einfluss des Füllers auf die Kälteeigenschaften von Asphaltbetondeckschichten. Dissertation, Ruhr-Universität Bochum, Lehrstuhl für Verkehrswegebau.

Mörtelproben kann die Festkörpereinspannung vorteilhaft sein, wenn aufgrund der Partikelgröße im Mörtel die Platte-Platte-Messgeometrie an ihre Grenzen stößt.

Allerdings ist bei der DSR-Prüfung mittels Festkörpereinspannung der Aufwand für Herstellung und Vorbereitung des Probekörpers erheblich größer als bei den oben genannten Verfahren mit der Platte-Platte-Messgeometrie. Vor der Prüfung wird der Probekörper mittels entsprechender Gussformen hergestellt. An seine Enden wird ein Metalladapter (Metallring oder Metallstück) montiert, um den Probekörper danach kraftschlüssig in das Rheometer einbauen zu können.

5.4 Asphaltkennwerte

Die Ermittlung von Asphaltkennwerten unterscheidet sich grundlegend für die beiden Asphaltarten Walzasphalt und Gussasphalt. Aufgrund ihrer Zusammensetzung und Bauprinzips reagieren sie deutlich anders auf eine Beanspruchung und die Art der Lastabtragung ist unterschiedlich (siehe Kapitel 2.5.4). Daher werden Versuchsanordnung und Versuchsmethodik in Abhängigkeit der Asphaltart gewählt und Laborversuche für Walzasphalte sind nicht ohne Weiteres auf Gussasphalte übertragbar.

Die Ermittlung von Kennwerten für Asphalt erfolgt anhand von Laborversuchen an Asphaltprobekörpern. Die Asphaltprobekörper sind entweder im Labor aus Asphaltmischgut hergestellt oder Ausbauproben aus der Straße, meist in Form eines Bohrkerns.

5.4.1 Herstellung von Asphaltprobekörpern

Das Asphaltmischgut zur Herstellung von Asphaltprobekörpern im Labor wird entweder von einer Asphaltmischanlage bezogen oder entsprechend der Rezeptur im Labor gemischt.

Für eine *Labormischung* werden die einzelnen Baustoffkomponenten (trockene erwärmte Gesteinskörnungen einschließlich Füller, heißes Bindemittel und eventuelle Bindemittelzusätze, gegebenenfalls Asphaltgranulat) nacheinander in einen Mischtrog gegeben und manuell oder vorzugweise mittels *Labormischers* bei einer bestimmten Mischtemperatur und mit definierter Mischdauer zu einem Asphaltmischgut vermischt (DIN EN 12697-35)[380].

380 DIN EN 12697-35:2023-10 – Entwurf. Asphalt – Prüfverfahren – Teil 35: Labormischen; Deutsche und Englische Fassung prEN 12697-35:2023.

Die *Mischtemperatur* wird in Abhängigkeit von der Viskosität des eingesetzten Bindemittels gewählt. Sie liegt beim nicht viskositätsveränderten Walzasphalt zwischen 135 und 180 °C, beim Warmasphalt bei rund 20 bis 50 °C niedrigerer Temperatur und beim Gussasphalt unter 230 °C (siehe TP Asphalt-StB, Teil 35)[381]. Die *Mischdauer* ist ausreichend, wenn (per Augenschein) alle Gesteinskörnungen einwandfrei umhüllt sind und das Mischgut homogen ist. Das ist bei Walzasphalt bereits nach einigen Minuten der Fall, bei Gussasphalt dauert es einige Minuten länger, abhängig von der Kapazität.

Es gibt unterschiedliche Typen an *Labormischern*. Sie unterscheiden sich in ihrem Fassungsvermögen von rund 15 bis 50 kg und in ihrer Mischwirkung. Gängige Mischertypen sind *Schlag- und Rührmischer, Gegenlaufzwangsmischer* sowie *Zweiwellenzwangsmischer* (siehe Kasten).

Unterschiedliche Labormischer bzw. Mischverfahren sind in Bezug auf das Ergebnis nicht zwingend gleichwertig. Die Güte der Mischung hängt ab von der gerätespezifischen Mischwirkung, dem Füllungsgrad, der Mischgutviskosität (Mischtemperatur, Bindemittelgehalt), der Drehzahl und der Mischzeit.

Labormischer: • Der **Schlag- und Rührmischer** („Bäckermischer") besteht aus einem offenen unbewegten Mischtrog und einer vertikalen Mischerwelle mit einem Rührbesen aus Draht. Die Drehzahl der Mischerwelle kann stufenlos geregelt werden (ist aber relativ gering). Ein Kardangelenk in der Mischerwelle ermöglicht die Zuschaltung einer zusätzlichen Schlagbewegung. • Beim **Gegenlaufzwangsmischer** rotiert ein hohlzylinderförmiger Mischtrog gegenläufig zur zentrisch angeordneten rotierenden Mischerwelle und sorgt so für die Zwangsvermischung. Die Mischwirkung wird begünstigt durch die Neigung des Mischtrogs von rund 30°. • Der **Zweiwellenzwangsmischer** gleicht bezüglich Mischtrog und Mischwerkzeug (z. B. im Maßstab 1:8) sowie Mischwirkung in etwa dem Zweiwellenzwangsmischer einer Asphaltmischanlage. Zwei horizontal parallel liegende Mischerwellen, von denen schaufelähnliche Mischwerkzeuge lotrecht abstehen, rotieren gegenläufig im unbewegten Mischtrog und sorgen für eine Zwangsvermischung der Komponenten.

Die Herstellung von *Probekörpern aus Gussasphalt* erfolgt durch Verfüllen von heißem, fließfähigem Asphaltmischgut in eine temperierte würfelförmige Probekörperform (siehe Kasten).

381 TP Asphalt-StB, Teil 35: Asphaltmischgutherstellung im Laboratorium, Ausgabe 2007. Technische Prüfvorschriften für Asphalt, Forschungsgesellschaft für Straßen- und Verkehrswesen e. V. (Hrsg.), FGSV Verlag, Köln.

Gussasphalt-Probewürfel: Heißer Gussasphalt (< 230 °C) wird in eine würfelförmige Probekörperform (Kantenlänge 70,7 mm) vergossen und durch Stochern mittels Spatel verteilt, sodass eingeschlossene Luftblasen entweichen. Mittels eines Hartholzklotzes wird die Oberfläche gestampft. Nach rund 15 Minuten ist der Gussasphalt soweit abgekühlt, dass die Oberfläche mit einer heißen planebenen Platte abgezogen werden kann. Sobald der Probewürfel auf Raumtemperatur abgekühlt ist, wird er ausgeformt und auf einer ebenen Unterlage bis zur Prüfung gelagert.

Die Verdichtung von Walzasphaltmischgut im Labor erfolgt mittels *Laborverdichtungsgeräten*, die sich typ- und geräteabhängig in ihrer *Verdichtungswirkung* unterscheiden und die resultierende *innere Struktur* des verdichteten Asphalts unterschiedlich prägen (siehe dazu Ringleb, 2012)[382]. Verbreitet sind u. a. das *Marshall-Verdichtungsgerät* (DIN EN 12697-30)[383], das *Walzsektor-Verdichtungsgerät* (DIN EN 12697-33)[384] und der *Gyrator* (DIN EN 12697-31)[385] (siehe Kasten).

Verdichtungsgeräte: • Das **Marshall-Verdichtungsgerät** dient der Herstellung von zylindrischen Marshall[386]-Probekörpern (MPK) (mit einer standardisierten Probenform für Walzasphaltmischgut: Ø 101,6 ± 0,1 mm; Höhe 63,5 ± 2,5 mm). Das Marshall-Verdichtungsgerät ist ein Fallhammer, der mit einer Masse von 4,5 kg aus einer Höhe von 46 cm die erwärmte Asphaltprobe (135 °C für Straßenbaubitumen; 145 °C für PmB) mit 100 Schlägen innerhalb von einer Minute verdichtet (die Probe wird nach 50 Schlägen umgedreht). • Das **Walzsektor-Verdichtungsgerät** dient der Herstellung von quaderförmigen *Asphalt-Probeplatten*, die für anschließende Prüfungen direkt verwendet oder aus denen Probekörper ausgebohrt oder ausgesägt werden. Die Platten haben ein Verhältnis von Breite/Länge von etwa 5/8 und eine Lagenhöhe je nach Größtkorn zwischen 40 (Deckschicht) und 90 mm (Tragschicht). Das Gerät besteht aus einer rechteckigen beheizbaren Probenform, die auf einem spurgeführten, horizontal beweglichen Schlitten montiert ist und dadurch vor und zurück bewegt wer-

>

382 Ringleb, A. 2012. Einfluss der Walzsektor-Verdichtung auf Ergebnisse des Triaxialen Druck-Schwellversuchs. Diplomarbeit, veröffentlicht in: Schriftenreihe Straßenwesen, Heft 25 (Teil 1), Institut für Straßenwesen, Technische Universität Braunschweig.

383 DIN EN 12697-30:2019-03. Asphalt – Prüfverfahren – Teil 30: Probenvorbereitung, Marshall-Verdichtungsgerät; Deutsche Fassung EN 12697-30:2018.

384 DIN EN 12697-33:2022-12. Asphalt – Prüfverfahren – Teil 33: Probestückvorbereitung mittels Walzverdichtungsgerät; Deutsche Fassung EN 12697-33:2019+A1:2022.

385 DIN EN 12697-31:2020-04. Asphalt – Prüfverfahren – Teil 31: Herstellung von Probekörpern mit dem Gyrator-Verdichter; Deutsche Fassung EN 12697-31:2019.

386 Bruce Marshall, amerikanischer Ingenieur, Mississippi Highway Department (1939), Entwicklung der Marshall-Verdichtung zur Beurteilung der Rezeptur von Walzasphaltmischgut, im 2. Weltkrieg durch das US Army Corps of Engineers verbreitet.

den kann, und dem ebenfalls beheizbaren Walzsektor, der um seinen Drehmittelpunkt schwenkbar aufgehängt ist. Zur Verdichtung wird die mit Mischgut gefüllte Probenform wiederholt mechanisch vor und zurück bewegt, sodass der Walzsektor auf der Plattenoberfläche eine wiegeartige Bewegung ausführt. Er imitiert damit die Walzverdichtung durch einen Sektor des Walzenkörpers einer Straßenwalze mit Stahlbandage. Eine weggeregelte Vorverdichtung und eine anschließende kraftgeregelte Hauptverdichtung ermöglichen die Ansteuerung des Zielhohlraumgehalts und verhindert unzulässige Kornzertrümmerung (TPA Asphalt-StB, Teil 33)[387]. Die Entwicklung des Walzsektor-Verdichtungsgeräts geht zurück auf Arbeiten am Institut für Straßenwesen der TU Braunschweig (Arand & Renken, 1990[388]; 1999[389]). • Der **Gyrator** (Kreiselverdichter) simuliert die walkende Walzverdichtung – d. h. auch das horizontale Schieben des Asphaltmischguts während der Verdichtung in situ – und dient der Herstellung von zylindrischen Asphaltprobekörpern (Durchmesser 100 mm). Die Einbringung der Verdichtungsenergie auf das (auf 150 °C vortemperierte) Asphaltmischgut erfolgt über einen konstanten Vertikaldruck (4,5 bis 4,9 kN) in der Rotationsachse auf die obere Stirnfläche des Probekörpers. Die untere Stirnfläche liegt auf einer Drehscheibe, deren Mittelpunkt exzentrisch zur Kolbenachse liegt. Dadurch wird der Probekörper während der Verdichtung um den Neigungswinkel ausgelenkt (bis 3° abhängig von Mischungszusammensetzung und Zielhohlraumgehalt). Die Rotation der Drehscheibe erfolgt für eine definierte Anzahl an Umdrehungen (z. B. 50).

5.4.2 Volumetrische Kennwerte

Die volumetrischen Kennwerte von Asphalt sind die Rohdichte und die Raumdichte (*primäre Dichtemerkmale*) sowie der Hohlraumgehalt, der fiktive Hohlraumgehalt und der Hohlraum(aus)füllungsgrad (*sekundäre Dichtemerkmale*). Sie werden als empirische Kennwerte für die Qualität des Asphaltmischguts angesehen.

Aus Rohdichte und Raumdichte werden für Walzasphalte folgende volumetrische Kennwerte der Asphaltprobe berechnet (nach TP Asphalt,

387 TP Asphalt-StB, Teil 33: Verfahren zur Herstellung von Asphalt-Probeplatten im Laboratorium, Ausgabe 2007. Technische Prüfvorschriften für Asphalt, Forschungsgesellschaft für Straßen- und Verkehrswesen e. V. (Hrsg.), FGSV Verlag, Köln.

388 Arand, W. & Renken, P. 1990. Entwicklung eines im Labor anwendbaren Verdichtungsverfahrens, durch welches Walzasphalten dieselben mechanischen Eigenschaften wie bei der Walzverdichtung in der Praxis vermittelt werden. Schlussbericht, FE 07.123G86I, i. A. des Bundesministeriums für Verkehr, Bau- und Wohnungswesen, Institut für Straßenwesen, Technische Universität Braunschweig.

389 Arand, W. & Renken, P. 1999. Labor-Walzverdichtungs-Gerät zur Herstellung verdichteter Asphaltproben mit praxisadäquaten mechanischen Eigenschaften. Forschung Straßenbau und Straßenverkehrstechnik, Heft 771, Bundesministerium für Verkehr, Bau- und Wohnungswesen, Bonn.

Teil 8)[390]: Hohlraumgehalt, fiktiver Hohlraumgehalt, Hohlraumausfüllungsgrad und Verdichtungsgrad.

Weitere (im Straßenbau veraltete) Kenngrößen sind *Marshall-Stabilität* und *Marshall-Fließwert*, die mittels *Marshall-Versuchs* am Marshall-Probekörper (MPK) bestimmt werden (siehe Kasten).

Marshall Versuch (im Straßenbau veraltet): Der in einem Wasserbad auf 60 °C erwärmte Marshallprobekörper wird zwischen zwei Druckschalen (Marshall-Presse) mit einer Vorschubgeschwindigkeit von 50 mm/min bis zur Zerstörung des Gefüges verformt. Aus dem während des Versuchs aufgezeichneten Kraft-Verformungsdiagramm werden der maximale Wert (= Marshall-Stabilität) und der zu dieser Kraft gehörige Verformungswert (= Marshall-Fließwert) bestimmt. Aus dem Verhältnis von Stabilität und Fließwert ergibt sich die Steifigkeit. Die Versuchsergebnisse waren früher maßgeblich zur Beurteilung der Standfestigkeit von Walzasphalten für den Straßenbau und zur Bestimmung des optimalen Bindemittelgehalts. Marshall-Trag- und -Fließwert werden heute fast nur noch beim Bau von Flugbetriebsflächen eingesetzt.

5.4.2.1 Rohdichte

Die Rohdichte ρ_m (englisch *maximum density*) des Asphaltmischguts ist der Quotient aus Masse durch Volumen. Zu ihrer Bestimmung wird das Pyknometerverfahren angewandt (siehe Kasten).

Pyknometerverfahren (nach TP Asphalt-StB, Teil 5)[391]: Die Asphaltprobe wird erwärmt und von Hand oder automatisch granuliert, danach in ein Pyknometer (siehe Abbildung 127) gefüllt und das Volumen der hohlraumfreien Probe durch Überschichten mit Wasser bestimmt. Durch Wägung (fortlaufend auf 0,1 g genau) wird zunächst die Masse des leeren Pyknometers m_1 inklusive Schliffaufsatz bestimmt, danach die Masse m_{1W} des Pyknometers (inklusive Schliffaufsatz) mit Wasserfüllung bis zur Messmarke. Die Dichte des Wassers bei der Kalibriertemperatur von 25 °C ist ρ_w = 0,997 g/cm³. Das Volumen des Pyknometers ergibt sich zu $V_{Pt} = (m_{1W} - m_1) / \rho_w$ [cm³]. Zur Bestimmung der Rohdichte des losen Asphaltmischguts wird die getrocknete Asphaltprobe von mindestens 250 g oder dem 50-fachen des Größtkorns in [mm] bis zu einer Mörtelstückgröße von 6 mm granuliert und in das Pyknometer eingefüllt. Nach Bestimmung der Masse m_2 des Pyknometers (inklusive Schliffauf- >

390 TP Asphalt-StB, Teil 8: Volumetrische Kennwerte von Asphalt-Probekörpern und Verdichtungsgrad, Ausgabe 2012. Technische Prüfvorschriften für Asphalt, Forschungsgesellschaft für Straßen- und Verkehrswesen e. V. (Hrsg.), FGSV Verlag, Köln.

391 TP Asphalt-StB, Teil 5: Rohdichte von Asphalt, Ausgabe 2013. Technische Prüfvorschriften für Asphalt, Forschungsgesellschaft für Straßen- und Verkehrswesen e. V. (Hrsg.), FGSV Verlag, Köln.

satz) und der Füllung (Probe) wird das Pyknometer mit Wasser gefüllt und für 15 Minuten in eine Vakuumkammer gestellt, um noch enthaltene Luftblasen zu entfernen. Danach wird das gefüllte Pyknometer für mindestens 90 Minuten im Wasserbad auf 250,1 °C temperiert. Das Pyknometer wird dann bis zur eingeschliffenen Messmarke mit Wasser gefüllt, aus dem Wasserbad entnommen, abgetrocknet und gewogen (m_3). Die Rohdichte ist: $\rho_m = \frac{m_2 - m_1}{V_{Pt} - \frac{m_3 - m_2}{\rho_W}}$.

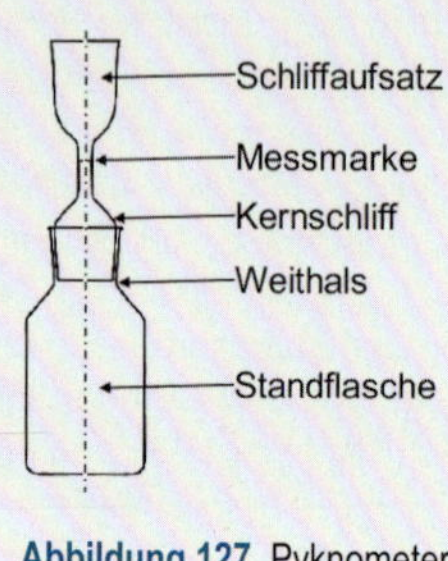

Abbildung 127 Pyknometer

5.4.2.2 Raumdichte

Als Raumdichte ρ_b (englisch *bulk density*) wird der Quotient aus Masse durch Volumen bezeichnet, der stets am verdichteten Asphaltmischgut bestimmt wird (Marshall-Probekörper oder aus der Straße entnommenes Ausbaustück, im Regelfall Bohrkern). Je nach Beschaffenheit der Oberfläche (dicht, verhältnismäßig dicht, offen) wird das Volumen nach dem *Archimedischen*[392] *Prinzip* (siehe Kasten) oder durch Ausmessen bestimmt. Im Asphalt vorhandene eingeschlossene Hohlräume werden mitberücksichtigt.

Tauchwägung nach dem Archimedischen Prinzip: Ein in Wasser eingetauchter Körper verliert scheinbar an Gewicht. Ursache ist die Auftriebskraft, die der Gewichtskraft des Körpers entgegenwirkt. Die Auftriebskraft des Körpers ist gleich groß wie die Gewichtskraft des vom Körper verdrängten Wassers. Dieses Prinzip kann man zur Bestimmung von Masse und Volumen eines Körpers anwenden: Mit einer Waage wird der Körper zuerst in Luft (Masse m_1), dann unter Wasser gewogen (m_2). Die Differenz der beiden Wägungen, der scheinbare Massenverlust (Auftrieb), ist die Masse der verdrängten Flüssigkeit. Die Division durch die Dichte des Wassers (ist näherungsweise 1) liefert das Volumen der verdrängten Flüssigkeit, das gleich ist dem Volumen des eingetauchten Körpers.

392 Archimedes von Syrakus (287-212 v. Chr.), einer der bedeutendsten Mathematiker der Antike.

Zur Bestimmung der Raumdichte ρ_b stehen in den TP Asphalt-StB, Teil 6[393] je nach zu untersuchender Asphaltart und -sorte folgende Verfahren zur Verfügung (siehe Kasten):

» Verfahren A zur Bestimmung der Raumdichte – trocken ρ_{bdry} (*dry* englisch für trocken), angewandt für Gussasphalt,

» Verfahren B zur Bestimmung der Raumdichte – SSD ρ_{bSSD} (*SSD* englisch für *saturated surface dry*), angewandt für Asphaltbeton und Splittmastixasphalt und

» Verfahren D zur Bestimmung der Raumdichte durch Ausmessen ρ_{bdim} (*dim* englisch für *dimensions*), angewandt für Offenporigen Asphalt und Asphaltbetontragschichtmischgut (AC T).

Raumdichtebestimmung (nach TP Asphalt, Teil 6)[393]: • ***Verfahren A***: Zunächst wird die Masse des trockenen Probekörpers m_1 ermittelt. Danach wird dieser unter Wasser gewogen (m_2). Die Raumdichte des Probekörpers ist $\rho_{bdry} = \frac{m_1}{m_1-m_2} \cdot \rho_W$. • ***Verfahren B***: Die Masse m_1 ist jene des trockenen Probekörpers, die Masse m_2 des Probekörpers unter Wasser. Die Probe wird aus dem Wasserbad entnommen und mit einem feuchten Ledertuch abgetupft, um sie von anhaftenden Tropfen zu befreien. Unmittelbar danach wird sie erneut an Luft gewogen (m_3). Die Raumdichte des Probekörpers ist $\rho_{bSSD} = \frac{m_1}{m_3-m_2} \cdot \rho_W$. • ***Verfahren D***: Der Probekörper wird trocken gewogen (m_1). Die Abmessungen (bei rechteckigen Proben Länge, Breite, Höhe; bei zylindrischen Proben Durchmesser und Höhe) werden an jeweils 4 repräsentativen Stellen auf 0,1 mm mittels Messschiebers ausgemessen. Aus den berechneten Mittelwerten der Abmessungen wird das Volumen V der Probe berechnet. Die Raumdichte des Probekörpers ist $\rho_{bdim} = \frac{m_1}{V}$.

5.4.2.3 Hohlraumgehalt

Der *Hohlraumgehalt V* (englisch *void content*) ist das auf das Gesamtvolumen bezogene Volumen des Hohlraumes in einem verdichteten Asphaltprobekörper. Er ergibt sich rechnerisch aus der Rohdichte des Asphaltmischguts ρ_m und der Raumdichte des Asphaltprobekörpers ρ_b und wird auf eine Dezimalstelle in [Vol.-%] angegeben:

$$V = \frac{\rho_m - \rho_b}{\rho_m} \cdot 100 \qquad \text{Gl. 78}$$

393 TP Asphalt-StB, Teil 6: Raumdichte von Asphalt-Probekörpern, Ausgabe 2016. Technische Prüfvorschriften für Asphalt, Forschungsgesellschaft für Straßen- und Verkehrswesen e. V. (Hrsg.), FGSV Verlag, Köln.

Der *fiktive Hohlraumgehalt VMA* (englisch *voids in mineral aggregate*) ist der Hohlraum des Gesteinskörnungsgerüsts in der verdichteten Asphaltprobe. Dieses Volumen setzt sich aus dem Hohlraumgehalt und dem Bindemittelvolumen zusammen.

Mit folgender Gleichung wird er aus dem Hohlraumgehalt *V*, dem Bindemittelgehalt *B* (nach TP Asphalt-StB, Teil 1)[394], der Rohdichte ρ_b und der Dichte des Bindemittels ρ_{25} bei 25 °C (nach DIN EN ISO 3838)[395] berechnet und auf eine Dezimalstelle genau in [Vol.-%] angegeben:

$$VMA = V + B \cdot \frac{\rho_b}{\rho_{25}} \qquad \text{Gl. 79}$$

Der *Hohlraumausfüllungsgrad VFB* (englisch *voids filled with bitumen*) ist der prozentuale Anteil des mit Bindemittel gefüllten fiktiven Hohlraumgehalts. Er wird aus dem Bindemittelgehalt *B*, der Raumdichte ρ_m, der Dichte des Bindemittels ρ_{25} bei 25 °C und dem fiktiven Hohlraumgehalt *VMA* mit folgender Gleichung berechnet und auf eine Dezimalstelle genau in [%] angegeben:

$$VFB = \frac{\left(B \cdot \frac{\rho_b}{\rho_{25}}\right)}{VMA} \cdot 100 \qquad \text{Gl. 80}$$

5.4.2.4 Verdichtungsgrad

Der *Verdichtungsgrad k* ist der Quotient aus der Raumdichte der Ausbauprobe $\rho_{b,c}$ und der Raumdichte von Marshall-Probekörpern $\rho_{b,i}$, die aus der zugehörigen Mischgutprobe hergestellt wurden. Ausbauprobe und Mischgutprobe stammen idealerweise aus ein und derselben Mischgutladung eines Transportfahrzeugs.

Der Verdichtungsgrad *k* wird mit der Raumdichte der Ausbauprobe und der Raumdichte des Marshall-Probekörpers aus dem zugehörigen Asphaltmischgut berechnet und auf eine Dezimalstelle genau in [%] angegeben:

$$k = \frac{\rho_{b,c}}{\rho_{b,i}} \cdot 100 \qquad \text{Gl. 81}$$

394 TP Asphalt-StB, Teil 1: Bindemittelgehalt, Ausgabe 2013. Technische Prüfvorschriften für Asphalt, Forschungsgesellschaft für Straßen- und Verkehrswesen e. V. (Hrsg.), FGSV Verlag, Köln.

395 DIN EN ISO 3838:2004-09. Rohöl und flüssige oder feste Mineralölerzeugnisse – Bestimmung der Dichte oder der relativen Dichte – Verfahren mittels Pyknometer mit Kapillarstopfen und Bikapillar-Pyknometer mit Skale (ISO 3838:2004); Deutsche Fassung EN ISO 3838:2004.

5.4.3 Kennwerte des Gebrauchsverhaltens aus statischen Asphaltprüfungen

5.4.3.1 Widerstand gegen Kälterissbildung (Abkühlversuch)

Der Widerstand von Asphalt gegen Kälterissbildung infolge thermischen Schrumpfens kann standardisiert mit Hilfe des Abkühlversuchs an einem schlanken, prismenförmigen oder zylindrischen Asphaltprobekörper bestimmt werden (nach DIN EN 12697-46)[396].

Der *Abkühlversuch* (englisch *Thermal Stress Restrained Specimen Test, TSRST*) ist ein Kriechversuch und dient der Ermittlung der bei tiefen Temperaturen durch behinderte thermische Dehnung auftretenden kältebedingten (*kryogenen*) Zugspannungen.

Im Abkühlversuch wird der (an Adapter geklebte) Asphaltprobekörper in Richtung seiner Rotationsachse in die Prüfeinrichtung eingespannt und einer vorgegebenen Abkühlrate (z. B. $\dot{T}$ = 10 °C pro Stunde) ausgesetzt. Während des Abkühlvorgangs wird die Probekörperlänge konstant gehalten (siehe Kasten).

Konstanthalten der Probekörperlänge: Unter permanenter Kontrolle der Probekörperlänge (z. B. über induktive Wegaufnehmer) wird vom Schrittmotor die unvermeidliche Temperaturdehnung des Prüfrahmens ausgeglichen und damit die Probekörperlänge stets konstant gehalten.

Durch den behinderten thermischen Schrumpf werden im Probekörper kryogene Zugspannungen hervorgerufen. Erreichen die kryogenen Zugspannungen die Zugfestigkeit, kommt es zum Bruch des Probekörpers (siehe Abbildung 128).

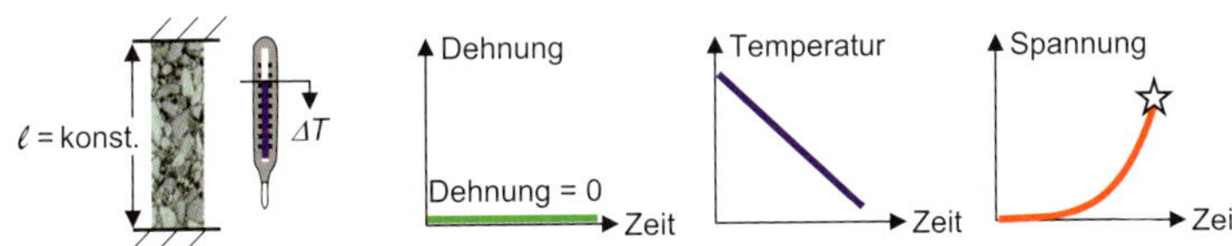

Abbildung 128 Prinzipskizze zum Abkühlversuch

Die *Bruchtemperatur* T_{Br} ist die Tiefsttemperatur, bis zu welcher der Asphaltprobekörper dem Bruch infolge Kälterissbildung widerstehen kann.

396 DIN EN 12697-46:2020-05. Asphalt – Prüfverfahren für Heißasphalt – Teil 46: Widerstand gegen Kälterisse und Tieftemperaturverhalten bei einachsigen Zugversuchen; Deutsche Fassung EN 12697-46:2020.

Als Ergebnis der Prüfung werden die kryogenen Zugspannungen in Abhängigkeit von der Temperatur $\sigma_{cry}(T)$ sowie die erreichte Bruchtemperatur T_{Br} und die zugehörige Bruchspannung σ_{Br} ausgegeben.

Die im Abkühlversuch festgestellten Bruchtemperaturen T_{Br} für standardisierte Asphalte liegen im Regelfall unterhalb einer Temperatur von −15 °C (Asphaltbetone für Asphalttragschichten ausgenommen) (siehe Abbildung 129).

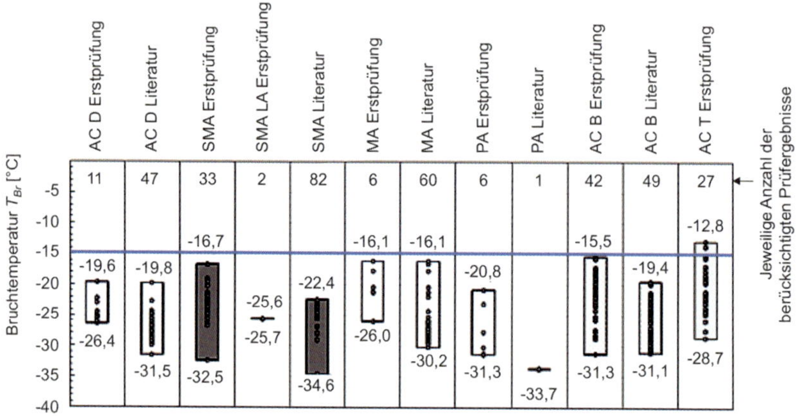

Abbildung 129 Bruchtemperaturen TBr [°C] aus dem Abkühlversuch für standardisierte Asphalte (Simnofske & Mollenhauer, 2016)[397]

5.4.3.2 Einaxialer Zugversuch

Der direkte *einaxiale Zugversuch* (selten auch *einachsige*; englisch *Uniaxial Tensile Stress Test, UTST*) dient der Ermittlung der einaxialen Zugfestigkeit eines schlanken, prismenförmigen oder zylindrischen Asphaltprobekörpers bei konstanter Prüftemperatur (DIN EN 12697-46)[279].

Der (an Adapter geklebte) Asphaltprobekörper (mit den Standard-Abmessungen 55 × 55 × 160 mm³ oder mit entsprechendem zylindrischen Querschnitt) wird in Richtung seiner Rotationsachse in die Prüfeinrichtung eingespannt und während der Temperierphase spannungsfrei auf Prüftemperatur gebracht. Danach wird er bei isothermen Prüfbedingungen mit einer konstanten Verformungsgeschwindigkeit (z. B. $\dot{s}$ = 1 mm/min) bis zum Erreichen der Zugfestigkeit auseinandergezogen (siehe Abbildung 130).

397 Simnofske, D. & Mollenhauer, K. 2016. Bewertungshintergrund für die Rissresistenz von Asphalten bei tiefen Temperaturen. Schlussbericht, Forschungsprojekt FE 07.0260/2012/EGB, i. A. des Bundesministeriums für Verkehr und Infrastruktur, Universität Kassel.

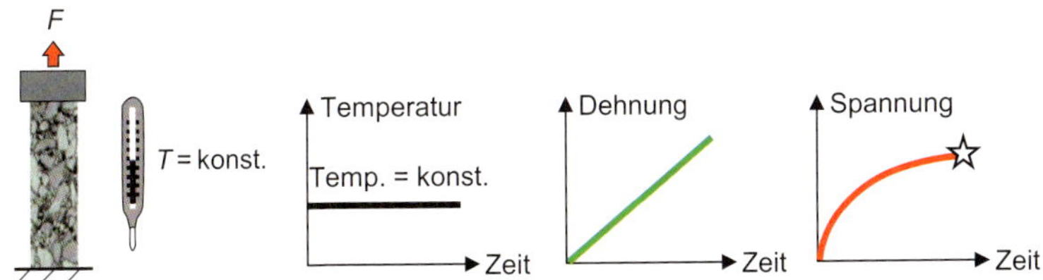

Abbildung 130 Prinzipskizze zum Zugversuch

Die Zugfestigkeit ist die bei Eintritt des Bruchs erreichte Spannung oder – wenn bei hohen Prüftemperaturen kein Bruch auftritt – die maximal erreichte Zugspannung. Als Versuchsergebnis wird die bei der Prüftemperatur erreichte Zugfestigkeit $\beta_Z(T)$ angegeben.

Der Versuch wird für mehrere konstante Prüftemperaturen wiederholt (z. B. T = -25, -10, 0°C). Die resultierenden Zugfestigkeiten werden über die jeweilige Prüftemperatur in einem Diagramm aufgetragen. Zur Abschätzung der Zugfestigkeit bei nicht geprüften Temperaturen werden die Messpunkte mit einem Polynomzug dritten Grads (kubischer Spline) verbunden (siehe Abbildung 131).

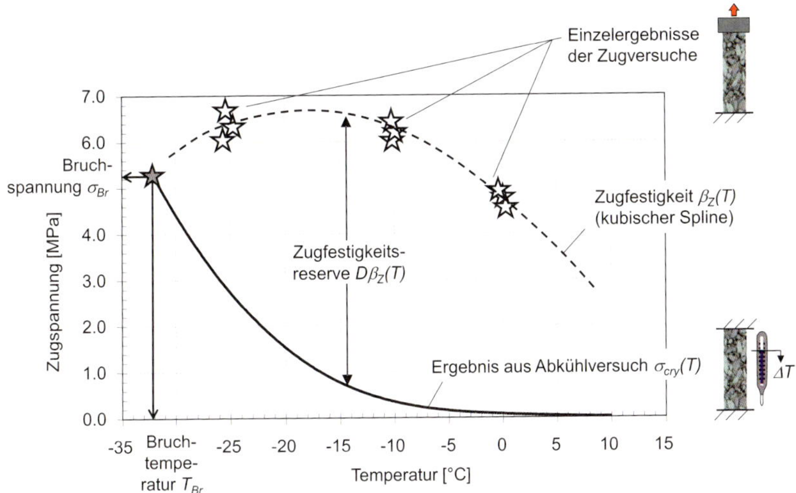

Abbildung 131 Ermittlung der Zugfestigkeitsreserve aus dem Verlauf der kryogenen Zugspannung (aus Abkühlversuch) und den Einzelergebnissen aus einaxialen Zugversuchen (Prinzipskizze nach Arand et al., 1984)[398]

Die Differenz der Zugfestigkeit und der in den Abkühlversuchen ermittelten kryogenen Spannung ergibt zu jeder Temperatur die *Zugfestigkeitsreserve* $\Delta\beta_Z(T)$ (siehe Abbildung 131):

$$\Delta\beta_Z(T) = \beta_Z(T) - \sigma_{cry}(T) \qquad \text{Gl. 82}$$

Die Zugfestigkeitsreserve ist nach Arand et al. (1984)[398] ein theoretisches Maß für die mechanogene Spannung, die der Probekörper zusätzlich zur kryogenen Spannung schadlos ertragen kann. Die Temperatur $T(\Delta\beta_{Z,t,max})$, bei der die Zugfestigkeitsreserve ihr Maximum aufweist, ist eine bekannte Kenngröße, die zur Einschätzung der Kälteempfindlichkeit von Asphalt herangezogen wird (Kritik siehe Kasten).

Eine Kritik am Kennwert der Zugfestigkeitsreserve besteht darin, dass die eingrenzenden Werte aus nicht vergleichbarem Materialverhalten resultieren: Im Zugversuch wird eine spontane Zugkraft mit hoher Zuggeschwindigkeit aufgebracht. Das Zugversagen ist primär eine Folge von spröd-elastischem Materialverhalten (insofern es nicht ungewollt von einer Fehlstelle im Material bedingt ist). Hingegen werden im Abkühlversuch sehr langsam kryogene Zugspannungen aufgebaut, welche mit viskosen Relaxationsvorgängen im Asphaltprobekörper in Wechselwirkung stehen. Die Überlagerung der daraus abgeleiteten Werte (nämlich Zugfestigkeit und zugehörige kryogene Spannung) zur Eingrenzung der Zugfestigkeitsreserve ist aus physikalischer Sicht zweifelhaft.

5.4.3.3 Abscherversuch

Der statische *Abscherversuch* (nach TP Asphalt-StB, Teil 80)[399] dient der Überprüfung des Schichtenverbunds(siehe Kapitel 3.3.3.2) und liefert als Kenngröße die Scherfestigkeit einer Bohrkernprobe am Übergang zwischen zwei Asphaltschichten.

Dazu wird die zweischichtige Bohrkernprobe horizontal zwischen zwei Scherbacken eingespannt, sodass die Schichtengrenze in der Mitte der Scherbacken zu liegen kommt. Die Bohrkernprobe wird abgeschert, indem eine Scherbacke vertikal, parallel zur Schichtengrenze gegenüber der fixierten zweiten Scherbacke mit einer konstanten Vorschubkraft (bzw. Vorschubgeschwindigkeit) verschoben wird.

398 Arand, W., Steinhoff, G., Eulitz, J. & Milbradt, H. 1984. Verhalten von Asphalten bei tiefen Temperaturen; Entwicklung und Erprobung eines Prüfverfahrens. Forschung Straßenbau und Straßenverkehrstechnik, Heft 407, Bundesminister für Verkehr, Abt. Straßenbau, Bonn-Bad Godesberg.

399 TP Asphalt-StB, Teil 80. Abscherversuch, Ausgabe 2012. Technische Prüfvorschriften für Asphalt, Forschungsgesellschaft für Straßen- und Verkehrswesen e. V. (Hrsg.), FGSV Verlag, Köln.

Die beim Versagen gemessene, maximal erreichte Scherkraft bzw. die Scherspannung dient als Kennwert für die *Scherfestigkeit* (sprachlich präziser wäre *Abscherfestigkeit*). Sie dient üblicherweise als Maß für die Qualität des Schichtenverbunds und wird im deutschen Technischen Regelwerk mit Anforderungswerten verglichen (siehe Kasten).

Kritik am Abscherversuch: Unter Experten besteht Zweifel, dass die aus dem Abscheversuch resultierende Scherfestigkeit ein guter Kennwert zur Beurteilung des Schichtenverbunds ist, weil er die Praxisbedingungen kaum wiederspiegelt. Als Kennwert des Schichtenverbunds für die rechnerische Dimensionierung (siehe Kapitel 5.4.4.5) ist die Scherfestigkeit jedenfalls ungeeignet.

Weltweit gibt es viele Variationen an statischen Abscherversuchen, die sich in Probekörpergeometrie, Scherbackenabstand, der Möglichkeit zur Aufbringung eines Anpressdrucks, Prüftemperatur und Scherkraft wesentlich unterscheiden. Eine Vergleichbarkeit der Ergebnisse ist nicht gegeben.

5.4.4 Kennwerte des Gebrauchsverhaltens aus zyklischen Asphaltprüfungen

Bei zyklischen Asphaltprüfungen (zum Begriff *zyklisch* siehe Kapitel 5.1.2) wird auf den Asphaltprobekörper eine blockimpuls- oder sinusförmige bzw. sinusähnliche Schwellbeanspruchung mit oder ohne Lastpausen zwischen den Lastimpulsen aufgebracht, mit definierter Amplitude und Frequenz über die Zeit ($\sigma(t)$, $\varepsilon(t)$). So wird das verkehrsabhängige Materialverhalten simuliert. Angesprochen werden

» der Verformungswiderstand (siehe Kapitel 5.4.4.1),

» die Steifigkeit (Modul E^*) im LVE Bereich (siehe Kapitel 5.4.4.2),

» der Ermüdungswiderstand (siehe Kapitel 5.4.4.3),

» die Auto-Regeneration (siehe Kapitel 5.4.4.4),

» die Rechnerische Lebensdauer (siehe Kapitel 5.4.4.5) und

» der Schermodul und die Lastwechselzahl bei Scherermüdung (siehe Kapitel 5.4.4.6).

5.4.4.1 Verformungswiderstand

(A) Prüfmethodik

Der Widerstand von Asphalt gegenüber bleibenden (plastischen) Verformungen (*Verformungswiderstand*) wird mittels zyklischer Laborprüfungen außerhalb des LVE Bereichs mit dominanter Druckbeanspruchung und bei hohen Prüftemperaturen ($T \geq 50$ °C) analysiert (insbesondere für Asphaltbinderschichten). Die Prüfungen zielen darauf ab, das last-, temperatur-, frequenz- und zeitabhängige *Druckkriechen* von Asphalt in Form einer *Kriechkurve* zu beschreiben bzw. die elastischen und plastischen Dehnungen als Funktion der Belastungswiederholungen zu formulieren.

Jeder Lastimpuls verursacht eine vertikale Druckdehnung und (weil die Beanspruchung außerhalb des LVE Bereichs liegt) eine Teilschädigung in Form einer plastischen Dehnung (siehe Abbildung 132).

Für eine Asphaltprobe mit der Ausgangshöhe h_0 und der verringerten Höhe h_i nach einer Anzahl von *i* Lastimpulsen ist die *plastische Druckdehnung* $\varepsilon_{pd,i}$ in [‰] nach dem *i*-ten Lastimpuls:

$$\varepsilon_{pd,i} = \frac{h_0 - h_i}{h_0} \cdot 1000 \qquad \text{Gl. 83}$$

Im Verlauf der Prüfung akkumulieren sich die plastischen Dehnungen, die Probekörperhöhe verringert sich, die Gesamtverformung nimmt zu.

Die akkumulierten plastischen Dehnungen als Funktion der Anzahl an Lastimpulsen bilden die *Kriechkurve*. Die erste Ableitung der Kriechkurve in einem Punkt (Steigung) ergibt die *Kriechrate* f_c (Dehnungsrate). Die Kriechkurve kann in 2 oder 3 Phasen unterteilt werden, wobei die quasi-konstante Kriechphase II hauptsächlich von Interesse ist (siehe Abbildung 133).

Die Kriechkurve veranschaulicht den Verformungswiderstand: Es interessieren die Gesamtverformung der Asphaltprobe (*akkumulierte*

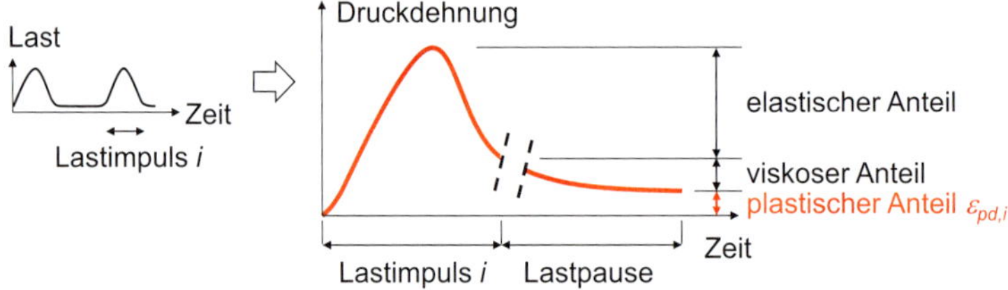

Abbildung 132 Verformungsanteile aus einem Lastimpuls *i* (schematisch)

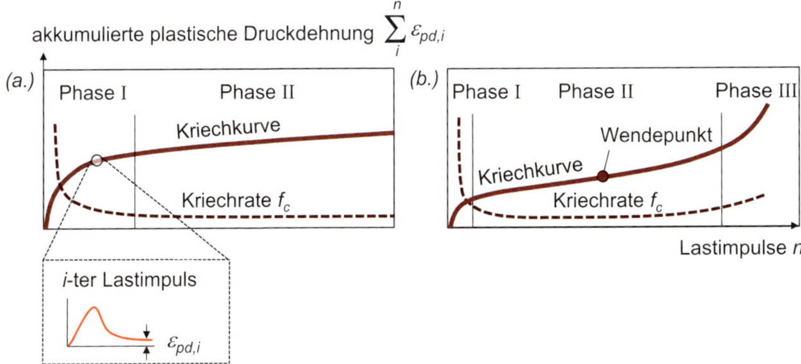

Abbildung 133 (a.) Kriechkurve ohne Wendepunkt und (b.) mit Wendepunkt (schematisch)

plastische Dehnung) und die mittlere Zunahme der Verformung in Abhängigkeit von der Anzahl an Lastimpulsen (*Kriechrate*).

Die akkumulierte plastische Dehnung und die Kriechrate für eine definierte Anzahl an Lastimpulsen sind charakteristische Kenngrößen, anhand derer über die Akzeptanz des geprüften Materials hinsichtlich des Verformungswiderstands entschieden wird.

Typischerweise hat die Kriechkurve einen der beiden in Abbildung 133 dargestellten Kurvenverläufe, wobei jede Kriechkurve stets zumindest zwei Phasen aufweist:

(a) Die Kriechkurve *ohne* Wendepunkt ist gekennzeichnet von einer Phase I mit großer Kriechrate und von einer quasilinearen Phase II mit annähernd konstanter Kriechrate. Der Zuwachs an plastischer Druckdehnung nimmt mit zunehmender Zahl an Lastimpulsen ab, das Material konsolidiert sich. Charakteristische Kenngrößen sind die Kriechrate $f_{c,n}$ und die zugehörige akkumulierte plastische Druckdehnung $\varepsilon_{pd,n}$ am Ende der Phase II, definiert durch eine festgelegte Anzahl an Lastimpulsen n.

(b) Die Kriechkurve *mit* Wendepunkt ist gekennzeichnet von einer Phase I mit großer Kriechrate, von einer quasilinearen Phase II mit annähernd konstanter Kriechrate und von einer Phase III mit zunehmender Kriechrate. Die Lastimpulse bis zum Wendepunkt konsolidieren zunächst das Material. Doch kommt es zu keiner Stabilisierung der plastischen Druckverformung wie bei (a). Stattdessen ändert die Krümmung der Kriechkurve im Wendepunkt ihr Vorzeichen. Nach dem Wendepunkt ist das Material nicht dauerhaft in der Lage, die Lasten aufzunehmen, die tragende Funktion geht verloren. Es bildet sich eine Phase III mit einem progressiven Anstieg von plastischen Verformungen aus, die rasch zur Zerstörung des Probekörpers führen. Der Wendepunkt ist definiert als jener Punkt der Kriechkurve, in dem die Dehnungsrate den niedrigsten Wert aufweist. Die Phase II kann sehr kurz ausfallen. Charakteristische Kenngrößen der Kriechkurve mit Wendepunkt sind die akkumulierte plastische Druckdehnung $\varepsilon_{pd,w}$ im Wendepunkt, die Anzahl der bis zum Wendepunkt erfolgten Belastungszyklen n_w sowie die Dehnungsrate $f_{c,w}$ im Wendepunkt.

(B) Prüfverfahren

Zur Prüfung des Verformungswiderstands von Asphalt steht eine Reihe von Laborverfahren zur Verfügung. Allen Verfahren gemeinsam ist eine zeitraffende, zyklische Druckbelastung, während das temperatur-, frequenz- und zeitabhängige Druckkriechen messtechnisch beobachtet wird.

Die Probekörperform ist gedrungen. Damit ist sichergestellt, dass Druckbeanspruchung dominiert. Schlanke Probekörper sind gefährdet gegenüber Biegung und Ausknicken.

Die Prüfverfahren ermöglichen eine Prüfung der grundsätzlichen Eignung einer bestimmten Asphaltmischgutvariante oder die Reihung von verschiedenen Asphaltmischgutvarianten hinsichtlich der Verformungsstabilität. Eine quantitative Vorhersage der zu erwartenden Ausbildung von Verformungen (Spurrinnen) auf der Straße ist mit keinem dieser Verfahren zielsicher möglich.

Gängige Versuchstypen sind:

» der *Spurbildungsversuch* (Erläuterung siehe unten), durchgeführt an Asphaltplatten unter einer Radüberrollung (siehe Abbildung 134),

» und verschiedene Varianten des *Druck-Schwellversuchs,* durchgeführt an zylindrischen Asphaltprobekörpern unter einer zyklischen axialen Druckbelastung (siehe Abbildung 135). Allen Varianten gemeinsam ist die Behinderung der Querdehnung, d. h. der axial druckbelastete Probekörper wird an seiner Ausbauchung gehindert. Dies wird im Labor

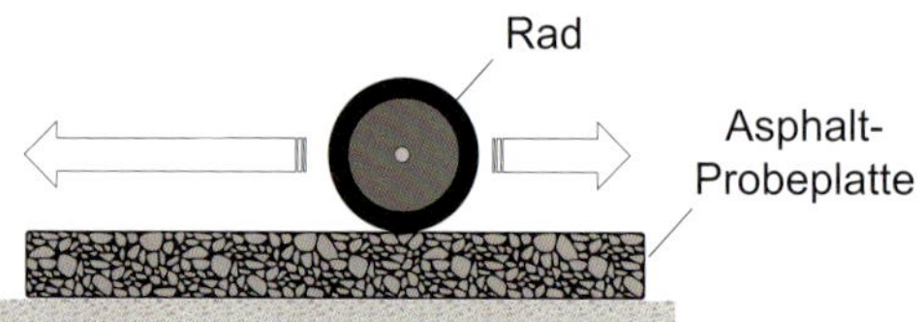

Abbildung 134 Spurbildungsversuch (schematisch)

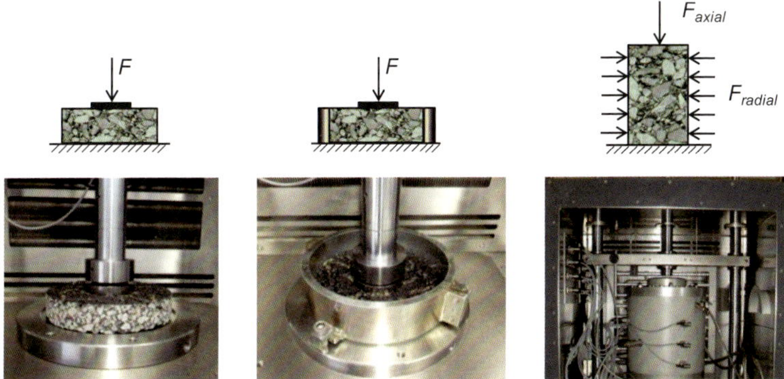

Abbildung 135 Varianten des Druck-Schwellversuchs: Dynamischer Stempeleindringversuch (links); Stempeleindringversuch mit Stützring (Mitte); Triaxialversuch (rechts)

mittels eines *radialen Stützdrucks* simuliert, entweder erzeugt durch umgebendes Material (gegebenenfalls zusätzlich mit einem Stahlring, siehe Kasten) oder mittels eines maschinenerzeugten und -gesteuerten radialen Stützdrucks (Triaxialversuch, siehe unten). Dadurch soll die reale Situation der „Einspannung" des Materials in der Straße simuliert werden, weil auch im Asphaltoberbau ein infolge einer Radlast vertikal auf Druck beanspruchtes Volumenelement zusätzlich zur axialen Richtung auch mit einer Beanspruchung in radialer Richtung reagiert. (Sowohl die axialen als auch die radialen Beanspruchungen sind eine Funktion der Zeit.) Die Variante des Druck-Schwellversuchs *ohne radialen Stützdruck* kann nicht empfohlen werden (siehe Kasten).

Der **Druck-Schwellversuch *mit Stützring aus Stahl:*** Ergebnisse aus Druck-Schwellversuchen korrelieren nicht zwingend, wenn die Querdehnung einmal mit umgebendem Material (Stempeleindringversuch) und vergleichend mit radialem Stützdruck (Triaxialversuch) erzeugt wird. Serienversuche haben gezeigt, dass die Korrelation verbessert wird (siehe dazu Vergleichsstudien von Wistuba & Isailović, 2014)[235], wenn für den Stempeleindringversuch zusätzlich ein *Stützring* aus Stahl verwendet wird, der den Asphaltprobekörper an seinen Mantelflächen vollflächig umschließt und über die Bodenplatte mit der Unterlage fest verbunden ist (siehe Abbildung 135, Mitte). Der Stützring aus Stahl ist im deutschen Technischen Regelwerk nicht enthalten. • Der **Druck-Schwellversuch *ohne radialen Stützdruck*** gemäß deutschem Technischen Regelwerk[400] kann technisch ähnliche Asphaltvarianten in

>

400 TP Asphalt-StB, Teil 25 B 1. Einaxialer Druckschwellversuch – Bestimmung der Verformungsverhaltens von Walzasphalt bei Wärme, Ausgabe 2018. Technische Prüfvorschriften für Asphalt, Forschungsgesellschaft für Straßen- und Verkehrswesen e. V. (Hrsg.), FGSV Verlag, Köln.

Bezug auf ihren Verformungswiderstand nicht ausreichend differenzieren. Grund dafür ist die Heterogenität von Asphalt und die damit verbundene Gefahr von Ausbauchen und Verquetschen des Probekörpers unter Drucklast, wodurch es zu einer exzentrischen Beanspruchung und folglich zum Versagen durch Abscheren kommen kann. Der Versuch hat generell eine geringe Aussagekraft und eine geringe Wiederholbarkeit.

Spurbildungsversuch

Beim *Spurbildungsversuch* (auch Spurbildungstest, englisch *wheel tracking test*) wird der Lastimpuls durch die Überrollung eines Rads erzeugt. Es gibt verschiedene Spurbildungsversuche, die sich in der Radkonfiguration, der Plattengeometrie, den Temperaturbedingungen, in der Form des Belastungssignals, der Lastamplitude oder in der Belastungsfrequenz unterscheiden. Doch alle folgen demselben Prinzip: Eine Asphaltplatte wird ihrer Länge nach durch ein regelmäßig vor und zurück bewegtes Einzelrad belastet (siehe Kasten). Die Dicke der Asphaltplatte kann der tatsächlichen Einbaustärke entsprechen. Die Temperaturbedingungen sollen so konstant wie möglich gehalten werden, entweder durch Einhausung des Geräts (*Luftbad*), oder durch Prüfen in einem Flüssigkeitsbad (meist *Wasserbad*). Die gewählte Temperatur liegt üblicherweise zwischen 45 und 60 °C. Das Rad gibt es in unterschiedlichen Geometrien und Materialien, darunter das luftgefüllte Gummirad und das Rad aus Stahl, dessen Lauffläche eine Hartgummi- oder Kunststoffbeschichtung haben kann.

Der **Spurbildungsversuch** gemäß Technischer Prüfvorschrift (TP Asphalt-StB, Teil 22)[401] erfolgt an Asphalt-Probeplatten oder Ausbaustücken (nur für AC D, AC B und SMA) nach dem Spurbildungsverfahren B der Europäischen Norm (DIN EN 12697-22)[402]: sog. *kleines Gerät*, vollgummibereiftes Rad auf Felge aus Edelstahl, im Luftbad (siehe Abbildung 136). Die Asphalt-Probeplatten sind vorab mit dem Walzsektor-Verdichtungsgerät (siehe Kapitel 5.4.1) hergestellt, mit einer Fixiermasse (z. B. Gips) unverschieblich in einem Metallrahmen fixiert und vor und während der Prüfung in einem Luftbad temperiert. Es werden immer zwei Proben (gleicher Raumdichte) gleichzeitig durch Gummiräder mit Radlasten von jeweils 700 N, einer Rollstrecke

>

401 TP Asphalt-StB, Teil 22: Spurbildungsversuch, Ausgabe 2013. Technische Prüfvorschriften für Asphalt, Forschungsgesellschaft für Straßen- und Verkehrswesen e. V. (Hrsg.), FGSV Verlag, Köln.

402 DIN EN 12697-22:2020-05. Asphalt – Prüfverfahren – Teil 22: Spurbildungstest; Deutsche Fassung EN 12697-22:2020.

von 23 cm und einer Geschwindigkeit von 26,5 Zyklen pro Minute (1 Zyklus = 2 Überrollungen) bei einer Temperatur von 60 °C belastet. Während 10.000 Zyklen wird die entstehende Spurrinnentiefe gemessen und aufgezeichnet. Die Ergebnisse werden immer als Mittelwert der beiden gleichzeitig geprüften Proben angegeben. Ergebnisse des Versuchs sind die absolute Spurrinnentiefe RD_{Luft} [mm] (englisch *rut depth*), die auf die Dicke der Probe bezogene proportionale Spurrinnentiefe PRD_{Luft} [%] (englisch *proportional rut depth*) und die Spurbildungsrate WTS_{Luft} (englisch *wheel tracking slope*) als die auf 1.000 Zyklen bezogene Veränderung der Spurrinnentiefe im Versuchsabschnitt zwischen 5.000 und 10.000 Zyklen.

Abbildung 136 Spurbildungsgerät gemäß Technischer Prüfvorschrift (TP Asphalt-StB, Teil 22)

Einaxialer Druck-Schwellversuch (Stempeleindringversuch)

Der *Einaxiale Druck-Schwellversuch* (oder *Stempeleindringversuch*) gemäß Europäischer Norm EN 12697-25[403] wird an zylindrischen Asphaltprobekörpern mit Behinderung der Querdehnung durchgeführt.

Die Querdehnung wird versuchstechnisch behindert, indem der Durchmesser des Druckstempels deutlich kleiner als der Durchmesser der belasteten Stirnfläche des Asphaltprobekörpers ist (siehe Abbildung 135, links). Die Größe der dadurch entstehenden radialen Kraft, die der Ausbauchung des druckbelasteten Probekörpers entgegenwirkt, ist nicht definiert und auch nicht bekannt.

Beim **Stempeleindringversuch nach dem deutschen Technischen Regelwerk** wird ein zylindrischer Asphaltprobekörper bei einer Prüftemperatur von 50 °C mit einem Druckstempel durch einen halbsinusförmigen Impuls belastet. Ein Belastungszyklus setzt sich zusammen aus 0,2 Sekunden Lastimpuls und 1,5 Sekunden Lastpause. Die Prüfung ist beendet, wenn eine vorgegebene Anzahl an Belastungszyklen erreicht ist oder eine Verformung von 5 mm. Prüfergebnis ist die Gesamtverformung nach der vorgegebenen Anzahl an Belastungszyklen bzw. (wenn 5 mm Verformung vorher erreicht werden) der aus der Regressionskurve berechnete Wert. Die **Variante A1**

>

403 DIN EN 12697-25:2016-12. Asphalt – Prüfverfahren – Teil 25: Druck-Schwellversuch; Deutsche Fassung EN 12697-25:2016.

(nach TP Asphalt-StB, Teil 25 A 1)[404] ist für die Prüfung von *Gussasphalt* vorgesehen. Der Probekörper hat einen Durchmesser von 15 cm und eine Höhe von 6 cm, der Stempel einen Durchmesser von 5,6 cm. Die Oberlast ist 0,875 kN (entspricht einer Oberspannung von 0,35 MPa), die Unterlast ist 0,200 kN (entspricht einer Unterspannung von 0,08 MPa). Ausgewertet wird die Stempeleindringtiefe nach 2.500 Belastungszyklen. Die **Variante A2** (nach TP Asphalt-StB, Teil 25 A 2)[405] ist für die Prüfung von *Walzasphalt* (Asphaltbeton und Splittmastixasphalt) vorgesehen. Der Probekörper hat einen Durchmesser von 20 cm und der Stempel von 8 cm. Die Höhe des Probekörpers ist abhängig vom Größtkorn (40 bis 80 mm), wobei nur Asphaltmischgut mit Größtkorn > 5 mm zur Prüfung empfohlen ist. Die Oberlast ist 4 kN (entspricht einer Oberspannung von 0,8 MPa), die Unterlast ist 0,1 kN (entspricht einer Unterspannung von 0,02 MPa). Ausgewertet wird die Stempeleindringtiefe nach 10.000 Belastungszyklen.

Triaxialversuch

Der *Triaxiale Druck-Schwellversuch* (oder *Triaxialversuch*) mit definierter Behinderung der Querdehnung (siehe Abbildung 135, rechts) ist in der Europäischen Norm EN 12697-25[403] abgebildet. Auf den Asphaltprobekörper aus Walzasphalt wirkt neben der axialen Drucklast ein allseitiger, definierter Stützdruck (siehe Abbildung 137).

Der große Vorteil gegenüber anderen Druck-Schwellversuchen (siehe oben) besteht darin, jenen Hauptspannungszustand realitätsnah simulieren zu können, der im Asphaltoberbau im Moment der Fahrzeugüberfahrt lotrecht unter der Radaufstandsfläche entsteht. Durch Wahl der Prüfparameter (Temperatur, Last/Amplitude, Frequenz/Geschwindigkeit, usw.) ist es möglich, beliebige Belastungsszenarien nachzustellen und so die Wirkung von verschiedenen Verkehrslasten auf die resultierende Druckverformung zu untersuchen. Gleichzeitig kann während der Belastung die Entstehung eines näherungsweise homogenen Spannungs-Verzerrungszustands (siehe Kapitel 4.1.3) im Probekörper angenommen werden, der die direkte Ableitung von druckabhängigen Materialkenngrößen ermöglicht.

Der Triaxialversuch gilt daher als der aussagekräftigste Versuchstyp zur Prüfung des Verformungswiderstands von Asphalt. Trotz des großen

404 TP Asphalt-StB, Teil 25 A 1. Dynamischer Stempeleindringversuch an Gussasphalt, Ausgabe 2018. Technische Prüfvorschriften für Asphalt, Forschungsgesellschaft für Straßen- und Verkehrswesen e. V. (Hrsg.), FGSV Verlag, Köln

405 TP Asphalt-StB, Teil 25 A 2. Dynamischer Stempeleindringversuch an Walzasphalt, Ausgabe 2010. Technische Prüfvorschriften für Asphalt, Forschungsgesellschaft für Straßen- und Verkehrswesen e. V. (Hrsg.), FGSV Verlag, Köln.

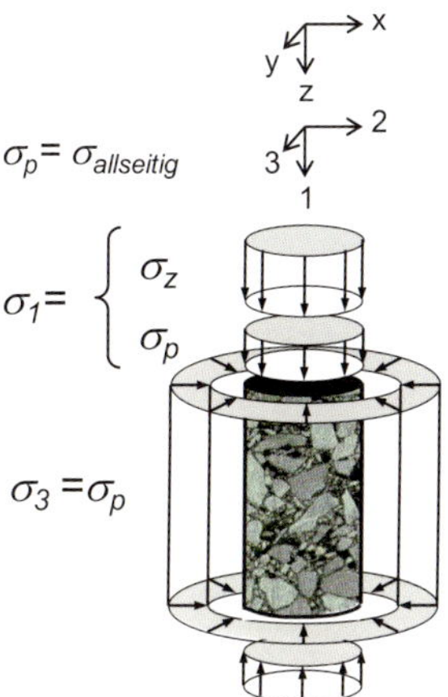

Abbildung 137 Triaxialversuch (schematisch)

Versuchsaufwands sollte er gegenüber anderen Druck-Schwellversuchen bevorzugt werden zur Bewertung neuer Asphaltmischgutrezepturen und zur Klärung materialwissenschaftlicher Fragestellungen.

Im Triaxialversuch ist die Form des Asphaltprobekörpers zylindrisch. Üblicherweise beträgt der Durchmesser zwischen 50 und 150 mm, die Höhe zwischen 30 und 200 mm. Jedenfalls sollte das Verhältnis von Höhe zu Durchmesser zwischen 0,5 und 2 sein. Die Abmessungen sind auch in Abhängigkeit vom Größtkorndurchmesser zu wählen, sodass dieser zwischen 0,15 und 0,33 mal die kleinste Probenabmessung ist.

Der Triaxialversuch erfordert apparativ eine einaxiale zyklische Prüfeinrichtung mit Erweiterung um eine Druckzelle zur Aufbringung des seitlichen Stützdrucks (Arand & Von der Decken, 1996)[406], der meist konstant gehalten wird.

Die Realitätsnähe und die Aussagekraft des Triaxialversuchs können gesteigert werden, wenn auch der radiale Stützdruck schwellend und gegenüber der axialen Belastung phasenverschoben aufgebracht wird. Die Größe dieser Phasenverschiebung wird idealerweise abhängig vom

406 Arand, W. & Von der Decken, S. 1996. Pilotphase Qualitätssicherung in der Querschnittsforschung; Qualitätsplanung im Asphaltstraßenbau – behandelt am Beispiel des Verformungswiderstandes. Schlussbericht, Q27, i. A. der Arbeitsgemeinschaft industrieller Forschungsvereinigungen Otto von Guericke e.V. (AIF), Institut für Straßenwesen, Technische Universität, Braunschweig.

Asphaltmischgut gewählt (siehe dazu Renken & Büchler, 2005)[407]. Das Aufbringen eines schwellenden, phasenverschobenen Stützdrucks erfordert zusätzlich zum axialen Prüfsystem ein separates, unabhängig betriebenes radiales Prüfsystem (im europäischen Technischen Regelwerk nicht abgebildet).

5.4.4.2 Steifigkeit (Modul E^*) im LVE Bereich

Die *Steifigkeit* von Asphalt ist der Widerstand gegen elastische Verformungen unter Last. Die Ermittlung des komplexen E-Moduls E^* von Asphalt (Werkstoffanteil der Steifigkeit) erfolgt im LVE Bereich mittels zyklischer Laborprüfungen im Bereich mittlerer Gebrauchstemperaturen zwischen –10 und 50 °C (nach DIN EN 12697-26)[408]; siehe dazu die Ausführungen in Kapitel 4.3.4.

(A) Einflussgrößen

Der Modul E^* eines Asphaltprobekörpers wird bestimmt von material- und von versuchsabhängigen Einflussgrößen.

Starke *materialabhängige Einflussgrößen* sind Bindemittelart und Bindemittelgehalt, Sieblinie (insbesondere der Gehalt an Feinanteilen), die Vorspannung infolge Abkühlung (siehe Kapitel 3.2.3) und die innere Struktur. Tendenziell sind folgende Zusammenhänge erkennbar[409]:

» Harte Bindemittel bewirken eine hohe Steifigkeit.

» Eine Erhöhung des Bindemittelgehalts führt zu einem Anstieg des E-Moduls bis zu einem Optimum, danach fällt die Asphaltsteifigkeit rapide ab. Dieser optimale Bindemittelgehalt macht das Asphaltmischgut bestmöglich verarbeitbar bzw. verdichtbar und bewirkt die größtmögliche innere Vorspannung nach dem Abkühlen. Der große Einfluss von Bindemittelart und Bindemittelgehalt auf die Asphaltsteifigkeit führt dazu, dass Asphalt – wie kein anderer Baustoff – eine immense Bandbreite an Materialzuständen aufweist (siehe Abbildung 138).

---

407 Renken, P. & Büchler, S. 2004. Optimierung der Prüfmodalitäten des Triaxialversuchs mit schwellendem Stützdruck zur praxisadäquaten Bewertung des Verformungswiderstandes von Asphalt. Schlussbericht, FE 07.190/2000EGB, i. A. des Bundesministeriums für Verkehr, Bau und Stadtentwicklung, Institut für Straßenwesen, Technische Universität Braunschweig.

408 DIN EN 12697-26:2022-12. Asphalt – Prüfverfahren – Teil 26: Steifigkeit; Deutsche Fassung EN 12697-26:2018+A1:2022.

409 Abgeleitet aus zahlreichen Versuchsergebnissen zu Asphaltvarianten mit üblichen Mischgutzusammensetzungen; Abweichungen sind im Einzelfall möglich, insbesondere bei Bindemittelmodifikation.

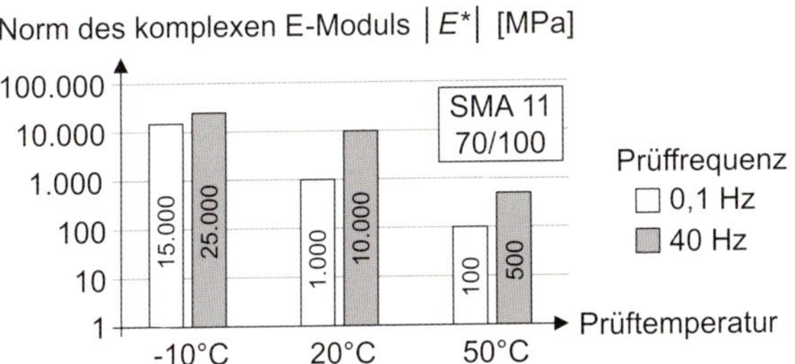

Abbildung 138 Größenordnung der Asphaltsteifigkeit (bzw. der Norm des komplexen E-Moduls als Werkstoffanteil der Steifigkeit von viskoelastischen Materialien) am Beispiel von Splittmastixasphalt SMA 11 mit 70/100

» Bei straßenbauüblichen Gesteinen hat die Gesteinsart kaum einen Einfluss auf die Asphaltsteifigkeit, Sieblinie sowie Füllerart und Füllergehalt hingegen schon. Die zur Aufnahme des Bindemittels zur Verfügung stehende Fülleroberfläche (mit seinen petrographischen Oberflächeneigenschaften) steuert die Filmdicke der Mastix am Gesteinskorn sowie Konsistenz und Viskosität der Mastix. Dadurch beeinflusst der Füller die aus der Verdichtung resultierende innere Struktur des Asphalts wesentlich mit: Mit zunehmendem Füllergehalt steigt die Steifigkeit an (solange ausreichend Bindemittel zur Aufnahme des Füllers zur Verfügung steht). Eine abnehmender Hohlraumgehalt bewirkt eine dichtere innere Struktur und folglich eine Zunahme der Steifigkeit.

» Starke versuchsabhängige Einflussgrößen sind die Prüftemperatur und die Prüffrequenz. In dem für Steifigkeitsversuche relevanten Temperatur-Frequenz-Bereich von etwa –10 bis 50 °C und 0,1 bis 40 Hz ist der Einfluss der Temperatur bei niedrigen Frequenzen stärker ausgeprägt, der Einfluss der Frequenz bei hohen Temperaturen.

» Auch die Anzahl der Lastwechsel beeinflusst den E-Modul (selbst im LVE Bereich). Pro Lastwechsel wird Energie dissipiert und es entsteht Wärme. Asphalt ist ein schlechter Wärmeleiter, weshalb die lokal entstehende Wärme kaum abfließen kann. Jeder Lastwechsel heizt proportional zur Zunahme der Frequenz und der Lastamplitude den Probekörper geringfügig auf. Der dadurch verursachte Abfall der Steifigkeit liegt im einstelligen Prozentbereich. Dennoch ist ratsam, die Anzahl der Lastwechsel zur Bestimmung des E-Moduls so gering wie möglich zu halten. Üblicherweise wird der E-Modul $|E^*|$ (um Aufheizen und andere parasitäre Effekte zu minimieren) nach 100 Lastwechseln berechnet, d. h. nicht beim Wertepaar $(\sigma_0, \varepsilon_0)$ sondern bei $(\sigma_{100}, \varepsilon_{100})$.

(B) Prüfverfahren

Es gibt vielfältige Laborprüfverfahren mit unterschiedlichen Versuchsanordnungen zur Bestimmung der Steifigkeit von Asphalt. Dazu zählen (i) Biegeversuche (Zwei-, Drei- und Vierpunktbiegung), (ii) einaxiale Schwellversuche (als Wechsellastversuch oder mit dominanter Zugbeanspruchung), (iii) der Spaltzug-Schwellversuch (mit dominanter Zugbeanspruchung) und (iv) Scherversuche.

Je nach Prüfverfahren fließen in Abhängigkeit von der Probekörpergeometrie und der Versuchsanordnung bestimmte Korrekturfaktoren in die Berechnung des Moduls ein: ein *Formfaktor* zur Berücksichtigung der Probekörpergeometrie und ein *Massenfaktor* zur Berücksichtigung von Massenträgheitseffekten des Probekörpers und der mitschwingenden Geräteteile (gemäß Europäischer Norm). Dadurch soll eine möglichst große Vergleichbarkeit der Ergebnisse aus unterschiedlichen Versuchsanordnungen gewährleistet werden.

Zwischen verschiedenen Typen an Steifigkeitsprüfungen (siehe oben (i) bis (iv)) besteht eine hohe Konsistenz der Prüfergebnisse, so dass im Wesentlichen jedes beliebige Prüfverfahren zur Ableitung der Materialsteifigkeit herangezogen werden kann (Di Benedetto et al., 2001)[410].

Im nachfolgenden Kapitel sind einige ausgewählte Prüfverfahren wegen ihrer besonderen Bedeutung in Deutschland und in Europa näher erläutert. Diese eignen sich in Bezug auf die grundsätzliche Versuchsanordnung im LVE Bereich zur Bestimmung der Steifigkeit (Modul E^*) und außerhalb des LVE Bereichs zur Bestimmung des Ermüdungswiderstands.

5.4.4.3 Ermüdungswiderstand

(A) Prüfmethodik

Der Widerstand von Asphalt gegenüber Materialermüdung (*Ermüdungswiderstand*; insbesondere von Asphalttragschichten) wird mittels zyklischer Laborprüfungen im Bereich mittlerer Gebrauchstemperaturen bestimmt, üblicherweise zwischen 0 und 20 °C.

Die Versuche zielen darauf ab, den last-, temperatur-, frequenz- und zeitabhängigen komplexen Modul E^* inklusive der zugehörigen komplexen Poissonzahl ν^* zu bestimmen. Allerdings wird nun der LVE Bereich des

410 Di Benedetto, H., Partl, M. N., Francken, L. & De La Roche Saint André, C. 2001. Stiffness testing for bituminous mixtures. Rilem TC-182, Performance Testing and evaluation of bituminous materials. Materials and Structures, Vol. 34, pp 66-70.

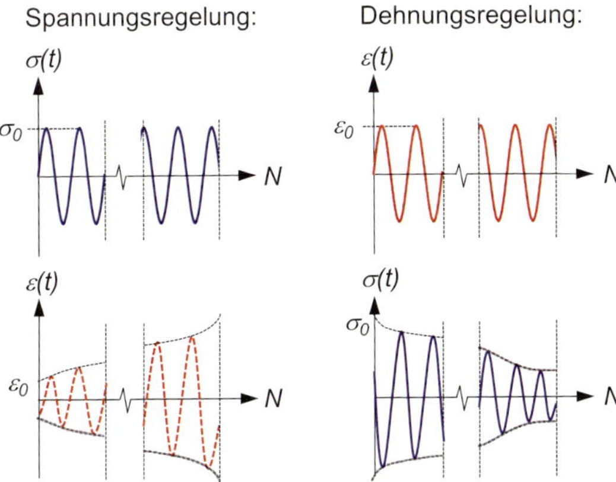

Abbildung 139 Veränderung der Beanspruchungsamplitude in der Ermüdungsprüfung: links bei Spannungsregelung, rechts bei Dehnungsregelung (schematisch)

Materialverhaltens verlassen. Es interessieren der Abfall des Moduls und der Anstieg des Phasenwinkels infolge Materialermüdung bei hohen Lastwechselzahlen außerhalb des LVE Bereichs (vgl. Francken & Partl)[411].

Der wesentliche Unterschied zwischen Steifigkeits- und Ermüdungsversuch liegt in der Größe der Beanspruchung:

» Die Ermittlung der Steifigkeit erfolgt im Bereich des linear-viskoelastischen Materialverhaltens, also bei kleinen Amplituden ($\varepsilon < 10^{-4}$) und mit einer geringen Anzahl an Lastwechseln ($N \lesssim 10^2$).

» Der Ermüdungswiderstand von Asphalt ist der Widerstand gegen einen langsamen Abfall der anfänglichen Steifigkeit, wenn infolge einer hohen Anzahl an Lastwechseln der LVE Bereich verlassen wird (und sich vermutlich allmählich Mikrorisse im Asphaltprobekörper bilden). Daher erfolgt der Ermüdungsversuch nur mit kleinen Amplituden ($\varepsilon < 10^{-4}$) aber mit einer hohen Anzahl an Lastwechseln ($N > 10^4$).

Während des Ermüdungsversuchs werden die Signale der Kraft- und Wegmesseinrichtungen kontinuierlich erfasst. Bei einem weggeregelten Versuch fällt die Spannung allmählich ab, bei einem kraftgeregelten Versuch nimmt die Dehnung allmählich zu (siehe Abbildung 139 am Beispiel von Wechsellastversuchen). Folglich nimmt der Modul $|E^*| = \sigma/\varepsilon$ immer ab. Die

411 Francken, L. & Partl, M. 1996. Complex Modulus Testing of Asphaltic Concrete: RILEM Interlaboratory Test Program. Transportation Research Record, 1545(1), 133-142. https://doi.org/10.1177/0361198196154500118.

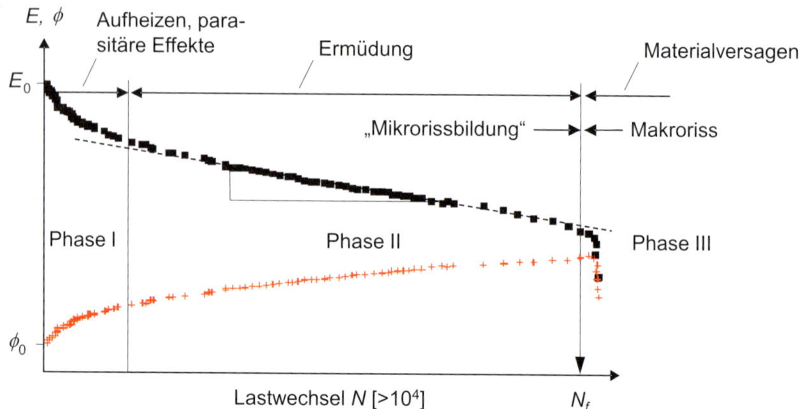

Abbildung 140 Änderung von Modul und Phasenwinkel während der Ermüdungsprüfung (schematisch)

in der Abbildung dargestellten Versuche sind *Wechsellastversuche*, d. h. die Beanspruchung schwankt um die Nulllage und ist im Zug- und Druckbereich gleich groß. Versuche mit dominanter Zug- oder Druckbeanspruchung sind nachteilig, weil dann die Materialermüdung zu stark von bleibender Dehnung (Zugdehnung oder Druckdehnung) überlagert wird.

Während eines Ermüdungsversuchs ändert sich der Verlauf des Moduls über zwei bis drei Phasen. Eine kurze Anfangsphase I tritt immer auf und ist gekennzeichnet von einer raschen Steifigkeitsabnahme innerhalb von nur wenigen Lastwechseln ($N \lesssim 10^2$). Die Steifigkeitsabnahme in Phase I ist zum größten Teil verursacht von parasitären Effekten (Aufheizen, Bindemittel-Thixotropie) und ist nahezu vollständig reversibel, d. h. bei Versuchsabbruch geht die Steifigkeit zeitabhängig auf ihr ursprüngliches Niveau zurück.

Die Phase II kennzeichnet eine quasi-lineare Abnahme des E-Moduls (vermutlich infolge diffuser Mikrorissbildung). Eventuell ist in Phase II die Ermüdung überlagert durch plastische Verformungsanteile (insbesondere bei Kraftregelung, wie beispielsweise beim Spaltzug-Schwellversuch). Ist die Beanspruchungsamplitude groß genug, entsteht ein Makroriss und das Ende von Phase II ist erreicht (vermutlich nach einer ungeordneten Verdichtung der Mikrorisse).

Falls diese sich im Versuchsverlauf eine Phase III ergibt, wirken letzte zusammenhaltende Kräfte, obwohl der Probekörper bereits deutlich geschädigt ist. Der E-Modul nimmt progressiv ab, was als Materialversagen bezeichnet wird (siehe Abbildung 140).

Am Ende von Phase II ist der Asphalt ermüdet, dann ist der Grenzzustand der Beanspruchung in Form von Ermüdungsversagen erreicht. Je mehr Lastwechsel bis zum Ermüdungsversagen gezählt werden, umso ermüdungsresistenter ist das Material. Daher dient die zum Ende der Phase II ertragene Lastwechselzahl als Kennwert für den Ermüdungswiderstand des Asphalts. Sie wird allgemein als N_f (*f* für englisch *fatigue*) oder N_{Makro} (für *Makroriss*) bezeichnet.

Zur Bestimmung der Lastwechselzahl N_f gibt es verschiedene *Ermüdungskriterien*, die das Ende von Phase II etwas unterschiedlich definieren (siehe unten). Meist wird der Verlauf des E-Moduls bzw. der korrespondierende Verlauf der dissipierten Energie der Bestimmung zu Grunde gelegt.

(B) Ermüdungskriterien

Nach dem weit verbreiteten *konventionellen* Ermüdungskriterium ist der Grenzzustand der Beanspruchung bei jener Lastwechselzahl $N_{f/50}$ erreicht, für die ein Abfall des E-Moduls auf 50 % seines Anfangswerts festgestellt wird.

Dies ist in einem weggeregelten Versuch der Fall, wenn die Spannung auf die Hälfte des Ausgangswerts abgesunken ist, d. h. $\sigma_{Nf/50} = \sigma_0/2$ (vgl. spätere Abbildung 142), oder in einem kraftgeregelten Versuch, wenn die Dehnung ε auf das Doppelte des Ausgangswerts angewachsen ist, d. h. $\varepsilon_{Nf/50} = 2 \cdot \varepsilon_0$.

Das konventionelle Ermüdungskriterium $N_{f/50}$ ist problematisch, wenn der Probekörper bereits mit einer Steifigkeit größer als 50 % der Anfangssteifigkeit bricht, was insbesondere bei niedrigen Prüftemperaturen der Fall sein kann. Dann muss alternativ ein anderes Ermüdungskriterium zur Auswertung herangezogen werden.

Eine gängige Alternative ist die Auswertung der *dissipierten Energie W* nach Van Dijk (1975)[412] bzw. später auch Hopman et al. (1989)[413] und Rowe (1993)[414]. Die dissipierte Energie W_i je Lastwechsel ist das Produkt

412 Van Dijk, W. 1975. Practical fatigue characterization of bituminous mixes. Association of Asphalt Paving Technologists, Annual Meeting, Phoenix, USA.

413 Hopman, P., Kunst, P. & Pronk, A. 1989. A Renewed Interpretation Model for Fatigue Measurement. Verification of Miner´s Rule. 4th Eurobitume Symposium, 4th October, 1989, Madrid, Spain.

414 Rowe, G. M. 1993. Performance of Asphalt Mixtures in the Trapezoidal Fatigue Test. Journal of the Association of Asphalt Paving Technologists (AAPT), Vol. 62, 344-380.

aus Spannungsamplitude, Dehnungsamplitude und dem Sinus des Phasenwinkels (sowie der Zahl π; siehe Kapitel 4.3.6).

Mit zunehmender Ermüdung wächst die Deformation bei Kraftregelung an bzw. nimmt die Spannung bei Wegregelung ab. Gleichermaßen wächst die dissipierte Energie bei Kraftreglung an und sinkt bei Wegregelung, d. h. sie verändert sich während des Ermüdungsversuchs fortlaufend bei jedem Lastwechsel.

Die gesamte während des Ermüdungsversuchs akkumulierte dissipierte Energie steht in Form einer Potenzfunktion mit der Anzahl an Lastwechseln bis zur Ermüdung N_f in Zusammenhang:

$$W_{N_f} = W_0 + W_1 + \cdots + W_n = \sum_{i=1}^{n} W_i = a \cdot N_f^b \qquad \text{Gl. 84}$$

wobei a und b materialspezifische Koeffizienten sind, mit a in der Größenordnung von 10^5 und b von unter 1.

Unter der Annahme, dass in einem Ermüdungsversuch die eingetragene Energie in jedem Lastzyklus konstant ist und während des Versuchs die Phasenverschiebung zwischen Spannungs- und Dehnungssignal konstant bleibt, ist die gesamte dissipierte Energie W_{Nf} proportional der dissipierten Energie beim ersten Lastwechsel W_0:

$$W_{N_f} \equiv W_0 \cdot N_f = \pi \cdot \sigma_0 \cdot \varepsilon_0 \cdot sin\phi_0 \cdot N_f \qquad \text{Gl. 85}$$

Nach Gleichsetzen von Gl. 84 und Gl. 85, Einsetzen von $\sigma_0 = E_0 \cdot \varepsilon_0$ und nach Umformen ergibt sich das *energiebasierte Ermüdungsgesetz* in Abhängigkeit von der anfänglichen Dehnung ε_0, vom Verlustmodul E_2 und von den materialspezifischen Koeffizienten a und b:

$$N_f = \left(\frac{a}{\pi \cdot \varepsilon_0^2 \cdot E_0 \cdot sin\phi_0}\right)^{\frac{1}{1-b}} = \left(\frac{a}{\pi \cdot \varepsilon_0^2 \cdot E_2}\right)^{\frac{1}{1-b}} \qquad \text{Gl. 86}$$

Problematisch an Gl. 86 ist, dass für Asphalte mit harten Bindemitteln eine hohe Anzahl an Lastwechseln N_f vorgetäuscht werden kann. Denn ein hartes Bindemittel hat stets einen kleinen Phasenwinkel. Daraus folgt rechnerisch: wenig dissipierte Energie pro Lastwechsel, ein kleiner Verlustmodul, ein flacher Verlauf der Ermüdungskurve und folglich für N_f eine große Zahl.

Das Verhältnis aus der zu Versuchsbeginn je Lastwechsel dissipierten Energie W_0 und der dissipierten Energie W_n bis zu einem beliebigen Lastwechsel n wird als *Energy Ratio ER* bezeichnet:

$$ER = \frac{W_0 \cdot n}{W_n} \quad \text{Gl. 87}$$

Aus dem Verlauf der Energy Ratio in Abhängigkeit von der Lastwechselzahl kann das Ende des Ermüdungsversuchs, d. h. die Lastwechselzahl N_f grafisch gefunden werden, wenn die voranschreitende Materialermüdung eine signifikante Änderung im Kurvenverlauf der Energy Ratio bewirkt und die Ausbildung eines Hochpunkts in der zugehörigen Trendlinie (siehe Abbildung 141). Die Lastwechselzahl, bei der *ER* den Maximalwert erreicht, ist als N_f definiert. (Dieses Ermüdungskriterium ist dann problematisch, wenn das Ende der Phase II nicht eindeutig auffindbar ist, weil sich der Hochpunkt über einen weiten Bereich ausbildet.)

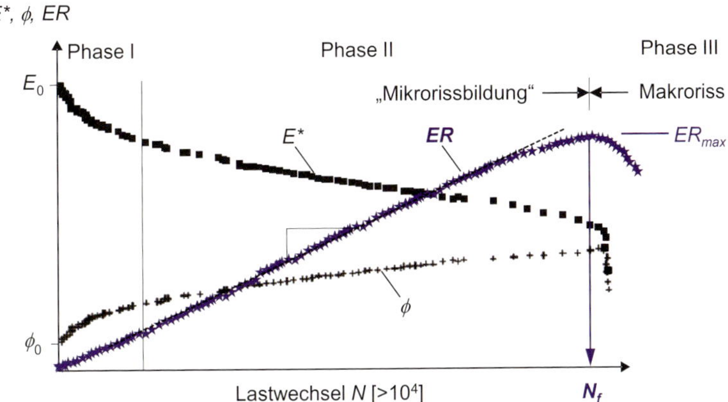

Abbildung 141 Energy Ratio *ER* als Funktion der Lastwechselzahl (schematisch)

(C) Wöhlerkurve

Zur Beschreibung des Ermüdungsverhaltens von Asphalt anhand eines *Ermüdungsgesetzes* wird zunächst die bei einer konstanten Beanspruchung (bei Dehnungssteuerung ε_{100}, bei Spannungssteuerung σ_{100}; für N = 100) erzielte Lastwechselzahl bis zur Ermüdung N_f = f (σ_{100} bzw. ε_{100}) als Punkt in ein Diagramm eingetragen, das die Lastwechselzahl in Abhängigkeit von der Beanspruchung abbildet (siehe Abbildung 142).

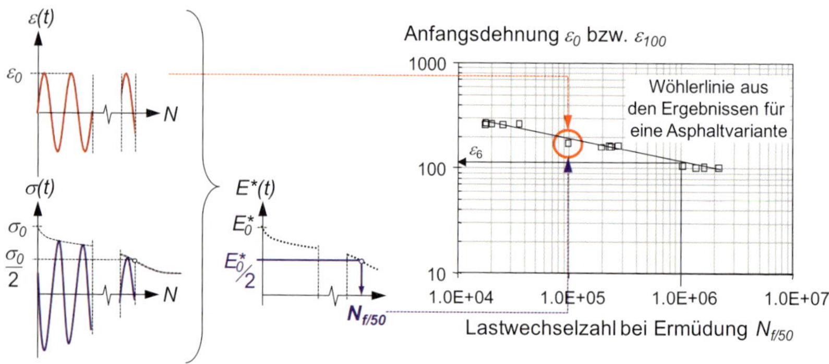

Abbildung 142 Konstruktion der Wöhlerlinie am Beispiel eines weggeregelten Versuchs (schematisch)

Nach mehrfacher Durchführung der Prüfung für dieselbe Asphaltvariante unter Variation der Beanspruchung (von σ_{100} bzw. ε_{100}) erhält man mehrere Wertepaare (N_f, σ_{100} bzw. ε_{100}), die alle in das Diagramm eingetragen werden. Alle Wertepaare folgen einem Trend, der näherungsweise durch eine Regressionskurve abgebildet werden kann. Das ist die *Wöhlerkurve*[415] (oder *Wöhlergerade* bzw. *Wöhlerlinie* im doppeltlogarithmischen Maßstab), die das Ermüdungsverhalten der geprüften Asphaltvariante beschreibt.

Die Wöhlerkurve kann mit einer spannungs- oder dehnungsabhängigen Potenzfunktion approximiert werden:

$$N = a \cdot \sigma^b \quad \text{bzw.} \quad N = a \cdot \varepsilon^b \qquad \text{Gl. 88}$$

oder auch mit der Logarithmusfunktion als Umkehrfunktion ($\log = \log_{10}$):

$$\log N = a + b \cdot \log \sigma \quad \text{bzw.} \quad \log N = a + b \cdot \log \varepsilon \qquad \text{Gl. 89}$$

Die Funktion der Wöhlerkurve wird üblicherweise als ein materialspezifisches *Ermüdungsgesetz* aufgefasst, das zur Bewertung verschiedener Asphaltvarianten in Bezug auf ihren Widerstand gegen Materialermüdung herangezogen wird. Dabei ist zu beachten, dass die Wöhlerkurve für eine konstante Prüftemperatur abgeleitet ist und daher nur für diese Temperatur gilt.

415 August Wöhler (1819-1914), deutscher Ingenieur aus Soltau/Hannover; er entdeckte, dass ein wechselbeanspruchter Werkstoff eine geringere Belastbarkeit aufweist als ein statisch belasteter.

Mehrere Wöhlerkurven für unterschiedliche Asphaltvarianten können nicht anhand eines einzigen Kennwerts abschließend verglichen werden. Denn eine Gerade ist im Koordinatensystem nur durch zwei Parameter eindeutig beschrieben, durch den Schnittpunkt mit der Ordinatenachse und ihre Steigung. Dennoch wird gemäß DIN EN 12697-24[416] zur Bewertung unterschiedlicher Asphaltvarianten ein einziger materialspezifischer Kennwert (ε_6) für den Ermüdungswiderstand vorgeschlagen, der aus der Wöhlerkurve abgeleitet wird. Der ε_6-Wert ist jene charakteristische Dehnung, der gemäß Wöhlerkurve eine Lastwechselzahl von $N = 10^6$ zugeordnet ist, also eine Million Lastwechsel (siehe Abbildung 142).

Der ε_6-Wert ist die größtmögliche Beanspruchung, die eine Asphaltvariante im Laborversuch ertragen kann, um eine Anzahl von einer Million Lastwechsel zu erreichen. Unterschiedliche Asphaltvarianten sollen so nach dem ε_6-Wert gereiht werden können, wobei ein hoher ε_6-Wert als vorteilhaft definiert ist. (Analog könnte man einen Kennwert σ_6 formulieren. Ein solches Kriterium ist aber nicht üblich).

Die Wöhlerkurve dient im Rahmen der rechnerischen Dimensionierung als materialspezifisches Ermüdungsgesetz, das den Ermüdungswiderstand des Asphaltoberbaus gegenüber einer festgelegten Anzahl an Lastwechseln bestimmt. Unterschiedliche Varianten des Asphaltoberbaus werden so relativ zueinander verglichen (siehe Kapitel 5.4.4.4).

(D) Einflussgrößen

Der Ermüdungswiderstand eines Asphalts wird bestimmt von *material-* und *versuchsabhängigen Einflussgrößen*.

Starke *materialabhängige Einflussgrößen* sind Bindemittelart und -gehalt, Sieblinie (insbesondere der Gehalt an Feinanteilen), die Vorspannung und die innere Struktur. Tendenziell sind folgende Zusammenhänge in Laborversuchen erkennbar[417]:

» Das Bindemittel ist bezüglich des Ermüdungswiderstands die wohl dominanteste materialabhängige Einflussgröße. Harte Bindemittel resultieren (bei Kraftregelung) in einem großen Ermüdungswiderstand (mit flachem Verlauf der Wöhlerkurve). Gleiches gilt für gealterte Bindemit-

416 DIN EN 12697-24:2018-11. Asphalt – Prüfverfahren – Teil 24: Beständigkeit gegen Ermüdung; Deutsche Fassung EN 12697-24:2018.

417 Empirisch abgeleitet aus zahlreichen Versuchsergebnissen zu Asphaltvarianten mit üblichen Mischgutzusammensetzungen und bei einer Prüftemperatur von 20 °C; Abweichungen sind im Einzelfall möglich, insbesondere bei Bindemittelmodifikation.

tel (bei der Referenztemperatur von 20 °C). Allerdings ist zu beobachten, dass sich Bindemittel gleicher Härte aber unterschiedlicher Herkunft deutlich unterschiedlich auswirken können. Gleiches gilt für modifizierte Bindemittel, die den Ermüdungswiderstand üblicherweise erhöhen.

» Mit Zunahme des Bindemittelgehalts über den optimalen Bindemittelgehalt hinaus steigt die Anzahl an Lastwechseln N_f an. Gleichzeitig sinkt die Streuung der Prüfergebnisse.

» Aus Bindemittelart und Bindemittelgehalt kann nicht ohne Weiteres auf das Ermüdungsverhalten des Asphalts geschlossen werden, weil die innere Struktur zu berücksichtigen ist, die sich aus der Wechselwirkung des Bindemittels (und des Füllers; siehe Kapitel zur Steifigkeit) mit dem Gestein (Sieblinie) während der Verdichtung ergibt.

» Mit abnehmendem Hohlraumgehalt und zunehmendem Verdichtungsgrad steigt die Anzahl an Lastwechseln N_f üblicherweise an, gleichzeitig sinkt die Streuung der Prüfergebnisse. Abweichend davon reagieren dichte Asphalte bei Wegregelung.

» Jeder Asphaltprobekörper weist zahlreiche Inhomogenitäten auf (siehe Kasten) mit stark variierenden Festigkeiten der Volumenelemente.

Heterogenität von Asphaltprobekörpern: Aus der Heterogenität des Asphaltmischguts und aus der inneren Struktur nach der Verdichtung resultiert stets ein heterogener Probekörper. Die innere Struktur wird entscheidend geprägt vom Verdichtungsverfahren (Walzverdichtung in situ oder Laborverdichtung). Es ist bekannt, dass bei walzsektorverdichteten Probeplatten die innere Struktur auch innerhalb einer Platte stark variieren kann (Ringleb, 2012)[382]. Es ist auch nicht genau bekannt, ob durch die Probekörpergewinnung und -aufbereitung, z. B. durch Kernbohren, Sägen von Prismen aus Asphaltplatten oder Schleifen von Probenoberflächen, bereits vor der eigentlichen Prüfung ungewollt Mikrorisse in den Probekörper eingebracht werden. Die Prüfung der Güte von laborverdichteten Probekörpern erfolgt üblicherweise allein anhand des Hohlraumgehalts und gegebenenfalls dessen räumlicher Verteilung. Eine nähere Analyse der inneren Struktur erfolgt kaum.

Variierende Festigkeiten innerhalb des Asphaltprobekörpers (vgl. Kapitel 3.3.1.1) sind vermutlich der Ausgangspunkt für das Entstehen von Spannungsspitzen und folglich von Bewegungen im Probekörper unter Last. Die Folge dürfte eine diffuse Mikrorissbildung während des Ermüdungsversuchs sein. Die Heterogenität des Asphaltprobekörpers könnte demnach eine wesentliche Ursache für die große Streuung von Ergebnissen aus Ermüdungsversuchen sein (siehe Kasten).

Die **Streuung von N_f** in Ermüdungsversuchen kann beträchtlich sein, insbesondere bei grobkörnigem Asphaltmischgut. Sie folgt der Weibullverteilung (Wahrscheinlichkeitsverteilung) der kleinsten Festigkeiten der Volumenelemente. Auch der statistische Größeneffekt (englisch *size effect*) des Probekörpers ist signifikant: Kleine Probekörper haben im Mittel einen größeren Ermüdungswiderstand als große aus identischem Material. Ergebnisse mehrerer Versuche können sich daher um den Faktor 10 unterscheiden, und es ist unabdingbar, stets mehrere Probekörper zu prüfen (jedenfalls mehr als fünf pro Lastfall).

Starke *versuchsabhängige Einflussgrößen* sind die Prüftemperatur (analog die Prüffrequenz) und das Prüfverfahren.

» Der Einfluss der *Prüftemperatur* ist unterschiedlich für weggeregelte und kraftgeregelte Versuche. Mit zunehmender Temperatur sinkt die Anzahl an Lastwechseln N_f bei Kraftregelung und steigt bei Wegregelung (gleichzeitig wird die Wöhlerkurve flacher). Um den Ermüdungswiderstand in Abhängigkeit von der Temperatur zu prüfen, eignet sich ein *Sweep Test* (siehe Kasten).

Beim **Sweep Test** wird in einem einaxialen, kraftgeregeltem Wechsellastversuch zunächst mittels eines Frequenz-Sweeps der E-Modul bestimmt, anschließend mittels Amplituden-Sweeps das Ermüdungsverhalten. Der Versuch wird für unterschiedliche Prüftemperaturen wiederholt (siehe Isailović & Wistuba, 2018)[418]. Der Laboraufwand wird im Wesentlichen von den Temperierzeiten bestimmt.

» Es gibt vielfältige *Prüfverfahren* mit unterschiedlichen Versuchsanordnungen zur Bestimmung des Ermüdungswiderstands. Analog zur Bestimmung des E-Moduls zählen dazu *Biegeversuche* (Zwei-, Drei- und Vierpunktbiegung), *einaxiale Schwellversuche* (als Wechsellastversuch oder mit dominanter Zugbeanspruchung), der *Spaltzug-Schwellversuch* (mit dominanter Zugbeanspruchung) und *Scherversuche*. Zwischen den Prüfverfahren bestehen zum Teil erhebliche Unterschiede in den erzielten Prüfergebnissen, denn die Ermüdung während der Phase II (Initiierung und Ausbreitung von Mikrorissen) wird wesentlich von der Versuchsanordnung bestimmt.

» Angriffsfläche und Richtung der Belastung in Bezug zur inneren Struktur (räumliche Ausrichtung nach der Verdichtungsrichtung) beeinflus-

418 Isailović, I. & Wistuba, M. P. 2018. Sweep test protocol for fatigue evaluation of asphalt mixtures. Road Materials and Pavement Design, 1-14, Taylor and Francis, doi: 10.1080/14680629.2018.1438305.

sen die Kraftübertragung innerhalb des Probekörpers und folglich Ausbreitungsrichtung und Ausbreitungsgeschwindigkeit von Mikrorissen. Daher dauern einaxiale Wechsellastversuche generell kürzer als Biegeversuche (mit vergleichbarer Beanspruchung). Direkte und indirekte Zug-Schwellversuche resultieren in den niedrigsten Lastwechselzahlen N_f (vgl. Isailović et al., 2017)[419].

» Auch die Versuchssteuerung beeinflusst das Ergebnis des Ermüdungsversuchs. Bei gleicher Ausgangsbeanspruchung unterscheiden sich weg- von kraftgeregelten Versuchen um bis zu einem Faktor von 10. Gegensätzlich zur Wegregelung gilt für die Kraftregelung: Der Asphaltprobekörper wird stärker beansprucht, die Rissausbreitung geht schneller, die Versuchsdauer ist kürzer und das Versagen tritt meist durch Bruch ein. Die Versuchsstreuung ist kleiner.

» Je steifer der Asphalt ist, umso länger ist die Versuchsdauer. Eine Erhöhung der Temperatur verkürzt die Versuchsdauer, eine Erhöhung der Frequenz verlängert diese.

(E) Prüfverfahren (Auswahl)

Spaltzug-Schwellversuch

Beim *Spaltzug-Schwellversuch* wird ein gedrungener, zylindrischer Probekörper über zwei auf der Mantelfläche diametral gegenüber liegende Lasteintragungsschienen mit einer sinusförmigen Druck-Schwellbelastung beansprucht (siehe spätere Abbildung 147, links).

Aus der vertikalen Druckbeanspruchung, die über die vertikale Probekörperachse variabel ist, resultiert eine zu den Zylinderflanken horizontal gerichtete Zugbeanspruchung, die im mittleren Bereich der Probekörperachse nahezu konstant ist (siehe Abbildung 143). Gleichzeitig wirkt eine geringe horizontale Druckbeanspruchung von den Querschnittsflächen zur Probekörpermitte.

Weil sich bei indirekter Zugbeanspruchung im Probekörper ein inhomogener Spannungszustand einstellt, braucht es eine Hypothese, um den komplexen E-Modul E^* aus einer Messgröße rückrechnen zu können (vgl. Kapitel 4.1.3). Diese Messgröße ist die horizontale Verformung u. Die Rückrechnung erfolgt mit folgenden Gleichungen. Dabei werden aus der

419 Isailović, I., Cannone Falchetto, A. & Wistuba, M. P. 2017. Veränderungen in den mechanischen Asphalteigenschaften bei verschiedenen spannungsgeregelten Ermüdungsprüfungen. Straße und Autobahn, 1.2017, Kirschbaum Verlag, Bonn.

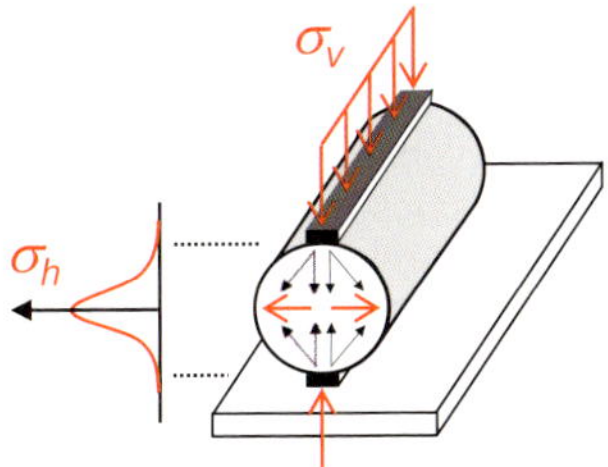

Abbildung 143 Druck- und Zugspannungsverteilung im Spaltzug-Schwellversuch (schematisch)

Messung der Differenz von minimaler und maximaler horizontaler Gesamtverformung Δu [mm] und unter Berücksichtigung der Differenz von minimaler und maximaler Kraft ΔF [N], Probekörperhöhe H [mm], Probekörperdurchmesser D [mm] und Poissonzahl ν [-], die Norm des komplexen E-Moduls $|E^*|$ [MPa] und die durch die Kraft F im Probekörper-Mittelpunkt erzeugte elastische horizontale Zugdehnung ε_{el} [‰] berechnet:

$$|E^*| = \frac{\Delta F}{\Delta u \cdot H} \cdot \left(\frac{4}{\pi} - 1 + \nu\right) \qquad \text{Gl. 90}$$

und

$$\varepsilon_{el} = \frac{2 \cdot \Delta u}{D} \cdot \frac{(1 + 3 \cdot \nu)}{(4 + \pi \cdot \nu - \pi)} \cdot 1000 \qquad \text{Gl. 91}$$

Der Spaltzug-Schwellversuch ist das im deutschen Technischen Regelwerk verankerte Prüfverfahren zur Bestimmung der Steifigkeit (Werkstoffanteil) und des Ermüdungswiderstands von Asphalt (siehe Kasten).

Spaltzug-Schwellversuch zur Bestimmung der Steifigkeit (Werkstoffanteil) von Asphalt (nach TP Asphalt-StB, Teil 26)[420] und des Ermüdungswiderstands (nach TP Asphalt-StB, Teil 24)[421]: Die Probekörperabmessungen werden in Abhängigkeit vom Durchmesser des Größtkorns des Asphalts gewählt: Die Höhe beträgt 40 bis 90 mm, der Durchmesser 100 bis 150 mm. Normgemäß ist die Beanspruchung kraftgeregelt.

>

420 TP Asphalt-StB, Teil 26. Spaltzug-Schwellversuch – Bestimmung der Steifigkeit, Ausgabe 2018. Technische Prüfvorschriften für Asphalt, Forschungsgesellschaft für Straßen- und Verkehrswesen e. V. (Hrsg.), FGSV Verlag, Köln.

421 TP Asphalt-StB, Teil 24. Spaltzug-Schwellversuch – Beständigkeit gegen Ermüdung, Ausgabe 2018. Technische Prüfvorschriften für Asphalt, Forschungsgesellschaft für Straßen- und Verkehrswesen e. V. (Hrsg.), FGSV Verlag, Köln.

> Für *Steifigkeitsversuche* wird die Prüftemperatur konstant mit –10, 0, 10 und 20 °C gewählt, die Belastungsfrequenz wird zwischen 0,1 und 10 Hz variiert. Die Oberspannung wird so gewählt (in Vorversuchen zu bestimmen), dass die elastischen horizontalen Zugdehnungen im Probekörpermittelpunkt stets in einem Bereich von 0,050 bis 0,100 ‰ liegen. Für *Ermüdungsversuche* wird üblicherweise eine Prüftemperatur von 20 °C gewählt und eine Prüffrequenz von 10 Hz. Als Unterspannung werden zur Lagesicherung des Probekörpers 0,035 MPa aufgebracht. Die Oberspannung wird so gewählt (in Vorversuchen zu bestimmen), dass die elastischen horizontalen Zugdehnungen im Probekörpermittelpunkt stets in einem Bereich von 0,050 bis 0,300 ‰ liegen. Die Lastwechselzahl N_f soll zwischen 10^3 und 10^6 liegen. Während des Versuchs werden folgende Messwerte aufgezeichnet: die axiale Prüfkraft F [N], die horizontale plastische Verformung u [mm] des Probekörpers auf 0,0001 mm gerundet, die Lastwechselzahl N [–] und die Versuchszeit t [s].

Der Vorteil des Spaltzug-Schwellversuchs liegt in der bequemen Probekörpergewinnung aus der Straße in Form von Bohrkernen, die im Labor, beispielsweise im Rahmen von Kontrollprüfungen ohne wesentliche weitere Probenpräparation geprüft werden können (siehe Abbildung 144). Doch aus materialwissenschaftlicher Sicht gibt es international erhebliche Kritik am Spaltzug-Schwellversuch (siehe Kasten).

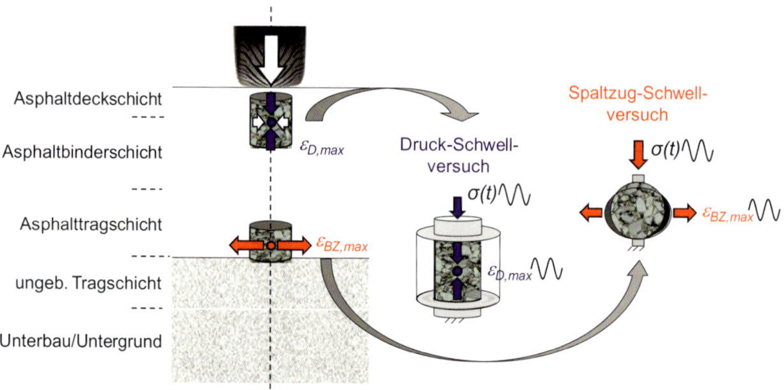

Abbildung 144 Prinzipskizze zur Verwendung von Bohrkernen aus der Straße zur Bestimmung des Verformungswiderstands (Druck-Schwellversuch) und des Ermüdungswiderstands (Spaltzug-Schwellversuch)

Kritik am Spaltzug-Schwellversuch: Während des Versuchs ist die Gefahr von Ausbauchen und/oder Verquetschen des Probekörpers groß. Die Ursache dafür ist die Druckbeanspruchung des Probekörpers über seine Mantelflächen. Wegen der Heterogenität des Probekörpers (insbesondere bei Temperaturen über 15 °C) kann es ungewollt und *unbemerkt* zu einer exzentrischen Beanspruchung und folglich zum Versagen durch Abscheren und „Verquetschen" kommen – und nicht durch Zugdeformation unter statischer Beanspruchung bzw. Materialermüdung unter zyklischer Beanspruchung (siehe Abbildung 145).

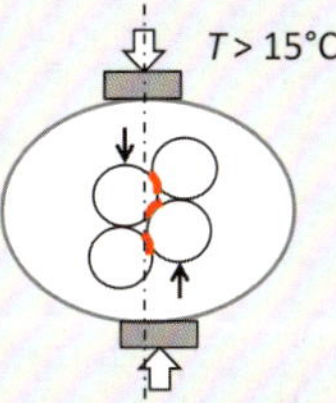

Abbildung 145 Ungewolltes Abscheren im Spaltzug-Schwellversuch (Prinzipskizze)

Darüber hinaus wird anhand der Auswertung der dissipierten Energie für den Spaltzug-Schwellversuch – und analog für den direkten Zug-Schwellversuch – die erhebliche Auswirkung der Art der Lasteintragung auf die Anzahl an ertragbaren Lastwechseln N_f deutlich (Wistuba et al., 2013)[422]. Die wiederholte (wenn auch kleine) Zugdehnung bewirkt, dass es während des Versuchsverlaufs nur zu vergleichsweise wenig Materialermüdung kommt, während sich gleichzeitig erhebliche plastische Zugdeformationen akkumulieren. Die Materialermüdung ist gegenüber der Verformung untergeordnet und das Versagen des Probekörpers ist vielmehr eine Folge der überlagerten plastischen Zugdeformationen als der Materialermüdung durch Rissbildung. Dies ist der wesentliche Grund dafür, dass dieser Versuchstyp außerhalb Deutschlands kaum Anwendung findet.

Zug-Schwellversuch

Beim einaxialen *Zug-Schwellversuch* ist ein schlanker, prismenförmiger oder zylindrischer Asphaltprobekörper in Längsrichtung einer sinusförmigen Zugbeanspruchung ausgesetzt (siehe Abbildung 146 a). Üblicherweise ist die Beanspruchung kraftgeregelt.

Es wird davon ausgegangen, dass der Beanspruchungszustand rotationssymmetrisch und im mittleren Probekörperquerschnitt mit ausreichender Näherung homogen ist. Eine ungewollte Exzentrizität durch schiefen

422 Wistuba, M. P., Alisov, A. & Isailović, I. 2013. Ansprache und Steuerung von Healing-Effekten bei Asphalt. Schlussbericht, FE 07.0251/2011/ERB, i. A. des Bundesministeriums für Verkehr, Bau und Stadtentwicklung, Institut für Straßenwesen, Technische Universität Braunschweig.

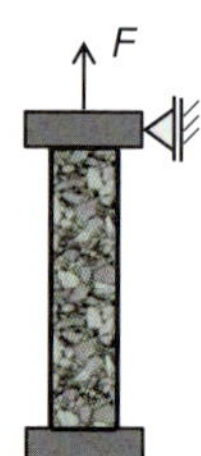

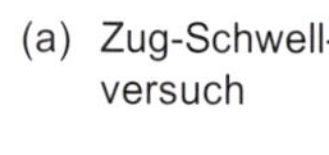

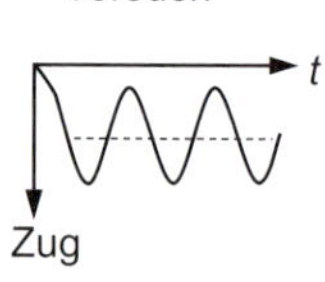

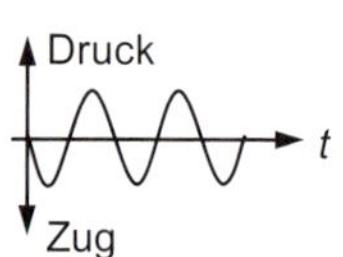

Abbildung 146 (a) Zug-Schwellversuch und (b) Zug-Druck-Wechsellastversuch (schematisch)

Probeneinbau oder bedingt durch heterogenes Materialverhalten führt zur Biegung des Probekörpers und verfälscht das Prüfergebnis.

Während der Prüfung wird die vertikale Gesamtverformung des Probekörpers gemessen, z. B. mittels zwei diametral angeordneter induktiver Wegaufnehmer. Weil ein homogener Spannungszustand angenommen werden darf, kann der Messwert direkt zur Ermittlung des E-Moduls verwendet werden.

Ein kraftgeregelter einaxialer Zug-Schwellversuch (englisch *Uniaxial Cyclic Tension Stress Test, UCTST*) wird nach DIN EN 12697-46[396] zur Analyse des Ermüdungsverhaltens bei niedrigen Temperaturen ($T \ll 20$ °C) herangezogen (insbesondere bei Asphalten für Asphaltdeckschichten). Damit soll im Labor vor allem jene kritische Beanspruchung simuliert werden, die in Deckschichten zufolge einer Kombination der Belastung aus einer Abkühlung (zufolge fallender Temperatur) mit anschließenden Verkehrslast-Überrollungen auftreten kann (siehe Kasten).

> Im einaxialen **Zug-Schwellversuch** (*Uniaxial Cyclic Tension Stress Test, UCTST*) wird der Probekörper mit einer konstanten Unterspannung belastet, die in Abhängigkeit von der Prüftemperatur entsprechend der zuvor im Abkühlversuch ermittelten kryogenen Spannung gewählt wird. Die konstante Unterspannung wird mit abnehmender Prüftemperatur größer gewählt und liegt in der Größenordnung von 0,03 MPa bei 20 °C und von 0,13 MPa bei 0 °C. Die Wahl der Oberspannung bei kraftgeregelten Zug-Schwellprüfungen bestimmt die Anzahl der ertragbaren Lastwechsel und damit die Dauer des Ermüdungsversuchs.

Zug-Druck-Wechsellastversuch

Beim einaxialen *Zug-Druck-Wechsellastversuch* wird ein schlanker, prismenförmiger oder zylindrischer Asphaltprobekörper in Längsrichtung mit sinusförmigen Lastimpulsen belastet. Die Amplitude der Beanspruchung schwingt um die Nulllage und die Belastung wechselt in jedem Zyklus sein Vorzeichen (*Wechsellast*) (siehe Abbildung 146 b). Üblicherweise ist die Beanspruchung kraftgeregelt.

Analog zum einaxialen Zugversuch wird davon ausgegangen, dass der Beanspruchungszustand rotationssymmetrisch und im mittleren Probekörperquerschnitt mit ausreichender Näherung homogen ist. Daher wird auch hier die gemessene, vertikale Gesamtverformung des Probekörpers direkt zur Ermittlung des E-Moduls herangezogen.

Vierpunktbiegeversuch

Im *Vierpunktbiegeversuch* wird ein schlanker, prismenförmiger Asphalt-Probekörper an seinen Enden horizontal gelagert. Der Asphaltprobekörper hat eine Länge, die mindestens das Sechsfache des größeren Werts aus Höhe und Breite betragen muss. Üblicherweise wird der Asphaltprobekörper zuvor aus laborverdichteten Platten gesägt. Eine Gewinnung von Probekörpern aus der Straße erfordert die Entnahme von riesigen Ausbaustücken, ist daher unpraktikabel und die Ausnahme.

Symmetrisch über zwei innere, vertikal bewegliche Auflager wird eine vertikale, sinusförmige Last eingetragen (siehe Abbildung 147, Mitte). Üblicherweise ist die Beanspruchung weggeregelt.

Die Last bewirkt in den Randfasern von Ober- und Unterseite des Probekörpers eine maximale, horizontale Biegebeanspruchung (Biege-

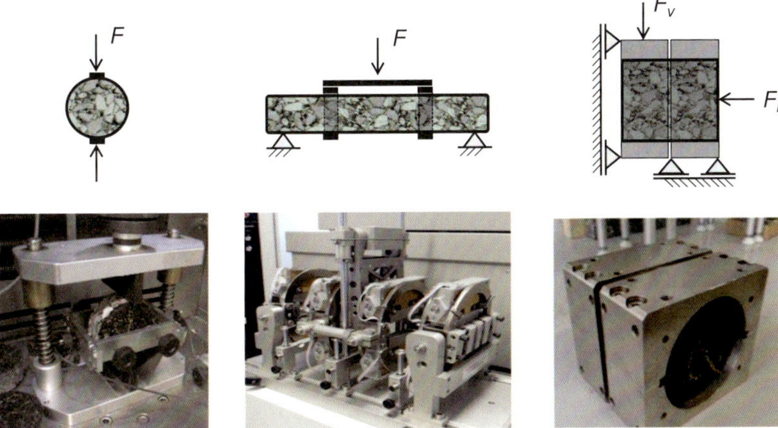

Abbildung 147 Prüfverfahren für Steifigkeits- und Ermüdungsprüfung: jeweils Prinzipskizze und Foto des Prüfeinsatzes darunter: Spaltzug-Schwellversuch (links); Vierpunktbiegeversuch (Mitte); Scherversuch (rechts)

moment), die zwischen den inneren Auflagern näherungsweise konstant sind. Die Biegebeanspruchung nimmt zur horizontalen Mittelachse des Probekörpers hin ab. In der Nulllinie ist der Probekörper unbeansprucht.

Die maximale Biegebeanspruchung in der oberen und unteren Randfaser des Probekörpers ändert innerhalb einer Sinusschwingung ihr Vorzechen. Während des Versuchsverlaufs wechseln daher im unteren und im oberen Bereich des Asphaltprobekörpers fortwährend Biegezug und Biegedruck.

Im Vierpunktbiegeversuch entsteht ein wechselnder, inhomogener Beanspruchungszustand. Als Messwert interessiert die Dehnung der Randfaser zwischen den innenliegenden Auflagern. Zur Rückrechnung des E-Moduls aus dem Messwert wird als Hypothese die Balkentheorie (siehe Kapitel 4.1.3) angewandt.

Eine zwängungsfreie Probekörperlagerung während des gesamten Versuchs ist sicherzustellen (gemäß Europäischer Norm), was tatsächlich nur bei wenigen Prüfgeräten garantiert ist. Erfahrungsgemäß ist nur bei zwängungsfreier Lagerung eine zu anderen Prüfverfahren vergleichbare oder bessere Wiederholbarkeit erzielbar.

5.4.4.4 Auto-Regeneration

Wie in Kapitel 3.5 erläutert, besitzt Asphalt die Fähigkeit zur Auto-Regeneration. Diese wirkt in den Lastpausen des Verkehrs (vgl. Abbildung 148).

Um das auto-regenerative Verhalten von Asphalt im Labor zu beobachten, werden Ermüdungsversuche durchgeführt, die durch Lastpausen unterbrochen werden. Eine Lastpause kann entweder nach jedem einzelnen Lastimpuls eingefügt werden oder zwischen zwei Belastungsphasen mit kontinuierlicher Aufeinanderfolge von Lastimpulsen (siehe Abbildung 149). Meist wird wegen der kürzeren Versuchsdauer die zweite Variante gewählt.

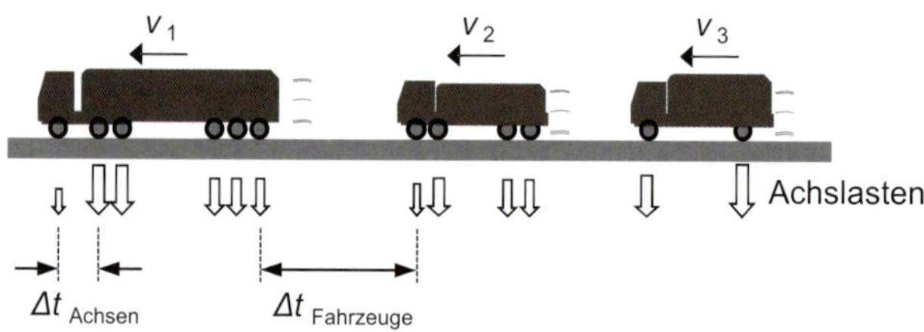

Abbildung 148 Lastpausen zwischen den Fahrzeugen und den Achsüberrollungen (schematisch)

kurze Lastpause nach jedem Lastimpuls

lange Lastpause nach einer kontinuierlichen Belastungsphase

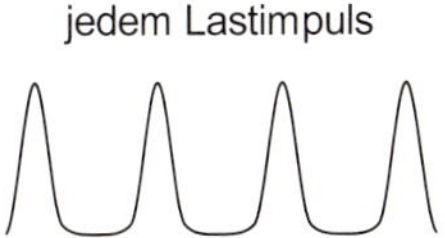

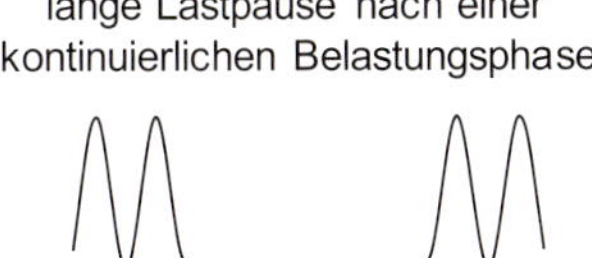

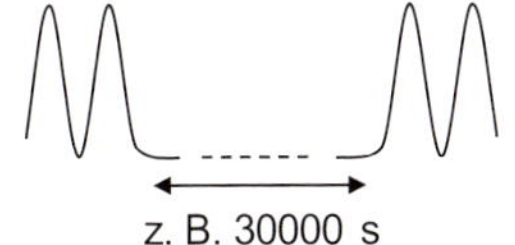

z. B. 0,5 s

z. B. 30000 s

Abbildung 149 Übliche Konfigurationen von Lastpausen im Laborversuch (schematisch)

Die Auto-Regeneration während einer Lastpause kann anhand der Rückstellung der Steifigkeitsabnahme beobachtet werden (siehe Isailović, 2018)[423]. Die Ursache dieser Auto-Regeneration wird in der Literatur auch als *Selbstheilung* von Asphalt bezeichnet (siehe Kasten).

Begriff *Auto-Regeneration* statt *(Selbst-)Heilung* von Asphalt: Die Auto-Regeneration ist nicht zwingend und ausschließlich auf Materialheilung zurückzuführen, weil sie von nicht-linearem Materialverhalten, Erwärmung infolge Energiedissipation und Bindemittelthixotropie überlagert oder sogar gesteuert wird. Der Begriff *Auto-Regeneration* (oder *Rückstellung*; englisch *recovery*) ist daher passender als *(Selbst-)Heilung*.

Als Maß für die Bewertung des Asphaltvermögens zur Auto-Regeneration gilt daher die im Ermüdungsversuch während Lastpausen beobachtete Rückstellung des E-Moduls. Aus den bisherigen Erfahrungen unter Laborbedingungen kann festgehalten werden (siehe auch Wistuba et al., 2013)[424]:

» Infolge von Lastpausen steigt die Lebensdauer des Asphaltprobekörpers an. Dies ist aber uneinheitlich und abhängig von der Konfiguration der Lastpause (gemäß Abbildung 149).

» Das Auto-Regenerationsvermögen von Asphalt ist umso größer, je länger die Lastpause ist, je höher die Prüftemperatur ist (ausgehend von einer Referenztemperatur von 20 °C), je später die Lastpause einsetzt, je höher der Bindemittelgehalt ist und je öfter die Möglichkeit zur Erholung besteht.

423 Isailović, I. 2018. Fatigue and recovery of road asphalt mixtures. Dissertation, Schriftenreihe Straßenwesen, Heft 35, Institut für Straßenwesen, Technische Universität Braunschweig.

424 Wistuba, M. P., Alisov, A. & Isailović, I. 2013. Ansprache und Steuerung von Healing-Effekten bei Asphalt. Schlussbericht, FE 07.0251/2011/ERB, i. A. des Bundesministeriums für Verkehr, Bau und Stadtentwicklung, Institut für Straßenwesen, Technische Universität Braunschweig.

» Bei hinreichend langer Lastpausendauer bilden sich – neben elastischen – auch viskose Verformungsanteile zurück. Ab einem bestimmten Schädigungsgrad hat die Dauer der Lastpause einen abnehmenden Einfluss. Üblicherweise wird ein Faktor von ungefähr 10 zwischen der Dauer der Lastpause und der Dauer der Belastungsphase berücksichtigt, um eine größtmögliche Verlängerung der Lebensdauer zu erzielen (siehe Di Benedetto et al., 2005)[425].

» Die Auto-Regeneration ist abhängig vom Modul des Bindemittels. Bei weichen Bindemitteln ist die Auto-Regeneration deutlich stärker ausgeprägt als bei harten Bindemitteln.

» Je stärker die Schädigung des Asphaltprobekörpers vor der Lastpause ist, umso weniger effizient ist die Auto-Regeneration während der Lastpause.

» Nach Alterung und bei geringer Prüftemperatur zeigt sich ein stark verringertes Auto-Regenerationsvermögen.

Einige Laborstudien zum Ermüdungsversuch mit Lastpausen fokussierten auf die thermischen Effekte im Asphaltprobekörper (Aufheizen durch Reibung durch die zyklische Anregung und Auskühlen während der Lastpause) sowie auf thixotrope Effekte (Bindemittelverflüssigung durch die mechanische Anregung) (siehe z. B. Isailović et al., 2017[426]; Isailović, 2019[427]).

Di Benedetto et al. (2011)[428] konnten nachweisen, dass die Steifigkeitsabnahme in einer Lastpause vollständig zurückgestellt werden kann (weggeregelte Zug-Druck-Wechselversuche, Prüffrequenz f = 10 Hz, Dehnungsamplitude < 120 µm/m, bis 10.000 Lastwechsel). Allerdings ist die Steifigkeitsabnahme nicht eine reine Materialermüdung, sondern zumindest teilweise ein versuchsbedingtes Phänomen: Die Steifigkeits-

425 Di Benedetto, H., De la Roche, C. & Piau, J.-M. 2005. Propriétés mécaniques et thermomécaniques des mélanges bitumineux. Chapitre 2, Matériaux routiers bitumineux 2: Constitution et propriétés thermomécaniques des mélanges. Di Benedetto, H. & Corté, J.-F. (eds.), Hermes/Lavoisier, France.

426 Isailović, I., Wistuba, M. P. & Cannone Falchetto, A. 2017. Influence of rest period on asphalt recovery considering nonlinearity and self-heating. Construction and Building Materials, Vol. 140, 321-327, doi: 10.1016/j.conbuildmat.2017.02.122, Elsevier.

427 Isailović, I. 2019. On fatigue and recovery of road asphalt mixtures. Dissertation, Schriftenreihe Straßenwesen, Heft 35, Institut für Straßenwesen, Technische Universität Braunschweig.

428 Di Benedetto, H., Nguyen, Q. T. & Sauzéat, C. 2011. Nonlinearity, Heating, Fatigue and Thixotropy during Cyclic Loading of Asphalt Mixtures. Road Materials and Pavement Design, Vol. 12, No. 1/2011, 129-158, Taylor & Francis.

abnahme in der Anfangsphase wird verursacht von *nicht-linearem Materialverhalten* (je höher die Beanspruchung umso geringer die Steifigkeit), Erwärmung infolge *Energiedissipation* (und Abkühlen während der Lastpause) und *Bindemittelthixotropie* (und *Strukturalterung* in Lastpausen). Weil es in der Anfangsphase keine Materialermüdung gibt, kann die Auto-Regeneration des E-Moduls auch kein reiner Heilungseffekt sein.

Es ist noch nicht erschöpfend geklärt, ob und in welchem Ausmaß die Auto-Regeneration der Steifigkeitsabnahme durch Heilung und/oder durch thermische und viskose Effekte während der Ermüdungsphase beeinflusst oder sogar gesteuert wird. Keinesfalls ist die Auto-Regeneration ausschließlich auf Heilungseffekte zurückzuführen.

Die Stimulation des Heilungsvermögens von Asphalt könnte zur Steigerung der Dauerhaftigkeit von Asphaltstraßen beitragen. Die Forschung dazu ist nicht abgeschlossen (Tabakovic & Schlangen, 2016[429], Liang et al., 2021[430], Norambuena-Contreras et al., 2022[431], Wei et al., 2023[432], Lu et al., 2023[433]).

5.4.4.5 Rechnerische Lebensdauer

(A) Überblick

Die *rechnerische Dimensionierung* (zum Begriff *rechnerisch* siehe Kasten) dient der *Dickendimensionierung* der Schichten des Straßenoberbaus (für Neubau und Erneuerung).

---

429 Tabakovic, A. & Schlangen, E. 2016. Self-healing technology for asphalt pavements. Advances in Polymer Science, (November), 1-22, doi.org/10.1007%2F12_2015_335.

430 Liang, B., Lan, F., Shi, K., Qian, G., Liu, Z. & Zheng, J. 2021. Review on the self-healing of asphalt materials: Mechanism, affecting factors, assessments and improvements. Construction and Building Materials, Volume 266, Part A, 10 January 2021, doi.org/10.1016/j.conbuildmat.2020.120453.

431 Norambuena-Contreras, J., Liu, Q., Gonzalez, A., Guarin, A., Ruiz-Riancho, N., Garcia-Hernandez, A., Wacker, B. & Concha, J. L. 2022. Advances in Self-healing Bituminous Materials: From Concept to Large-Scale Application. In: Kanellopoulos, A. & Norambuena-Contreras, J. (eds.), Self-Healing Construction Materials, pp 79-125, Engineering Materials and Processes. Springer, doi.org/10.1007/978-3-030-86880-2_4.

432 Wei, K., Cao, X., Wu, Y., Cheng, Z., Tang, B. & Shan, B. 2023. Dynamic chemistry approach for self-healing of polymer-modified asphalt: A state-of-the-art review. Construction and Building Materials, Volume 403, doi.org/10.1016/j.conbuildmat.2023.133128.

433 Lu, T., Hofko, B., Sun, D., Mirwald, J., Eberhardsteiner, L. & Hu, M. 2023. Microscopic and rheologic characterization of third generation self-repairing microcapsule modified asphalt. Construction and Building Materials, Volume 400, doi.org/10.1016/j.conbuildmat.2023.132841.

Das Wort **rechnerisch** in der Bezeichnung *rechnerische Dimensionierung* bringt zum Ausdruck, dass die Dimensionierung des Straßenoberbaus nicht allein auf Erfahrungswerten beruht. Die Bezeichnung dient der Abgrenzung zur *standardisierten Dimensionierung*. • Die **standardisierte Dimensionierung** ist die Festlegung des Straßenoberbaus für katalogisierte Regelbauweisen unter Berücksichtigung langjähriger Erfahrungswerte. Sie erfolgt in Deutschland für öffentliche Straßen mit unbeschränkt öffentlichem Verkehr nach den *Richtlinien für die Standardisierung des Straßenoberbaus* (RStO)[434]. • Die **rechnerische Dimensionierung** von Oberbauten für Verkehrsflächen mit Asphaltdeckschichten oder Betondecken bezieht ein *Rechenmodell* zur Ermittlung des Schichtaufbaus ein. Sie ist in den *Richtlinien für die rechnerische Dimensionierung des Oberbaus* geregelt (RDO Asphalt[435] und RDO Beton). Die RDO werden hauptsächlich bei Betreibermodellen für den mehrstreifigen Autobahnausbau (A-Modelle) und gemäß Fernstraßenbauprivatfinanzierungsgesetz (F-Modelle) sowie bei anderen Projekten mit öffentlich privater Partnerschaft (ÖPP) und bei Funktionsbauverträgen angewandt.

Im Rahmen der rechnerischen Dimensionierung werden die Schichtdicken unter Berücksichtigung der Materialeigenschaften so festgelegt, dass die Tragfähigkeit und die Ermüdungsfestigkeit ausreichen, um während der geplanten Gebrauchsdauer der Straße den Belastungen aus dem Schwerverkehr und der Witterung ohne strukturelle Schädigung[436] standzuhalten. Die maßgebenden Beanspruchungen werden in ihrer Höhe und Anzahl mittels eines Rechenmodells abgeschätzt.

Das in diesem Rechenmodell maßgebende Bewertungskriterium für die Haltbarkeit des Asphaltoberbaus ist die Materialermüdung an der Unterseite des Asphaltoberbaus, in dem Punkt lotrecht unter der Radaufstandsfläche, wo die größte Biegezugbeanspruchung auftritt. Dort muss die von der Asphalttragschicht für eine vorgegebene Zeitspanne aufzunehmende Anzahl an maßgebenden Biegezugbeanspruchungen kleiner sein als die in Ermüdungsversuchen beobachtete Anzahl an Lastwechseln N_f. Andere Bewertungskriterien sind normalerweise von untergeordneter Bedeutung.

434 RStO. Richtlinien für die Standardisierung des Oberbaus von Verkehrsflächen. Technisches Regelwerk für das Straßen- und Verkehrswesen, Forschungsgesellschaft für Straßen- und Verkehrswesen e. V. (Hrsg.), FGSV Verlag, Köln.

435 RDO Asphalt, Richtlinien für die rechnerische Dimensionierung des Oberbaues von Verkehrsflächen mit Asphaltdeckschicht. Technisches Regelwerk für das Straßen- und Verkehrswesen, Forschungsgesellschaft für Straßen- und Verkehrswesen e. V. (Hrsg.), FGSV Verlag, Köln.

436 Strukturelle Schadensfreiheit schließt nicht aus, dass Erhaltungsmaßnahmen an der Straßenoberfläche (in der Asphaltdeckschicht) in Abhängigkeit von der Verkehrs- und von der Witterungsbeanspruchung früher notwendig sein können. Die rechnerische Dimensionierung verliert ihre Aussagekraft, wenn dimensionierungsrelevante Kenngrößen beispielweise durch mangelhafte Bauausführung nicht eingehalten werden.

Unterschreitet die Anzahl an Biegezugbeanspruchungen in der vorgegebenen Zeitspanne (üblicherweise 30 Jahre) die Anzahl an ertragbaren Lastwechseln N_f, so ist die Straße ausreichend dimensioniert. Ergebnis der rechnerischen Dimensionierung ist somit die Aussage, ob ein gewählter Oberbau in einer vorgegebenen Zeitspanne die erwartete Anzahl an äquivalenten 10-Tonnen-Achsübergängen ertragen kann, ohne dass unzulässig hohe, ermüdungsrelevante Biegezugdehnungen an der Unterseite der Asphaltschicht auftreten.

Sollte im Ergebnis die Anzahl an ertragbaren Lastwechseln deutlich unterschritten sein (der Straßenaufbau ist also zu dick dimensioniert), kann die Dimensionierung geändert werden, beispielsweise durch Wahl von geringeren Schichtdicken. Andererseits kann in diesem Fall – bei unveränderten Schichtdicken – angenommen werden, dass sich die Lebensdauer der Straße erhöht. Rechnerisch stehen also die Anzahl an ertragbaren Lastwechseln und die Lebensdauer der Straße in einem Zusammenhang. Aus diesem Grund wird die rechnerische Dimensionierung oft auch als Instrument der *Lebensdauerprognose* bezeichnet (Kommentar siehe Kasten).

Die rechnerische Dimensionierung als Instrument der Lebensdauerprognose?
Will man die Lebensdauer einer Straße in Jahren zuverlässig prognostizieren, benötigt man ein wirklichkeitsgetreues Gesamtmodell der Straße, das alle Einflussgrößen und deren Wechselwirkungen, welche die Lebensdauer maßgeblich bestimmen, mit ausreichender Genauigkeit und über einen ausreichend langen Zeitraum berücksichtigt. Zu solchen Einflussgrößen zählen der Straßenaufbau in seiner Schichtzusammensetzung, Geometrie und Tragstruktur (inklusive Untergrund), die Einwirkungen aus Verkehr, Witterung (kurzfristig) und Klima (langfristig) und die Materialeigenschaften einschließlich aller beanspruchungs- und zeitabhängigen Veränderungen. So ein Gesamtmodell der Straße gibt es aber nicht (siehe Kapitel 4.1.1). Da viele Einflussgrößen nicht genau genug bekannt sind (und auch nicht genau genug prognostiziert werden können), kann die Lebensdauer einer Straße letztlich nicht zufriedenstellend berechnet werden. Die Verwendung des Begriffs *Lebensdauerprognose* im Zusammenhang mit der rechnerischen Dimensionierung ist daher irreführend. Denn von der Idee her zielt die rechnerische Dimensionierung auch nicht ab auf die Angabe der Lebensdauer in Jahren, sondern es geht darum, technisch ähnliche Varianten von Straßenoberbauten in Bezug auf ausgewählte Kriterien vergleichend zu bewerten. Die Varianten unterscheiden sich beispielsweise in der Tragfähigkeit der Unterlage, in der Kombination unterschiedlich dicker Schichten oder in den Mischgutzusammensetzungen.

Grundlage für die Prognose des Versagens sind Teilmodelle, die eine Schädigung *in kleinen Raten* beschreiben und im Labor materialabhängig bestimmt werden können, beispielsweise die in Laborversuchen zum Ermüdungswiderstand gewonnene *Wöhlerkurve,* oder die in Laborversuchen zum Verformungswiderstand gewonnene *Verformungskurve.* Solche Modelle (Kurven) beschreiben die Größe der Beanspruchung in Abhängigkeit von der Lastwechselzahl. So können Wertepaare (z. B. Beanspruchung *i*, zugehörige Lastwechselzahl N_{fi}) gefunden und mit der Wirklichkeit in Zusammenhang gebracht werden, etwa mit der Beanspruchung eines Punkts in der Straße, die aus der Radlast bei Fahrzeugüberrollung resultiert.

Nun wird ein Teilmodell für die Ermittlung der zugehörigen Beanspruchungen in geschichteten Straßenkonstruktionen benötigt und ein weiteres zur Beschreibung der Vielzahl an Teilschädigungen durch Lastkollektive. Zwei (einfache, für Asphalt grob gültige) Theorien sind zur Beschreibung dieser beiden Teilmodelle verbreitet: die *Mehrschichtentheorie* zur Ermittlung der lastbedingten maßgebenden Beanspruchungen im Asphaltoberbau und die *Miner Regel* zur Beschreibung der Materialermüdung.

(B) Mehrschichtentheorie

Die *Mehrschichtentheorie* von Burmister (1943)[437] wird eingesetzt zur Ermittlung von Spannungen, Dehnungen und Verschiebungen in geschichteten linear-elastischen Halbräumen. Gemäß dieser Theorie wird die Straßenbefestigung modelliert als ein System aus mehreren Schichten (ihre Anzahl ist theoretisch unbegrenzt, in der Praxis reichen fünf bis zehn Schichten), mit folgenden Näherungen:

» Das Materialverhalten ist linear-elastisch und isotrop.

» Jede Schicht ist horizontal unendlich ausgedehnt (fugenlos) und wird durch Schichtdicke, Steifigkeit und Querdehnzahl beschrieben.

» An den Schichtgrenzen gilt voller oder kein Verbund.

» Die Belastung wird über eine Topflast eingeleitet. Der Spannungs- und der Verformungszustand sind axialsymmetrisch.

Unter diesen Voraussetzungen sind für jeden Punkt des Halbraums die Spannungs-Dehnungs-Beziehungen analytisch lösbar. Dabei ist die zufolge einer Radlast wirkende Radialspannung von den Schichtsteifigkeiten

437 Burmister, D. M. 1943. The General Theory of Stresses and Displacements in Layered Systems. Journal of Applied Physics.

abhängig und fällt mit zunehmender Tiefe überproportional ab, was den bedeutenden Einfluss der Schichtdicke auf die maßgebende Biegezugbeanspruchung erklärt (Verdopplung der Aufbaudicke entspricht einer Abnahme der Biegezugbeanspruchung um bis zu 75 %).

Die Mehrschichtentheorie ist anhand von Dehnungsmessungen an realen Asphaltoberbauten validiert.

Sie gilt näherungsweise für den LVE Bereich, tiefe Temperaturen, kurze Lasteinwirkungszeiten (hohe Fahrgeschwindigkeit) und für Oberbauten mit ausreichender Mächtigkeit (nicht für dünnschichtige Asphaltstraßen).

(C) Miner Regel

Die *Miner Regel* beschreibt die lineare Schadensakkumulation zur Beurteilung des Einflusses eines Lastkollektivs auf die Lebensdauer (nach Palmgren, 1924[438]; Lange, 1937[439]; Miner, 1945[440]).

Zur Anwendung der Miner Regel auf Asphaltstraßen wird die Schwerverkehrsbelastung zunächst in einzelne Lastimpulse zerlegt: Die Verkehrslast ist aus unterschiedlichen Achslasten zu einem Belastungskollektiv zusammengesetzt. Jede Radlast ist ein Impuls mit bestimmter Amplitude und Form und tritt mit einer bestimmten Anzahl auf. Im Laborversuch wird die Radlast durch eine sinusförmige Belastung simuliert, deren Periode ein Lastwechsel ist. So wird das reale Belastungskollektiv zerlegt in einzelne Belastungen mit jeweils unterschiedlicher Amplitude und Frequenz.

Unter der Annahme von linearer Schadensakkumulation ist die schädigende Wirkung des zerlegten Belastungskollektivs gleich der Gesamtschädigung durch das Belastungskollektiv. Die Reihenfolge der Belastungen spielt demnach keine Rolle.

Im Ermüdungsversuch ist das Versagen der Asphaltprobe für eine Belastung durch die Lastwechselzahl N_f bestimmt. Nach mehrfacher Prüfung des Asphalts mit unterschiedlichen Belastungen findet man die Wöhlerkurve (siehe Kapitel 5.4.4.3) und anhand der Wöhlerkurve die maximal mögliche Lastwechselzahl N_{fi} (bis zur Ermüdung) für jede beliebige Belastung *i*.

438 Palmgren, A. 1924. Die Lebensdauer von Kugellagern. Zeitschrift des Vereins Deutscher Ingenieure. Band 68, Nr. 14, 339-341.

439 Langer, B. F. 1937. Fatigue failure from stress cycles of varying amplitude. Journal of Applied Mechanics, Vol. 59, A160-A162.

440 Miner, M. A. 1945. Cumulative damage in fatigue. Journal of applied mechanics, Vol. 12/3, 159-164.

Solange für eine Belastung *i* die aufgebrachte Lastwechselzahl n_i (oder $N_{vorhanden}$) kleiner als die zulässige Lastwechselzahl N_{fi} ist (oder $N_{zulässig}$), tritt kein Versagen ein. Es gilt für eine konstante Belastung *i*:

$$\frac{N_{vorhanden}}{N_{zulässig}} = \frac{n_i}{N_{fi}} \leq 1 \qquad \text{Gl. 92}$$

Nach der *Miner Regel* gilt dies auch für das Belastungskollektiv bestehend aus einer Anzahl von *z* einzelnen Belastungen:

$$\frac{n_1}{N_{f1}} + \frac{n_2}{N_{f2}} + \cdots + \frac{n_z}{N_{fz}} = \sum_{i=1}^{z} \frac{n_i}{N_{fi}} \leq 1 \qquad \text{Gl. 93}$$

Bei Überschreitung des Werts 1 ist mit einem Versagen unter dem betrachteten Belastungskollektiv zu rechnen. Diese Gleichung bildet die wesentliche Grundlage für das Rechenmodell der rechnerischen Dimensionierung.

5.4.4.6 Schermodul und Lastwechselzahl bei Scherermüdung

Zyklische Scherversuche zur Bestimmung des komplexen Schermoduls und des zugehörigen Phasenwinkels sowie der *Scherermüdung* gibt es international nur wenige. Meist wird die zyklische Scherbeanspruchung – in Anlehnung an den statischen Abscherversuch – durch direktes, lineares „Hin- und Her-Scheren" einer zweischichtigen Asphaltprobe erzielt, mit dem Ziel, den Schermodul (Werkstoffanteil der Schersteifigkeit) und die Scherermüdung zur Beurteilung des Schichtenverbunds zu ermitteln. Das direkte Scheren (d. h. die Scherkraft wirkt in linearer Richtung in der Ebene der Scherfläche) ist in Bezug auf die Probekörperherstellung und gerätetechnisch vergleichsweise einfach zu realisieren. Dabei ist der Beanspruchungszustand inhomogen, was wiederum die Interpretation der Versuchsergebnisse erschwert.

Auch der in Deutschland bekannte zyklische Scherversuch entstand in Abwandlung der Versuchsanordnung des statischen Abscherversuchs und dient speziell zur Untersuchung des Schichtenverbunds. Danach wird die zyklische Scherbeanspruchung weggeregelt in Form eines Sinusimpulses aufgebracht. Die *Scherprüfung* erfolgt im LVE Bereich, die Ermittlung des *Scherermüdungswiderstands* im Schichtenverbund unter Dauerbeanspruchung außerhalb des LVE Bereichs. Zusätzlich zur Relativverschiebung der Bohrkernhälften kann in der Längsachse des

Bohrkerns eine statische Druckkraft aufgebracht werden, die einen Anpressdruck der Bohrkernhälften erzeugt. Die Auswertung von Scherermüdungsversuchen erfolgt analog zum klassischen Ermüdungsversuch, d. h. es werden Kenngrößen wie $N_{f/50}$, *Energy Ratio*, *Wöhlerkurve*, usw. bestimmt (siehe Kapitel 5.4.4.3). So können verschiedene Varianten des Schichtenverbunds hinsichtlich ihres Scherermüdungswiderstands bewertet werden. Die Wiederholbarkeit ist nach den bisherigen Erfahrungen deutlich geringer als bei klassischen Ermüdungsversuchen (siehe Wistuba et al., 2016)[441]. Der direkte zyklische Scherversuch wurde bisher nur unzureichend validiert.

Alternativ zum „Hin- und Her-Scheren" ist das Aufbringen einer oszillierenden Scherbeanspruchung auf einen Asphaltprobekörper (ähnlich zum Vorgang beim DSR mit der Platte-Platte-Messgeometrie) interessant, weil dies zu einem (annähernd) homogenen Beanspruchungszustand führt. Ein Torsions-Scherversuch an einem dünnwandigen Hohlzylinder wird zu Forschungszwecken eingesetzt, die Probekörperherstellung ist aufwendig, das Prüfgerät komplex (siehe Attia et al., 2018[442]; Tran et al., 2021[443]; Wang et al., 2022[444]).

5.4.5 Kennwerte aus der dynamischen Prüfung

Eine Alternative, um das LVE Materialverhalten von Festkörpern zu analysieren, sind *dynamische Prüfverfahren* zur Schwingungsanalyse von Festkörpern.

Schwingungsanalysen sind rasch, ökonomisch und einfach in der Durchführung und zerstören den geprüften Festkörper nicht. In der Werkstoff-

441 Wistuba, M. P., Isailović, I. & Büchler, S. 2016. Zyklische Schersteifigkeits- und Scherermüdungsprüfung zur Bewertung und Optimierung des Schichtenverbundes in Straßenbefestigungen aus Asphalt. Schlussbericht, Teil 2, Forschungsprojekt 17634 BG/2, i. A. der Arbeitsgemeinschaft Industrieller Forschung (AiF), Institut für Straßenwesen, Technische Universität Braunschweig.

442 Attia, T., Di Benedetto, H., Sauzéat, C. & Pouget, S. 2018. Experimental Investigation of the Mechanical Behaviour of Interfaces Between Pavement Layers. In: Shi, X., Liu, Z., Liu, J. (eds.) Proceedings of GeoShanghai 2018 International Conference: Transportation Geotechnics and Pavement Engineering. GSIC 2018. Springer, Singapore, doi.org/10.1007/978-981-13-0011-0_37.

443 Tran, T. N., Mangiafico, S., Sauzéat, C. & Di Benedetto, H. 2021. Bituminous interlayers thermomechanical behaviour under small shear strain loading cycles with 2T3C apparatus: Hollow Cylinder and Digital Image Correlation. Eng. Proc. 2021, 3, doi.org/10.3390/xxxxx.

444 Wang, G., Li, Y., Chen, J., Sun, Y., Wang, W. & Liu, Y. 2022. Experimental Study on Torsional Shear Testing of Asphalt Mixture. Applied Sciences, Special Issue Advanced Technologies in Asphalt Materials, 12(23), doi.org/10.3390/app122312242.

industrie dienen sie vielfach zur Qualitätskontrolle. Es ist möglich, einen Prüfkörper unter sich verändernden Temperaturen zu messen. Von Vorteil ist auch, dass grundsätzlich komplexe Körpergeometrien analysierbar sind, solange diese im gewünschten Schwingungsmodus reproduzierbar angeregt werden können.

Dynamische Prüfverfahren beruhen auf der *Impulserregungstechnik* zur Bestimmung *elastischer Materialeigenschaften* (siehe ASTM Standards)[445, 446]. Dabei wird der Festkörper zunächst durch einen (meist automatisch gesteuerten) elastischen Stoß mit minimaler Energie und mit kurzer Dauer (< 2 Sekunden) zum Schwingen angeregt. Er beginnt in den drei Grundformen zu oszillieren: *Längsschwingung* (oder *Longitudinalschwingung*; vergleichbar mit einem Gewicht an einer Dehnfeder, das sich auf und ab bewegt), *Biegeschwingung* und *Torsionsschwingung* (die um den Körper herumläuft, vergleichbar mit dem Öffnen eines Drehkugelschreibers).

Das resultierende Schwingungssignal wird mittels eines piezoelektrischen Aufnehmers gemessen (möglich ist auch die Verwendung eines Mikrofons als Detektor). Die Frequenz des Schwingungssignals wird bestimmt (z. B. über Fourier-Analyse; klassischer Analysemethode zur Zerlegung eines Signals in seine Frequenzanteile).

Bei der *Frequenzganganalyse* sind zu unterscheiden: die *freie Schwingung* des Körpers (Eigenfrequenz; ohne Schwingungsanregung oder -dämpfung), die *erzwungene Schwingung* (Erregerfrequenz) und die *Resonanz* (Resonanzfrequenz; ein verstärktes Mitschwingen durch Aufschaukeln nach konstanter Anregung).

Anhand der Frequenzganganalyse können die Eigenschaften eines elastischen, homogenen und isotropen Materials bestimmt werden. Der E-Modul (bzw. Schermodul) ist eine Funktion der Probekörpermasse und Probekörpergeometrie sowie der Frequenz der Längsschwingung (bzw. Torsionsschwingung).

Zur Bestimmung des LVE Materialverhaltens von Asphalt wurden bisher unterschiedliche Verfahren erprobt, beispielsweise die Analyse der Re-

---

445 ASTM E1876-15, 2015. Standard Test Method for Dynamic Young's Modulus, Shear Modulus, and Poisson's Ratio by Impulse Excitation of Vibration. American Society for Testing and Materials, ASTM International, West Conshoshocken, PA, doi: 10.1520/E1876-15.

446 ASTM C215-14, 2014. Standard Test Method for Fundamental Transverse, Longitudinal and Torsional Frequencies of Concrete Specimens. American Society for Testing and Materials, ASTM International, West Conshoshocken, PA, doi: 10.1520/C0215-14.

sonanzfrequenzen mittels resonanter Ultraschall- oder akustischer Spektroskopie (Gudmarsson, 2014[447]; Gudmarsson et al., 2012[448]).

Die Bestimmung des komplexen dynamischen E-Moduls von Asphalt mithilfe von dynamischen Prüfverfahren bietet gegenüber den zyklischen Prüfverfahren den Vorteil, dass die Dehnungen extrem klein (rund 10^{-8} m/m) und die Frequenzen extrem hoch (rund 500 bis 25.000 Hz) sind und daher die Annahme von linearem Materialverhalten zutreffender ist als bei zyklischen Prüfverfahren. Darüber hinaus ist es ein zerstörungsfreies, vergleichsweise einfaches Prüfverfahren mit hoher Prüfpräzision.

Das Prinzip der Messung von Asphalt beruht bislang auf der Frequenzganganalyse, nach der die Modulation der Erregerfrequenz durch den Probekörper mittels Messung der resultierenden Frequenz festgestellt wird. Vielversprechende Ergebnisse zeigte die Kopplung der Frequenzganganalyse an die rheologische Modellierung zur Rückrechnung der LVE Asphaltkennwerte (Carret, 2018[449]; Gudmarsson et al., 2019[450]; Bezerra et al., 2023[451, 452]).

---

447 Gudmarsson, A. 2014. Resonance testing of Asphalt Concrete. PhD Thesis, KTH Royal Institute of Technology, Stockholm.

448 Gudmarsson, A., Ryden, N. & Birgisson, B. 2012. Application of resonant acoustic spectroscopy to asphalt concrete beams for determination of the dynamic modulus. Materials and Structures, 45(12), 1903-1913, doi: 10.1617/s11527-012-9877-3.

449 Carret, J.-C. 2018. Linear viscoelastic characterization of bituminous mixtures from dynamic tests back analysis. PhD Thesis, ENTPE, University of Lyon, France.

450 Gudmarsson, A., Carret, J.-C., Pouget, S., Nilsson, R., Ahmed, A., Di Benedetto, H. & Sauzéat, C. 2019. Precision of modal analysis to characterise the complex modulus of asphalt concrete. Road Materials and Pavement Design, Vol. 20, No. S1, 217-232, Taylor & Francis.

451 Bezerra, A., Melo, A., Freitas, I., Babadopulos, L., Carret, J.-C. & Soares, J. 2023. Determination of modulus of elasticity and Poisson's ratio of cementitious materials using S-wave measurements to get consistent results between static, ultrasonic and resonant testing. Construction and Building Materials, Volume 398, doi.org/10.1016/j. conbuildmat.2023.132456.

452 Bezerra, A., Carret, J.-C., Babadopulos, L. & Soares, J. 2023. Determination of the stiffness of ecological asphalt mixtures with non-destructive impact resonance tests. Materials Today: Proceedings, doi.org/10.1016/j.matpr.2023.07.153.

6 Ökobilanzierung von Asphaltbefestigungen

6.1 Begriffe ‚Ökobilanzierung' und ‚Lebenszyklus'

6.1.1 Ökobilanzierung

Unter *Ökobilanzierung* (auch *Ökobilanz, Umweltbilanz, Lebenszyklusanalyse*, englisch *Life Cycle Assessment,* kurz *LCA*) versteht man die systematische Erfassung und Bewertung aller umweltrelevanter Wirkungen auf Boden, Luft und Wasser entlang des gesamten Lebenszyklus der Straße. Es gilt der ganzheitliche Ansatz, d. h. möglichst alle Umweltwirkungen werden berücksichtigt. Dazu zählen insbesondere Treibhauspotential, Energieaufwand, Ressourcenverbrauch und Emissionen in Luft, Wasser und Boden, die während der Mischgutherstellung, des Einbaus, des Gebrauchs, des Rückbaus und der Wiederverwertung der Straße entstehen und auch die Umweltwirkungen aller Begleitprozesse, etwa der Herstellung der Roh- und Betriebsstoffe.

Die Ökobilanzierung erfolgt in vier aufeinanderfolgenden Schritten:

» *Festlegung des Ziels und des Untersuchungsrahmens*: Zu definieren sind das *Ziel der Ökobilanzierung* und die *Systemgrenzen* (siehe Kasten) sowie die Anforderungen an die *Datenqualität* (Daten- und Modellunsicherheiten werden typischerweise anhand von Berechnungsszenarien analysiert.).
  Das Ziel einer Ökobilanzierung kann sein ein ökologischer Vergleich verschiedener Materialoptionen, Bauvarianten oder Erhaltungsprogramme oder die Darstellung der ökologischen Vorteile eines neuen Baumaterials oder ein Vergleich unterschiedlicher Herstellungsverfahren eines Baumaterials bezüglich der Umweltwirkungen oder die Identifikation von nachhaltigen Komponenten für ein bestimmtes Baumaterial.

Systemgrenzen von Umwelt- und Energiebilanzen (Günther, 2008)[453]: • Der Ansatz *von der Wiege bis zum Tor* (englisch *cradle-to-gate*) berücksichtigt den Teil des Lebenszyklus von der Gewinnung der Rohstoffe bis zum fertigen Produkt unmittelbar

>

453 Günther, E. 2008. Ökologieorientiertes Management. Um-(weltorientiert) Denken in der BWL. 1. Auflage, UVK Verlag, ISBN 978 3 8385 8383 9, DOI: 10.36198/ 9783838583839.

vor Verlassen der Produktionsstätte (z. B. Mischgut vor dem Abtransport von der Mischanlage). • Der Ansatz *von der Wiege bis zur Bahre* (englisch *cradle-to-grave*) bewertet den gesamten Lebenszyklus. • Der Ansatz *von der Wiege bis zur Wiege* (englisch *cradle-to-cradle*, abgekürzt *C2C*), also sinngemäß *vom Ursprung zum Ursprung*, beschreibt eine durchgängige und konsequente Kreislaufwirtschaft. Er deckt sich weitgehend mit dem Ansatz *von der Wiege bis zur Bahre*, kennt aber keine Entsorgung. • Der Ansatz *von Tor zu Tor* (englisch *gate-to-gate*) beschränkt sich auf die Herstellung eines Produkts innerhalb eines Unternehmens. • Der Ansatz *vom Tor bis zur Bahre* (englisch *gate-to-grave*) berücksichtigt allein die Umweltwirkungen nach der Produktion und dem Verlassen der Produktionsstätte bis zum Ende des Lebenszyklus.

» *Erstellen der Sachbilanz*: In der Sachbilanz werden systematisch alle Daten zu den eingehenden Stoff- und Energieströmen (Ressourcen, Materialien) und zu den ausgehenden Stoff- und Energieströmen (Emissionen, Abfälle) zusammengestellt.

» *Erstellen der Wirkungsbilanz*: Mit Hilfe der Ergebnisse aus der Sachbilanz werden alle potentiellen Umweltwirkungen (Einflüsse auf Mensch und Natur) mittels softwaregestützter Wirkungsmodelle hinsichtlich charakteristischer Umweltprobleme quantifiziert (z. B. Treibhauspotential, Energieaufwand, Ressourcenverbrauch).

» *Auswertung und Interpretation*: Die Ergebnisse werden in Bezug auf das Ziel der Ökobilanzierung ausgewertet und interpretiert.

Das Ziel der Ökobilanzierung ist die umweltorientierte Beurteilung der Nachhaltigkeit von Straßenbauprojekten und ist Teil der ganzheitlichen Bilanzierung der Nachhaltigkeit (siehe Kasten). Sie dient als Entscheidungshilfe für bauliche Maßnahmen.

Nachhaltigkeit bedeutet die Nutzung der natürlichen Lebensgrundlagen, so dass diese auch für die nachfolgenden Generationen für ein zufriedenes und würdevolles Leben reichen. Nach *Hans Carl von Carlowitz*[454]: *„Man darf in einem Jahr nur so viel Holz aus dem Wald schlagen, wie in einem Jahr nachwächst“* (*Von Carlowitz*, 1713)[455]. • Das **Drei-Säulen-Modell der Nachhaltigkeit** unterteilt die Nachhaltigkeit in die drei gleich wichtigen, sich gegenseitig beeinflussenden Dimensionen

>

454 Johann „Hannß“ Carl von Carlowitz (1645-1714), Oberberghauptmann aus Freiberg (Sachsen), gilt als Vordenker der forstwirtschaftlichen Nachhaltigkeit.

455 Von Carlowitz, J. C. 1713. Sylvicultura oeconomica, oder haußwirthliche Nachricht und naturmäßige Anweisung zur wilden Baum-Zucht. Ganzheitliches Werk über die Forstwirtschaft.

Ökonomie, Ökologie und Soziales. Das Drei-Säulen-Modell der Nachhaltigkeit gibt Wirtschaft, Politik und Gesellschaft allgemeine Empfehlungen für nachhaltiges Handeln, wobei für eine nachhaltige Entwicklung alle drei Dimensionen gleichermaßen umgesetzt werden müssen. Das Modell wurde 1997 von der Europäischen Union (Vertrag von Amsterdam) und 2002 am Weltgipfel für nachhaltige Entwicklung in Johannesburg angenommen. Kritik am Modell besteht insbesondere darin, dass eine gleichrangige Behandlung aller Dimensionen in der Praxis kaum umsetzbar ist, dass es keine konkreten Handlungsanweisungen oder Umsetzungskriterien enthält, und dass die ökologische Nachhaltigkeit als Grundlage für Ökonomie und Soziales betont werden müsste (*Starke Nachhaltigkeit* mittels stärkerer Gewichtung der Ökologie, z. B. als Pyramidenmodell mit der Ökologie als Basis). Die Erweiterung der Lebenszyklusanalyse von Straßen um Aspekte der sozialen Nachhaltigkeit ist Gegenstand laufender Forschung (siehe Pohl et al., 2022-25)[456].

Allgemeine, international einheitliche Prinzipien zur Ökobilanzierung (Definition von Ziel und Untersuchungsrahmen, Sachbilanz, Wirkungsabschätzung, Auswertung) enthalten die ISO-Norm 14040[457] (Grundsätze und Rahmenbedingungen) und die ISO-Norm 14044[458] (Anforderungen und Leitlinien für die Durchführung).

Um ein Straßenbauprojekt hinsichtlich ökologischer, sozialer und ökonomischer Aspekte anhand von *Indikatoren* (siehe Kasten) zu bewerten, gibt die Norm DIN EN 15643[459] eine Orientierung.

Indikator (von lateinisch *indicare* für *anzeigen* oder *hinweisen*) ist eine relativ einfach zu bestimmende und verständlich kommunizierbare Messgröße, die als Anzeiger für einen schwer quantifizierbaren Sachverhalt verwendet wird.

456 Pohl, T., Wistuba, M. P. & Weninger-Vycudil, A. 2022-25. Straßenbauweisen – Bilanzierung Nachhaltigkeit (SABINA). Laufendes DACH-Forschungsprojekt der UMTEC Technologie AG, der Technischen Universität Braunschweig und der FH Campus Wien, i. A. der Forschungsgesellschaft für Straßen- und Verkehrswesen e. V., Deutschland (FGSV), des Schweizerischen Verbands der Strassen- und Verkehrsfachleute in der Schweiz (VSS) und der Forschungsgesellschaft Straße-Schiene-Verkehr in Österreich (FSV).

457 DIN EN ISO 14040:2021-02. Umweltmanagement – Ökobilanz – Grundsätze und Rahmenbedingungen (ISO 14040:2006 + Amd 1:2020); Deutsche Fassung EN ISO 14040:2006 + A1:2020.

458 DIN EN ISO 14044:2021-02. Umweltmanagement – Ökobilanz – Anforderungen und Anleitungen (ISO 14044:2006 + Amd 1:2017 + Amd 2:2020); Deutsche Fassung EN ISO 14044:2006 + A1:2018 + A2:2020.

459 DIN EN 15643:2021-12. Nachhaltigkeit von Bauwerken – Allgemeine Rahmenbedingungen zur Bewertung von Gebäuden und Ingenieurbauwerken; Deutsche Fassung EN 15643:2021.

6.1.2 Lebenszyklus von Straßen

Der Lebenszyklus einer Straße umfasst die Herstellung der Ausgangsmaterialien und die Errichtung der Straße (Phase A, siehe Abbildung 150), den Gebrauch der Straße inklusive der notwendigen Erhaltungsmaßnahmen bis zum Ende der Gebrauchsdauer (Phase B), sowie den Rückbau und die Verwertung der ausgebauten Materialien (Phase C).

Die *Phase A1 der Materialversorgung* beinhaltet die Gewinnung (inklusive Antransport) und Aufbereitung aller Ausgangsstoffe für die Mischgutherstellung (Gestein, Bindemittel), insbesondere unter Berücksichtigung der eingesetzten Energie. Die Aufbereitung von Recyclingbaustoffen (Asphaltgranulat) wurde bereits der Phase C3 des vorhergehenden Bauprojektes angerechnet und darf nicht erneut erfasst werden.

Mit den *Transportphasen A2 bzw. A4* werden der Treibstoffverbrauch der Transportfahrzeuge in Abhängigkeit von der Anzahl der Fahrten (transportierte Massen an Baumaterialien; Einbaugeräte) und von den Transportentfernungen vom Gewinnungsort oder vom Ort der Lagerung zur Mischanlage bzw. zur Baustelle berücksichtigt.

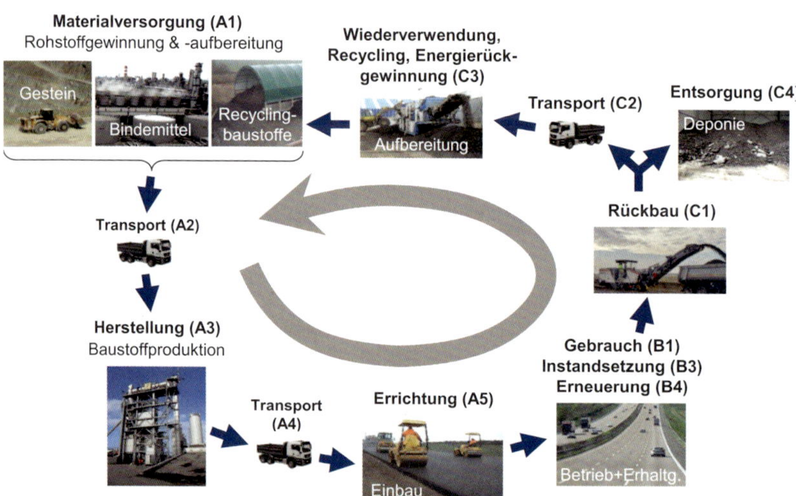

Abbildung 150 Lebenszyklus von Straßen (schematisch)

Die *Herstellungsphase A3* deckt den Produktionsprozess bis zum fertigen Baumaterial ab und beinhaltet insbesondere alle Energieträger sowie sämtliche anfallende Emissionen. Die Berücksichtigung des Primärenergiebedarfs kann anhand des *Energiemix* erfolgen (siehe Kasten).

Der **Energiemix** ist der Anteil verschiedener Energieträger am Primärenergieverbrauch eines Landes innerhalb eines Jahres (siehe Abbildung 151).

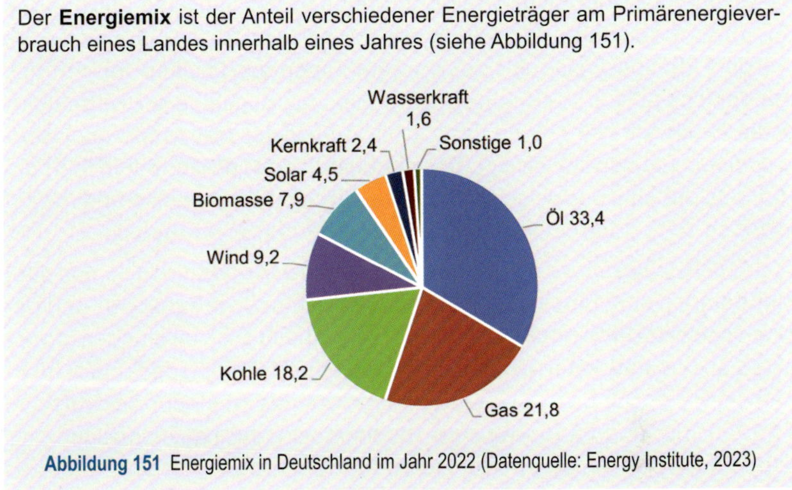

Abbildung 151 Energiemix in Deutschland im Jahr 2022 (Datenquelle: Energy Institute, 2023)

Die *Errichtungsphase A5* berücksichtigt die Einbauarbeiten auf der Baustelle und umfasst beim Asphaltstraßenbau insbesondere die gerätetechnischen Aufwandswerte (Energieverbrauch) und die Emissionen aus dem Asphalteinbau mit dem Fertiger und aus der Walzverdichtung.

Die *Gebrauchsphase B1* deckt den Betrieb der Straße ab und reicht von der Verkehrsfreigabe bis zum Ende der Gebrauchsdauer (bzw. der zu erwartenden Lebensdauer der Straße). Hier sollen auch nutzerbedingte Umweltauswirkungen abgebildet werden. Allerdings werden diese aus Mangel an Datengrundlagen heute meist vernachlässigt. Aus demselben Grund bleiben heute meist unberücksichtigt die möglichen ökologischen Auswirkungen während der Gebrauchsphase aus Abrieb (z. B. Mikroplastik aus Reifen, Stäube), aus Verdunstungseffekten (z. B. Dämpfe aus Materialausdünstung) und aus Schwankungen im Treibstoffverbrauch infolge der Oberflächeneigenschaften (z. B. Fahrbahnrauigkeit, Mikro- und Makrotextur).

Bauliche Maßnahmen zur Erhaltung von Substanzwert und Gebrauchswert werden erfasst mit der *Instandsetzungsphase B3* bzw. der *Erneuerungsphase B4*. Beide Phasen beschreiben Baumaßnahmen, die jeweils auch Prozesse entsprechend den Phasen A1 bis A5 und C1 bis C4 enthalten können.

In der *Instandsetzungsphase B3* werden alle *Instandsetzungsmaßnahmen* berücksichtigt. Das sind wiederholte korrigierende Maßnahmen zur Verbesserung der Oberflächeneigenschaften und der Substanz (verbunden mit einer sprunghaften Qualitätsverbesserung im Zustandsverlauf). Sie werden üblicherweise auf zusammenhängenden Flächen ausgeführt, mindestens in Fahrstreifenbreite und maximal ungefähr in Deckschichtdicke. Hingegen werden die Umweltwirkungen aus *Instandhaltungsmaßnahmen* meist vernachlässigt. Das sind bauliche Maßnahmen in kleinem Umfang, die üblicherweise regelmäßig durchgeführt werden und darauf abzielen, eine progressive Schadensentwicklung zu verhindern.

Die *Erneuerungsphase B4* behandelt *Erneuerungsmaßnahmen*, das sind Maßnahmen zur vollständigen Wiederherstellung von Substanz- und Gebrauchswert. Diese sind notwendig, wenn die Straße ihre Lebensdauer erreicht hat und/oder ihr Zustand den Qualitätsanforderungen nicht mehr genügt. Die Erneuerung führt im Ergebnis zu einem neuwertigen Zustand. Sie kann im (teilweisen) Hocheinbau (Überbauen vorhandener Schichten) erfolgen oder im Tiefeinbau (Ersetzen von vorhandenen Schichten nach vollständiger Entfernung).

Die *Rückbauphase C1* beleuchtet den Ausbau der Straßenschichten in situ und umfasst im Wesentlichen die gerätetechnischen Aufwandswerte (Energieverbrauch) und die Emissionen aus dem Fräsen bzw. dem Abbruch.

Die *Transportphase C2* schließt sowohl den Transport der ausgebauten Materialien vom Ort des Rückbaus zur Recyclinganlage bzw. zum Ort der Energierückgewinnung (Recyclingphase C3) ein, als auch zum Ort der Entsorgung (Entsorgungsphase C4).

Die *Recyclingphase C3* umfasst alle Prozesse zur weiteren Nutzung von Ausbaustoffen (in Form von stofflicher und energetischer Verwertung), also

» *Wiederverwendung*: Nutzung für den ursprünglichen Zweck gemäß Stufe 2 der Abfallhierarchie (siehe Kasten in Kapitel 2.4), z. B. in neuem Asphaltmischgut;

» *Recycling*: Nutzung für nachgelagerte Zwecke gemäß Stufe 3 der Abfallhierarchie, z. B. in ungebundenen Tragschichten;

» *Energierückgewinnung* gemäß Stufe 4 der Abfallhierarchie, z. B. durch thermische Verwertung durch Verwendung als Brennstoff.

Die *Entsorgungsphase C4* ist die finale Beseitigung von nicht wiederverwertbaren Stoffen durch Deponierung.

6.2 Sach- und Wirkungsbilanz als Teile der Ökobilanzierung

6.2.1 Sachbilanz

In der *Sachbilanz* (auch *(Öko-)Inventar* bzw. englisch *Life Cycle Inventory*) werden der Ressourcenverbrauch und die Emissionen in den einzelnen Phasen (A bis C) quantifiziert. Dazu sind entsprechende Daten erforderlich, insbesondere zu

» den Materialbedarfen,

» den Energiebedarfen,

» den Transportleistungen,

» den Maschinenstunden der eingesetzten Geräte,

» sämtlichen Emissionen,

» den Gebrauchsdauern der einzelnen Straßenschichten,

» den vorgesehenen baulichen Erhaltungsmaßnahmen, die während des Betrachtungszeitraums anfallen (marginale Instandhaltungsmaßnahmen bleiben meist außer Betracht, siehe oben),

» den Rückbaumaßnahmen,

» zu den Maßnahmen der Aufbereitung der Ausbaustoffe für die Wiederverwendung bzw. für das Recycling und

» zu den Prozessen der Energiegewinnung aus Ausbaustoffen (thermische Verwertung) bzw. deren Deponierung.

Geeignete öffentlich zugängliche Daten zur Erstellung von Ökobilanzen für Straßenbauprojekte sind zunehmend verfügbar. Die Datenbank ecoinvent[460] ist eine der weltweit führenden und wird bereits von vielen Organisationen in Europa genutzt, auch um Umweltwirkungen von Straßenbauprojekten zu bewerten.

Die Sachbilanz liefert die Grundlage für die *Wirkungsbilanz.*

6.2.2 Wirkungsbilanz

Ziel der Erstellung einer *Wirkungsbilanz* (auch *Wirkungsabschätzung*, englisch *Life Cycle Impact Assessment*) mit Hilfe von *Wirkungsmodellen*

---

460 Version 3.8, 2021, Swiss Life Cycle Inventories, ecoinvent.org.

(oder *Wirkmodellen*) ist die Quantifizierung der Umweltbelastung einer konkreten Ausführungsvariante, d. h. in welchem Ausmaß die Ausführungsvariante zu einem Umweltproblem beiträgt.

Ökologische Wirkungsmodelle dienen beispielsweise der Berechnung folgender Bewertungsindikatoren:

» *Ressourcenverbrauch*: Der Ressourcenverbrauch kann anhand des *Fußabdrucks* (CO_2-, Land-, Wasser-, Material-Fußabdruck) anschaulich dargestellt werden (siehe Kasten).

Der **Fußabdruck** bringt zum Ausdruck, wie viel Ressourcen der Mensch durch seinen Lebensstil verbraucht. Der Fußabdruck ordnet den Ressourcenverbrauch über alle Produktions- und Lieferketten hinweg dem Endnutzenden zu, wodurch der Anteil an den globalen Umweltwirkungen transparent gemacht wird. • Der *CO_2-Fußabdruck* quantifiziert die Gesamtmenge an klimaverändernden Emissionen. Die Maßnahmen zur Reduktion von CO_2 und CO_2-äquivalenten Treibhausgasen wird als *Dekarbonisierung* bezeichnet. • Der *Land-Fußabdruck* bezeichnet die genutzte natürliche Landfläche, deren zeitabhängige Nutzung (z. B. als Produktions-, Lager- oder Verkehrsfläche) einen Ressourcenverbrauch darstellt. • Der *Wasser-Fußabdruck* ist der gesamte direkte und indirekte Wasserverbrauch, der durch menschliche Aktivitäten (inklusive Produktion und Konsum) verursacht ist. • Der *Material-Fußabdruck* erfasst die Gesamtmenge der zur Gewinnung von Metallen notwendigen Materialien.

» *Treibhauspotential* (englisch *Global Warming Potential*) gemäß dem *Intergovernmental Panel on Climate Change* (IPCC): Das Treibhauspotential quantifiziert den Beitrag zum Treibhauseffekt (Erwärmung der Erdatmosphäre infolge reduzierter atmosphärischer Abstrahlung) im Vergleich zur gleichen Masse an Kohlenstoffdioxid (CO_2), dem wichtigsten Treibhausgas (siehe Kasten). Das Treibhauspotential wird in Masse an Kohlenstoffdioxidäquivalenten (oder *CO_2-Äquivalente*, CO_2-eq) angegeben (kg CO_2-eq).

CO_2-Äquivalente (aus Wistuba, 2018)[130]: Kohlenstoffdioxid CO_2 ist an sich ungiftig, allerdings ist es das entscheidende *Treibhausgas*. Eine übermäßige Anreicherung von CO_2 in der Atmosphäre reduziert die atmosphärische Abstrahlung derart, dass die Welt zum Treibhaus gerät. Hauptursachen für die globale Erwärmung sind u. a. das Verbrennen von kohlenstoffhaltigen Brennstoffen (wie Kohle, Holz, Erdgas und Treibstoff), die Viehhaltung und die Waldrodung. Zu den Treibhausgasen zählen u. a. auch Methan (CH_4) und Distickstoffmonoxid (Lachgas, N_2O) mit unterschiedlichen Absorptionskapazitäten und Verweildauern in der Atmosphäre. Deren Beitrag zum

>

Treibhauseffekt wird in Relation zur Leitsubstanz CO_2 ausgedrückt (*CO_2-Äquivalente*). Aufgrund verschiedener Verweildauern der unterschiedlichen Treibhausgase wird der jeweilige Beitrag in Bezug auf einen fixierten Zeithorizont angegeben (üblicherweise 100 Jahre). • **CO_2-Reduktion:** Seit Jahrzehnten ringen die Vereinten Nationen um die Reduktion von CO_2-Emissionen. 1992 am *Erdgipfel von Rio de Janeiro* wurden die Stabilisierung der Treibhausgaskonzentration vereinbart, 1997 im *Kyoto-Protokoll* Zielwerte festgelegt. 2005 trat der europäische *Emissionsrechtehandel* in Kraft: Auf einem grenzüberschreitenden Markt werden Emissionszertifikate gehandelt, welche die erlaubte Menge an emittierten CO_2-Tonnen beschränken. 2015 kam man in Paris überein, die globale Erwärmung auf unter 2 °C gegenüber vorindustriellen Werten zu senken. Wie das länderweise im Einzelnen umgesetzt werden soll, ist umstritten, auch weil heutige CO_2-Hauptverursacher (u. a. China) die historische Mitschuld der westlichen Welt kompensiert sehen wollen. 2022 wurde mit 415 ppm (Teilen pro Million) die höchste CO_2-Konzentration in der Erdatmosphäre seit Aufzeichnungsbeginn 1950 registriert, das entspricht einem Anstieg um 50 % im Vergleich zur vorindustriellen Zeit (Blunden et al., 2023)[461]. Die EU will Treibhausgasemissionen bis 2050 um 80 bis 95 % gegenüber 1990 reduzieren. In Deutschland sind die Treibhausgasemissionen (CO_2-Äquivalente; ohne Land- und Forstwirtschaft) seit 1990 um rund 40 % gesunken und betrugen im Jahr 2022 rund 750 Millionen Tonnen (Quelle: Umweltbundesamt, 2024)[462]. • **CO_2-Einsparung durch Niedrigenergieasphalt:** In Deutschland werden rund 90 % der Asphaltmischanlagen mit Braunkohlestaub betrieben, bei einer Jahresproduktion von im Mittel rund 40 Millionen Tonnen Asphalt. Die CO_2-Belastung der Asphaltproduktion entspricht daher rund 0,1 % der gesamten CO_2-Emission in Deutschland (Quelle: Bundesdrucksache 18/9414). Bei vollständiger Umstellung der Asphaltproduktion auf Niedrigenergieasphalt wird die theoretisch maximal mögliche CO_2-Einsparung auf 0,2 Millionen Tonnen im Jahr geschätzt. Dieser Wert errechnet sich für 40 Millionen Tonnen Jahresproduktion unter der Annahme, dass gegenüber der herkömmlichen Produktion eine Temperaturabsenkung von rund 60 °C erzielt wird, die einer Energieeinsparung von rund 25 % entspricht (nach den Angaben von Nicholls und James)[131] und einer CO_2-Einsparung von rund 5 kg CO_2 pro Tonne Asphaltmischgut (nach den Angaben von Croteau und Tessier)[132].

» *Kumulierter Energieaufwand*: Der kumulierte Energieaufwand (KEA), bewertet anhand von Brennwerten und angegeben in Megajoule-Äquivalenten (MJ-eq), ist der gesamte Primärenergieverbrauch eines Produkts entlang des Lebenszyklus *von der Wiege bis zur Bahre* (Herstel-

461 Blunden, J., Boyer, T. & Bartow-Gillies, E. (eds.) 2023. State of the Climate in 2022. Bull. Amer. Meteor. Soc., 104 (9), Si–S501 https://doi.org/10.1175/2023BAMSStateof theClimate.1.

462 Umweltbundesamt, 2024. Daten der Treibhausgasemissionen des Jahres 2023 nach KSG, Entwicklung der Treibhausgasemissionen in Deutschland (vom 13.03.2024). https://www.umweltbundesamt.de/themen/klima-energie/treibhausgas-emissionen.

lung, Transport, Einbau und Gebrauch bis Entsorgung). Im Gegensatz dazu schließt die *Graue Energie* den Gebrauch aus.

» *Biodiversität*: Die Vielfalt an Ökosystemen, Arten und Genen (Naturkapital) ist entscheidend für Ökosystemleistungen (z. B. Bestäubung, Klimaregulierung, Bodenfruchtbarkeit) und unentbehrlich für das menschliche Leben und Wohlergehen. Indikatoren der Biodiversität sind beispielsweise die *Abundanz und Verbreitung von Arten* (Anzahl der Individuen einer Art bezogen auf ihr Habitat) oder die *Fläche von schützenswerten Naturräumen* (z. B. Wald, Naturschutzgebiet u. ä.).

Bewertungsindikatoren weisen eine hohe und überregionale Aussagekraft und gesellschaftliche Bedeutung auf und sind mit anderen Indikatoren hochgradig vernetzt. Sie müssen außerdem rasch und regelmäßig mit standardisierten Methoden erhoben werden können, nachvollziehbar und verständlich sowie gut kommunizierbar sein. Im Allgemeinen sollten sich aus den Bewertungsindikatoren erforderliche Maßnahmen klar ableiten lassen.

6.3 Software-Entwicklungen

6.3.1 Überblick

Die komplexe aufwendige Sachbilanzierung und die umfassende und unabhängige Bewertung der Umweltauswirkungen von Straßenprojekten auf der Grundlage von soliden Daten und anhand allgemein akzeptierter Bewertungsindikatoren kann nur sinnvoll unter Nutzung einer geeigneten Software erfolgen. Eine Reihe von kommerziellen und frei verfügbaren Anwendungsprogrammen ist dazu auf dem Markt. Sie unterscheiden sich hinsichtlich ihres Funktionsumfangs, ihrer Flexibilität, der Datenqualität und -aktualität, der Benutzerfreundlichkeit, des Kundensupports, der Kosten und der Anpassbarkeit.

Flexible Anwendungsprogramme (*LCA-Software*) erlauben vollen Zugriff auf alle Hintergrunddaten der Sachbilanz und das Berechnungsmodell, einfache Anwendungsprogramme (*LCA-Tools*) sind kaum anpassungsfähig und ihre Hintergrunddaten beziehen sich auf ein bestimmtes Ökoinventar (z. B. ecoinvent). Als Ergebnis generieren die Anwendungsprogramme Ökokennwerte für verschiedene Wirkungsmodelle.

Für Straßenprojekte ist bereits eine Reihe von Anwendungsprogrammen zur Bewertung der Umweltauswirkungen in Anwendung (siehe Lo Presti et al., 2021)[463], beispielsweise *ECO2nstrcut* (Infra Suisse, Schweiz), *DuboCalc* (Rijkswaterstaat, Niederlande), *SEVE* (Système d'Evaluation des Variantes Environnementales, Routes de France), *Carbon Tool* (Großbritannien), *EFFEKT* (Norwegische Straßenbauverwaltung), *Klimatkalkyl* (Schweden), *ÖKOBAUDAT* (Bundesministerium für Wohnen, Stadtentwicklung und Bauwesen, Deutschland), oder *LICCER* (Life Cycle Costing and Environmental Performance).

Trotz der gemeinsamen normativen Grundlage unterscheiden sich die Anwendungsprogramme u. a. in den Zielen, Systemgrenzen und Hintergrunddaten. Ihre Ergebnisse sind nicht zwingend vergleichbar.

Aktuell validiert ein laufendes Forschungsprojekt in Deutschland existierende Anwendungsprogramme im internationalen Umfeld anhand von objektiven Bewertungsindikatoren wie Datenbankgrundlage, Anwendungsbereich, Anwendungsfreundlichkeit, Flexibilität / Konfigurierbarkeit und Lizenzkosten (Wistuba et al., 2024-25)[464].

Die jüngsten Initiativen in den deutschsprachigen Ländern, eine standardisierte Ökobilanzierung für Straßenbauprojekte zu etablieren und dabei nationale Vorgaben bestmöglich zu berücksichtigen, sind u. a. das Forschungsprojekt ÖKOPOST im Auftrag des Bundesministeriums für Digitales und Verkehr (siehe Kapitel 6.3.2) und das Forschungsprojekt SABINA im Auftrag der Forschungsgesellschaften im Straßenwesen in Deutschland (FGSV), der Schweiz (VSS) und Österreich (FSV) (siehe Kapitel 6.3.3).

Beide Projekte haben zum Ziel, Einsparmaßnahmen zur Reduzierung von Umweltwirkungen entlang des Lebenszyklus von Straßenbaumaßnahmen zu qualifizieren, zu validieren und die validierten Maßnahmen zu quantifizieren.

---

463 Lo Presti, D., Jiménez del Barco Carrión, A., Parry, T., Neves, L., Abed, A., Buttitta, G., Mantalovas, K., Keijzer, E., Bizarro, D. & Kalman, B. 2021. Pavement LCM Final Report – A package for implementing Life Cycle Management of road pavement. European Project Nr. 128556, Life Cycle Management of Green Asphalt Mixtures and Road Pavements (Pavement LCM), Conference of European Directors of Roads (CEDR), Call 2017 New Materials.

464 Wistuba, M., Kessel, T., Weninger-Vycudil, A. & Pohl, T. 2024-25. Internationale Lebenszyklusanalyse-Tools für den Straßenbau – Vergleichsanalyse und Umsetzungsmöglichkeiten in Deutschland (LATOS). Laufendes Forschungsprojekt FE 04.0350/2023/ARB der Technischen Universität Braunschweig, der FH Campus Wien und UMTEC Technologie AG, i. A. des Bundesministeriums für Digitales und Verkehr.

6.3.2 Berechnungstool aus dem Projekt ÖKOPOST

Im Projekt ÖKOPOST (siehe Kessel et al., 2024[465], 2022[466]) wurde ein auf MS Excel gestütztes Berechnungstool entwickelt, mit dessen Hilfe eine Potentialanalyse von Straßenbefestigungen bezüglich ihrer ökologischen Nachhaltigkeit über einen Zeitraum von bis zu 50 Jahren durchgeführt wurde. An ökologisch relevanten Bewertungskriterien wurden berücksichtigt:

» das Treibhauspotential (Global Warming Potential),

» der nicht erneuerbare Primärenergiebedarf,

» der Gesamtprimärenergiebedarf und

» die Ressourcenschonung,

wobei die Umweltdatenbanken *Ecoinvent 3.8, Ökobaudat, Baubook* und *KBOB* berücksichtigt wurden.

Eine im Projekt durchgeführte, umfangreiche Szenarien-Analyse unter Berücksichtigung verschiedener, baupraktisch relevanter Ausführungsvarianten (Autobahn-Regelquerschnitte mit unterschiedlichen Bauweisen und Oberflächengestaltungen) entlang des gesamten Lebenszyklus (Herstellungs- und Errichtungsphase, Nutzungsphase und Wiederverwertungsphase) zielte darauf ab, Nachhaltigkeitspotentiale im Straßenbau aufzuzeigen. Anhand der Berechnungsergebnisse konnten die wesentlichen Einflussgrößen, welche die Ökobilanz von Asphaltstraßen maßgeblich beeinflussen, aufgezeigt werden. Diese sind u. a. (mit abnehmender Bedeutung):

» die Haltbarkeit der Straßenbaustoffe bzw. die Gebrauchsdauer der Straßenschichten,

» der Energiebedarf in der Asphaltmischanlage,

» der Transportaufwand für Ver- und Entsorgung,

---

465 Kessel, T., Pasderski, J., Falter, C., Wistuba, M. P., Büchler, S. & Pohl, T. 2024. Nachhaltigkeitspotentiale im Straßenbau mit dem Fokus auf Treibhausemissionen, Energiebedarf und Ressourcenschonung (ÖKOPOST). Schlussbericht, Forschungsprojekt FE 04.0341/2021/ARB, i. A. des Bundesministeriums für Digitales und Verkehr, Technische Universität Braunschweig und Umtec Technologie AG.

466 Kessel, T., Pohl, T., Wistuba, M. P., Pasderski, J. & Falter, C. 2022. Road to Sustainability – Offenlegung ökologischer Potentiale im Straßenbau. Straße und Autobahn, Jahrgang 73, 5.2022, Kirschbaum Verlag, Bonn.

» der Anteil an wiederverwendetem Asphaltgranulat und

» die Herstellungstechnologie im Heiß- oder Warmverfahren.

6.3.3 LCA-Software aus dem Projekt SABINA

Im laufenden Projekt SABINA (siehe Pohl et al., 2022-25)[467] wird der Bewertungsrahmen aus dem Projekt ÖKOPOST (siehe oben) erweitert auf sämtliche praxisrelevante Typen an Straßenbefestigungen in den D-A-CH-Ländern (sämtliche Bauweisen in den Technischen Regelwerken in Deutschland, Österreich und der Schweiz; Oberbau und Unterbau), sowie auf alle Vorgaben, Entscheidungen und baulichen Umsetzungen von Straßenkonstruktionen (Instandhaltung bis Erneuerung). Er schließt auch die Wirkung von erhöhten oder verminderten Emissionen durch und auf Straßennutzende ein, die bei der Durchführung von baulichen Maßnahmen entstehen können oder eine Folge eines veränderten Straßenzustands sind.

Als Ergebnis von SABINA soll unter Berücksichtigung der jeweiligen nationalen Vorgaben und Randbedingungen in den DACH-Ländern der ganzheitliche, datenbankbasierte SABINA Online-Bilanzrechner vorliegen, mit dessen Hilfe Lebenszyklusbetrachtungen von Straßenbauvorhaben erfolgen können, wobei alle Säulen der Nachhaltigkeit berührt sind, nämlich

» die Ökonomie (Kosten, Kapitalwerte, Annuitäten, Restwerte, etc.),

» die Ökologie (Mengenströme, GWP, KEA, Öko-Annuitäten, UBP (Ökofaktoren), etc.),

» sozialrelevante Aspekte (Auswirkung Lärmemissionen, Hitzeminderung, etc.) sowie

» die Dauerhaftigkeit von Baustoffen, Bauweisen und Baumaßnahmen (lange technische Lebensdauer).

467 Pohl, T., Wistuba, M. P. & Weninger-Vycudil, A. 2022-25. Straßenbauweisen – Bilanzierung Nachhaltigkeit (SABINA). Laufendes DACH-Forschungsprojekt der UMTEC Technologie AG, der Technischen Universität Braunschweig und der FH Campus Wien, i. A. der Forschungsgesellschaft für Straßen- und Verkehrswesen e. V., Deutschland (FGSV), des Schweizerischen Verbands der Strassen- und Verkehrsfachleute in der Schweiz (VSS) und der Forschungsgesellschaft Straße-Schiene-Verkehr in Österreich (FSV).

Literaturhinweise

Deutschsprachige Fachbücher zu Bitumen und Asphalt

Beckedahl, H.-J. 2010. Schlagloch / Straßenerhaltung. Handbuch Straßenbau – Band 1. Elsner, ISBN 978-3-87199-189-9.

Bleßmann, W., Böhm, S. Rosauer, V. und Schäfer, V. 2019. ZTV BEA-StB Handbuch und Kommentar für die Bauliche Erhaltung von Verkehrsflächen in Asphaltbauweise. 2. Auflage, Kirschbaum Verlag, ISBN 978-3-7812-2040-9.

Bull-Wasser, R., Schmidt, H. und Weßelborg, H. 2011. ZTV/TL Asphalt-StB Handbuch und Kommentar inkl. Ergänzungsband. 3. Auflage, ISBN 978-3-7812-1680-8.

Bull-Wasser, R., Schmidt, H. und Weßelborg, H. 2014. Ergänzungsband ZTV/TL Asphalt-StB, Aktualisierung zur Ausgabe 7/Fassung 2013. 1. Auflage, Kirschbaum Verlag, ISBN 978-3-7812-1922-9.

Der Elsner, Handbuch für Straßen- und Verkehrswesen. Planung – Bau – Erhaltung – Verkehr – Betrieb. Erscheint jährlich neu, Hrsg. Eberhard Knoll, Elsner.

Hutschenreuther, J. und Wörner, T. 2017. Asphalt im Straßenbau. 3. Auflage, Kirschbaum Verlag, ISBN 978-3-7812-1950-2.

Mezger, T. G. 2014. Angewandte Rheologie – Mit Joe Flow auf der Rheologie-Straße. 2. Auflage, Anton Paar GmbH (Herausgeber), ISBN 978-3-200-03652-9.

Mezger, T. G. 2016. Das Rheologie Handbuch – Für Anwender von Rotations- und Oszillations-Rheometern. 5. Auflage, Lack in Vincentz GmbH & Co KG, Anton Paar GmbH (Herausgeber), doi.org/10.1515/978374860 0121.

Natzschka, H. 2011. Straßenbau. Entwurf und Bautechnik. 3. Auflage, Vieweg+Teubner.

Richter, D. und Heindel, M. 2012. Straßen- und Tiefbau. Teubner Verlag, Wiesbaden, 12. Auflage, ISBN 978-3-8351-0057-2.

Karsten, C., Jansen, D., Straube, E. und Krass, K. 2016. Straßenbau und Straßenerhaltung. Ein Handbuch für Studium und Praxis. 10. Auflage, Erich Schmidt Verlag, Berlin, ISBN 978-3-503-112548.

Velske, S., Mentlein, H. und Eymann, P. 2013. Straßenbau – Straßenbautechnik. 7. Auflage, Werner Verlag, ISBN 978-3-80413-879-7.

Weninger-Vycudil, A. 2023. Straßenerhaltung und Straßenbetrieb. Straßen nachhaltig und wirtschaftlich sanieren und betreiben. Lose-blattwerk (ca.1450 Seiten), 1. Auflage, Forum Verlag Herkert GmbH, ISBN 978-3-902617-26-2.

Fachzeitschriften und Heftreihen

Asphalt & Bitumen, Fachzeitschrift für die Herstellung und Verarbeitung von Asphalt und Bitumen, erscheint alle 2 Monate (6 Ausgaben pro Jahr), ISSN 2365-9068, baunetzwerk.biz.

asphalt, Fachzeitschrift für Herstellung, Einbau und Verwendung des Baustoffes Asphalt. Deutscher Asphaltverband (DAV) e. V., Giesel Verlag GmbH, Isernhagen, ISSN 0945-6228.

Asphalt: The Magazine of the Asphalt Institute, International trade association of petroleum asphalt producers, manufacturers and affiliat-ed businesses, asphaltmagazine.com.

Bitumen, Fachzeitschrift der Arbeitsgemeinschaft der Bitumen-Industrie e. V. (ARBIT), 1931-2004, eingestellt.

Bitumen-Magazin.de, elektronische Zeitschrift der Arbeitsgemeinschaft der Bitumen-Industrie e. V. (ARBIT).

Gussasphaltmagazin, Beratungsstelle für Gussasphaltanwendung e. V., erscheint zweimal im Jahr, www.gussasphaltwissen.de/gussasphaltmagazin.

International Journal of Pavement Engineering, International Society for Concrete Pavements, 4 issues per year, Taylor und Francis, Print ISSN 1029-8436, Online ISSN 1477-268X.

Journal of the Association of Asphalt Technologists (AAPT), Proc. of Technical Sessions, ISSN 0270-2932.

Journal of Transportation Engineering, American Society of Civil Engineers (ASCE), ISSN 0733-947X.

Materials and Structures, International Journal of the International Union of Laboratories and Experts in Construction Materials, Systems and Structures (RILEM), Springer Netherlands, Print ISSN 1359-5997, Online ISSN 1871-6873.

Road Materials and Pavement Design (RMPD), International Journal, Taylor and Francis.

Schriftenreihe Straßenforschung, Bundesministerium für Verkehr, Innovation und Technologie, Bundesstraßenverwaltung, Österreichische Forschungsgesellschaft Straße – Schiene – Verkehr (FSV), ISSN 0379-1491.

Schriftenreihe Straßenwesen, Institut für Straßenwesen, Technische Universität Braunschweig, Eigenverlag.

Straße und Autobahn, Kirschbaum Verlag GmbH, Bonn-Bad Godesberg, ISSN 0039-2162.

Straße und Verkehr, Schweizerischer Verband der Straßen- und Verkehrsfachleute (VSS), ISSN 0039-2189.

Straßen- und Tiefbau, Offizielles Organ des Straßen- und Tiefbaugewerbes im Zentralverband des deutschen Baugewerbes, baunetzwerk.biz.

Straßenverkehrstechnik, Zeitschrift für Straßenverkehr, Straßenverkehrstechnik und Straßenverkehrssicherheit, Bundesvereinigung der Straßenbau- und Straßenverkehrsingenieure (BSVI), Kirschbaum Verlag GmbH, Bonn-Bad Godesberg, ISSN 0039-2219.

TR News, Transportation Research Board (TRB), ISSN 0738-6826.

Datenbanken

Dokumentation Straße, bibliografische Datenbank mit Hinweisen auf Veröffentlichungen im In- und Ausland (Zeitschriften, Schriftenreihen, Konferenzberichte, Graue Literatur, Monografien, Regelwerke), Update monatlich, Online-Zugang unter fgsv.de, FGSV Verlag.

FHWA-Literaturdatenbank der Federal Highway Administration: www.fhwa.dot.gov/pavement/pub_listing.cfm.

Straßenbau A-Z digital, Sammlung Technischer Regelwerke und Amtlicher Bestimmungen für das Straßen- und Verkehrswesen, auf CD-Rom, herausgegeben von der Forschungsgesellschaft für Straßen- und Verkehrswesen e.V., Köln, Erich Schmidt Verlag GmbH & Co., Berlin.

TRR-Datenbank (Transportation Research Records) online verfügbar unter: http://trrjournalonline.trb.org/loi/trr. Der Zugriff auf die Volltexte ist aus dem IP-Adressbereich der TU Braunschweig sowie per VPN-Client bei Verwendung des Verbindungsprofils „Tunnel-All-Traffic" möglich.

Abbildungsverzeichnis

Abbildung 1 Viskosität verschiedener Substanzen 19
Abbildung 2 Fließeigenschaften von Bitumen 19
Abbildung 3 Bitumenverbrauch 2020 in Deutschland 21
Abbildung 4 Beispiele für Kohlenwasserstoffverbindungen in Bitumen 24
Abbildung 5 Zusammensetzung von Bitumen anhand der SARA-Fraktionen 25
Abbildung 6 Konzentration der SARA-Fraktionen abhängig vom Abstand zur Mizelle 26
Abbildung 7 Gängiges (vereinfachtes) kolloidales Modell für Bitumen 28
Abbildung 8 Bitumenherstellung (schematisch) 31
Abbildung 9 Eignung von Rohölen für Bitumenproduktion (grün) und Treibstoffproduktion (rot). 33
Abbildung 10 Sieblinien für verschiedene Füller und Kalkhydrat 46
Abbildung 11 Ähnliche Verhältnisse von Apfelradius/Schale und Erdradius/Kruste 55
Abbildung 12 Schichten des Erdaufbaus (schematisch) 57
Abbildung 13 Unterscheidung von magmatischen Gesteinen anhand des Entstehungsorts 58
Abbildung 14 Typische magmatische Straßenbaugesteine 59
Abbildung 15 Beispiel für die Bitumenaufnahme an einem Gesteinskorn aus Rhyolith 60
Abbildung 16 Typische Straßenbaugesteine aus Sedimentgestein 63
Abbildung 17 Typische Straßenbaugesteine aus metamorphem Gestein 64
Abbildung 18 Brockengranit, Oberharzer Diabas, Grauwacke, Rübeländer Kalkstein 66
Abbildung 19 Gesteinsvorkommen im Harz 66
Abbildung 20 Links: Okergranit (Wollsackverwitterung, Kästeklippen, Okertal); Rechts: Quarzitischer Sandstein (Teufelsmauer bei Ballenstedt) 67
Abbildung 21 Schlackenbezeichnungen nach Gewinnungsprozess 69
Abbildung 22 Gesteinsbestimmung (1/4) 71
Abbildung 23 Bestimmung von Sedimentgesteinen (2/4) 72
Abbildung 24 Bestimmung von Magmatischen Gesteinen (3/4) 72
Abbildung 25 Bestimmung von Metamorphen Gesteinen (4/4) 72
Abbildung 26 Backenbrecher (links), Kreiselbrecher (Mitte), Prallmühle (rechts) 75
Abbildung 27 Bezeichnungen *Korngruppe* und *Kornklasse* 79
Abbildung 28 Kornform-Messschieber (links); Geometrie gedrungener Körner (rechts) 82
Abbildung 29 Prinzipskizze zur Kraftübertragung im Korngerüst von Walzasphalt 84
Abbildung 30 Bezeichnung der Bruchflächenanteile 85
Abbildung 31 Los Angeles Prüftrommel 87
Abbildung 32 Polierwertbestimmung: Poliersimulator (links) und Pendelgerät (rechts) 91
Abbildung 33 Helligkeit von Gesteinen als Hinweis auf den SiO_2-Gehalt 93

Abbildung 34 Anteil an mehrfach wiederverwendetem Material in Asphalt . . . 104
Abbildung 35 Regelaufbau einer Asphaltstraße (schematisch) . . . 105
Abbildung 36 Funktionen der Straßenschichten am Beispiel der Asphaltstraße . . . 106
Abbildung 37 Obere und untere Grenzsieblinien . . . 112
Abbildung 38 Zusammenhang Füllergehalt, Bindemittelbedarf und Stabilität . . . 113
Abbildung 39 Wirkungen im Asphalt zufolge der Bindemittelfilmdicke . . . 114
Abbildung 40 Mix Design: Hohlraumgehalt und Raumdichte versus Bindemittelgehalt . . . 117
Abbildung 41 Volumenanteile für Walzasphalt und Gussasphalt . . . 119
Abbildung 42 Lastabtragung: Korn-zu-Korn Kontakte (links), Plattenwirkung (rechts) . . . 122
Abbildung 43 Packung von Gesteinskörnern nach dem Betonprinzip . . . 124
Abbildung 44 Kraftpfade in einem biegebeanspruchten Asphaltprobekörper . . . 125
Abbildung 45 Fuller-Parabel im logarithmischen Maßstab, Fuller-Gerade im Wurzelmaßstab . . . 126
Abbildung 46 Bauprinzipien für verschiedene Asphaltmischgutsorten im Vergleich . . . 132
Abbildung 47 Spannen von Mindestbindemittelgehalt (blau) und Füllergehalt (rot) . . . 132
Abbildung 48 Energieverbrauch für unterschiedliche Asphaltarten (schematisch) . . . 133
Abbildung 49 Stationäre Chargenmischanlage (schematisch) . . . 138
Abbildung 50 Mischgutabhängige Einflussgrößen auf das Asphaltverhalten . . . 142
Abbildung 51 Modellierung der Radlast *Q* durch eine Topflast *p* mit dem Lastradius *a* . . . 145
Abbildung 52 Beanspruchungszustand im Straßenoberbau . . . 146
Abbildung 53 Dehnungsmessung an der Unterseite der Asphalttragschicht . . . 147
Abbildung 54 Dehnungsmessung an der Unterseite der Asphaltdeckschicht . . . 147
Abbildung 55 Spannungszustand bei Radüberrollung . . . 148
Abbildung 56 Zeitgenaue Überlagerung der Ganglinien von Verkehr und Temperatur . . . 150
Abbildung 57 Minimale und maximale Lufttemperatemperaturen in Deutschland . . . 151
Abbildung 58 Spannungskonzentration an einer Kerbe im einaxialen Zugversuch . . . 156
Abbildung 59 Kältebedingte Querrisse in einer Asphaltstraße . . . 159
Abbildung 60 Mangelnder Schichtenverbund der Deckschicht . . . 163
Abbildung 61 9-fache Durchbiegung eines Balkens aus drei Schichten ohne Verbund . . . 163
Abbildung 62 Alterungsbedingte Auflösung der Bindemittelstruktur . . . 165
Abbildung 63 Bindemittelalterung: Mögliche Reaktionspartner und Größenordnung der Eindringtiefe . . . 167
Abbildung 64 Bindemittelalterung: Asphaltenkonzentration im „Schutzmantel" der Mizelle . . . 168
Abbildung 65 Bitumen-Korn-Übergang: Links 8000-, rechts 10000-fach vergrößert . . . 171
Abbildung 66 Spannungstensor: allg Koordinatenschreibweise, nach Hauptachsentransformation . . . 179
Abbildung 67 Homogener Spannungszustand im einaxialen Druckversuch . . . 183
Abbildung 68 Inhomogener Spannungszustand bei Dreipunktbiegung . . . 184

Abbildung 69 Grundelemente der Mechanik 186
Abbildung 70 Druckbeanspruchung und Scherbeanspruchung. 187
Abbildung 71 Elastisches, viskoses und viskoelastisches Materialverhalten 190
Abbildung 72 Temperaturabhängige Beanspruchungsbereiche von Bitumen 193
Abbildung 73 Temperaturabhängige Beanspruchungsbereiche von Asphalt. 193
Abbildung 74 Verlauf des Schermoduls in und außerhalb des LVE Bereichs 195
Abbildung 75 Zur Gültigkeit des Federmodells in und außerhalb des LVE Bereichs. 197
Abbildung 76 Grenzen des LVE Bereichs für Bitumen und Asphalt. 198
Abbildung 77 Boltzmannsches Superpositionsprinzip für linear-v iskoelastisches Materialverhalten 199
Abbildung 78 Inkrementelle Spannungsänderung $d\sigma(\tau)$ zum (variablen) Zeitpunkt τ. 201
Abbildung 79 Zuordnung von Fahrzeuggeschwindigkeit zu Prüffrequenz. 204
Abbildung 80 Dehnungssignal bei Überfahrt eines Lkw-Rads. 204
Abbildung 81 Spannungs-Dehnungsverlauf über die Zeit und Vektordarstellung 206
Abbildung 82 Zerlegung des komplexen Moduls: Speichermodul E_1, Verlustmodul E_2 207
Abbildung 83 Elastisches, viskoelastisches und viskoses Materialverhalten 208
Abbildung 84 Cole-Cole Diagramm am Beispiel von SMA 11 mit Bitumen 70/100 211
Abbildung 85 Black Diagramm am Beispiel von SMA 11 mit Bitumen 70/100. 212
Abbildung 86 Konstruktion der Masterkurve 214
Abbildung 87 Belastungs-Entlastungszyklus im Spannungs-Dehnungsdiagramm 216
Abbildung 88 Veränderung der Lissajous-Figur infolge Materialermüdung und Verformung. 217
Abbildung 89 Auswahl an rheologischen Modellen für Bitumen und Asphalt 218
Abbildung 90 Verallgemeinerte Modelle: Maxwell und Kelvin-Voigt 220
Abbildung 91 2S2P1D Modell in der Cole-Cole Darstellung 222
Abbildung 92 Korrelation von Bitumen- und Asphaltverhalten im LVE Bereich 223
Abbildung 93 Shift-Homothety-Shift in time-Shift (SHStS) im Cole-Cole Diagramm 224
Abbildung 94 Zentrische Streckung des Moduls im Cole-Cole Diagramm 225
Abbildung 95 Beispiele für Performanceprüfungen an Asphalt 235
Abbildung 96 Mehrskalenmodell von Asphalt 238
Abbildung 97 Ermittlung der Penetration *PEN* (Nadeleindringtiefe) 243
Abbildung 98 Beispiel zur Steifigkeit von Straßenbaubitumen 50/70 244
Abbildung 99 Ermittlung des Erweichungspunkts Ring und Kugel 245
Abbildung 100 Ermittlung des Brechpunkts nach Fraaß 247
Abbildung 101 Ermittlung der Duktilität 249
Abbildung 102 Beispiel für ein Ergebnis zur Kraftduktilität 250
Abbildung 103 Grundsätzliche Möglichkeiten der Anordnung von Prüfungen im DSR 252

Abbildung 104 Empfohlene Arbeitsbereiche für unterschiedliche Platte-Platte-Messgeometrien .. 252
Abbildung 105 Messgeometrien für das Dynamische Scherrheometer ... 253
Abbildung 106 Schermodul G^* und Phasenwinkel δ ... 254
Abbildung 107 Oszillationsbeanspruchung im DSR ... 255
Abbildung 108 Schermodul verschiedener Substanzen im Vergleich zu Bitumen ... 257
Abbildung 109 Schermodul und Phasenwinkel für verschiedene Bindemittel ... 258
Abbildung 110 Black Diagramm für verschiedene Bindemittel ... 258
Abbildung 111 Bindemittelsorten gemäß EN: Nadelpenetration und Erweichungspunkt ... 259
Abbildung 112 Bestimmung von Bindemittelkennziffern nach dem PG System ... 262
Abbildung 113 Prinzip zur Ableitung der BTSV-Kennwerte T_{BTSV} und δ_{BTSV} ... 264
Abbildung 114 BTSV-Spannweiten von Straßenbaubitumen und PmB (dt Markt) ... 265
Abbildung 115 Zusammenhang zwischen der Nadelpenetration und T_{BTSV} ... 266
Abbildung 116 Zusammenhang zwischen Erweichungspunkt und T_{BTSV} ... 266
Abbildung 117 Lastzyklus im Multiple Stress Creep and Recovery Test (Beispiel) ... 272
Abbildung 118 Spannungs-Erholungs-Kurven im MSCRT ... 273
Abbildung 119 Kriechraten aus dem SSCT für unterschiedliche Bindemittel ... 275
Abbildung 120 Beispiele aus BBR-Versuchen für ein Straßenbaubitumen 50/70 ... 278
Abbildung 121 Beispiele für die Biegekriechsteifigkeit bei 16 °C Prüftemperatur ... 279
Abbildung 122 Alterungsverhalten von Straßenbaubitumen 50/70 und PmB 25/25-55 ... 283
Abbildung 123 Einfluss mehrfacher RTFOT-Alterung auf T_{BTSV} und δ_{BTSV} ... 284
Abbildung 124 Veränderte BTSV-Kennwerte nach Regeneration ... 286
Abbildung 125 Beispiel zur Bewertung der Dauerhaftigkeit eines Regenerationsmittels ... 288
Abbildung 126 Kurvenverläufe des Schermoduls verschiedener Mastixvarianten ... 297
Abbildung 127 Pyknometer ... 306
Abbildung 128 Prinzipskizze zum Abkühlversuch ... 309
Abbildung 129 Bruchtemperaturen T_{Br} [°C] aus dem Abkühlversuch für standardisierte Asphalte . 310
Abbildung 130 Prinzipskizze zum Zugversuch ... 311
Abbildung 131 Ermittlung der Zugfestigkeitsreserve ... 311
Abbildung 132 Verformungsanteile aus einem Lastimpuls i ... 314
Abbildung 133 (a) Kriechkurve ohne Wendepunkt und (b) mit Wendepunkt ... 315
Abbildung 134 Spurbildungsversuch ... 316
Abbildung 135 Varianten des Druck-Schwellversuchs ... 317
Abbildung 136 Spurbildungsgerät gemäß Technischer Prüfvorschrift ... 319
Abbildung 137 Triaxialversuch ... 321
Abbildung 138 Größenordnung der Asphaltsteifigkeit ... 323
Abbildung 139 Veränderung der Beanspruchungsamplitude in der Ermüdungsprüfung ... 325
Abbildung 140 Änderung von Modul und Phasenwinkel während der Ermüdungsprüfung ... 326

Abbildung 141 Energy Ratio *ER* als Funktion der Lastwechselzahl 329
Abbildung 142 Konstruktion der Wöhlerlinie 330
Abbildung 143 Druck- und Zugspannungsverteilung im Spaltzug-Schwellversuch 335
Abbildung 144 Prinzipskizze zur Verwendung von Bohrkernen aus der Straße 336
Abbildung 145 Ungewolltes Abscheren im Spaltzug-Schwellversuch 337
Abbildung 146 (a) Zug-Schwellversuch und (b) Zug-Druck-Wechsellastversuch 338
Abbildung 147 Prüfverfahren für Steifigkeits- und Ermüdungsprüfung 339
Abbildung 148 Lastpausen zwischen den Fahrzeugen und den Achsüberrollungen 340
Abbildung 149 Übliche Konfigurationen von Lastpausen im Laborversuch 341
Abbildung 150 Lebenszyklus von Straßen 356
Abbildung 151 Energiemix in Deutschland im Jahr 2022 357

Stichwortverzeichnis

2S2P1D Modell ... 221
Abfallhierarchie ... 96, 358
Abkühlrate ... 309
Abkühlversuch ... 309
Ablagerungsgestein .... *siehe Sedimentgestein*
Abscherversuch ... 312
Absplitten ... 122
AC ... *siehe Asphalt Concrete*
Additiv ... *siehe Zusatz*
Adhäsion ... 48, 170
Airpumping ... 130
akkumulierte plastische Dehnung ... 315
akustische Eigenschaften ... 130
Albedo ... 68, 153
Alterung ... 23, 29, 99, 164, 240
Alterungszustand ... 282
Altreifengummi ... 49
Amphibolit ... 65
Amplituden-Sweep ... 256, 296
anisotrop ... 185
Äolisches Sediment ... *siehe Sediment*
API-Grad ... 32
Aquaplaning ... 128
Äqui-Schermodultemperatur ... 264
äquivalente 10-Tonnen-Achse ... 144, 345
Äquiviskositätstemperatur ... 264
Archimedes von Syrakus ... 306
Archimedisches Prinzip ... 306
Aromate ... 23
aromatics ... 25
Aromatizität ... 23
Arrhenius Gleichung ... 215
Arrhenius, Svante August ... 215
Asphalt Concrete ... 109
Asphalt, Begriffsdefinition ... 17
Asphaltarten ... 108
Asphaltbeton ... 109, 125
Asphaltene ... 25, 166
Asphaltengehalt ... 166
Asphaltgranulat ... 94
Asphaltindustrie, statistische Zahlen ... 22
Asphaltmastix ... *siehe Mastix*
Asphaltmischanlage, AMA ... 137
Asphaltproduktion, jährlich ... 22
Asphaltschutzschicht ... 108
asphalttechnologische Kennwerte ... 116
Asphalttragdeckschicht ... 108
A-Sweep ... 256
ATR-Infrarotspektroskopie ... 293
ATV ... 106
Aufbereitung von Gestein ... 75
Aufhellung ... 68, 153
Aufhellungsgestein ... 68
Ausbauasphalt ... 94
Ausfallkörnung ... 78, 127
Auto-Regeneration ... 173, 340
Backenbrecher ... 75
Balkenbiegung ... 183
Balkentheorie ... 164, 183, 277, 340
Basalt ... 60
basisch ... 93
Bauprinzip ... 109, 122, 131
Beanspruchung ... 109, 177
Belastung ... 177
Belastungsgrenze ... 181
Belastungsklasse ... 109, 143
Bernoulli, Jakob I ... 183
BET-Messung ... 47
Betonprinzip ... 125
Biegebalkenrheometer ... 277
Biegekriechsteifigkeit ... 277
Bindemittel ... 34
Bindemittelfilmdicke ... 112
Bindemittelgehalt ... 112
Bindemittelklassifikation ... 242, 259
Bindemittelmodifikation ... *siehe Modifikation*
Bindemittelschwitzen ... 126
Bindemittelsorten ... 259
Bindemittelträger ... 45, 128
Bio-Asphalt ... 39
Bio-Bindemittel ... *siehe Bio-Bitumen*
Bio-Bitumen ... 39
biogen ... 40
biogenes Sediment ... *siehe Sediment*
biologische Verwitterung ..... *siehe Verwitterung*
Biopolymerisation ... 41, 43

Bitumen, Begriffsdefinition ... 17
Bitumenalterung ... *siehe Alterung*
Bitumenbestandteile ... 23
Bitumenchemie ... 23
Bitumenemulsion ... 35
bitumenhaltig ... 34
Bitumenmodifikation ... *siehe Modifikation*
Bitumensäufer ... 60
Bitumen-Typisierungs-Schnellverfahren ... 262, 283
Bitumenverbrauch, jährlich ... 22
Bitumenvorkommen ... 30
Bitumenzusammensetzung ... 23
Black Diagramm ... 212
Black Rock Effekt ... 102
Boltzmann, Ludwig Eduard ... 198
Brechen der Emulsion ... 35
Brechkorn ... 75
Brechpunkt nach Fraaß ... 247
Brechsand ... 91
Brekzie ... *siehe Sediment*
Bruchflächigkeit, bruchflächig ... 83
Bruchmechanik ... 156
Bruchtemperatur ... 309
Bruchwiderstand ... 247
BTSV ... 262
Burgers Modell ... 219
Burgers, Johannes Martinus ... 219
Carbon Capture and Storage ... 64
Carlowitz, Johann Carl von ... 354
Carson, John Renshaw ... 202
Cauchy, Augustin-Louis ... 178
Chargenmischanlage ... 137
chemische Adhäsion ... 171
chemische Verwitterung ... *siehe Verwitterung*
chemisches Sediment ... *siehe Sediment*
Chemismus von Gestein ... 93
Chromatografie ... 290
CO_2-Äquivalente ... 360
CO_2-Reduktion ... 134
Cole, Kenneth Stewart ... 211
Cole, Robert H ... 211
Cole-Cole Diagramm ... 211
Cole-Cole Plot ... *siehe Cole-Cole Diagramm*
Confocal Laser Scanning Microscopy ... 294
cracken ... 32
cradle-to-cradle ... 354
cradle-to-gate ... 353
cradle-to-grave ... 354
crossover ... 208
cryo-ESEM ... 294
cutpoint ... 31
Dämpfer ... 186, 189
Dämpfungskoeffizient ... 189
Dauerfestigkeit ... 192
Dauerhaftigkeit ... 270
Deckschicht ... 108
deformationsgeregelt ... 203, 255
Dehnung ... 181
dehnungsgeregelt ... 203
Dehnungsmessung ... 146
Dekarbonisierung ... 360
Delta Ring und Kugel ... 246
Destillation ... 31
destillative Bindemittelalterung ... 168
deviatorischer Anteil ... 180
Diabas ... 60
Diagenese ... 62
Dichte von Rohöl ... *siehe API-Grad*
Dichtemerkmal ... 116
dichteste Lagerung ... 125, 127
Differentialspannung ... 148, 180
digitale Bildanalyse ... 84
DIN ... 106
DIN EN ... 106
dissipierte Energie ... 215, 327
Doppelumhüllung ... 97
drehender Beanspruchungszustand ... 147
dreigeteilter Balken ... 164
Dreiphasengemisch ... 119
Drei-Säulen-Modell der Nachhaltigkeit ... 354
Druckalterungsbehälter (oder -topf) ... 242
Druckkriechen ... 314
Druck-Schwellversuch ... 319
Duktilität, Streckbarkeit ... 249
Dünnschichtchromatografie ... 291
Durchlaufmischanlage ... 137
durchschnittl. prozentuale Rückformung ... 273
Duroplast ... 44
dynamisch ... 236
Dynamisch Mechanische Analyse ... 300
Dynamische Differenzkalorimetrie ... 269
dynamische Prüfverfahren ... 349
dynamische Viskosität ... 280

Dynamisches Scherrheometer 251
Eigenfüller 114, 138
Eignung 228
Einbautemperatur 120
Einsprengling 60, 74
Eislinsen 80
Eislinsenbildung 92
elast.-viskoelast. Korrespondenzprinzip 203
Elastische Rückstellung 250
elastische Verformung 186
Elastizitätsmodul 182, 187, 207
Elastomer 44
elastomermodifiziert 45
Eluat 18
Emission 134
E-Modul 187, 191
empirischer Ansatz 116
Emulgator 35
EN 106
Energiebilanzgleichung 152
Energiedissipation 216
Energieeinsparung 134
Energiemix 356
Energiereduktion 134
Energy Ratio 329
enggestuft 78
Environm. Scan. Electr. Microscopy ... 165, 294
Erdmagma 56
Erdmantel 56
Erdölderivat 22
Ergussgestein 57
Ermüdungsfestigkeit 192
Ermüdungsgesetz 329
Ermüdungskriterium 327
Ermüdungsversagen 156
Ermüdungswiderstand 160, 324
erneuerbar 40
Erstarrungsgestein ...... *siehe magmat. Gestein*
Erstprüfung (Typprüfung) 117
Erweichungspunkt Ring und Kugel 244
Erweichungspunkt-Erhöhung 246
Euler, Leonhard 206
EVA, Ethylen-Venylacetat-Copolymer 44
Fadenziehvermögen 249
Farbasphalt 52
Farbpigment 52
Faserstoff 45
Faulschlamm 62
Feder 186
Federkonstante 187
Fehlstelle 155
Feinanteil 80
feine Gesteinskörnung 77
Festgestein 75
Festigkeit 192
Festkörpereinspannung 251, 300
FGSV 106
fiktiver Hohlraumgehalt 308
Filmbruchtheorie 173
fingerprint 22
Flächenträgheitsmoment 191
Flammenionisationsdetektor 291
Flaschenrollverfahren 282
flexible pavement 107
Fließgrenze 188
Fließkoeffizient 91
Flugasche 69
fluviatiles Sediment .... *siehe Sediment*
fluvioglaziales Sediment .... *siehe Sediment*
Fluxbitumen 37
Fluxen 37
Fluxöl 37
Fourier, Jean Baptiste Joseph 154
Fouriersche Wärmeleitung 154
Fräsasphalt 94
Fremdfüller 114
Frequenz 205
Frostbeständigkeit 87
Frostschutzschicht 107
Frostsicherheit 80, 92
Frostwiderstand 88
fugenloser Einbau 21
Füller 77
Füller/Bitumen-Verhältnis 113
Füllergehalt 113
Fuller-Kurve 126
Fußabdruck 360
Gabbro 60
Ganggestein 58
Ganglinie 149
Gas-Chromatografie 292
gate-to-gate 354
gate-to-grave 354
Gebrauchstemperaturspanne 153, 248

Gebrauchsverhalten 141
gebrauchsverhaltensorient. Ansatz 116
gebrauchsverhaltensorientierte Prüfung 229
gebrochen 84
gedrungen 81
Gefüge .... *siehe Gesteinsgefüge*
Gegenlaufzwangsmischer 302
Gehalt an Feinanteilen 81
Gel-Bitumen 28
Genese 55
Geometrieanteil der Steifigkeit 191
gerundet 84
Gesättigte 25
Gestaltänderung 181
Gestein 53
Gesteine im Harz 65
Gesteinserkennung 71
Gesteinsfazies 62
Gesteinsgefüge 55
Gesteinsgenese .... *siehe Genese*
Gesteinskörnung 53
Gesteinskörnungsgemisch 77
Gesteinsoberfläche 112
Gesteinsstruktur 55
Gesteinstextur 55
Gesundheitsgefährdung 50
Giga 239
Glasmodul 221
glaziales Sediment .... *siehe Sediment*
Gleitreibungsbeiwert 89
Globalstrahlung 153
Gneis 64
Granit 60
Granulierverfahren 295
Granulit 65
Graue Energie 362
Grauwacke 63
Grenze der Linearität 194
Grenzsieblinie 111
Griffigkeit 90, 130
grobe Gesteinskörnung 77
Größeneffekt 239, 333
Größenordnung der Asphaltsteifigkeit 323
Gummi 49
Gummibitumen 49
Gussasphalt 108, 119
Gussasphaltkocher 121
Gyrator 304
Haftverbesserer 48
Haftverhalten 93, 170, 281
halbstarr 107
Halbwarm-Asphalt 109
Härte 192
Harze 25
Hauptachsentransformation 179
Hauptnormalspannung 179
Hauptspannung 179
Heaviside, Oliver 200
Heaviside-Funktion 200
Heilung .... *siehe Auto-Regeneration*
Heißabsiebung 138
Heißelevator 138
Heißmischgut 108
Heißmischverfahren .... *siehe Heißverfahren*
Heißrecycling *siehe Wiederverw. im Heißverf.*
Heißverfahren 95, 138
Herstelltemperatur 135
heterogen 185
high PG .... *siehe Performance Grade*
Hochvakuumbitumen 32
Hohlraumausfüllungsgrad 308
Hohlraumgehalt 307
Hohlraummorphologie 115
homogener Spannungszustand 182
Hooke, Robert 182
Hookesches Gesetz 186
Huet Modell 220
Huet-Sayegh Modell 220
Hüttensand 69
hydrostatischer Anteil 180
hydrostatischer Spannungszustand 180
Hydroxyl-Radikal 166
Hysteresis 216
Iatroscan 292
Idealsieblinie 126
Impulserregungstechnik 350
in situ 95
Indikator 355
industriell hergestelltes Gestein 68
Infrarotspektroskopie 292
inhomogener Spannungszustand 182
Inkohlung 30, 62
innere Reibung 91
innere Struktur 115, 141, 303, 332

instationäre Oszillationsrheometrie 263
intermediär 93
intermittierend gestuft 78
irreversibel 185
isotrop 185
Kalkhydrat 46
Kalkstein 63
Kalksteinfüller 63
Kaltasphalt 109
Kaltbitumen 38
Kälteriss 158
Kaltmischgut 38, 133
Kaltrecycling 95
Kelvin, Baron William Thomson 218
Kelvin-Voigt Modell 218
klastisches Sediment .... *siehe Sediment*
Klima 151
Kohäsion 170
Kohlenstoff-Wasserstoff-Verhältnis 23
Kohlenwasserstoff 23
Kolloid 27
kompakte Asphaltbefestigung 161
komplexer E-Modul 191, 206
komplexer Schermodul 191, 209, 256
Konglomerat .... *siehe Sediment*
konstitutive Gleichung 176
Kontinuumsmechanik 177
konventionelle Prüfung 228
Kornanordnung 55
Kornausrichtung 185
Kornformkennzahl 81
Korngeometrie .... *siehe Gesteinsstruktur*
Korngerüst 84, 111, 120
Korngrößenverteilung 78
Korngruppe, -klasse 78
Kornorientierung 115
Körnungsexponent 126
Kraftduktilität 249
kraftgeregelt 203
Kraftpfad 125
Kraftübertragung 84
krebserregend 18
Kreiselbrecher 75
Kriechen 200
Kriechfunktion .... *siehe Kriechrate*
Kriechkurve 277, 314
Kriechnachgiebigkeit .... *siehe Kriechrate*
Kriechnachgiebigkeit im MSCRT 273
Kriechrate 200, 314
Kriechverhalten 277
Kriechversuch 309
Kristall 53
Kristallgitter 53
Kristallisation 57
kryogene Zugspannung 158, 309
kubisch 81
kumulierter Energieaufwand 361
künstliches Gestein 68
Kurzzeitalterung 241
LA Trommel 87
Labormischung 301
Laborverdichtungsgerät 303
Längswelle 237
Langzeitalterung 242
Laplace, Pierre-Simon (Marquis de) 202
Lärmarmer Asphalt 129
Lärmminderung 129
Last 177
Lastausbreitung 107
Lastpause 340
Lava 56
LA-Wert 87
LCA .... *siehe Ökobilanzierung*
Lebensdauerprognose 345
Lebenszyklus 353
Leistungskriterien für Straßen 141
Lieferkörnung 79
Life Cycle Assessment *siehe Ökobilanzierung*
Lignifizierung 41
Lignin 41
limnisches Sediment .... *siehe Sediment*
lineares Materialverhalten 198
linear-viskoelastisches Materialverhalten 192
Lissajous, Jules Antoine 216
Lissajous-Figur 216
Lockergestein 75
Los Angeles Prüfung, LA-Wert 86
Lösungsmittel 21
low PG .... *siehe Performance Grade*
Luftbad 318
Luftsauerstoff 166
Luftstrahlsiebung 79
Lufttemperatur, minimale und maximale 151
LVE 193

LVE Bereich ... 193
MA ... *siehe Mastic Asphalt*
Magma ... *siehe Erdmagma*
magmatische Minerale ... 56
magmatisches Gestein ... 56
MAK ... 134
Makadam-Bauweise ... 127
Makroriss ... 155
Makrotextur ... 130
Maltene ... 28
marines Sediment ... *siehe Sediment*
Marshall Versuch ... 305
Marshall, Bruce ... 303
Marshall-Verdichtungsgerät ... 303
Massenspektrometrie ... 292
Masterkurve ... 213
Mastic Asphalt ... 109
Mastix ... 113, 237
Mastixkonzept ... 123
Mastixviskosität ... 113
Material ... 175
Materialeigenschaft ... 175
Materialermüdung ... 160
Materialgesetz ... 176
Materialmodellierung ... 175
Materialverdrückung ... 159
Matrix ... 178
Maxwell Modell ... 218
Maxwell, James Clerk ... 218
McAdam, John Loudon ... 127
mechanische Adhäsion ... 171
mechanische Verwitterung *siehe Verwitterung*
mechanische Welle ... 237
mechanogen ... 149
Mega ... 239
Megapascal ... 178
Megatextur ... 130
Mehrfachmodifikation ... *siehe Modifikation*
Mehrschichtentheorie ... 346
Mehrskalenmodell ... 238
metamorphes Gestein ... 64
Methylenblau-Verfahren ... 81
Migration ... 62
Mikro ... 239
Mikroriss ... 155, 160
Mikrotextur ... 131
Miner Regel ... 347
Mineral ... 53
Mischer ... 139
Mischguttemperatur ... 120
Mischguttyp ... 110
Mischgutzusammensetzung ... 110
Mischtemperatur ... 120, 302
Mischturm ... 138
Mischungsverhältnis ... 119
Mischvorgang ... 139
Mittelspannung ... 180
Mittenzugabe ... 99
Mix Design ... 111, 175
Mizelle ... 26
Mizellenmodell ... 27
Modifikation ... 34
Modifikationsmittel ... *siehe Zusatz*
Mohr, Christian Otto ... 179
Mohrscher Spannungskreis ... 179
Mohs, Carl Friedrich Christian ... 53
Mohssche Härteskala ... 53
Monokorngerüst ... 127
Mörtel ... 237
Multiple Stress Creep and Recovery Test ... 270
m-Wert ... 278
Nachgiebigkeit ... 191
Nachhaltigkeit ... 354
Nachverdichtung ... 159
nachwachsend ... 40
Nadelpenetration ... 242
Nano ... 239
Nanopartikel ... 51
Nanoteilchen ... *siehe Nanopartikel*
Naphtene ... 23
Naturasphalt ... 30
Naturbitumen ... 30
Naturfaser ... 52
Naturkautschuk ... 49
natürliches Gestein ... 55
Natursand ... 91
Newton Element ... *siehe Dämpfer*
Newton, Sir Isaac ... 178
Newtonsches Reaktionsprinzip ... 178
nichtlineares Materialverhalten ... 193
Niedrigenergieasphalt ... *siehe Warmasphalt*
Niedrigtemperaturasphalt *siehe Warmasphalt*
Oberbau ... 105, 161
Oberflächenchemie ... 293

Oberflächenenergie 172
Oberflächengestalt 130
Oberflächenspannung 48, 173
Oberflächentemperatur 152
offenes Stützgerüstkonzept 128
Offenporiger Asphalt 109, 128
Ökobilanzierung 353
Olefine 23
organischer Zusatz .... *siehe Wachs*
organoleptische Prüfung 71
Oszillationsmodus 254
Oxidation 168
Oxidationsbitumen 32
oxidative Bindemittelalterung 166
Oxide 92
Ozon 166
PA... .... *siehe Porous Asphalt*
Packungskonzept 124
PAK, Polyzykl. Aromat.
Kohlenwasserstoffe 18
Paraffine 23
Parallelschaltung 219
Paralleltrommel 99
Part. Zeit-Temp.-Superpositionsprinzip 215
PE, Polyethylen 44
Pelletierung 45
Pellets 45
Pendelgerät 90
Penetration .... *siehe Nadelpenetration*
Performance .... *siehe Gebrauchsverhalten*
Performance Grade 248, 260
Performanceprüfung 229
PG T_{max}-T_{min} .... *siehe Performance Grade*
Phasenübergangstemperatur 268
Phasenverschiebung 205
Phasenwinkel 205
Phenolindex 18
pH-Wert 173
physikalische Adhäsion 172
Plankton 62
Planum 105
plastische Verformung 156, 188
Plastizitätsspanne ... *siehe Gebrauchstemp.sp.*
Plastomer 44
plastomermodifiziert 45
Platte-Kegel-Messgeometrie 251
Plattenwirkung 122
Platte-Platte-Messgeometrie 251
plattig 81
Plattigkeitskennzahl 83
Plutonit .... *siehe Tiefengestein*
PmB 43
Poisson, Siméon Denis 187
Poissonsche Zahl 187
Poissonzahl .... *siehe Poissonsche Zahl*
Polarität 25, 167, 172
Polierwert 89
Polymeralterung 170
Polymerisation 43
Polymermodifiziertes Bitumen 43
Polyurethan 48
Porendrucktheorie 173
Porous Asphalt 109
Porphyr 60
Power law Modell 220
Prallmühle 75
Pressure Ageing Vessel 165, 242
Proportionalitätsfaktor 187
Provenienz 22
PSV-Wert 90
PU .... *siehe Polyurethan*
Pyknometerverfahren 305
pyroklastisches Sediment .... *siehe Sediment*
Quarz 57
Quarzit 64
Querdehnzahl .... *siehe Poissonsche Zahl*
Radlast 145
Rasterelektronenmikroskopie 294
Rasterkraftmikroskopie 293
Raumdichte 306
Raumdichtebestimmung 307
RC-Baustoff 70
RC-Gemisch 70
Reaktionspartner 166
rechnerische Dimensionierung 343
Recycling 94
Referenzverfahren 86
Reflexionsvermögen .... *siehe Albedo*
Regeneration 100
Regenerationslinie 286
Regenerationsmittel 99
Reiber 188
Reifenaufstandsfläche 144
Reihenschaltung 218

Rejuvenator 100
Relaxation 157, 201
Relaxationsprüfung 276
Reparaturasphalt 38
resins 25
Ressourcenverbrauch 38, 360
Resthohlraumgehalt 126
reversibel 185
Rezeptur 110
rezyklierte Gesteinskörnung 70
Rheologie 20
rheologische Modelle 217
Rheometer 20
Rheometrie 20
Rhyolith 60
rigid pavement 107
Risszähigkeit 156
Rohdichte 305
Rohöl 31
Rohölquelle *siehe Provenienz*
Rolling Thin Film Oven Test 165, 241
Rolling-Bottle-Test 282
Röntgen Photoelektronen Spektroskopie 293
Rotationsmodus 254
Rotationsviskosimeter 280
Rückgewinnungsfüller 115
Rückstandsgestein *siehe Sediment*
Rückstellung 341
Rundkorn 75
Sachbilanz 359
SAFT 275
Saint-Venant, Adhémar J. C. Barré de 188
Sandäquivalent-Verfahren 81
SARA-Analyse 25
saturates 25
sauer 93
Säulenchromatografie 291
SBS, Styrol-Butadien-Styrol 44
Schallabsorption 130
Schallpegel 130
Schaumasphalt 136
Schaumbitumen 136
Scherbeanspruchung 187
Scherermüdung 348
Scherfestigkeit 313
Schergeschwindigkeit 255
Schermodul 187, 191, 348
Scherspannung 179
Schersteifigkeit 191
Scherung 177
Scherversuch 348
Scherviskosität 254
Schichtenverbund 161, 312, 348
Schichtgestein *siehe Sedimentgestein*
Schichtsilikat 92
Schiefer 65
Schlacke 68
Schlag- und Rührmischer 302
Schlagzertrümmerung, SZ-Wert 86
Schlämmanalyse 78
Schlämmen 78
Schubbeanspruchung *siehe Scherb.*
Schubmodul *siehe Schermodul*
Schwammstadt-Prinzip 129
Schwefelgehalt 33
Schwingungsanalyse 349
Sediment 61, 73
sedimentäre Schichtung 62
Sedimentgestein 61
Segregation 115
Selbstheilung *siehe Auto-Regeneration*
selbstverdichtend 120
semi-flexible pavement 107
semi-rigid pavement 107
Shift-Homothety-Shift in time-Shift 224
SHRP 260
Siebanalyse 78
Siebdiagramm 78
Sieblinie 78, 111
Silikate 92
Single Shear Creep Test 274
SiO_2-Gehalt 93
SI-Präfixe 239
size effect *siehe Größeneffekt*
Skalar 178
Skalierungsfehler 239
skid resistance tester 90
SMA B 128
SMA… *siehe Splittmastixasphalt*
small strain domain 192
Sol-Bitumen 28
Sonnenbrennerbasalt 61
Spaltzug-Schwellversuch 334
Spannung 178

spannungsgeregelt 203, 255
Spannungstensor 178
Spannungstensorfeld 178
Speichermodul 207
Splittmastixasphalt 109, 127
sponge pavement 129
sprödes Materialversagen 156
Sprödigkeit 188
Sprühfahnen 128
Sprungfunktion 200
Spurbildungsversuch 318
SSCT 274
St. Venant Element *siehe Reiber*
stabilis. Zusatz *siehe Bindemittelträger*
Stampfasphalt 20
statisch 236
Steifigkeit 191, 322
Steifigkeitsmodul *siehe E-Modul*
Stempeleindringversuch 319
Stoffgesetz 176
Stone Mastic Asphalt 109
Straßenbaubitumen 32
Straßenbefestigung 105
Straßendecke 108
Straßenfertiger 120
Straßenoberbau *siehe Oberbau*
Straßenwalze 120
Strategic Highway Research Program 260
Stress Amplitude Fatigue Test 275
stripping 172
Struktur *siehe Gesteinsstruktur*
Strukturalterung 169
Strukturviskosität 170
Stützdruck 317
Stützgerüstkonzept 127
Stützring 317
Superpave 260
Superpositionsprinzip 198
Sweep Test 333
synthetische Faser 52
SZ-Wert *siehe Schlagzertrümmerung*
Tallöl 41
Tallpech 41
Tauperiode 158
Technisches Regelwerk 106
Teer, Pech 18
temperaturabsenkend *siehe visk. verändernd*
Temperatur-Frequenz-Äquivalenz 213
Temperatur-Frequenz-Paar 213
Temperatur-Frequenz-Sweep 257, 296
Temperaturprofil 154
Temperaturverteilung 152
Temperatur-Zeit-Gesetz 213
Tensor 178
Textur (Gesteinsgefüge) *siehe Gesteinstextur*
Textur (Rauigkeit) 130
T-f-Sweep 257, 296
Thermal Stress Restr. Specimen Test 309
thermodynamische Adhäsion 172
Thermoplast 19
thermorheologisch einfach 213
Tiefengestein 58
TL 106
Tonmineral 92
Topflast 145
Torsion 177
TP 106
Tragschicht 107
Transversalwelle 237
Treibhausgas 38
Treibhauspotential 360
Triaxialversuch 320
Trinidad 30
Trockentrommel 138
TSRST *siehe Abkühlversuch*
Typprüfung *siehe Erstprüfung*
Überkorn, Unterkorn 78
UCTST *siehe Zug-Schwellversuch*
ultrabasisch 93
Uniax. Cyc. Tens. Stress T *sh. Zug-Schwellv.*
Uniax. Tensile Stress Test *siehe Zugversuch*
unstetig 78
Unterbau 105
Unterwanderungstheorie 173
UTST *siehe Zugversuch*
Vektor 178
verallgemeinertes Kelvin-Voigt Modell 220
verallgemeinertes Maxwell Modell 220
Verarbeitbarkeit 280
Verdichtungsgrad 308
Verdrängungstheorie 173
Verdunstungsalterung 168
verformungsgeregelt 203
Verformungswiderstand 159, 181, 314

Verjüngungsmittel .... *siehe Rejuvenator*
Verlustmodul 207
Verschiebungsfaktor 214
Versteifende Wirkung 47
Verwendungszweck 110
Verwitterung 61
verwitterungsbeständig 75
Verzahnung 93
Verzerrung 181
Verzerrungstensor 181
VH (visk.veränd., high phase trans. temp.) 269
Vierpunktbiegeversuch 339
Vierte-Potenz-Gesetz 143
Viskoelastizität 189
Viskoplastizität 190
viskos .... *siehe Viskosität*
viskose Verformung 189
Viskosimeter 280
Viskosität 18, 189
viskositätsabsenkend .... *siehe visk.verändernd*
viskositätsverändernd 136
VL (visk.veränd., low phase trans. temp.) .. 268
Voigt, Woldemar 218
vollkommen gebrochen 84
vollkommen gerundet 84
Volumenanteil 119
volumetrische Kennwerte 116, 304
vom Tor bis zur Bahre 354
von der Wiege bis zum Tor 353
von der Wiege bis zur Bahre 354
von der Wiege bis zur Wiege 354
von Tor zu Tor 354
Vorspannung des Korngerüsts 155
Vorspritzmittel 161
Vorzeichenregel 178
Wachs, organischer Zusatz 136
Walzasphalt 108, 119
Walzsektor-Verdichtungsgerät 303
Wanderhalde 97
Warm Mix Asphalt .... *siehe Warmasphalt*
Warmasphalt 109, 133, 169
Wärmeausdehnungskoeffizient 157
Wärmeleitfähigkeit 154
Warmmischverfahren ..... *siehe Warmverfahren*
Warmverfahren 138
Wasseraufnahme 87
Wasserdurchlässigkeit 120
Wechsellastversuch 326
weggeregelt 203
weitgestuft 78
Wendepunkt 315
Werkstein 54
Werkstoffanteil der Schersteifigkeit 191
Werkstoffanteil der Steifigkeit 191
Wetterstation 151
Widerstand gegen Zertrümmerung 85
Wiederverwendung 94
Wiederverwendung im Heißverfahren 95
Wiederverwendung im Warmverfahren 95
Windsichten 78
Wirkungsbilanz 359
Witterung 151
WLF Gleichung 214
Wöhler, August 330
Wöhlerkurve 330
Wollsackverwitterung 67
Young, Thomas 187
Youngscher Modul .... *siehe E-Modul*
Zähigkeit von Bitumen .... *siehe Viskosität*
Zähigkeit, Festkörper 192
Zeit-Temperatur-Superpositionsprinzip 213
Zeitverschiebung 205
Zellulose 45
Zeolith 136
ZTV 106
Zug-Druck-Wechsellastversuch 338
Zugfestigkeitsreserve 312
Zug-Schwellversuch 337
Zugversuch 310
Zusatz 43
Zusatzmittel .... *siehe Zusatz*
Zusatzstoff .... *siehe Zusatz*
Zweiwellenzwangsmischer 302
zyklisch 236
Zykloalkane 23
ΔRuK 246

Danksagung

Für die Freistellung von der Lehre im Wintersemester 2023/24 danke ich dem Präsidium der TU Braunschweig.

Dass ich meine Büroarbeit während dieser Zeit auf ein Minimum reduzieren konnte, verdanke ich meiner Assistentin Frau Nina Eßmann sowie allen anderen Mitarbeiterinnen und Mitarbeitern am Institut für Straßenwesen. Sie alle haben mit großem Fleiß und Mehrarbeit mir den Rücken freigehalten, sodass diese Neuauflage entstehen konnte. Dafür sage ich sehr herzlich Danke!

Ich habe dieses Buch sorgfältig und nach bestem Wissen überarbeitet, dennoch sind formale und inhaltliche Fehler nicht mit letzter Gewissheit auszuschließen. Alle Angaben sind daher ohne Gewähr und für mögliche Unstimmigkeiten übernehme ich keinerlei Haftung.

Anregungen, Ergänzungen oder Verbesserungsvorschläge sind willkommen, bitte an: *m.wistuba@tu-braunschweig.de.*

Ich wünsche allen Leserinnen und Lesern viel Freude bei der Lektüre und allen Studierenden viel Erfolg im Studium!

Michael P. Wistuba

Braunschweig, 2024